云计算数据安全方案及其应用

张 华　金正平　李文敏　时忆杰　著

科学出版社
北京

内 容 简 介

本书以作者及其课题组多年的研究成果为主体，结合国内外学者在云计算数据安全方面的代表性成果，以云计算中数据的生命周期为主线，系统介绍了云计算数据安全的理论和技术，主要内容包括云计算及数据安全概述、密码学基础、云存储安全、可搜索加密、远程认证、访问控制、外包计算等，并针对云计算在远程医疗信息系统中的应用，给出相应的安全解决方案. 全书重点从云计算数据生命周期的角度阐述了不同应用阶段数据安全的关键技术方案的设计与模拟实现.

本书既可作为对云计算数据安全方案感兴趣的读者的入门教材，也可作为云计算数据安全理论研究工作者的参考用书，适用于网络空间安全、密码学、信息安全、数学、计算机及相关学科的高年级本科生、研究生、教师和科研人员阅读参考.

图书在版编目(CIP)数据

云计算数据安全方案及其应用/张华等著. —北京：科学出版社，2018.6
ISBN 978-7-03-057846-4

Ⅰ.①云… Ⅱ.①张… Ⅲ.①云计算–网络安全 Ⅳ.①TP393.08

中国版本图书馆 CIP 数据核字(2018) 第 129149 号

责任编辑：王丽平／责任校对：邹慧卿
责任印制：张 伟／封面设计：黄华斌

科 学 出 版 社 出版
北京东黄城根北街 16 号
邮政编码：100717
http://www.sciencep.com

北京虎彩文化传播有限公司 印刷
科学出版社发行　各地新华书店经销
*
2018 年 6 月第 一 版　开本：720×1000 B5
2019 年 6 月第三次印刷　印张：24
字数：482 000
定价：149.00 元
(如有印装质量问题，我社负责调换)

前　言

　　云计算是当前信息技术领域的重要发展方向，也是产业界、学术界、政府等都十分关注的焦点. 云计算体现了信息技术 (Information Technology, IT) 领域向集约化、规模化与专业化道路发展的趋势，是 IT 领域正在发生的深刻变革. 但当前云计算的发展面临许多关键性问题，其中安全问题首当其冲，已成为制约其发展的重要因素. 特别地，在云计算服务模式下，用户将数据和应用托管至云端，云服务的透明性使用户失去对数据的控制，而云服务商可信性不易评估，所以数据安全问题已成为云计算用户首要担忧的问题.

　　根据云计算数据的生命周期，可以将其分成产生、存储、使用、共享、归档及销毁六个阶段. 以生命周期为主线，云计算数据安全可以着重从以下几个方面考虑：云存储安全、可搜索加密、远程认证、访问控制、外包计算等. 其中，云存储安全主要解决在云计算模式下如何保护用户上传到云端的数据完整性和数据隐私的问题；可搜索加密满足了在云端不可信条件下加密数据安全云检索的应用需求；访问控制实现了对云端数据进行访问的用户授权过程；远程认证主要致力于解决用户在获得合法授权后访问所需服务时身份的核对检验问题；而外包计算主要是借助于云服务器超强的存储和计算资源，通过代理等方式安全地实现资源受限用户的计算需求. 近年来，云计算数据安全是该领域的研究热点，出现了以学术论文和其他科研成果为代表的众多解决方案，取得了较为显著的发展.

　　本书旨在系统阐述云计算数据安全的关键技术，以作者及其课题组多年的研究成果为重点，汇集了国内外学者在这方面的重要研究成果. 对相关领域的理论工作者、研究生以及高年级本科生的专业课题研究有一定的参考价值.

　　全书共八章. 第 1 章为绪论，概述了云计算及其安全体系，并从数据生命周期的角度，分别阐述了云数据安全威胁、安全需求和数据安全总体框架. 第 2 章简要介绍了密码学的相关基础知识，以便读者把握后续章节的具体方案，更多内容可参阅其他相关文献. 第 3 章介绍了云存储的由来及其面临的安全挑战，并就其数据的完整性验证和隐私性展开论述. 第 4 章是可搜索加密技术的展示及其在数据管理中的应用. 第 5 章列举了不同类型的远程认证，包括基于 ElGamal 公钥密码体制、基于椭圆曲线公钥密码体制、基于双因素、基于三因素、单服务器、多服务器等不同技术手段或应用场景所设计的远程认证方案. 第 6 章展现了云计算数据安全中访问控制技术，包含身份认证和授权两个方面，其中前者主要讲述了单点登录技术，而后者主要是基于不同工具的访问授权，同时对访问控制中的身份管理进行了简要介绍.第7章讨论了外包计算模式下几类安全解决方案的设计,包括基于特殊工具和具有特殊功能的属性加密方案以及安全多方计算协议.最后,作为在远程医疗方面的应用案例,第8章简要介绍了远程医疗信息系统及其安全架构,并针对该应用场景给出了认证、加密等安全解决方案.

最后,作者对课题组成员郭子卿博士、于萍博士、赵少华硕士、龚云平硕士、尹亚平硕士等给予的密切配合,以及北京邮电大学网络与交换技术国家重点实验室全体老师和学生的支持表示感谢.另外,本书的出版得到了以下项目的资助:国家自然科学基金项目(编号:61502044)、中央高校基本科研业务费专项资金资助项目(编号:2015RC23)等,在此特别表示感谢.

由于时间仓促,书中不妥之处在所难免,恳请读者指正.

作 者

2017年3月于北京

目 录

前言
第1章 绪论 ·· 1
  1.1 云计算概述 ·· 1
  1.2 云计算安全体系 ·· 4
  1.3 云计算数据安全生命周期 ·· 7
      1.3.1 数据安全威胁 ··· 8
      1.3.2 数据安全需求分析 ··· 9
      1.3.3 数据安全功能部署 ·· 10
      1.3.4 数据安全处理流程 ·· 11
  参考文献 ·· 12
第2章 密码学基础 ·· 14
  2.1 密码体制 ·· 14
      2.1.1 对称加密体制 ·· 15
      2.1.2 公钥加密体制 ·· 16
      2.1.3 两者的比较 ·· 16
  2.2 数字签名 ·· 17
      2.2.1 基本概念及原理 ·· 18
      2.2.2 经典算法 ·· 19
  2.3 Hash 函数 ·· 21
  2.4 伪随机函数 ·· 22
      2.4.1 伪随机序列生成器 ·· 22
      2.4.2 伪随机函数构造 ·· 24
  2.5 消息认证码 ·· 25
      2.5.1 对 MAC 的要求 ··· 25
      2.5.2 基于 DES 的 MAC ·· 26
  2.6 密钥协商 ·· 27
  参考文献 ·· 29
第3章 云存储安全 ·· 30
  3.1 高效稳定的云存储技术 ·· 30
      3.1.1 云存储是大数据时代的产物 ·· 30

3.1.2 Hadoop 平台在云存储中的应用 ·································· 32
3.2 云存储所面临的安全挑战 ·· 61
　3.2.1 数据完整性 ·· 62
　3.2.2 数据隐私性 ·· 64
3.3 数据完整性验证 ··· 65
　3.3.1 利用同态消息认证码验证数据完整性 ······························ 65
　3.3.2 云计算扩容中的数据完整性验证 ·································· 77
3.4 数据隐私保护方案 ··· 91
　3.4.1 PCS 模型基本结构 ··· 91
　3.4.2 PCS 运行过程及实验分析 ······································· 96
参考文献 ·· 104

第 4 章 可搜索加密

4.1 可搜索加密 —— 云计算的信息之门 ·································· 109
　4.1.1 可搜索加密的意义 ··· 109
　4.1.2 可搜索加密的发展历程 ··· 110
4.2 安全且高效的可搜索加密方案 ·· 112
　4.2.1 抗内部攻击的关键字搜索加密 ··································· 112
　4.2.2 一种基于双线性对的高效的多关键字公钥检索方案 ·················· 125
4.3 可搜索加密在数据管理中的应用 ······································ 131
　4.3.1 保护移动云存储中的数据安全 ··································· 131
　4.3.2 基于云的中心化数据检索方案 ··································· 155
参考文献 ·· 171

第 5 章 远程认证

5.1 远程认证概述 ··· 175
　5.1.1 远程认证的背景 ··· 175
　5.1.2 远程认证的安全需求 ··· 177
5.2 远程认证的研究现状 ··· 178
5.3 基于 ElGamal 公钥密码体制的远程认证 ······························ 179
　5.3.1 ElGamal 公钥密码 ·· 179
　5.3.2 基于 ElGamal 的认证方案 ····································· 180
5.4 基于椭圆曲线公钥密码体制的远程认证 ································ 183
　5.4.1 椭圆曲线公钥密码 ··· 184
　5.4.2 基于椭圆曲线公钥密码体制的远程认证方案 ······················· 184
5.5 基于双因素远程认证 ··· 185
　5.5.1 基于口令和智能卡的远程认证 ··································· 186

		5.5.2 基于双因素的远程认证方案	186
5.6	基于三因素的远程认证		191
	5.6.1	基于生物信息的远程认证	192
	5.6.2	基于三因素的远程认证方案	193
5.7	单服务器远程认证		195
	5.7.1	移动客户端服务器模型	195
	5.7.2	单服务器下远程认证方案	196
5.8	多服务器远程认证		198
	5.8.1	多服务器模型	199
	5.8.2	多服务器下远程认证方案	200
参考文献			205

第 6 章 访问控制 ································ 207

6.1	云计算中访问控制		207
	6.1.1	访问控制——认证与授权	207
	6.1.2	访问控制在云计算中的应用	209
6.2	单点登录技术在身份认证中的应用		210
	6.2.1	基于 SAML 的 Mashup 单点登录模型的研究与设计	211
	6.2.2	移动互联网中的单点登录	229
	6.2.3	支持多模式应用的跨域认证方案	243
6.3	云计算中基于虚拟机技术的访问控制		252
	6.3.1	云计算与虚拟化	252
	6.3.2	基于 Xen 的虚拟机组管理监控架构	259
6.4	云计算中基于角色的访问控制		269
	6.4.1	SaaS 模式下的基于用户行为的动态 RBAC 模型	271
	6.4.2	DF-RBAC 模型研究	284
6.5	云计算中身份与访问控制管理		295
	6.5.1	IAM 相关标准协议介绍及比较	296
	6.5.2	云计算基于标准的 IAM 实现策略	303
参考文献			310

第 7 章 外包计算 ································ 315

7.1	云计算中外包计算		315
	7.1.1	外包计算的背景	316
	7.1.2	外包计算的安全性需求	317
7.2	具有代理可验证性的外包计算		317
	7.2.1	具有代理可验证性的基于电路属性加密	318

7.2.2 具有代理可验性的多认证中心属性加密············327
7.3 双云服务器下的安全多方计算············342
7.3.1 基于格的多密钥加密的安全外包多方计算············343
7.3.2 双云服务器辅助的安全外包多方计算············347
7.3.3 一般的两方双输入保密函数计算协议············351
参考文献············354

第 8 章 远程医疗信息系统安全············355
8.1 远程医疗信息系统概述············355
8.1.1 远程医疗信息系统的总体架构············355
8.1.2 远程医疗信息系统的业务功能············357
8.1.3 远程医疗信息系统中的数据组成············357
8.1.4 远程医疗信息系统的参与方············357
8.2 远程医疗信息系统安全架构············358
8.2.1 远程医疗信息系统的安全架构结构············358
8.2.2 远程医疗信息系统的数据安全需求············361
8.3 远程医疗信息系统中的认证············362
8.3.1 基于椭圆曲线的认证实例············362
8.3.2 基于双因素的认证实例············366
8.3.3 基于三因素的认证实例············368
8.4 远程医疗系统中公钥加密实例············370
8.5 远程医疗系统中自助诊断方案············372
8.5.1 自助医疗诊断简介············373
8.5.2 自助医疗诊断方案············373
参考文献············375

第1章 绪 论

随着云计算的快速发展,其安全问题日趋显现.特别是云计算下新的服务模式导致用户失去对数据的直接控制而引起的数据安全问题尤为突出.本章从云计算的基本概念入手,简要介绍云计算及其安全体系,并以云计算中数据的生命周期为主线,阐述云计算数据安全威胁、安全需求及其应对措施的总体框架.

1.1 云计算概述

从云计算概念的提出到不断推广和逐步落地,其作为 IT 产业的革命性发展趋势已经不可逆转,甚至被称为当今世界的第三次技术革命.但到底什么是云计算,却是众说纷纭,有许多种定义,让人云里雾里.

现阶段广为接受的是美国国家标准与技术研究院 (National Institute of Standards and Technology, NIST) 给出的定义[1]:云计算是一种按使用量付费的模式,这种模式提供可用的、便捷的、按需的网络访问,进入可配置的计算资源共享池 (资源包括网络、服务器、存储、应用软件、服务),这些资源能够被快速提供,只需投入很少的管理工作,或与服务供应商进行很少的交互.这也是我们狭义上说的云计算.而广义上的云计算是指服务的交付和使用模式,指通过网络以按需、易扩展的方式获得所需的服务.这种服务可以是 IT 和软件、互联网相关的,也可以是任意其他的服务.

当然,不管具体定义如何,云计算应具有如下五个特征[1].

(1) 按需分配的自助服务.消费者可以单方面地按需自动获取计算能力,如服务器时间和网络存储,从而免去了与每个服务提供者进行交互的过程.

(2) 无处不在的网络访问.网络中提供许多可用功能,可通过各种统一的标准机制从多样化的瘦客户端或者胖客户端平台获取 (如移动电话、笔记本电脑或掌上电脑).

(3) 资源虚拟化共享.服务提供者将计算资源汇集到资源共享池中.通过多租户模式共享给多个消费者,根据消费者的需求对不同的物理资源和虚拟资源进行动态分配或重分配.资源的所在地具有保密性,消费者通常不知道资源的确切位置,也无力控制资源的分配,但是可以指定较精确的概要位置 (如国家、省或数据中心).资源类型包括存储、处理、内存、带宽和虚拟机等.

(4) 快速且灵活性.能够快速而灵活地提供各种功能以实现扩展,并且可以快速释放资源来实现收缩. 对消费者来说, 可取用的功能是应有尽有的, 并且可以在任何时间进行任意数量的购买.

(5) 计量付费服务. 云系统利用一种计量功能 (通常是通过一个付费使用的业务模式) 来自动调控和优化资源利用, 根据不同的服务类型按照合适的度量指标进行计量 (如存储、处理、带宽和活跃用户账户). 通过监控、控制和报告资源的使用情况, 提升服务提供者和服务消费者的透明度.

根据云计算服务对象范围的不同, 云计算有四种部署模式[1]: 私有云、社区云、公有云和混合云.

私有云 (Private Cloud)　云计算出现之前, 对于数据密集型或计算密集型任务, 用户需要建立数据中心来提供服务, 以满足其对数据存储、计算、通信能力的要求. 用户需对数据中心进行运维和安全管理, 对服务器上的数据和应用具有所有权和控制权. 云计算出现后, 这种传统的用户/服务提供者模式逐渐发展成私有云模式. 私有云是由一个用户组织 (如政府、军队、企业) 建立运维的云计算平台, 专供组织内部人员使用, 不提供对外服务. 私有云能够体现云计算的部分优势, 例如计算资源的统一管理和动态分配. 但是, 私有云仍要求组织购买基础设施, 建立大型数据中心, 投入人力、物力来维护数据中心的正常运转, 由此可见, 私有云系统提高了组织的 IT 成本, 而且使云的规模受到了限制. 由于私有云的开放性不高, 在几种部署模式中, 私有云的安全威胁相对较少.

社区云 (Community Cloud)　也称为机构云, 云基础设施由多个组织共同提供, 平台由多个组织共同管理. 社区云被一些组织共享, 为一个有共同关注点 (如任务、安全需求、策略或政策准则等) 的社区或大机构提供服务. 显然, 社区云的规模要大于私有云, 多个私有云可通过 VPN 连接到一起组成社区云, 以满足多个私有云组织之间整合和安全共享的需求.

公有云 (Public Cloud)　公有云的基础设施由一个提供云计算服务的大型运营组织建立和运维, 该运营组织一般是拥有大量计算资源的 IT 巨头, 例如 Google、微软、Amazon、百度等大型企业. 这些 IT 公司将云计算服务以 "按需购买" 的方式销售给一般用户或中小企业群体. 用户只需将请求提交给云计算系统, 付费租用所需的资源和服务. 对用户来说, 不需要再投入成本建立数据中心, 不需要进行系统的维护, 可以专心开发核心的应用服务. 目前, Amazon 的 EC2、Google App Engine、Windows Azure、百度云等都属于公有云计算系统. 由于公有云的开放性较高, 而用户又失去了对数据和计算的控制权, 因此, 与私有云相比, 公有云的数据安全威胁更为突出.

混合云 (Hybrid Cloud)　云基础设施由两种或两种以上的云 (私有云、社区云或公有云) 组成, 每种云仍然保持独立, 但用标准的或专用的技术将它们组合起来, 具有数据和应用程序的可移植性, 例如混合云可以在云之间通过负载均衡技术应付突发负载. 由于混合云可以是私有云和公有云的组合, 某些用户选择将敏感数据和计算外包到私有云, 而将非敏感数据和计算外包到公有云中, 但在这种使用模式下, 服务在不同云之间的安全无缝连接较难实现.

最常使用的私有云和公有云之间的关系如图 1-1 所示.

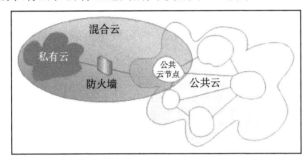

图 1-1 云计算的几种部署模式[2]

计算就要有计算环境, 一般计算环境都有硬件的一层、资源组合调度的一层 (即操作系统层), 以及计算任务的应用业务的软件层. 云计算与一般计算环境的三个层面类似, 云计算提供的三种服务模式就对应了计算环境的三个层面. 这三种服务模式[1]分别是基础设施即服务 IaaS(Infrastructure as a Service)、平台即服务 PaaS(Platform as a Service) 以及软件即服务 SaaS(Software as a Service).

IaaS 将计算、存储、通信资源封装为服务提供给云用户, 云用户相当于使用裸机, 就能够部署和运行任意软件. IaaS 提供计算资源最常用的方式是虚拟机 (Virtual Machine, VM), 典型服务有 Amazon 的 EC2 等. IaaS 提供存储资源的服务能够为用户提供海量数据存储和访问服务, 这种存储服务也被单独称为 DaaS(Data as a Service). 提供存储资源的典型服务有 Amazon 的 S3、Google 的 GFS 等. IaaS 可以提供高速网络和通信服务, 这种服务也被称为 CaaS(Communication as a Service), 提供网络和通信资源的典型服务有 OpenFlow.

PaaS 是在基础设施与应用之间的重要一层, PaaS 将基础设施资源进行整合, 为用户提供基于互联网的应用开发环境, 包括应用编程接口和运行平台等, 方便了应用与基础设施之间的交互. 典型的 PaaS 平台有 Google 的 MapReduce 框架, 应用执行环境 Google App Engine、微软公司的 Microsoft Azure Services.

SaaS 即云应用软件, 为用户提供直接为其所用的软件. SaaS 一般面向终端用户, 特别是 "瘦终端". 终端用户利用 Web 浏览器, 通过网络就可以获得所需的或定制的云应用服务. 终端用户不具有网络、操作系统、存储等底层云基础设施的控制权, 也不能控制应用的执行过程, 只有非常有限的与应用相关的配置能力. SaaS 使用户以最小的开发和管理开销获得定制的应用. 典型的 SaaS 服务有 Salesforce 公司的 CRM 系统、Google Docs 等.

云安全联盟 CSA[4]给出了云计算平台的体系结构,涵盖了上述三种服务模式,如图 1-2 所示. 由云计算的服务模式可知, IaaS 为云用户提供基础设施服务. PaaS 基于底层的基础设施资源,为用户提供定义好 API 的编程模型和应用程序运行环境. SaaS 基于下层的基础设施或者编程模型和运行环境来开发,为用户提供云应用软件. 从云用户的角度看,云计算系统是一个完整统一的系统,用户只需将服务请求提交到云计算系统的"入口"(Web Portal),即可获得所需的 IaaS、PaaS 和 (或)SaaS 服务.

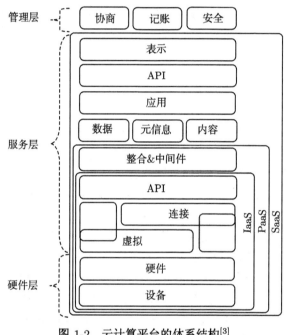

图 1-2 云计算平台的体系结构[3]

1.2 云计算安全体系

信息安全领域的发展历程已多次证明,信息技术的重大变革将直接影响信息安全领域的发展进程. 云计算以动态的服务计算为主要技术特征,以灵活的"服务合约"为核心商业特征,这种变革为信息安全领域带来了巨大的冲击.

简单来说,如图 1-3 所示,云环境中安全风险来自于多个实体,包括云服务提供商 (Cloub Service Provider, CSP)、云用户 (Data Owner, OWN)、第三方审计者 (Third Party Auditor, TPA)、外部攻击者等. 这些实体都可能给云环境带来安全风险, 如云服务商的非授权访问、云用户的租户间隔离失效、第三方审计者的泄露隐私、外部攻击者的入侵云端系统等.

1.2 云计算安全体系

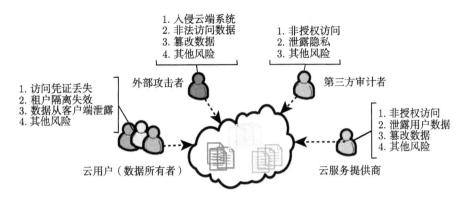

图 1-3 云环境中的访问实体及安全风险[5]

云安全联盟与惠普公司,基于对 29 家企业、技术供应商和咨询公司的调查结果,共同列出了云计算存在的安全问题[2],如下所述.

(1) **数据丢失/泄露**:云计算中对数据的安全控制力度并不理想,API 访问权限控制以及密钥生成、存储和管理方面的不足都可能造成数据泄露,并且还可能缺乏必要的数据销毁政策.

(2) **共享技术漏洞**:在云计算中,简单的错误配置都可能造成严重影响,由于云计算环境中很多虚拟服务器共享相同的配置,这就需要为网络和服务器配置执行服务水平协议 (SLA),以确保及时安装修复程序以及实施最佳做法.

(3) **供应商可靠性不易评估**:云计算服务供应商对工作人员的背景调查力度可能与企业数据访问权限的控制力度有所不同,很多供应商在这方面做得还不错,但并不够,企业需要对供应商进行评估并提出如何筛选员工的方案.

(4) **身份认证机制薄弱**:很多数据、应用程序和资源都集中在云计算环境中,而如果云计算的身份验证机制很薄弱的话,入侵者就可以轻松获取用户账号并登录客户的虚拟机.

(5) **不安全的应用程序接口**:在开发应用程序方面,企业必须将云计算看作新的平台,而不是外包,在应用程序的生命周期中,必须部署严格的审核过程,开发者可以运用某些准则来处理身份验证、访问权限控制和加密.

(6) **没有正确运用云计算**:在运用技术方面,黑客可能比技术人员进步更快,黑客通常能够迅速部署新的攻击技术,而在云计算中自由穿行.

(7) **未知的风险**:透明度问题一直困扰着云服务供应商,账户用户仅使用前端界面,他们不知道他们的供应商使用的是哪种平台或者修复水平.

当然,随着云计算的发展,新的风险和安全问题还将不断升级和出现.也正因为如此,沈昌祥院士[2]呼吁:云计算安全应从技术防护、运营管理、法规保障 3 个方面解决问题.同时,从技术防护层面,提出一个可信云计算体系架构,即在安全管理中心支撑下的可信计算环境、可信接入边界和可信网络通信三重防御架构,如图 1-4 所示.

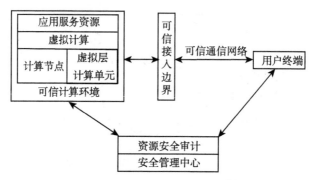

图 1-4 可信云计算体系架构[2]

冯登国研究员[6]也提出,实现云计算安全至少应解决关键技术、标准与法规建设以及国家监督管理制度等多个层次的挑战. 建立以数据安全和隐私保护为主要目标的云安全技术框架, 建立以安全目标验证、安全服务等级测评为核心的云计算安全标准及其测评体系, 建立可控的云计算安全监管体系; 同时, 提出了一个参考性的云安全框架 (图 1-5) 建议, 包括云计算安全服务体系与云计算安全标准及其测评体系两大部分, 以便从技术层面支撑实现云用户安全目标: 数据安全、隐私保护、安全管理和用户自定义的安全对象.

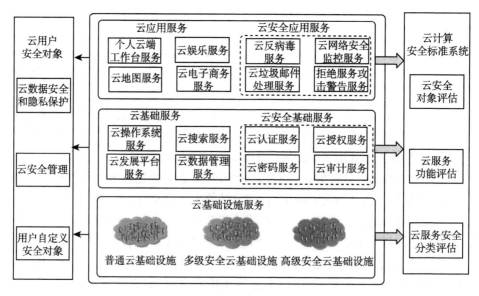

图 1-5 云计算安全技术框架[6]

1.3 云计算数据安全生命周期

诚如上述, 冯登国研究员[6]指出云用户的首要安全目标是数据安全与隐私保护服务. 特别地, 随着云计算的发展, 越来越多的用户开始将数据、应用迁移到云环境中. 当数据迁移到云环境后, 其安全保障依赖于云端系统. 然而, 云用户 (数据拥有者) 没有云端系统的管控权, 因此也就失去了对数据的管控权, 对于云端发起的各种内部攻击也无法阻止. 在这种情况下, 如何确保云环境中的数据安全面临新的挑战.

在云计算环境中, 用户数据的存在形式主要是静态数据和动态数据两种[5]. 静态数据以海量存储和便捷访问为主要目的, 例如长期存储的文档、图片、视频等. 这些数据在存储过程中不需要参与运算, 用户仅仅利用云的存储服务. 云端数据的机密性、完整性、可靠性以及隐私保护等是用户对存储数据关注的核心安全问题, 也是云存储安全技术的研究重点. 目前, 对静态数据的保护主要基于密码学技术, 例如基于密码学实现对数据的访问控制, 用密文检索技术来检索加密数据, 利用高效的完整性检测算法证明数据的存在性与可用性, 利用模糊关键词或匿名搜索来保护用户隐私, 用 VPN、SSH 等机制保证数据传输安全等. 动态数据是参与计算的数据, 例如数据库文件、程序文件、配置文件等. 如果用户既使用了存储服务, 又使用了计算服务, 则动态数据可以从云中存储服务器上直接调用. 利用加密技术保护动态数据十分困难, 目前对密文数据直接操作的 "全同态加密" 执行效率距离实际可用还相差很远. 因此, 数据在运算时依然要解密驻留在内存中, 很难利用密码学技术进行完整的保护. 对动态数据的保护多基于安全策略模型和机制进行, 例如访问控制模型和机制、沙箱机制等.

ORACLE 公司[7]把数据的生命周期用数据的访问频度来描述, 认为随着时间推移, 数据的访问频度也逐渐减小, 最终数据变为归档态 (整个的生命周期经历 3 个状态: 活跃态、次活跃态、历史态或归档态). 云安全联盟[4]提出了数据安全生命周期概念, 其中将数据安全的生命周期归纳为 6 个过程, 包括产生、存储、使用与共享、销毁及归档.

因此, 云计算数据的生命周期就是数据从其产生到销毁的过程. 数据在其生命周期可以用数据所经历的各环节来描述. 原始数据从产生后, 可能被修改、被移动、被归档, 最后被销毁. 数据生命周期模型如图 1-6 所示.

图 1-6 中数据的各处理环节有如下解释.

产生: 数据从无到有的创建过程, 数据可能在云客户端产生, 也可能在云服务端产生.

存储: 数据被存储在云环境中. 为了可靠性, 数据可能被存储在多个节点.

使用与共享：数据从云环境中被提取使用，数据可以被多人共同使用．

销毁：数据彻底不再有价值或不再继续被使用，为保证信息不泄露，使用一定手段使数据无效且无法恢复．

归档：数据因为访问度降低被暂时移除主存储区．

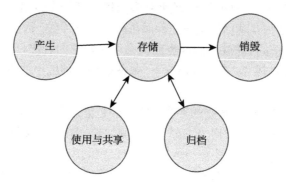

图 1-6　数据生命周期模型

图中圆形表示数据所处的处理环节．单向或双向箭头表示数据在不同环节的流动

1.3.1　数据安全威胁

云计算环境下，数据面临多方面的威胁，从来源看，可以分为内部威胁和外部威胁．

内部威胁主要来自云服务提供商和云服务用户．云服务提供商具有控制云数据资源的所有权，对其资源上存储的数据具有完全操作权限．为了维护系统性能，可以将数据进行任意移动或备份，而数据拥有者却感知不到．云服务提供商还具有较高的系统权限，可以操作具体系统上的用户资源，修改相应的用户配置信息，获取运行在内存中的明文信息等．云服务用户拥有合法身份，在多用户共享的云计算平台上，不同用户之间也只是逻辑上的隔离，不同用户的数据也可能存储在同一物理设备上．在多虚拟机的平台上，通过虚拟机漏洞，可以探测出目标用户的数据操作及数据．

外部威胁来自云环境中的各种恶意攻击者．这些攻击者可以在云客户端，窃取用户的账号密码，伪装为合法用户，或者在数据的传输过程中进行中间人攻击，窃取用户网络传输中的数据，也可能修改这些数据，甚至制造一些无效数据，或者攻击云端系统，利用云服务系统漏洞入侵系统，直接威胁用户的数据安全．

基于云计算的数据存储服务是一种在线服务．云计算环境下，数据不只是存储在云中，而是在云服务者和云用户之间流动．另外，云计算是一种多人共享服务，不同用户数据可能存储在同一物理设备上．这些云计算特点告诉我们，单纯从某一环节去保护数据安全是不够的，必须统筹考虑数据在数据生命周期不同阶段的安全威胁. 以下从数据生命周期的角度, 分析不同环节的威胁.

- **数据产生阶段**　数据产生后就存在安全风险, 攻击者通过系统漏洞, 可以篡改数据信息, 变更数据访问权限, 造成合法用户权限丢失.
- **数据存储阶段**　数据存储在云中的安全威胁是最多的. 这包括恶意云服务者的非法访问, 来自网络入侵者对数据的非法访问, 篡改存储数据, 合法用户的误操作等. 数据的备份存在信息泄密、备份介质老化的风险.
- **数据使用与共享阶段**　数据被单个用户使用, 也可能被多个用户共享使用. 多用户使用时, 数据面临的威胁也更多, 任一用户的攻破都可能造成数据的泄密.
- **数据归档阶段**　如果数据归档是采用在线存储器, 那就存在被非法访问的威胁.
- **数据销毁阶段**　数据销毁的目的是不再使用, 如果销毁不彻底, 那就可能存在被非法恢复的风险.

1.3.2　数据安全需求分析

尽管云计算环境存在数据存储服务的优势, 但其存在的安全问题使得用户不敢轻易尝试基于云的数据存储服务. 不管是云计算服务提供者还是云计算服务用户, 都希望云计算平台足够安全. 从生命周期的各阶段安全威胁出发, 可以挖掘出数据安全各项需求, 以下对这些需求进行概述.

- **数据加密存储**　数据放在第三方云中, 最大的威胁就是明文泄露. 而把明文加密后再存到云中, 信息泄密的风险就降低许多. 可以采用对称加密技术, 也可以采用非对称加密技术. 前者在处理大数据量时效率更高, 但密钥要经常更换. 后者适用于加密少量的数据, 可以使用非堆成加密技术实现一人加密, 多人解密, 或多人加密, 一人解密. 加密存储除了在云中外, 当数据暂存于用户端内存或外存时, 也需要进行加密处理.
- **数据完整性校验、完整性证明**　数据完整性校验保证数据是正确的, 没有被篡改过. 而数据完整性证明则是云服务端向用户提供的一种服务, 可让用户了解存储在云中的数据是否完整和有效, 防止数据破坏对业务造成损失. 数据完整性证明可以利用消息摘要技术来实现.
- **数据可用性保护**　云数据被分割后, 分布式地存储于云中不同的设备中. 如果因为某些设备或节点出现故障, 就可能导致数据不可用. 在用户使用数据前, 要求保证数据的可用性.
- **数据一致性保护**　数据在共享使用时, 如果不作互斥处理, 数据就可能存在不一致问题. 用户希望在使用数据时, 可以判断当前的数据是最新的.
- **数据加密传输**　用户通过不安全网络访问云中数据时, 数据必须要以保密的方式进行传输. 可以采用加密单个数据包的方式, 也可以采用加密信道的方式. 这两种保密方法都可以起到数据保密传输的目的.

- **数据备份与恢复** 减少数据造成损失的最简单的方式就是进行数据备份和恢复. 可以进行本地备份即数据直接在当前设备或节点进行备份, 也可以异地备份即将数据备份到其他设备或节点上. 前者可以快速地进行备份及恢复, 但如果硬件出现故障, 那备份也就没用了. 而异地备份则解决设备单点失效问题, 相应的备份和恢复工作也复杂些.
- **安全标记** 敏感数据加上安全标记后, 可以直接用于反映数据安全级别, 从而帮助系统利用这些安全标记对敏感数据进行安全检查.
- **密钥管理** 无论是数据加密、签名, 还是完整性验证, 都需要密钥. 因此, 密钥的安全性间接决定了数据的安全性. 密钥也有生命周期, 主要涉及的状态包括密钥的产生、发布、存储、使用、共享、更新、归档、销毁等. 密钥管理是其中最复杂的问题之一.
- **运程平台证明** 云计算平台的不可靠性对数据安全带来了很大的威胁. 用户希望在使用云中数据时, 可以判断云计算平台是否可靠. 当前可信计算技术能够满足这一需求, 可信计算可以计算平台的完整性, 并通过平台证明协议告诉用户当前云平台的可靠性. 另外, 可信计算也可以用于客户端, 这样云计算平台在与客户端平台通信之前就可以先进行平台级别的远程证明, 从而为下一步数据安全通信做好准备.
- **身份认证** 身份认证的目的就是防止非法访问用户数据. 无论是客户端用户还是云服务提供者, 在使用前必须经过身份认证, 这样必然能降低信息泄露的风险. 可以使用各种技术来提供身份认证, 如口令、证书、生物特征等.

根据分析, 数据生命周期安全威胁以及相应安全措施可以如表 1-1 描述.

表 1-1 数据生命周期安全威胁及其安全措施对应表

生命周期	威胁	安全需求
产生	数据篡改, 数据访问权限变更	安全标记, 权限管理
存储	非法访问, 数据篡改, 信息泄露, 数据破坏	数据一致性检查, 完整性保护, 数据备份, 数据加密, 访问控制
使用与共享	数据不一致, 信息泄露, 拒绝服务	身份认证, 权限管理, 密钥管理, 数据一致性检查, 平台远程证明
归档	介质非法访问, 数据篡改, 信息泄露	数据完整性检查, 数据加密, 访问控制
销毁	删除不彻底导致信息泄露	数据销毁验证

1.3.3 数据安全功能部署

与客户/服务器 (Client/Server, C/S) 或浏览器/服务器 (Browser/Server, B/S)

1.3 云计算数据安全生命周期

的结构类似,可以把基于云计算的数据存储服务的结构称为客户–云 (Client/Cloud, C/C) 模式. 这里用云服务代理表示提供数据服务的一端,而数据服务使用者用客户端代理来表示.

数据安全功能要求在云服务端代理和客户端代理是不一样的. 图 1-7 表示一个基于客户–云模式的数据存储系统中的数据安全功能分布.

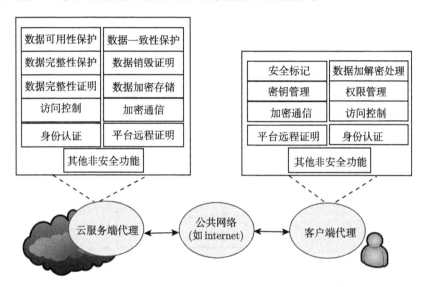

图 1-7 数据安全功能分布

由图 1-7 可知,基于客户–云模式的数据安全系统中,客户端代理功能包括加密通信、平台远程证明、身份认证、数据加解密处理、访问控制、安全标记、密钥管理等. 而云服务端代理除包含客户端代理的基本功能外,还具有数据可用性保护、数据一致性保护、数据完整性保护和证明、数据销毁证明、数据加密存储、加密通信等功能. 除上述功能模块外,客户端代理和云服务端代理还可以扩展其他安全功能.

数据安全功能分布在客户端和云服务端,这说明只有云服务端的安全是不够的. 而通过在云服务端和云客户端都部署一定的安全功能,可以使得数据在其生命周期中各个环节更加安全.

1.3.4 数据安全处理流程

本小节通过一个例子说明基于生命周期的数据安全处理的一般流程.

过程描述如下. 用户先产生出需要保护的数据,给这些数据进行分类,并标记敏感度、安全级别. 对重要的数据进行完整性校验计算并存储校验码. 然后,将数据通过安全信道传输到云中,也可以先加密数据,然后在不安全信道上传输. 云服务端要先对接收到的数据进行完整性校验,保证接收到的数据是完整的. 如果数据是加密后传输的,则可以直接将密文存储在数据库中.如果数据是明文传输,则云服务端先要对数据进行加密处理,然后再将数据存入云中.使用时,先进行用户平台的完整性认证,然后再进行身份认证.通过认证后的用户才能访问数据.因为数据是加密的,数据可以先解密后再返回给用户,也可以直接以密文的方式返回客户端,并在客户端进行解密.在数据共享时,除了要进行必要的平台认证及身份认证外,还要使用数据互斥技术,防止数据不一致问题出现.当用户不需要继续保留这些数据时,可以执行数据销毁操作,并将销毁证明反馈给用户.

图 1-8 给出了基于生命周期的数据安全活动过程.

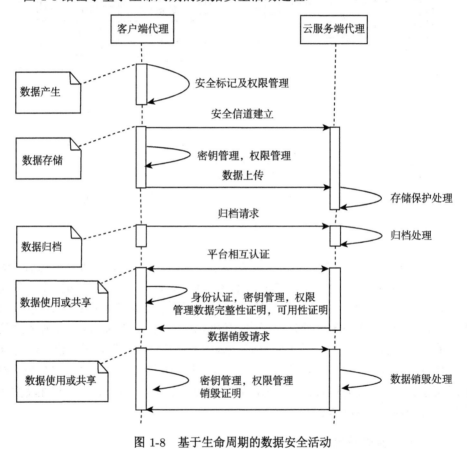

图 1-8 基于生命周期的数据安全活动

参 考 文 献

[1] Mell P, Grance T. The NIST Definition of Cloud Computing. http://nvlpubs.nist.gov/nistpubs/Legacy/SP/nistspecialpublication800-145.pdf [2017-02-24].

[2] 沈昌祥. 云计算安全. 信息安全与通信保密, 2010, 12: 12-15.

参 考 文 献

[3] 刘婷婷. 面向云计算的数据安全保护关键技术研究. 郑州: 中国人民解放军信息工程大学, 2013.

[4] Cloud Security Alliance. Security Guidance For Critical Areas of Focus in Cloud Computing. http://www.cloudsecurityalliance.org/guidance/csaguide.v3.0.pdf [2017-02-24].

[5] 余小军. 云环境中的数据安全关键技术研究. 北京: 北京邮电大学, 2016.

[6] 冯登国, 张敏, 张妍, 等. 云计算安全研究. 软件学报, 2011, 22(1): 71-83.

[7] Oracle. Information Lifecycle Management for Business Data: An Oracle White Paper June 2007. http://www.oracle.com/us/026964.pdf [2017-02-24].

第 2 章 密码学基础

现代密码学的研究领域是设计和分析任何安全协议来抵御各种不同攻击者的恶意破坏. 为了构造安全的密码体制, 本章在基本密码体制的基础上给出了几个常用的密码学工具, 包括 Hash (哈希, 杂凑) 函数、伪随机函数、消息认证码 (MAC) 等[1-5].

2.1 密码体制

密码学是设计和分析确保在不安全信道上的通信安全的数学技术. 这样的不安全信道是普遍存在的, 比如电话线或计算机网络. 通常称通信的双方为 Alice 和 Bob, 并且通信中存在敌手 Oscar.

令 M 是明文空间, 由英文单词、字符串、符号或数据等组成. M 中的每一个元素 $m \in M$ 称为明文信息, 简称明文. C 是密文空间, 它是由明文空间 M 和加密算法决定的. C 中的每一个元素 $c \in C$ 称为密文信息, 简称密文. K 为密钥空间, K 中的元素 k 称为密钥. 对于每一个 $k \in K$, 唯一决定了一个从 M 到 C 的双射 E_k, 称 E_k 为加密算法. 其中, 由于一个明文对应一个密文, 且每一个密文都可以经过解密恢复出明文, 故 E_k 必须是双射. 对于每一个 $k' \in K$, 唯一决定了一个从 C 到 M 的双射 $D_{k'}$, 称 $D_{k'}$ 为解密算法.

所有的加密算法组成集合 $E = \{E_k | k \in K\}$, 相应地, 所有的解密算法组成集合 $D = \{D_{k'} | k' \in K\}$, 并且满足对于每一个 $k \in K$, 存在唯一的 $k' \in K$ 使 $D_{k'} = E_k^{-1}$ 成立, 即对任意的 $m \in M$, 都有 $D_{k'}(E_k(m)) = m$ 成立. 密钥 k 和 k' 称为密钥对, 记为 (k, k'), 其中 k 与 k' 是可以相等的. 一个加密体制, 是由明文空间 M、密文空间 C、密钥空间 K、加密算法集合 E 以及相应的解密算法集合 D 唯一决定的.

为了达到通信安全的目的, Alice 和 Bob 按如下方法进行信息交换: Alice 和 Bob 秘密地选取或秘密地交换一对密钥 (k, k'), 如果 Alice 想发送消息 $m \in M$ 给 Bob, 她计算 $c = E_k(m)$ 并将计算结果发送给 Bob; 收到 c 之后, Bob 计算 $D_{k'}(c) = m$, 因此恢复出原始明文 m.

在密码学中, 集合 M, C, K, E, D 都是公开的, 用户之间为了安全的通信, 唯一要保密的就是他们秘密选择的密钥对 (k, k'). 此外, 用户也可以通过对加密算法与解密算法的保密, 来获得额外的安全. 但是通过对算法进行保密来维持体制的安全性的方法在实际应用中是非常困难的.

2.1 密码体制

根据密钥的特点，可将密码体制分为对称 (私钥) 和非对称 (公钥) 密钥密码体制两种[6,7]. 在对称密码体制中, 加密密钥和解密密钥是一样的或者彼此之间容易相互确定. 而在非对称密码体制中, 加密密钥是公开的, 解密密钥是秘密保存的, 且由加密密钥得到对应的解密密钥是不可行的, 从而保证了解密密钥的私密性.

2.1.1 对称加密体制

定义 2.1.1 一个加密体制称为对称加密体制, 如果对于每一个加、解密钥对 (k, k'), 由 k 很容易计算出 k', 或者由 k' 很容易计算出 k. 其中, 常用的对称加密体制是 $k = k'$.

例 2.1.1 令 $a = \{A, B, \cdots, Y, Z\}$ 是英文字母表, M 和 C 是 a 中任意五个字母组成的集合, 密钥 k 是在 a 上的代换. 在加密过程中, 一条英文信息被分成只含有五个字母的小组, 每一次代换 k 对每一个字母进行作用. 在解密过程中, 逆代换 $k' = k^{-1}$ 对每一个密文字母进行作用. 例如, k 是如下字母代换：

$$k = \begin{pmatrix} \text{ABCDE} & \text{FGHIJ} & \text{KLMNO} & \text{PQRST} & \text{UVWXY} & \text{Z} \\ \text{DEFGH} & \text{IJKLM} & \text{NOPQR} & \text{STUVW} & \text{XYZAB} & \text{C} \end{pmatrix},$$

一个信息

$$m = \text{THISC \quad IPHER \quad ISCER \quad TAINL \quad YNOTS \quad ECURE},$$

经过加密后得到密文

$$c = E_k(m) = \text{WKLVF \quad LSKHU \quad LVFHU \quad WDLQO \quad BQRWV \quad HFXUH}.$$

对于对称密码体制而言, 最重要的问题在于通信的双方如何对密钥达成一致, 并且如何安全地交换密钥. 这涉及密钥分配问题. 在对称密码体制中, 存在两种重要的对称密钥加密体制: 分组密码和流密码 (亦称序列密码).

定义 2.1.2 一个分组加密方案是将明文信息分成等长的若干小组, 将每个小组信息在密钥的作用下进行加密.

分组密码在通常情况下是明、密文等长, 并具有处理速度快、节约存储、避免浪费带宽等特点. 分组密码的另一个特点是容易标准化, 分组密码由于其固有的特点 (高强度、高速率、便于软硬件实现) 而成为标准化进程的首选体制. DES 就是称为数据加密标准的分组密码典型代表.

流密码又称序列密码, 它将明文消息字符串逐位地加密成密文信息. 由于它的加、解密容易实现, 实时性好, 以及没有或只有有限的错误传播, 因此流密码在实际应用中, 特别是在专用和机密机构中仍保持着优势.

定义 2.1.3 令 K 是对于某个加密算法的密钥空间, 称 $k_1 k_2 \cdots k_i \cdots$ 为密钥流, 其中 $k_i \in K$.

定义 2.1.4 令 $m_1 m_2 \cdots m_i \cdots$ 是明文字符串, $k_1 k_2 \cdots k_i \cdots$ 为密钥流, 流密码是将明文字符串作用成密文字符串 $c_1 c_2 \cdots c_i \cdots$ 的一种加密算法, 即 $c_i = E_{k_i}(m_i)$. 若将 k_i 的逆记为 k_i', 那么有 $D_{k_i'}(c_i) = m_i$.

密钥流可以是随机产生的, 也可以由一个算法对一个短的种子密钥流进行作用后生成或者由一个种子密钥流以及之前的密文信息生成. 这样的算法称为密钥流生成器.

2.1.2 公钥加密体制

令 $\{E_k | k \in K\}$ 是由加密算法组成的集合, $\{D_{k'} | k' \in K\}$ 是由解密算法组成的集合, 其中 K 为密钥空间. 存在一对加、解密算法 $(E_k, D_{k'})$, 满足给定算法 E_k 和随机选取的密文 $c \in C$, 不可能得到明文 $m \in M$ 使得 $E_k(m) = c$ 成立. 也就是说, 给定加密密钥 k, 不可能得到相应的解密密钥 k'. 在公钥加密体制中, E_k 在这里被认为是陷门单向函数, 而 k' 就是计算其逆函数的陷门. 这与对称加密体制中的 "k 和 k' 基本上一样" 不同.

基于以上假设, 在 Alice 和 Bob 进行通信的过程中, Bob 随机选取一密钥对 (k, k'), 并将加密密钥 k(称为公钥) 发送给 Alice, 将解密密钥 k'(称为私钥) 秘密保存. 因此, Alice 可以用 Bob 给她的公钥对信息 m 进行加密, 得到密文 $c = E_k(m)$. Bob 收到密文后, 用由 k' 决定的解密算法 $D_{k'}$ 对密文进行解密.

与对称加密不同, Bob 传递给 Alice 的公钥 k 可以在不安全信道上进行传输, 加密后的密文同样可以在这个信道上传输. 由于公钥 k 是公开的, 那么任何用户都可以加密信息后发送给 Bob, 只有 Bob 可以对其进行解密. 这意味着在公钥加密体制中, 如果只知道公钥 k, 要得到私钥 k' 是计算不可行的.

定义 2.1.5 称一个加密体制为公钥加密体制, 如果对于每一个加、解密钥对 (k, k'), 在公开公钥 k 的同时要对私钥 k' 进行保密. 若由公钥 k 计算私钥 k' 是不可行的, 则称此加密体制为安全的公钥加密体制.

2.1.3 两者的比较

相比公钥加密体制, 对称加密体制存在以下优、缺点.

(1) 优点：

(i) 对称加密体制对数据加密更快;

(ii) 对称加密体制中密钥相对较短;

(iii) 对称加密体制可以用来构造一些基本的密码工具, 如伪随机生成器、Hash 函数等;

(iv) 对称加密体制可以产生安全性更高的密文.

(2) 缺点:

(i) 双方通信时, 密钥必须被双方保密;

(ii) 在大型网络中, 需要管理的密钥对数量庞大, 这给密钥管理带来很大的不便, 对密钥的管理是由可信第三方完成的;

(iii) 在双方每一次通信时, 密钥不能被重复使用.

相比对称加密体制, 公钥加密体制存在以下优、缺点.

(1) 优点:

(i) 只有私钥需要被保密;

(ii) 在网络中的密钥管理仅需要一个函数可信第三方, 不需要无条件的可信第三方, 根据使用的方式, 可信第三方仅需要离线管理即可, 不需要对密钥进行实时管理;

(iii) 根据使用的方式, 公、私钥对可以使用很长时间不用更换;

(iv) 一些公钥加密体制可以产生相对有效的数字签名方案;

(v) 在大型网络设施中, 需要管理的密钥数量较少.

(2) 缺点:

(i) 加密效率较低;

(ii) 密钥长度大;

(iii) 没有公钥加密方案被证明是安全的, 它们的安全性仅是基于假定安全的数论难题.

对称加密体制与公钥加密体制各有一些互补的优势, 目前的密码体制应利用各自的优势. 在实际应用中主要有两点:

(1) 公钥密码体制主要用于密钥管理以及可以产生有效的数字签名;

(2) 对称密码体制在加密过程以及数据完整性中更有优势.

注 2.1.1 在公钥加密体制中私钥的长度比对称密码体制中密钥的长度大, 这是因为对于对称加密体制最有效的攻击方式是穷举攻击, 而对公钥加密体制而言, "截短" 攻击 (如在 RSA 中对大整数进行分解) 要比穷举攻击更有效, 因此要达到相同的安全标准, 要求公钥加密体制中私钥的长度更大.

2.2 数字签名

在日常生活中经常需要使用签名, 如写信、从银行取钱以及签署合同等, 其目的是将签名者的身份与某些信息联系在一起. 数字签名又称签名方案, 是一种给以电子形式存储的信息签名的方法. 因此, 签名后的消息可以通过计算机网络进行传输.

传统签名与数字签名存在一些基本的差异:首先,在传统签名模式中,手写签名是所签署文件的物理部分,而数字签名没有物理地附加在所签的文件上,因此签名算法必须以某种形式将签名附加到所签的文件上;其次,传统的签名通过比较其他已认证的签名来验证当前签名的真伪,而数字签名却能通过一个公开的验证算法对它进行确认,这样,任何拥有签名公钥的用户都可以对数字签名进行验证,安全的数字签名方案能阻止伪造签名的可能性;最后,数字签名文件的"复制"与原签名文件相同,而伪造的手写签名文件能与原来的签名文件区分开来,这意味着必须采取措施防止一个数字签名消息被重复使用. 本小节主要介绍数字签名的基本原理与经典算法.

2.2.1 基本概念及原理

一个数字签名方案包含两个部分:签名算法和验证算法. 令 M 是所有可能的消息组成的有限集合,S 是所有可能的签名组成的有限集合,S_A 称为用户 A 从消息集合 M 到签名集合 S 的签名算法. 算法 S_A 由 A 秘密保存并产生对消息 M 的签名. V_A 称为从集合 $M \times S$ 到集合 $\{\text{TRUE}, \text{FALSE}\}$ 对 A 的签名的验证算法,V_A 是可以公开的,由其他用户对 A 的签名进行验证. 具体的签名验证过程如下.

(1) 签名阶段:签名者 A 对消息 $m \in M$ 进行签名,计算 $s = S_A(m)$,并将计算的结果及消息 (m, s) 发送给验证者,s 称为对消息 m 的签名;

(2) 验证阶段:验证者 B 得到 (m, s) 及验证函数 V_A,计算 $u = V_A(m, s)$,若 $u = \text{TRUE}$,则判定签名是由 A 生成的;若 $u = \text{FALSE}$,则判定签名是伪造的.

注 2.2.1 签名算法和加密算法都是由密钥决定的,即用户 A 的签名算法 S_A 由密钥 k_A 决定,并且 k_A 由用户 A 秘密保存;用户 A 的验证算法 V_A 由公钥 l_A 决定并将 l_A 公开.

假设 E_k 是公钥加密算法,明、密文空间分别为 M 和 C,且有 $M = C$. 若 $D_{k'}$ 是与 E_k 相对应的解密算法,那么对任意的 $m \in M$,存在

$$D_{k'}(E_k(m)) = E_k(D_{k'}(m)) = m.$$

这种加密体制称为可逆的. 在此基础上,可以构造公钥加密体制下的数字签名方案如下.

(1) 令 M 是签名方案的消息空间;
(2) 令 $C = M$ 是签名方案的签名空间;
(3) 令 (k, k') 是公钥加密方案中的一对密钥;
(4) 定义签名算法 S_A 就是 $D_{k'}$,那么对消息 $m \in M$ 的签名就是 $s = D_{k'}(m)$;

(5) 定义验证算法 V_A 为

$$V_A(m,s) = \begin{cases} \text{TRUE}, & E_k(s) = m, \\ \text{FALSE}, & \text{其他}. \end{cases}$$

如果用户 A 要签名的消息具有特殊结构, 那么签名方案可以进一步简化. 令 M' 是 M 中具有特殊结构的消息子集, M' 中的每个消息包含重复的部分. 例如, 令 M 是所有长为 $2t$ 字符串组成的集合, 其中 t 为正整数. 令 M' 是 M 中前 t 比特与后 t 比特相等的字符串组成的集合 (如当 $t=3$ 时, 101101 就是 M' 中的元素). 若用户 A 要对 M' 中的消息进行签名, 那么就很容易进行验证:

$$V_A(s) = \begin{cases} \text{TRUE}, & E_k(s) = M', \\ \text{FALSE}, & \text{其他}. \end{cases}$$

在这种情况下, 由于消息 $m = E_k(s)$ 可以通过验证函数得到, 因此用户 A 只需传递签名 s 即可, 这种签名方案称为消息可恢复的数字签名方案.

在实际应用中, 一个数字签名方案必须要有以下基本性质:
(1) 签名算法应便于计算;
(2) 对任意验证者, 验证算法应便于计算;
(3) 签名方案有一个恰当的生命周期.

数字签名的目的是对某个争论做出判断. 例如, 用户 A 否认已经签名过的文件, 或者某个用户 B 声称对某个文件的签名是由 A 产生的. 为了解决这样的问题, 需要一个可信第三方 (TTP) 来判断, 这个 TTP 是由用户共同选取的. 如果 A 否认 B 得到的关于消息 m 的签名是来自 A, 那么 B 就将 A 的签名 s_A 和消息 m 共同发给 TTP. 由 TTP 进行验证, 若 $V_A(m, s_A) = \text{TRUE}$, 则判定 s_A 就是用户对 m 的签名.

2.2.2 经典算法

以下介绍两个经典的数字签名方案——RSA 数字签名和 ElGamal 数字签名, 它们是分别基于大整数分解和离散对数困难问题而设计的.

1. RSA 数字签名方案

在 RSA 加密算法中, 由于加密变换是一个双射, 因此交换加解密的过程, 就可以得到相应的 RSA 数字签名方案.

设 $n = pq$, 其中 p 和 q 是两个大素数, 并计算 $\varphi(n) = (p-1)(q-1)$. 随机选取整数 $e \in (1, \varphi(n))$, 满足 $\gcd(e, \varphi(n)) = 1$, 存在整数 d 使得 $ed \equiv 1 \pmod{\varphi(n)}$ 成立. 故可得 $K = (n, p, q, e, d)$, 其中公钥为 (n, e), 私钥为 (p, q, d).

对消息 $m \in M = \mathbb{Z}_n$ 进行签名,得到相应的签名为

$$y = S_K(m) = m^d \bmod n,$$

对其进行验证可得

$$V_K(m, y) = \text{TRUE} \Leftrightarrow m \equiv y^e \bmod n.$$

对于 (m, y),若 y 是 m 的合法签名,则有

$$y^e = m^{ed} = m^{t\varphi(n)+1} = m^{t\varphi(n)}m = m \bmod n,$$

即验证算法成立.

对 RSA 签名算法的攻击主要有两种.

(1) 整数分解. 如果敌手可以对用户 A 的公共模数进行分解,则敌手可以计算出 $\varphi(n)$,然后利用扩展的欧几里得算法,利用 $\varphi(n)$ 和 d 可以从 $ed \equiv 1 \bmod \varphi(n)$ 中求出 e. 为了抵御这种攻击,A 必须选择大素数 p 和 q,使得分解 n 是计算不可行的.

(2) 乘法同构. 在 RSA 签名方案中,如果对消息 m_1, m_2 的签名分别为 $s_1 = m_1^d \bmod n$,$s_2 = m_2^d \bmod n$,由此可知,对消息 $m = m_1 m_2$ 的签名为 $s = s_1 s_2 = m_1^d m_2^d \bmod n = (m_1 m_2)^d \bmod n$,$s$ 就是对消息 m 的合理签名. 为了抵御这种攻击,签名者要对消息摘要进行签名,即一般对消息的 Hash 函数值 $h(m)$(详见 2.3 节)进行签名,并且满足 $h(m) \neq h(m_1) h(m_2)$.

2. ElGamal 数字签名方案

1985 年,ElGamal 提出了一种基于离散对数问题的数字签名方案,称作 ElGamal 签名方案. 它是专为签名而设计的,不同于既用作加密又用作签名体制的 RSA. ElGamal 签名方案是非确定性的,这意味着对任何给定的消息有许多有效的签名,并且验证算法能够将它们中的任何一个作为可信的签名而接受.

设 p 是一个使得在 $\mathbb{Z}_p$ 上的离散对数问题是难解的素数,α 是 $\mathbb{Z}_p^*$ 的一个生成元. 选择随机整数 a 满足 $1 \leqslant a \leqslant p-2$,计算 $\beta = \alpha^a \bmod p$,可得公钥为 (p, α, β),私钥为 a.

用户 A 随机选取秘密数 $k \in [1, p-2]$ 且 $\gcd(k, p-1) = 1$,计算 $r = \alpha^k \bmod p$,$s = (m - ar)k^{-1} \bmod (p-1)$,由此可得,关于任意长度二元信息 m 的签名为 (r, s). 用户 B 对其进行验证可得 $V_A(m, (r, s)) = \text{TRUE} \Leftrightarrow \beta^r r^s = \alpha^m \bmod p$.

对于 $(m, (r, s))$,若 (r, s) 是 m 的合法签名,则 $s = (m - ar)k^{-1} \bmod (p-1)$ 成立,将上式两端同时乘以 k 可得 $ks = m - ar \bmod (p-1)$,即

$$ks + ar = m \bmod (p-1).$$

由此可知,$\beta^r r^s = \alpha^m \bmod p$ 成立.

对 ElGamal 签名方案的安全性分析如下.

(1) 敌手可以选择随机数 k 来伪造用户的签名

$$r = \alpha^k \bmod p, s = (m - ar) k^{-1} \bmod (p-1),$$

如果离散对数问题是计算不可行的, 那么敌手随机选择 k 的成功概率为 $\dfrac{1}{p}$, 当 p 很大时, 概率是可以忽略的.

(2) 每一次签名的过程中, 必须重新选择 k, 否则,

$$s_1 = (m_1 - ar) k^{-1} \bmod (p-1), \quad s_2 = (m_2 - ar) k^{-1} \bmod (p-1),$$

因此, $(s_1 - s_2) k \equiv (m_1 - m_2) \bmod (p-1)$, 若 $s_1 - s_2 \neq 0 \bmod (p-1)$, 则有 $k \equiv (s_1 - s_2)^{-1} (m_1 - m_2) \bmod (p-1)$. 一旦知道了 k, 敌手就可以很容易得到 a.

2.3 Hash 函数

Hash 函数是密码学的一个基本工具, 在密码学中有许多应用, 特别是在数字签名和消息的完整性检测方面有重要的应用. 下面给出关于 Hash 函数的一个简单定义.

定义 2.3.1 Hash 函数是一个能将任意长度的字符串作用成一个固定长度的字符串的计算有效的函数, 其中输出的固定长度字符串称为 Hash 值.

一个消息的数字签名很长, 而且消息越长, 其数字签名也越长. 为了克服这一缺点, 通常在对消息签名之前, 先用一个 Hash 函数将消息压缩为一个短得多的摘要, 再对消息摘要进行签名. 一个带密钥的 Hash 函数通常用来作为消息认证码 (MAC). 假定 Alice 和 Bob 共享密钥 k, 该密钥下的 Hash 函数为 h_k. 对于消息 x, Alice 和 Bob 都能够计算出相应的认证标签 $y = h_k(x)$, 二元组 (x, y) 可以在不安全信道上从 Alice 传给 Bob. 当 Bob 接收到 (x, y) 后, 他能够验证是否有 $y = h_k(x)$. 如果这个条件满足并且所用到的 Hash 函数是安全的, 那么就可以确信 x 和 y 都没有被篡改过. 因此, 一个 Hash 函数 h 应具备以下性质:

(1) h 能应用于任意长的消息或文件 x;

(2) Hash 值是固定长的, 但要足够长;

(3) 计算 Hash 值是容易的;

(4) 给定算法 h, 要找到两个不同的消息 $x_1 \neq x_2$, 使其 Hash 值 $h(x_1) = h(x_2)$ 是计算不可行的.

令 Hash 函数为 $h: X \to Y$, 如果一个 Hash 函数被认为是安全的, 就应该出现对以下三种问题都是难解的情况.

(1) 原像问题. 设 Hash 函数 $h: X \to Y$ 且 $y \in Y$, 求 $x \in X$ 使得 $h(x) = y$ 成立.

如果对某个给定的 $y \in Y$, 原像问题能够解决, 则 (x,y) 是有效的. 不能有效解决原像问题的 Hash 函数通常称为单向的或者原像稳固的.

(2) **第二原像问题**. 设 Hash 函数 $h: X \to Y$ 且 $x \in X$, 求 $x' \in X$ 使得 $x' \neq x$, 并且 $h(x') = h(x)$ 成立.

如果问题能够解决, 则 $(x', h(x))$ 是有效的二元组. 不能有效解决第二原像问题的 Hash 函数通常称为第二原像稳固的或抗弱碰撞的.

(3) **碰撞问题**. 设 Hash 函数 $h: X \to Y$, 求 $x, x' \in X$ 使得 $x' \neq x$, 并且 $h(x') = h(x)$ 成立.

对这个问题的解答并不能直接产生有效的二元组. 可是, 如果 (x,y) 是有效的二元组, 并且 x, x' 是碰撞问题的解, 则 (x', y) 也是一个有效的二元组. 不能有效解决碰撞问题的 Hash 函数通常称为碰撞稳固的或抗强碰撞的.

应当注意的是: 抗弱碰撞 Hash 函数随着重复使用次数的增加而安全性逐渐降低. 这是由于用同一个抗弱碰撞 Hash 函数的消息越多, 找到不同消息发生碰撞的机会就越大, 从而系统的总体安全性降低. 对于抗强碰撞 Hash 函数, 则不会因其重复使用而降低安全性.

2.4 伪随机函数

要构造理论上完善保密的密码体制, 所需要的随机密钥数不少于所传送的明文消息数 (如一次一密体制), 但产生很长的随机比特序列要付出很高的代价 (如在随机算法中的内部扔硬币). 本节主要介绍密码学中的重要工具 —— 伪随机序列生成器和伪随机函数[8].

2.4.1 伪随机序列生成器

在实用的密码体制中, 要求所用的随机密钥序列比所传送的明文消息序列短得多. 要设计这样的密码体制, 特别是简单的流密码体制, 就要应用伪随机序列生成器. 不严格地说, 一个伪随机序列生成器是一个确定性算法, 它把短的随机比特序列 (种子) 延伸为长得多的貌似随机的比特序列. 由此可见, 伪随机序列生成器是密码学的一个基本工具, 在构造实用的密码系统中起着重要的作用.

定义 2.4.1 伪随机序列生成器是一个确定性算法, 输入一个长为 k 的二元随机序列, 输出长为 l (远远大于 k) 的 "看起来" 随机的二元序列. 伪随机序列生成器的输入称为种子, 它的输出称为伪随机序列.

伪随机序列生成器的输出并不是真正的随机序列, 输出的序列数量只是所有可能的长为 l 的二元序列中很小的一部分, 只有 $2^k/2^l$. 它的作用是将一个小的随机序列扩展成一个大的序列, 以至于敌手不能有效地判断输出的序列是否是随机的.

2.4 伪随机函数

例 2.4.1 一个线性同余生成器根据线性方程

$$x_n = ax_{n-1} + b \bmod m, \quad n \geqslant 1,$$

生成伪随机序列 $x_1, x_2, x_3, \cdots$, 其中整数 a, b, m 是系数, x_0 是种子. 这个生成器是可预计的, 因此对于密码体制来说是不安全的: 即使不知道系数 a, b, m, 如果给定部分输出序列, 则其余的输出序列都可以推导出.

对于伪随机序列生成器的安全性, 随机种子的长度 k 应该足够大, 以至于敌手对所有 2^k 个可能的种子进行搜索是计算不可行的.

定义 2.4.2 一个伪随机序列生成器称为可抵御多项式时间统计测试, 如果不存在多项式时间算法可以以大于 $1/2$ 的概率正确判断输出序列是否是随机序列.

定义 2.4.3 一个伪随机序列生成器称为可抵御下一比特测试, 如果不存在多项式时间算法可以以大于 $1/2$ 的概率, 由输出序列 s 的前 l 比特正确推出 s 的第 $l+1$ 比特.

事实上, 一个伪随机序列可抵御下一比特测试, 当且仅当它可抵御多项式时间统计测试.

定义 2.4.4 一个伪随机序列生成器可抵御下一比特测试, 则称此生成器是密码学安全的伪随机序列生成器.

对于密码学安全的伪随机序列生成器, 生成器的安全性一般基于某个数学困难问题的难解性.

例 2.4.2 RSA 伪随机序列生成器, 生成长度为 l 的伪随机序列 $z_1, z_2, \cdots, z_l$.

(1) 生成两个秘密的素数 p, q, 并计算 $n = pq$, $\varphi(n) = (p-1)(q-1)$, 随机选择秘密值 e, 满足 $1 < e < \varphi(n)$ 且 $\gcd(e, \varphi(n)) = 1$.

(2) 在 $[1, n-1]$ 中随机选取整数 x_0 作为种子.

(3) 对 i 从 1 到 l 作如下操作:

(i) $x_i \leftarrow x_{i-1}^e \bmod n$;

(ii) $z_i \leftarrow x_i$ 的最低位比特.

(4) 输出序列 $z_1, z_2, \cdots, z_l$.

若 $e = 3$, 那么生成每一个随机比特 z_i 需要一次模乘运算和一次模幂运算. 在 (ii) 中, 可以提取 x_i 中的 j 个最低位比特来提高生成器效率, 其中 $j = c \log_2 \log_2 n$, c 为一常数. 如果 n 为一个大数 (1024 比特), 那么修改后的生成器在密码学上仍然是安全的.

例 2.4.3 Micali-Schnorr 伪随机序列生成器, 生成长度为 l 的伪随机序列 $z_1, z_2, \cdots, z_l$.

(1) 生成两个秘密的素数 p, q, 并计算 $n = pq$, $\varphi(n) = (p-1)(q-1)$. 令 $N = \lfloor \log_2 n \rfloor + 1$ (n 的比特长度). 随机选择秘密值 e, 满足 $1 < e < \varphi(n)$ 且 $\gcd(e, \varphi(n)) =$

$1,80e \leqslant N$. 令 $k = \left\lfloor N\left(1 - \dfrac{2}{e}\right) \right\rfloor$ 并且 $r = N - k$.

(2) 随机选取比特长度为 r 的序列 x_0 作为种子.

(3) 生成长度为 $k \cdot l$ 的伪随机序列. 对 i 从 1 到 l 作如下操作:

(i) $y_i \leftarrow x_{i-1}^e \bmod n$;

(ii) $x_i \leftarrow y_i$ 的 r 个最高位比特;

(iii) $z_i \leftarrow y_i$ 的 k 个最低位比特.

(4) 输出序列 $z_1 \| z_2 \| \cdots \| z_l$, 其中 $\|$ 为连接符.

由于在每一次求幂运算中有 $\left\lfloor N\left(1 - \dfrac{2}{e}\right) \right\rfloor$ 个比特被 e 生成, 因此例 2.4.3 要比例 2.4.2 效率更高. 例如, 若 $e = 3$, $N = 1024$, 那么在每一次求幂运算中有 $k = 341$ 比特生成. 从而, 每一次幂运算需要一次 $r = 683$ 比特的模幂运算和一次模乘运算.

2.4.2 伪随机函数构造

伪随机序列生成器提供了一种由短的随机种子生成长的伪随机序列的有效方法. 而伪随机函数提供了一个有效的直接生成伪随机序列的方法, 即一个伪随机函数是一个有效的确定性算法, 若给定 n 比特种子 s, n 比特自变量 x, 它能生成一个 n 比特字符串 $f_s(x)$, 以至于对随机选取的 $s \in \{0,1\}^n$, 要区分 f_s 与一个随机函数 $F: \{0,1\}^n \to \{0,1\}^n$ 的值是计算不可行的.

以上关于伪随机函数一个重要的特点就是伪随机函数的生成是由其种子的生成决定的, 即一个"看上去"伪随机的函数 $f_s: \{0,1\}^n \to \{0,1\}^n$ 是由它的 n 比特种子 s 决定的.

定理 2.4.1 一个伪随机函数可以由任意一个伪随机序列生成器构造.

令 G 是一个伪随机序列生成器, 它将 n 比特长的种子 s 延伸为 $2n$ 长比特串 $G(s)$, 定义函数 $G_0(s)$ 为 $G(s)$ 的前 n 个比特, $G_1(s)$ 为 $G(s)$ 的后 n 个比特, 即 $G(s) = G_0(s) G_1(s)$. 定义

$$G_{\sigma_n \cdots \sigma_2 \sigma_1}(s) = G_{\sigma_n}(\cdots G_{\sigma_2}(G_{\sigma_1}(s)) \cdots).$$

令 $f_s(x) = G_{\sigma_n \cdots \sigma_2 \sigma_1}(s)$, 定义随机函数 $F_n = f_{U_n}(x)$, 其中 U_n 为 $\{0,1\}^n$ 上的均匀分布随机变量 (即 s 在 $\{0,1\}^n$ 中按均匀分布随机抽取), $\{F_n; n \geqslant 1\}$ 即为所构造的随机函数序列.

利用上述方法构造的伪随机函数序列 $\{F_n; n \geqslant 1\}$ 是可用有效多项式时间算法实现的, 并可在密码中应用. 由于 F_n 的值仅在函数集 $\{f_s; s \in \{0,1\}^n\}$ 中随机抽取, 因此可以用一个多项式时间概率算法来选定 f_s(选定 s); 由于伪随机序列生成器 G 是多项式时间可计算的, 故输入 s 和 x, 存在一个多项式时间算法可计算 $f_s(x)$.

2.5 消息认证码

带密钥的 Hash 函数有一个特殊的作用就是可以对消息进行认证,称此带密钥的 Hash 函数为消息认证码 (MAC)[9-14]. 即存在函数 h, 使 MAC $= h(K,M)$, 其中 M 是一个变长消息, K 是通信双方共享的密钥, $h(K,M)$ 是定长的认证符. 在假定或已知消息正确时, 将 MAC 附于发送方的消息之后, 接收方可通过计算 MAC 来认证该消息.

2.5.1 对 MAC 的要求

为了获得保密性, 可用对称或非对称加密体制对整个消息进行加密, 这种方法的安全性一般依赖于密钥的长度. 除了算法本身的某些弱点外, 攻击者可以对所有可能的密钥进行穷举搜索攻击, 一般对 k 比特长的密钥, 穷举攻击需要 2^{k-1} 次. 特别地, 对仅依赖于密文的攻击, 若给定密文 C, 攻击者要对所有可能的 K_i 计算 $P_i = D(K_i, C)$, 直到产生的某个 P_i 具有适当的明文结构为止.

对 MAC 情况则完全不一样. 一般 MAC 函数是多对一函数, 如果没有提供保密性, 那么敌手可访问明文形式的消息及其 MAC. 假定 $k > n$, 即假定密钥位数比 MAC 长, 那么对满足 $\text{MAC}_1 = h(K, M_1)$ 的 M_1 和 MAC_1, 敌手要对所有可能的密钥值 k_i 计算 $\text{MAC}_i = h(K_i, M_1)$, 那么至少有一个密钥会使得 $\text{MAC}_i = \text{MAC}_1$ 成立. 这里共产生 2^k 个 MAC, 但只有 $2^n < 2^k$ 个不同的 MAC 值, 所以许多密钥都会产生正确的 MAC, 而敌手却不知道哪一个是正确的密钥. 一般情况下, 有 $2^k/2^n = 2^{k-n}$ 个密钥会产生正确的 MAC, 因而敌手必须重复循环如下攻击:

(1) 给定 M_1 及 $\text{MAC}_1 = h(K, M_1)$, 对所有 2^k 个密钥计算 $\text{MAC}_i = h(K_i, M_1)$, 匹配数 $\approx 2^{k-n}$;

(2) 给定 M_2 及 $\text{MAC}_2 = h(K, M_2)$, 对余下的 2^{k-n} 个密钥计算 $\text{MAC}_i = h(K_i, M_2)$, 匹配数 $\approx 2^{k-2n}$.

若 $k = \alpha \cdot n$, 则需要 α 次循环. 例如, 若使用 80 位的密钥和长为 32 位的 MAC, 那么第一次循环会得到约 2^{48} 个可能的密钥, 第二次循环会得到约 2^{16} 个可能的密钥, 第三次循环则得到唯一一个密钥, 这个密钥就是发送方所使用的密钥.

若密钥的长度小于或等于 MAC 的长度, 则很可能第一次循环中就得到一个密钥, 当然也可能得到多个密钥, 这时敌手还需对新的 (消息, MAC) 对执行上述测试.

由此可见, 用穷举方法来确定认证密钥不是一件容易的事, 而且确定认证密钥比确定同样长度的加密密钥更困难. 不过可能存在不用寻找密钥的其他攻击方法.

考虑下面的 MAC 算法. 令消息 $M = (X_1 \| X_2 \| \cdots \| X_m)$ 由 64 位分组 X_i 连

而成. 定义
$$\Delta(M) = X_1 \oplus X_2 \oplus \cdots \oplus X_m,$$
$$h(K, M) = E(K, \Delta(M)),$$

其中 $\oplus$ 是异或 (XOR) 运算, 加密算法是电子密码本方式的 DES, 那么密钥长为 56 比特, MAC 长为 64 比特. 若敌手知道 $\{M \| C(K, M)\}$, 则确定 K 的穷举攻击需要执行至少 2^{56} 次加密, 但是敌手可以用任何期望的 $Y_1, \cdots, Y_{m-1}$ 替代 $X_1, \cdots, X_{m-1}$, 用 Y_m 替代 X_m 来进行攻击, 其中 Y_m 按如下方式计算:

$$Y_m = Y_1 \oplus Y_2 \oplus \cdots \oplus Y_{m-1} \oplus \Delta(M).$$

敌手可以将 $Y_1, \cdots, Y_m$ 与原来的 MAC 连接成一个新的消息, 而接收方却会认为该消息是真实的. 用这种方法, 攻击者可以随意插入任意的长为 $64(m-1)$ 比特的消息.

因此, 评价 MAC 函数的安全性时, 我们应考虑对该函数的各种类型的攻击. 下面将介绍 MAC 函数应满足的要求. 假定敌手知道 MAC 函数 h, 但不知道 K, 那么 MAC 函数应具有下列性质:

(1) 若敌手已知 M 和 $h(K, M)$, 则它构造满足 $h(K, M') = h(K, M)$ 的消息 M' 在计算上是不可行的;

(2) $h(K, M)$ 应是均匀分布的, 即对任何随机选择的消息 M 和 M', $h(K, M') = h(K, M)$ 的概率是 2^{-n}, 其中 n 是 MAC 的长度;

(3) 设 M' 是 M 的某个已知的变换, 即 $M' = f(M)$, 若 f 可能表示逆转 M 的一比特或多比特, 那么 $\Pr[h(K, M') = h(K, M)] = 2^{-n}$.

前面已经讲过, 敌手即使不知道密钥, 也可以构造出与给定的 MAC 匹配的新消息, 第一个要求就是针对这种情况提出的. 第二个要求是为了阻止基于选择明文的穷举攻击. 也就是说, 假定敌手不知道 K, 但是他可以访问 MAC 函数, 能对消息产生 MAC, 那么敌手可以对各种消息计算 MAC, 直到找出与给定 MAC 相同的消息为止. 如果 MAC 函数具有均匀分布的特征, 那么穷举方法平均需要 2^{n-1} 次才能找到具有给定 MAC 的消息. 最后一条性质要求认证算法对消息的某部分或位不应比其他部分或位更弱, 否则, 已知 M 和 $h(K, M)$ 的敌手可以对 M 已知的 "弱点" 处进行修改, 然后再计算 MAC, 这样就有可能更容易得出具有给定 MAC 的新消息.

2.5.2 基于 DES 的 MAC

数据认证算法建立在 DES 之上, 是使用最广泛的 MAC 算法之一, 它也是一个 ANSI 标准. 数据认证算法采用 DES 运算的密文块链接 (CBC) 方式, 每个密文分

组 y_i 在用安全密钥 K 加密之前, 与下一个明文分组 x_{i+1} 一起异或. 设其初始向量为 0, 需要认证的数据 (如消息、记录、文件或程序) 分成连续的 64 比特的分组 $D_1, D_2, \cdots, D_N$, 若最后分组不足 64 比特, 则在其后加 0 使其成为 64 比特的分组. 利用 DES 加密算法 E 和密钥 K, 计算数据认证码 (DAC) 的过程如图 2-1 所示.

$$O_1 = E(K, D_1),$$
$$O_2 = E(K, [D_2 \oplus O_1]),$$
$$O_3 = E(K, [D_3 \oplus O_2]),$$
$$\cdots$$
$$O_N = E(K, [D_N \oplus O_{N-1}]).$$

DAC 可以是整个 O_N, 也可以是其最左边的 M 位, 其中 $16 \leqslant M \leqslant 64$.

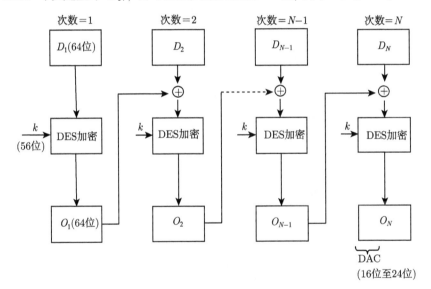

图 2-1 数据认证算法

2.6 密钥协商

利用密码技术, 可以实现信息的保密性、完整性和认证性 (包含身份认证和数据源认证) 等. 为了达到保密性, 我们一般采取加密算法对信息进行加密后再在网络中传输, 这样攻击者即使获取了密文 (加密后的信息), 也不能解密得到原始信息. 为了达到完整性, 我们一般采取 Hash 函数、消息认证码或数字签名算法. 为了实现身份认证性, 我们一般采取用户知道的某个秘密信息 (口令等), 用户所持有的某

个秘密信息 (令牌等),以及用户所具有的某些生物学特征 (指纹等) 等方式. 为了保证数据源认证 (确认数据来自特定的消息发送方),我们通常采取加密和消息认证码等方法. 上述加密算法、消息认证码、数字签名算法都需要使用到密钥. 现如今, 上述使用到密钥的各种算法是公开的, 这使得算法的安全性取决于密钥自身的安全性. 因此, 密钥管理变得越来越重要.

密钥协商是密钥管理的一个重要分支. 它允许两个或多个用户能够在不安全的信道下产生一个共同的会话密钥, 其中任何一方都不能预先决定最终的结果. 这里, 会话密钥是短期密钥, 只应用于当次会话, 通常作为后续加密、消息认证码等算法的一次性密钥, 以保障数据的机密性和认证性. 认证密钥协商 (Authenticated Key Agreement, AKA) 协议是在密钥协商协议中加了认证性质, 它不仅允许两个或多个用户能够在不安全的信道下产生一个共同的会话密钥, 而且使得所有的用户确信只有目标伙伴才能够知道此会话密钥 (隐式认证). 此外, 还有一种显示认证, 即每一个参与者都能确认与之通信的参与者的确获取了此会话密钥. 现如今, 随着云计算、物联网、移动通信网等领域的不断发展, 设计更安全和更高效的认证密钥协商协议已经得到广泛的关注.

如何构建 (认证) 密钥协商协议呢? 1976 年, Diffie 和 Hellman[7]开辟了公钥密码学 (Public Key Cryptography, PKC) 这一新领域, 它是现代密码学的重大变革. 在文献 [7] 中, Diffie 和 Hellman 首次提出密钥协商的概念, 并利用公钥密码学的思想 (用户持有两部分密钥, 公钥公开, 私钥自己秘密保存) 提出了一个具体的两方密钥协商协议, 即著名的 Diffie-Hellman 密钥协商协议. 其安全性源于在有限域上计算离散对数比计算指数更为困难, 协议过程很简单.

首先, Alice 和 Bob 协商一个大的素数 n 和 g, g 是模 n 的本原元. 这两个整数不必是秘密的, 所以 Alice 和 Bob 可以通过即使是不安全的途径协商出来.

然后, Alice 和 Bob 再执行如下协议步骤.
(1) Alice 选取一个大的随机整数 x, 计算 $X = g^x \bmod n$, 并将 X 发送给 Bob.
(2) Bob 选取一个大的随机整数 y, 计算 $Y = g^y \bmod n$, 并将 Y 发送给 Alice.
(3) Alice 计算 $K = Y^x \bmod n$.
(4) Bob 计算 $K' = X^y \bmod n$.

K 和 K' 都等于 $g^{xy} \bmod n$, 由 Alice 和 Bob 独立计算出的秘密密钥, 攻击者不可能计算出这个值, 除非他们可以离散对数, 恢复出 x, y, 而这是困难的. 上述协议也是可以通过不安全的途径交互执行的, 但最终协商出的会话密钥却是秘密的, 这正是 Diffie-Hellman 密钥协商协议设计思想的高明之处.

当然, 直接应用 Diffie-Hellman 密钥协商协议进行会话密钥的产生还存在很多安全风险, 譬如容易遭受中间人攻击等. 因此, 后人对此进行了一系列的改进, 并根据不同的需求, 设计出大量的密钥协商协议, 但其设计思想都源于最原始的 Diffie-

Hellman 密钥协商协议.

参 考 文 献

[1] Goldreich O. Foundations of Cryptography: Basic Tools. Cambridge: Cambridge University Press, 2001.

[2] 章照止. 现代密码学基础. 北京: 北京邮电大学出版社, 2004.

[3] Stinson D. 密码学原理与实践. 冯登国, 译. 北京: 电子工业出版社, 2003.

[4] Hoffstein J, Pipher J, Silverman J. An Introduction to Mathematical Cryptography. New York: Springer-Verlag, 2008.

[5] Menezes A, van Oorschot P, Vanstone S. Handbook of Applied Cryptography. Boca Raton: CRC Press, 1997.

[6] Stallings W. 密码编码学与网络安全——原理与实践. 4 版. 孟庆树, 王丽娜, 傅建明, 译. 北京: 电子工业出版社, 2008.

[7] Diffie W, Hellman M. New directions in cryptography. IEEE Transactions on Information Theory, 1976, 22: 644-654.

[8] Luby M. Pseudorandomness and Cryptographic Applications. Princeton: Princeton University Press, 1996.

[9] Bellare M, Kilian J, Rogway P. The security of the cipher block chaining message authentication code. Journal of Computer and System Sciences, 2000, 61: 362-399.

[10] Preneel B. The state of cryptographic hash functions. Lectures on Data Security, LNCS 1561. Berlin: Springer-Verlag, 1999: 158-182.

[11] Preneel B, van Oorschot P. On the security of iterated message authentication codes. IEEE Transactions on Information Theory, 1999, 45: 188-199.

[12] Bellare M, Guérin R, Rogaway P. XOR MACs: New methods for message authentication using finite pseudorandom functions. Advances in Cryptology-Crypto'95, LNCS 963. Berlin: Springer-Verlag, 1995: 15-28.

[13] Campbell C. Design and specification of cryptographic capabilities. Computer Security and the Data Encryption Standard, NBS Special Publication 500-27, Washington, D.C., 1978: 54-66.

[14] Rogaway P. Bucket hashing and its application to fast message authentication. Advances in Cryptology-Crypto'95, LNCS 963. Berlin: Springer-Verlag, 1995: 29-42.

第 3 章　云存储安全

云存储服务是云计算领域中非常重要的应用. 云服务提供商依靠其存储资源方面的巨大优势, 为用户提供了廉价且方便的存储服务. 用户可以将本地数据远程存储至云端, 由云为其提供存储空间及数据管理服务. 这样做的优势在于既节省了用户本地的存储空间, 又节约了其软硬件的管理成本. 但是, 与这种巨大优势相对应的, 却是日益严重的安全性问题. 例如, 在云存储服务中, 用户如何保护自己所上传的数据的隐私性, 以及如何保证这些数据的完整性不被破坏. 这些安全性问题已经逐渐成为限制云存储技术发展的重要因素. 近年来, 国内外工业界与学术界就云存储的相关安全问题进行了许多深入的研究, 取得了很多重要成果, 我们也依靠在密码学和 Hadoop 平台多年来的经验积累, 从技术应用到安全防护, 解决了一系列云存储服务中的难题. 本章中, 我们将向读者展示这些丰硕的成果.

3.1　高效稳定的云存储技术

目前, 所有关于云存储技术的研究都关注于两点: ① 构建高效且稳定的云存储架构; ② 设计更加安全可靠的云存储方案. 前者的目的在于帮助用户更方便地使用云存储服务, 同时也帮助云服务商降低运营成本, 提供更稳定的服务; 后者则是为了保护用户在使用云存储过程中的数据隐私. 本节, 我们将首先向读者介绍云存储技术产生的背景, 然后提出两个基于 Hadoop 平台设计的高效稳定的云存储系统.

3.1.1　云存储是大数据时代的产物

云存储是在云计算概念上延伸和发展出来的一个新的概念, 是一种新兴的网络存储技术, 是指通过集群应用、网络技术或分布式文件系统等, 将网络中大量的各种不同类型的存储设备通过应用软件集合起来协同工作, 共同对外提供数据存储和业务访问功能的一个系统[1]. 根据本书第 1 章的内容, 我们知道新兴的云计算技术正是人们为了能够处理大数据而产生的, 它提供了对海量数据的计算、存储等一系列的解决方案. 其中, 我们首先要介绍的就是云存储技术.

云存储的诞生, 主要是解决由大数据带来的两个问题.

- 海量数据存储在本地, 存储资源消耗巨大. 这里的存储资源主要指硬件, 包括服务器、存储设备等.

- 海量数据存储在本地, 涉及的数据管理及数据取用将带来难以估量的成本. 用户需要随时对数据查找、读取、整合、清理等.

为了解决上述两个问题, 人们想到如果可以将储存资源上传至云服务器, 由云提供一种可以随时随地存取数据的方案, 就能够有效地降低本地存储数据的软硬件代价, 同时, 也能够节省用户管理海量数据而产生的巨大开销.

云存储的概念一经提出, 就得到了各大厂商的高度关注. 如 Amazon 的 Simple Storage Service[2]、Google 公司的 Google Cloud Storage[3] 及 Rackspace 公司的 CloudFiles[4] 等, 还出现了基于云存储基础设施服务的上层应用服务, 如 EMC 公司的在线文档存储和备份服务等. 近年来, 随着数据量的持续的指数级增长, 世界各地的个人、企业用户甚至是政府都逐渐开始使用云存储. 据 IDC 的报告, 全球公有云及私有云存储开支 2015 年达到 226 亿美元[5]. 我国的云存储产业发展也是相当迅速, 艾媒咨询发布分析报告称[6]: 2011 年中国云存储市场规模达 0.88 亿元, 比 2010 年上升 95.6%, 至 2012 年中国云存储规模达到 1.85 亿元, 增长率达 110.2%, 2014 年达 8.76 亿元. 至 2017 年, 全球云存储用户增至 13 亿. 面对如此大的用户规模, 国内许多公司开始涉足云存储领域. 当前, 国内众多知名 IT 企业都已经提供了云存储服务, 并作为其云计算服务的重要组成部分, 比较典型的包括金山公司的金山快盘、华为公司的 DBank 网盘、联想公司的联想网盘、腾讯公司的 QQ 网盘及奇虎公司的 360 云盘等.

云存储应用的蓬勃发展也促进了学术界和工业界对于云存储技术的研究以及产品设计. 研究的重点基本在于以下两点:

- 实现更加高效稳定的数据存取服务;
- 提高安全性.

下面我们可以简单了解一些国内外学者的主要成果, 并简要分析这些技术手段的优劣.

文献 [7] 提出的云存储服务网关 (Content Service Gateway, CSG), 目标在于让被防火墙完全保护的云组件安全稳定地协同工作, 软件整合方案通过整合多个云组件, 构成非对称结构的云存储系统, 资源则完全由云端进行存储和管理, 但资源完全依赖云端降低了文件传输速度和检索效率.

文献 [8] 提出的云存储架构 π-cloud 关注用户在失去数据控制权情况下的数据安全性, 数据流的控制和资源的管理皆由核心组件 π-cloud 完成, 在 IDA 算法的基础上对云端数据块进行数据加密和校验, 提供了安全云存储的原型方案, 但该方案的数据存储及加密校验操作都是在云端进行, 降低了敏感数据的安全性, 同时也降低了文件存取速度.

文献 [9] 提出的 RACS 协议将常用于磁盘和文件系统中的独立冗余磁盘阵列技术应用于云存储, 该协议通过将用户的数据切分到多个云存储服务商, 使得用户避免云存储服务商锁定，使更换云服务商的成本降低，分散了存储的负载，同时更好地容忍云服务商宕机或故障，但分散存储的资源依然被存储在多个云端，降低了资源的传输及检索效率．

另外，已有学者研究了多云存储环境下数据分散存储时云服务商选择的问题，其中对各个文献研究结果如下．

文献 [10] 的云存储方案以费用计算结果为目标函数，利用线性整数规划实现了最佳数据块的整体存储方案的选择．但该方案的文件数据块也完全由云端进行存储和管理，且其仅考虑了云存储服务商的存储价格这一因素，因而无法在复杂的环境下计算出最优存储方案，导致存储效率低下．

文献 [11] 提出由用户制定云存储服务商选择时的可用性、可靠性和依赖程度等限制条件，在这些限制条件下系统利用存储在云端的文件被访问情况的统计数据，以文件存储时的整体费用最优为目标选择方案，在完成部署后再根据用户的存储模式周期性地对文件存储位置进行优化调整，文件存储在云端，使得在调整文件存储位置时消耗了大量带宽资源，降低了存储系统的整体性能．

文献 [12] 将预算作为限制条件，利用动态规划的思想来计算数据可用性最高的数据块分散云存储方案，把这些数据块分散存储到不同的云服务器中，虽然该方案能提高数据块的可靠性，但分散存储同样降低了资源的存储效率．

通过上面的分析可知，当前的云存储技术手段非常丰富，然而都还存在着一些或大或小的缺陷，基本都存在于数据存取效率和数据安全方面．本节，我们首先介绍在 Hadoop 平台的研究中设计的云存储方案．

3.1.2 Hadoop 平台在云存储中的应用

随着越来越多的企业及个人用户将本地的数据外包至云端，云服务商就必须要在云服务器上构建一个具有高可靠性和高扩展性的云计算服务环境，这个环境要能够实现两个目标：

- 尽可能地降低云服务商自身运营成本，并提高其运营效率；
- 尽可能地为用户提供稳定、高效的数据存取服务．

基于以上两点需求，工业界与学术界一同开发了许多开源的分布式系统基础架构，其中应用最广泛的是 Apache 基金会开发的 Hadoop [13]．Hadoop 允许成千上万台的普通廉价服务器组成一个强大稳定及易于扩展的服务集群，这使得其能够存储和计算 PB(1PB=1024TB) 级的数据集，且 Hadoop 已经形成了稳定的开源生态环境．Hadoop 为解决信息化时代不断增长的业务需求提供了良好的实际解决方案，在短短的几年时间内互联网领域中基于 Hadoop 开发的相关应用已经非常普遍．

目前，Hadoop 已吸引了众多国内外优秀企业和学术界的关注，Hadoop 相关应用技术已广泛应用到信息技术各个领域．

(1) 商业应用方面.

在国外, Yahoo 使用了超过 4000 个节点来构建 Hadoop 集群, 为用户提供 Web 搜索等方便的服务, 还为 Yahoo 进行科研提供了良好的平台基础和实验条件; Amazon 独有的搜索门户也是通过 Hadoop 平台来完成商品搜索的; Last.fm(国外著名互联网音乐社区网站) 通过 Hadoop 来进行日志分析、评价测试及图表生成等日常作业; Facebook 网站的整个数据库更是由 Hadoop 集群构架构建而成, 通过 Hadoop 集群来完成对网站日志分析和数据挖掘等工作.

在国内, 对 Hadoop 的研究和应用起步较晚, 目前国内部分优秀企业也开始使用 Hadoop 框架来完成对数据的存储及处理工作. 其中, 百度使用 Hadoop 框架来处理超过 200TB 的数据, 对其进行数据分析及网页数据挖掘; 中国移动研究院开发了基于 Hadoop 的 "大云" 系统, 用来完成中国移动的数据分析工作, 并且还对外提供商业服务; 阿里巴巴研发的阿里云系统也是基于 Hadoop 构架的, 其被用来存储和处理每天网站上电子商务交易所产生的相关数据.

(2) 学术研究方面.

由于 Hadoop 具有低成本、高可靠性、高扩展性及简单易用等诸多优点, 目前国内外许多知名学者都对 Hadoop 进行了广泛的研究, 以提高 Hadoop 平台性能, 从而使得科研机构能更方便对其进行研究和应用. 典型的有 Cheng Da Zhao 等[14]对 Hadoop 的推测式执行技术进行改进; Rosen Joshua 等[15]对 Hadoop 中的 MapReduce 模式进行了优化, 允许用管道传送正在被操作的数据, 并开发了 Hadoop 在线原型系统 (Hadoop Online Prototype, HOP). 目前, 科研工作者对 Hadoop 的研究工作主要集中在作业调度、资源存储与管理以及其他方面的性能提升等, 针对 Hadoop 平台的关键技术进行研究正成为学术界所关注的热点.

尽管 Hadoop 具有诸多优点, 但目前 Hadoop 还存在诸如小文件处理复杂[16]、负载不均衡[17]、存储效率不高[18]等问题与不足. 本节展示我们对于 Hadoop 这些问题研究和改进的方案.

3.1.2.1 基于数据预取的 Hadoop 小文件解决方案

1. 背景介绍

目前, 互联网应用中存在着大量的小文件, 尤其随着博客、微博、百科、空间等社交网站的兴起改变了互联网提供内容的方式, 基本上用户已经成为互联网的内容创造者, 其数据具有海量、多样、动态变化等特点, 由此产生了海量的小文件, 如日志文件、资料介绍、用户头像等. 科研环境中也容易产生大量的小文件, 例如在某些生物学计算中产生了 3000 万个文件, 而且全部为小文件, 其平均大小只有 190KB[19], 由此可见在科学研究产生的文件中小文件占有很大比例.

Hadoop 中主节点是目录命名空间的管理者, 主要用来储存和管理系统中的所有元数据，并对数据节点进行调度. 所有文件或文件夹的元数据信息都会占用一定的内存空间，通常每一个文件或文件夹的元数据需要占据大约 150 字节的空间，假设有 1 亿个这样的小文件，则主节点 NameNode 仅加载这样 1 亿个海量小文件的元数据就需要消耗大约 15GB 的内存. 而在实际网络应用中，有大规模这样的小文件存在，尤其是随着互联网不断发展产生大量多样性的动态多变的小数据文件 (如缩略图、截图、网络日志文件等)，虽然这些文件大小数量级在 KB 左右，但这样的小文件在数量上往往是巨大的，大量这样的小文件会使得主节点内存利用率大大降低，甚至导致系统崩溃.

Hadoop 最初设计的目的是处理大数据文件，它将大数据文件存储到不同数据节点的不同数据块上，并在主节点中记录相应的元数据信息. 当要对某个文件进行操作时，首先访问主节点，再根据主节点反馈的信息定位到各个数据块的位置，找到这个文件，然后使用相应的命令对文件进行操作，这些操作都是按文件的数据块进行的. 但对于小文件来说，Hadoop 数据处理不再那么高效，甚至会因为小文件数量的增多而导致系统崩溃，这主要是由于每个独立的小文件中所含有的数据量非常少，每个小文件只能作为一个数据块 (远小于数据块的默认大小 64M) 来进行存储或操作，存储海量小文件也就意味着主节点内存需要存储和管理大量文件元数据.

根据 Hadoop 平台系统架构特点可知，Hadoop 中的数据节点主要用来存放数据和进行数据计算，而主节点主要用来存放文件的元数据信息. 数据节点定期将该节点的文件信息和任务的状态以心跳的形式发送给主节点，用户进行文件读写的时候也首先会访问主节点，以获取文件块的信息和负载均衡情况.

Hadoop 这种运行管理方式在处理大文件时具有较高效率，但在处理海量小文件时效率却十分不理想，主要体现在以下四个方面.

(1) **主节点性能瓶颈**　任何一个文件、目录及数据块在 Hadoop 中都先会被表示为一个元数据 (通常一个元数据约占 150 byte 的内存空间)，然后将这些元数据存储在主节点内存中，假如有一千万个这样的小文件，每一个文件对应一个文件块，为了管理这些文件块将会消耗主节点大约 3GB 的内存空间. 虽然在新版的 Hadoop 中增加了对多个主节点的支持，但如果小文件规模无限扩大，也会导致主节点性能下降.

(2) **数据节点之间大量的文件移动造成集群整体性能下降**　对小文件的读取通常会造成大量数据节点之间的远程调度，受到宽带传输的限制，容易降低 Hadoop 集群的整体性能.

(3) **任务增多导致启动这些任务所需要的开销增大**　每一个小文件都要占据一个 Slot(Slot 为 Hadoop 的计算资源)，而任务 (Task) 的启动将消耗大量的时间.

(4) **Map 任务数量的增多导致系统的开销变大**　在处理一个作业 (Job) 时，输入的文件块会被分割成多个块 (Split)，通常一个 Split 对应于一个映射 (Map) 任务

3.1 高效稳定的云存储技术

进行处理, 即 Split 的数量决定了 Map 的数量. 处理同样大小的数据, 小文件所对应的 Split 数量会高于大文件, 处理时所消耗的线程开销增多, Map 任务的压力变大, 远程拷贝后再进行 Reduce 任务的压力也会变大, 从而使得 MapReduce 的处理效率下降.

目前针对 Hadoop 小文件的研究, 文献 [20] 首先把小文件分为两类, 一类是较大逻辑文件的分片文件, 另外一类是本来就很小的文件. 这两类小文件可采用不同的解决方法, 对于第一类小文件可以通过时常调用 Hadoop 分布式文件系统 (Hadoop Distributed File System, HDFS) 下的 Sync( ) 方法来持续写入大文件, 也可通过编程方式将这些小文件链接在一起, 而对于第二类小文件则需要一些类别的容器对文件进行分组.

Hadoop 归档 (Hadoop Archive, HAR)[21] 是 Hadoop 自带的一个小文件存档工具, 它设计的目的是在存储大量小文件的时候缓解 Hadoop 主节点内存压力, 原理是将多个小文件打包成一个 HAR 文件, 然后保存到 HDFS 块中, 一个 HAR 对应一个文件系统目录, 通过创建层次化的文件系统来处理相关文件, 归档文件主要包含有元数据和数据文件. Hadoop Archive 在进行小文件归档时存在如下缺陷: 存档后原始的小文件不能自动删除, 需要用户自己删除; HAR 文件创建后不能被修改, 对 HAR 文件中的小文件进行增加或删除时必须重新创建归档文件. 这些缺陷不仅在对小文件操作时带来麻烦, 小文件的读取及检索性能也较低.

序列文件 (Sequence File)[22] 是一种基于序列文件的 Hadoop 小文件解决方案, 是 Hadoop API 对二进制文件的支持, 它将各个小文件关联在一起后再进行存储. Sequence File 方案的核心思想是用文件名作为关键词 (Key), 文件内容本身作为值 (Value), 将许多个这样的小文件合并后再写入到一个序列文件中去进行存储, 之后这个序列文件就能够直接使用. 相比于 Hadoop Archive 方案, 该方案的序列文件可以被分解, 且采用 MapReduce 的方式来进行独立处理, 解决了归档文件中执行效率低的问题. 但 Sequence File 方案生成后的系列文件不支持对保存在它内部文件进行随机访问的操作, 当访问某个内部文件时就必须对整个文件目录进行遍历, 浪费了大量的检索时间, 从而降低了小文件的检索效率.

组合文件输入格式 (Combine File Input Format)[23] 是一种新的小文件合并方式, 用于将多个小文件合并成一个单独的 Split, 在合并小文件时考虑数据的存储位置, 该方案会将输入多个小文件的元数据全部包装到 CombineFileSplit 类里面. 也就是说, 该方案中一个小文件在 Hadoop 中就是单个 Block 文件块, 一个 CombineFileSplit 包含了一组 Block, 包括每个文件的起始偏移 (Offset)、长度 (Length) 及 Block 位置 (Localtions) 等元数据信息, 以便在检索时快速找到对应的小文件, 但该方案合并小文件时考虑数据存储位置, 从而降低了小文件的存储效率.

文献 [24] 结合网络地理信息系统 (Web Geographic Information System, WebGIS) 相关数据特征, 为使浏览器和服务器之间传输的数据尽量减少, 将相关数据分为 KB 级的小文件存储在分布式文件系统中, 将相邻地理位置的小文件合并为大文件并且建立索引以便存取. 但该文只是针对存储于 Hadoop 上的地理信息数据, 这种方法只适用于特定应用数据, 并且当小文件数量巨大时索引就会变得臃肿, 导致文件检索效率低下.

文献 [25] 主要研究的是 PPT 小文件和视频小文件问题, 以 Hadoop 作为其存储载体. 在该方案中, 当用户存储小文件时系统会相应地存储小文件的快照到各数据节点, 用户可以通过这些快照决定是否继续浏览文件. 当用户浏览 PPT 时, 可能也会访问一些相关联的 PPT 和文件, 因而该文设计的小文件访问具有文件相关性和本地性, 但存储小文件的快照消耗了过多的数据节点空间, 也降低了小文件的存储速度.

文献 [26] 从系统层面上改变 Hadoop 架构, 以提高存储海量小文件时的存储速度. 该文的基本思想是将大量小文件集中存储到一个数据块中, 并使用该数据块所在的数据节点内存空间来存储这些小文件的元数据信息, 但直接在数据节点中存储文件元数据信息, 降低了小文件的检索效率.

文献 [27] 提出了一种基于 Hadoop 的海量小文件处理方法, 实现过程是在将文件存储到数据节点 (DataNode) 中之前先进行合并, 将要存储的小文件合并为大于或远大于 HDFS 数据块 (默认为 64M) 的大文件, 以方便小文件的管理和查询, 并生产以小文件名为关键词的索引文件存储在相应的数据节点中, 该方案在数据节点中直接存储索引文件, 同样降低了小文件的检索效率.

从上述研究现状分析可知, 文献 [21, 22, 23] 是 Hadoop 常用的小文件解决方案, 还存在归档文件不能被修改、访问需遍历目录及降低了存储效率等问题; 文献 [24-27] 则是从 Hadoop 应用及系统层面上实现小文件备份与合并, 但这些方案使用数据节点空间来直接存储小文件相关信息 (小文件快照、元数据信息及索引文件等) 明显降低了小文件的检索效率. 因此, 针对 Hadoop 在小文件存取速度及检索效率低下等方面的问题, 本书结合数据预取技术, 提出一种基于数据预取的 Hadoop 小文件解决方案, 能有效提高小文件的存取速度及检索效率.

结合数据预取技术, 本小节介绍了一种基于数据预取的 Hadoop 小文件解决方案, 有效提高了 Hadoop 中小文件的处理效率.

数据预取[28]是一种有效的存储优化技术, 为了满足用户访问时能更快地获取到他所需要的数据的需求, 可以在访问的中间环节加入数据预取技术. 在数据预取技术中, 数据会被预先存储到缓存中, 由于通常在访问过程中只能使用本地数据, 如果要提高用户的访问速度, 需要采用数据预取技术来降低网络延迟, 所以这个数据被预先存储到缓存中的过程是非常重要的. 数据预取也是对数据缓存的补充, 通常称为主动缓存, 使有限的网络资源得到合理的利用, 能够有效减少用户访问延时.

数据预取技术主要根据服务器端收集到的用户信息建立预测模型,典型的数据预取算法有 VP 算法[29]、基于阈值的预取算法[30]、基于数据挖掘的预取算法[31]、基于交互预取算法[32]. 其中基于阈值的预取算法是由 Jiang Zhi-Mei, Kleinrock Leonard[30]提出的,该预取方案通过设置一个能够根据带宽和时间代价动态变化的阈值来决定将预取的数据对象,当某个数据对象的访问概率大于该预取阈值时,就把该数据对象预取到本地缓存中.

本小节将结合基于阈值的预取算法,采用一定的优化方案对 Hadoop 主节点索引文件及数据节点数据块文件进行预取处理,以提高小文件的读取速度及检索效率.

2. 详细方案

这一小节,我们将给出具体的方案流程. 首先我们对主节点索引文件的预取以及数据节点数据块的预取给出定义,紧接着我们将展示对方案总体架构的设计,最后,我们会详细阐述小文件的存储模块和预取模块的结构.

1) 定义数据预取类型

分索引文件预取和数据块预取两点来定义.

- 索引文件预取:索引文件预取是指当用户访问 Hadoop 中指定文件时,采用一定的优化方案对该文件索引进行缓存,当用户再次访问这些文件时就无须再与主节点内存进行交互操作.
- 数据块预取:数据块预取是指当用户访问 Hadoop 中指定文件时,如果文件对应的数据块被访问次数达到了设定的访问阈值,就将该文件数据块预取到数据节点缓存中.

2) 方案总体架构

本方案基于数据预取的 Hadoop 小文件方案的总体架构如图 3-1 所示.

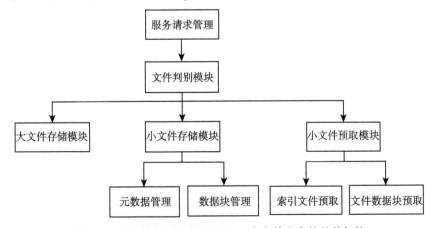

图 3-1 基于数据预取的 Hadoop 小文件方案的总体架构

本小节设计的 Hadoop 小文件方案主要包含以下三个模块：大文件存储模块、小文件存储模块及小文件预取模块. 其中大文件存储模块主要用来存储较大的数据文件 (大于默认数据块大小 64M), 当用户发送存储文件的请求时, 如果请求文件被划分为大文件类型则使用该模块来处理; 小文件存储模块采用一定的优化方案对小文件进行存储, 将分别对文件的元数据及数据块进行缓存处理; 小文件预取模块主要负责在用户检索及读取小文件时对用户请求进行处理, 该模块先判断本地缓存中是否存在被访问文件的索引信息, 如果存在则直接从服务器本地缓存中读取该文件的元数据信息, 之后从数据节点中读取相应的文件数据块, 当数据块被访问的次数大于设定的访问阈值时, 把该数据块存储到其所在数据节点的缓存中, 如果缓存区已满则放弃缓存操作.

3) 小文件存储模块

基于数据预取的 Hadoop 小文件存储模块结构如图 3-2 所示.

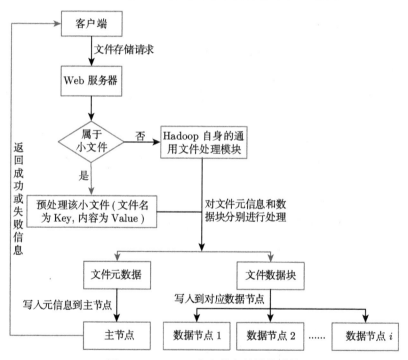

图 3-2　Hadoop 小文件存储模块结构

当用户存储文件时, Web 服务器首先对其上传文件的大小进行判断, 对大文件和小文件采用不同的存储方式来进行处理. 当判断为小文件时, 则由本节设计的小文件存储模块进行处理和存储, 否则由 Hadoop 通用文件处理模块进行处理和存储, 最后把成功或失败信息返回给用户.

3.1 高效稳定的云存储技术

在基于数据预取的 Hadoop 小文件解决方案中,小文件存储模块主要包含以下三个子功能模块.

- **Web 服务器处理模块**　当用户上传文件时,首先向 Web 服务器处理模块发起存储文件的请求,该模块的作用主要用来处理客户端的服务请求,并对用户存储文件的请求进行任务分发.
- **小文件判别模块**　Web 服务器收到读取请求后会先读取表示该文件大小的属性,并判断其是否为小文件. 如果该文件大小大于设定的文件大小阈值(采用 Hadoop 数据块默认大小 64M 作为阈值),则认为该文件为大文件,就把该文件提交给 Hadoop 通用文件处理模块进行处理; 如果小于设定的文件大小阈值,则认为该文件为小文件,就把该文件提交给本章方案的小文件存储模块进行处理.
- **小文件处理模块**　通过对存储文件属性的判别,采用 Hadoop 通用文件处理模块或本章方案的小文件储存模块对小文件进行处理,并把存储文件的元数据信息缓存到 Web 服务器中,同时把文件数据块存储到相应的数据节点上.

4) 小文件预取模块

基于数据预取的 Hadoop 小文件预取模块结构如图 3-3 所示.

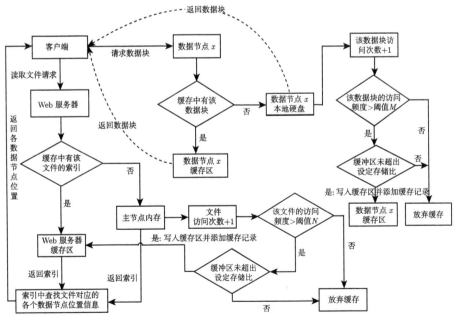

图 3-3　Hadoop 小文件预取模块结构

当用户发送读取文件的请求后, Web 服务器先检测本地缓存中是否存在该文件的索引信息. 如果存在请求文件对应的索引信息, 则直接从服务器本地缓存中读取该文件的索引信息, 否则就从 Hadoop 主节点中读取. 之后, 根据获取到的文件索引信息从相应数据节点读取该文件的全部数据块, 如果索引信息表明该文件数据块存储在数据节点缓存中, 则直接从相应数据节点缓存中读取该文件数据块, 否则就从数据节点的硬盘中读取. 在从数据节点硬盘中读取数据块时, 如果数据块的读取次数大于设定的阈值 M, 则把该数据块预取到数据节点缓存中, 当用户再次读取该数据块时的读取速度就会得到明显提高.

在基于数据预取的 Hadoop 小文件解决方案中, 小文件预取模块主要包含以下四个子功能模块.

- **Web 服务器处理模块**　当用户读取文件时, 首先向 Web 服务器发起读取文件的请求, 与小文件存储模块中类似, 该模块的作用主要用来处理客户端的服务请求, 并对用户读取文件的请求进行任务分发.

- **索引文件缓存模块**　Web 服务器收到用户访问文件请求之后, 首先判断本地服务器缓存中是否存在被访问文件的索引信息. 如果存在, 则直接从本地缓存中读取被检索文件的索引信息, 否则转发请求到 Hadoop 主节点 NameNode, 从 NameNode 内存中读取该文件的索引信息 (如果 Hadoop 系统中存在该文件, 则在主节点中就会存在该文件的索引信息), 并对该文件的访问次数进行加一操作. 在访问次数加一操作之后, 如果该文件的访问频率大于事先设定的访问频率阈值 N, 就认为该文件为一个热门文件, 则把该文件的索引信息存储一份到 Web 服务器缓存中. 如果服务器缓存已满, 则放弃缓存操作. 最后, 如果该文件的对应索引文件获取成功, 则继续下一步的文件读取操作, 否则向用户返回文件读取失败的错误信息.

- **数据块缓存模块**　数据块缓存模块主要根据数据块文件的访问频率对其进行缓存. 当用户从 Hadoop 数据节点的本地硬盘读取数据块之后, 对该数据块的访问次数进行加一操作. 在访问次数加一操作之后, 如果该数据块的访问频率大于事先设定的访问频率阈值 M, 则认为该数据块是一个热门数据块, 进而把该数据块存储到该数据节点缓存中. 如果数据节点缓存已满, 则放弃缓存操作. 当数据块被缓存之后, 用户再次访问该数据块时, 就可直接从对应数据节点缓存中读取, 从而大大提高了数据块的读取速度.

- **小文件读取模块**　小文件读取模块主要负责从 Hadoop 数据节点中读取相应文件的全部数据块. 当客户端在成功获取文件的索引信息之后, 根据获取的文件索引信息从对应的数据节点中读取相应的文件数据块. 先尝试直接从数据节点缓存中读取该文件数据块, 如果数据节点缓存中不存在该文件数据块, 则从该数据节点的本地硬盘中读取数据块, 直到全部数据块读取完

3.1 高效稳定的云存储技术

成,最后把全部数据块合并为完整文件.

3. 实验与结果分析

1) 实验环境

为了验证本章基于数据预取 Hadoop 小文件方案的可行性和实际运行效果,在实验环境中部署了 1 个主节点服务器和 14 个数据节点服务器,服务器的硬件配置均为 4 核处理器、8G 内存. 实验部署结构如图 3-4 所示.

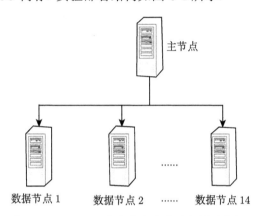

图 3-4 Hadoop 小文件方案实验部署结构图

我们采用 Linux 命令自动生成 100 万个小文件,生成这些小文件的脚本命令如下:

```
#!/bin/bash
    for (i =0; i <1000000; i++)
        do echo > file.$i   done
#end
```

执行上述脚本即成功创建了 100 万个小文件,文件名分别为 file0, file1, file2, $\cdots$, filex, $\cdots$, file1000000, 每个小文件大小约为 1KB, 全部小文件大小总计约 1000MB.

下面分别对小文件方案 Hadoop Archive[21]、Sequence File[22] 及 CombineFileInputFormat[23] 和本章方案在 Hadoop 小文件存储速度、读取速度、检索时间及其硬件资源消耗方面进行对比实验和分析.

2) 小文件存储速度及其硬件资源消耗对比实验

分别向基于 Hadoop Archive、Sequence File、CombineFileInputFormat 和本章小文件方案的 Hadoop 中写入上述所有 100 万个小文件,且循环写入 20 次 (为避免每次写入相互之间的影响,每次都清空之前写入的全部数据),并记录每次写入全部小文件所消耗的总时间: $T_1, T_2, T_3, \cdots, T_n, \cdots, T_{20}$, 第 n 次写入全部小文件平均速度为: $V_n = 1000\text{MB}/T_n$, 且在写入小文件时利用脚本监控记录主节点 (NameNode) 及数据节点 (DataNode) 的内存、CPU 及带宽的占用率.

(1) 小文件存储速度对比实验分析.

Hadoop 小文件存储速度对比实验结果如图 3-5 所示.

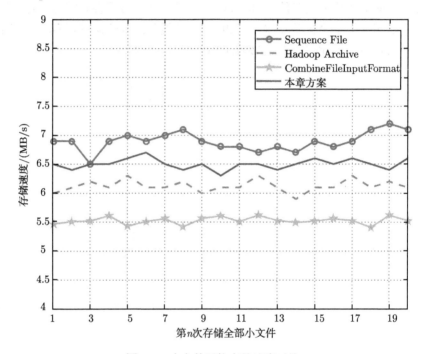

图 3-5 小文件平均存储速度对比

在小文件存储速度对比实验结果中, Hadoop Archive、Sequence File、CombineFileInputFormat 及本章方案的小文件平均写入速度分别为: 6.13MB/s、6.91MB/s、5.52MB/s 和 6.50MB/s. 在小文件存储过程中, 本章方案会首先对存储文件属性及缓存容量进行判断, 这使得平均存储速度比 Sequence File 小文件方案稍慢; Hadoop Archive 小文件方案在存储小文件时, 需要对小文件进行归档压缩, 这种归档压缩会明显降低存储速度; 而 Combine File Input Format 小文件方案则需要在合并小文件时考虑数据的存储位置, 这使得该方案的存储速度大大降低. 因此, 通过上述对实验结果分析可知, 本章方案在小文件存储速度方面比 Hadoop Archive、CombineFileInputFormat 的小文件方案分别提高了 6.0% 和 17.8%.

(2) 小文件存储时硬件资源消耗对比实验分析.

向 Hadoop 中存储小文件时, Hadoop 主节点与数据节点的内存、CPU 及带宽资源平均占用率对比实验结果如图 3-6 所示.

3.1 高效稳定的云存储技术

在向 Hadoop 中存储大量小文件时，Hadoop 主节点需要频繁对小文件的元数据进行处理，数据节点则需存储大量的数据块文件，这在一定程度上消耗了节点服务器的硬件资源。

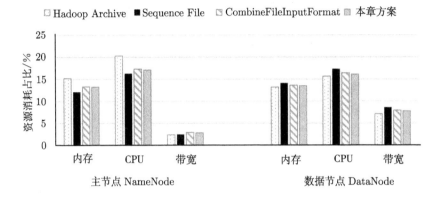

图 3-6 小文件存储时硬件资源消耗对比

小文件存储时 Hadoop 主节点 NameNode 与数据节点 DataNode 硬件资源消耗具体分析如下。

- 内存与 CPU 消耗

从图 3-6 中的硬件资源消耗对比结果可知，在小文件存储时 Hadoop 主节点与数据节点的内存及 CPU 的消耗情况与各方案的小文件存储速度有一定关系，Hadoop Archive、Sequence File、CombineFileInputFormat 及本章方案在小文件存储时主节点的内存平均占用率分别为：15.23%、12.14%、13.34% 和 13.27%，CPU 平均占用率分别为：20.31%、16.26%、17.32% 和 17.12%，而数据节点的内存平均占用率分别为：13.22%、14.13%、13.64% 和 13.54%，CPU 平均占用率分别为：15.68%、17.32%、16.44% 和 16.12%。其中，Hadoop Archive 方案在存储时会先对小文件进行严格的归档压缩，导致其消耗了最多的主节点内存和 CPU 资源；Sequence File 方案由于存储速度最快，所以在数据节点中存储数据块文件时消耗了最多的内存和 CPU 资源；CombineFileInputFormat 方案和本章方案在存储小文件时对节点服务器内存和 CPU 的消耗比较适中，CombineFileInputFormat 方案在合并小文件时会考虑数据的存储位置，本章方案则在存储小文件时对文件进行归类判别，消耗了较少的内存和 CPU 资源。

通过上述分析可知，本章方案提高了小文件存储速度的同时也未增加对节点服务器内存和 CPU 资源的消耗。

- 网络带宽消耗

在存储小文件时,主节点仅用来存储及管理文件的元数据,这使得各方案在主节点上的带宽消耗都较少,Hadoop Archive、Sequence File、CombineFileInputFormat 及本章方案的主节点带宽平均占用率分别为:2.43%、2.5%、2.95%和2.86%. 而数据节点则需要存储文件的数据块,数据块传输消耗了较多的数据节点带宽资源,各方案的数据节点带宽平均占用率分别为:7.16%、8.63%、7.97%和7.83%. 因此,通过实验数据分析可知,本章方案相比于 Sequence File 与 CombineFileInputFormat 小文件方案的带宽消耗都要低,表明本章方案在保持较快存储速度的同时消耗了较少的网络带宽资源.

3) 小文件读取速度及其硬件资源消耗对比实验

分别从基于 Hadoop Archive、Sequence File、CombineFileInputFormat 和本章方案的 Hadoop 中重复读取之前存储的全部小文件 40 次,设定文件数据块预取阈值 $M=10$,并记录每次读取小文件所需要时间:$T_1,T_2,T_3,\cdots,T_n,\cdots,T_{40}$,第 n 次读取小文件的速度公式为:$V_n=1000\text{MB}/T_n$,且在读取小文件时利用脚本监控记录主节点 NameNode 及数据节点 DataNode 的内存、CPU 及带宽资源的占用率.

(1) 小文件读取速度对比实验分析.

Hadoop 小文件读取速度对比实验结果如图 3-7 所示.

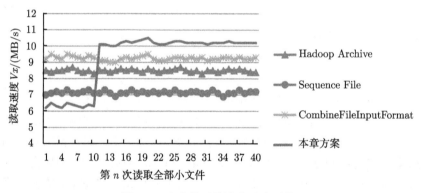

图 3-7 小文件平均读取速度对比

在小文件读取速度对比实验结果中,当读取小文件的次数小于数据块预取阈值 M(本实验中 M 取值为 10) 时,Hadoop Archive、Sequence File、CombineFileInputFormat 及本章方案的小文件平均读取速度分别为:8.5MB/s、7.12MB/s、9.32MB/s 和 6.33MB/s,而当读取次数大于数据块预取阈值 M 时,各方案的小文件平均读取速度分别为:8.49MB/s、7.14MB/s、9.22MB/s 和 10.20MB/s. 其中,当读取小文件的次数小于数据块预取阈值 M 时,本章方案小文件平均读取速度为 6.33MB/s,此时比其他三个方案的小文件读取速度都要慢,这是由于本章方案在读取小文件时会首先判断本地服务器缓存中是否存在被读取小文件的索引信息,以及判断数据节点缓存中是否存在该文件的数据块,从而会降低读取小文件的速度.但是,当读取小文件的次数大于数据块预取阈值 M 时,本章方案可直接从数据节点缓存中读取相应的数据块,大大提高了小文件读取速度,此时本章方案的小文件平均读取速度为 10.20MB/s,比其他三个方案的小文件读取速度分别提高了 20.1%、42.9% 和 10.6%.

通过上述对小文件读取速度的对比分析可知,本章方案能够有效提高 Hadoop 小文件的读取速度.

(2) 小文件读取时硬件资源消耗对比实验分析.

从 Hadoop 中读取小文件时,Hadoop 主节点与数据节点的内存、CPU 及带宽资源平均占用率对比实验结果如图 3-8 所示.

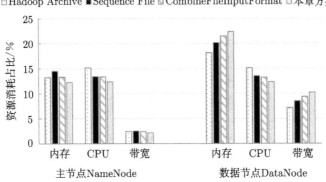

图 3-8 小文件读取时硬件资源消耗对比

在从 Hadoop 读取小文件时,主节点主要负责读取文件的元数据信息,消耗的硬件资源较少,如果被读取文件的元数据信息存储在服务器本地缓存中,则主节点的硬件资源消耗会更少.而在数据节点中,由于要处理和传输文件数据块,所以数据节点的内存、CPU 及带宽资源消耗相对较多.

小文件读取时 Hadoop 主节点 NameNode 与数据节点 DataNode 硬件资源消耗具体分析如下.

• 内存与 CPU 消耗

在小文件读取时硬件资源消耗的对比实验结果中,Hadoop Archive、Sequence File、CombineFileInputFormat 及本章方案的主节点内存平均占用率分别为:13.23%、14.5%、13.32% 和 12.27%,CPU 平均占用率分别为:15.16%、13.41%、13.35% 和 12.38%;而数据节点内存平均占用率分别为:18.15%、20.14%、21.46% 和 22.36%,CPU 平均占用率分别为:15.11%、13.51%、13.23% 和 12.35%.通过对实验数据分析可知,Hadoop 主节点中 CPU 资源消耗最大的是 Hadoop Archive 小文件方案,内存消耗最大的是 Sequence File 小文件方案,在数据节点中本章方案消耗了最多的内存.Sequence File 小文件方案不支持对保存在它内部的文件进行随机访问操作,当读取内部文件时必须对整个目录文件进行遍历,浪费了大量的时间,并增加了主节点服务器的内存消耗. CombineFileInputFormat 方案读取小文件时主节点的内存和 CPU 消耗比较适中,主节点内存和 CPU 平均占用率分别为:13.32%、13.35%. 本章方案在读取小文件时主节点内存和 CPU 资源的消耗最低,内存和 CPU 平均占用率分别为:12.27%、12.38%,这是由于在本章方案中小文件读取次数大于设定的读取阈值后,该小文件的索引信息会被保存到 Web 服务器本地缓存进行存储,当再次从 Hadoop 平台中读取该小文件时,客户端可直接从 Web 服务器缓存中获取相应的文件索引信息,从而降低了主节点内存和 CPU 资源的消耗.

- 网络带宽消耗

在读取小文件时,Hadoop 主节点仅需获取被读取文件的元数据信息,各方案在读取小文件时主节点的带宽资源消耗都较少,Hadoop Archive、Sequence File、CombineFileInputFormat 及本章方案主节点带宽平均占用率分别为:2.43%、2.52%、2.39%和 2.16%. 而在数据节点中,客户端根据主节点获取的文件元数据信息直接从数据节点读取相应的文件数据块,因而消耗了更多数据节点的带宽资源,Hadoop Archive、Sequence File、CombineFileInputFormat 及本章方案在数据节点的带宽平均占用率分别为:7.15%、8.49%、9.36%和 10.24%. 其中,Sequence File 方案在读取文件时需要遍历整个元数据目录,消耗了最多的主节点带宽资源. 而本章方案在读取小文件时消耗的主节点带宽资源最少,这是由于在本章方案中当小文件被读取次数大于设定的预取阈值时,就把小文件元数据信息存储到 Web 服务器缓存中,从而减轻了主节点服务器的访问压力,降低了主节点带宽资源的消耗. 因此,通过上述实验分析可知,本章方案在提高了小文件读取速度的同时也降低了 Hadoop 主节点带宽资源的消耗.

4) 小文件检索时间及其硬件资源消耗对比实验

小文件检索时间对提高用户体验及提高 Hadoop 平台整体性能也起着十分重要的作用. 为了验证本章方案能够有效降低小文件的检索时间,接下来将对各方案的小文件检索时间进行对比实验和分析.

分别向基于 Hadoop Archive、Sequence File、CombineFileInputFormat 及本章方案的 Hadoop 平台发起 100 次小文件检索请求,并记录每次请求返回所消耗的时间 $T_1, T_2, T_3, \cdots, T_n, \cdots, T_{100}$,且在检索小文件时利用脚本监控记录主节点 NameNode 内存、CPU 及带宽的占用率(小文件检索时只需要从 Hadoop 主节点中读取相应的元数据信息,与数据节点无关,所以在小文件检索实验时仅需对主节点的硬件资源消耗情况进行记录并分析).

(1) 小文件检索时间对比实验分析.

Hadoop 小文件检索时间对比实验结果如图 3-9 所示. 在小文件检索时间的对比实验结果中,Hadoop Archive、Sequence File、CombineFileInputFormat 及本章方

3.1 高效稳定的云存储技术

案的小文件平均检索时间分别为 378ms、393ms、329ms 和 235ms. 其中, 小文件平均检索时间最长为 Sequence File 方案的 393ms, 这是由于尽管 Sequence File 方案采用 MapReduce 方式来进行归档处理, 提高了文件归档的执行效率, 但该方案生成后的系列文件不能进行随机访问操作, 从而小文件检索时浪费了大量时间; 小文件平均检索时间最短为本章方案的 235ms, 相比于 Hadoop Archive、Sequence File 和 CombineFileInputFormat 方案的小文件检索时间分别减少了 37.8%、40.2% 和 28.6%. 这主要是由于本章方案在小文件检索时, 当小文件检索次数大于设定的访问阈值时, 该小文件的索引信息会被保存到 Web 服务器本地缓存进行存储, 当再次检索该小文件时就可直接从 Web 服务器缓存中读取文件索引信息, 缩短了 Hadoop 小文件的检索时间.

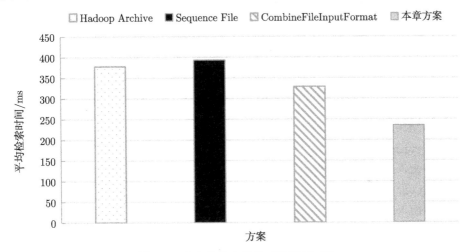

图 3-9 小文件检索平均时间消耗对比

(2) 小文件检索时硬件资源消耗对比实验分析.

从 Hadoop 中检索小文件时, Hadoop 主节点 (小文件检索时仅需从主节点获取信息) 的内存、CPU 及带宽资源平均占用率的对比实验结果如图 3-10 所示.

小文件检索时主要从主节点读取相应的元数据信息, 消耗了一定的主节点硬件资源, 但无须与数据节点通信, 所以不会消耗数据节点的任何资源. 小文件检索时 Hadoop 主节点硬件资源消耗的具体分析如下.

- 内存与 CPU 消耗

如图 3-10 所示的小文件检索时硬件资源消耗对比实验结果中, Hadoop Archive、Sequence File、CombineFileInputFormat 及本章方案的主节点内存平均占用率分别为: 13.12%、13.53%、12.12% 和 11.26%, CPU 平均占用率分别为: 13.22%、11.16%、10.07% 和 10.23%. 其中, Sequence File 方案消耗了最多的主节点内存, 这

主要是由于该方案生产的系列文件不支持随机访问,在小文件检索时须遍历整个目录文件,增加了 Hadoop 主节点服务器的内存消耗;而本章方案消耗了 Hadoop 主节点相对较少的 CPU 资源及最少的内存资源,这主要是由于小文件在多次读取之后小文件的索引信息会被存储到服务器缓存中,从而缩短了小文件的检索时间,降低了主节点内存及 CPU 资源的消耗.

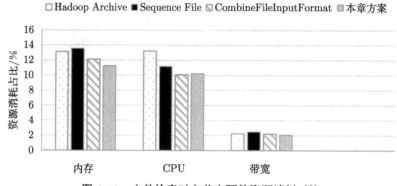

图 3-10　文件检索时主节点硬件资源消耗对比

- 网络带宽消耗

小文件检索时仅需要从主节点获取相应的文件元数据,主节点仅需向客户端传输被检索小文件的元数据信息,使得小文件检索时主节点的带宽资源消耗都非常少,Hadoop Archive、Sequence File、CombineFileInputFormat 及本章方案的主节点带宽平均占用率分别为:2.24%、2.48%、2.21%和 2.07%. 通过实验数据分析可知,本章方案在小文件检索时消耗了最少的主节点带宽资源,这主要是由于在该方案中当小文件被检索次数大于设定的访问阈值时,小文件的元数据信息就被存储到 Web 服务器缓存中,当再次从 Hadoop 中读取该小文件时,则可直接从 Web 服务器缓存中获取该小文件的索引信息,从而降低主节点带宽资源的消耗.

通过上述对各方案在 Hadoop 中的小文件存储速度、小文件读取速度、小文件检索时间及其硬件资源消耗的对比实验及分析可知,本章基于数据预取的 Hadoop 小文件方案有效提高了 Hadoop 小文件的存取速度及检索效率,同时在一定程度上降低了主节点服务器的硬件资源消耗.

5) 实验存在的不足及分析

通过实验分析可知,本章基于数据预取的 Hadoop 小文件解决方案有效提高了小文件的存取速度和检索效率,但对文件数据块的缓存会消耗较多的数据节点内存空间. 这主要由于在本章方案中会根据数据块文件的访问频率对其进行缓存,当用户从 Hadoop 数据节点的本地硬盘读取数据块之后,对该数据块的访问次数进行加一操作,并且当该数据块的访问频率大于事先设定的访问频率阈值时,则认为该数

3.1 高效稳定的云存储技术

据块是一个热门数据块,从而把该数据块存储到该数据节点缓存中. 也就是说,文件读取时用户将通过获取到的文件元数据信息直接从数据节点读取,而不需要通过主节点来转发请求,且在基于数据预取方案中数据节点的小文件数据块被多次读取之后,会被缓存到数据节点缓存中,所以本章基于数据预取的小文件方案读取文件时速度要快且消耗更多的数据节点内存空间. 但如图 3-3 的 Hadoop 小文件预取模块结构所示,在缓冲区超出设定存储比时文件数据块将不会被缓存,用户缓存数据块的内存空间为数据节点总内存的一部分,不会出现占满数据节点内存的情况. 所以, 在这种限定缓存比例的情况下对数据块进行缓存不会对数据节点的整体性能造成较大影响. 因此,尽管现在的服务器配置都很高,但如果集群中数据节点服务器的内存配置依然非常低下 (通常为 4GB 以下内存),即使缓存比例设置较低,这种应用条件下也不适合采用基于数据预取的 Hadoop 小文件方案.

3.1.2.2 基于层次分析法的 Hadoop 负载均衡方案

上面我们展示了一种基于数据预取的 Hadoop 小文件存储方案,解决了 Hadoop 在处理大量小文件时,文件读取及检索效率低下的难题. 站在用户的角度,通过该方案,用户的访问体验将得到极大改善,而站在云服务商的角度,它还要更深层地考虑服务节点之间负载均衡的问题. 这也就是我们要解决的第二个难题. 通过分析 Hadoop 平台现有负载均衡方案,可发现其在负载均衡时仅考虑各服务节点的存储空间利用率,却没有考虑各服务节点之间的相对负载,然而在 Hadoop 实际运行过程中,文件并发访问、网络带宽、CPU 能力及内存利用率等动态因素对节点负载都有直接或间接影响. 为弥补这一不足,接下来我们介绍一种基于层次分析法的 Hadoop 负载均衡方案,该方案综合考虑文件并发访问、网络带宽、CPU 能力及内存利用率等动态因素,计算了服务节点总负载及服务节点之间的相对负载,使得 Hadoop 负载更加均衡. 最后,通过实验验证了该方案的可行性及有效性.

1. Hadoop 负载均衡存在的问题分析

Hadoop 中各服务节点的负载是否均衡对平台整体运行性能起着至关重要的作用,一个合理高效的负载均衡方案能够有效避免文件访问堵塞、资源存储不均衡及响应时间过长等问题,能够有效提高 Hadoop 平台的运行效率.

在 Hadoop 中,当服务节点运行一段时间之后,文件的频繁访问及节点服务器的退出与加入都会导致平台中节点服务器负载的不均衡[17],这些操作经过一定时间之后都需要对平台进行相应的负载均衡处理,否则容易出现文件访问堵塞、资源负载不均衡及响应时间过长等问题. 当前,Hadoop 平台常采用的负载均衡方案有先进先出[33](First In First Out, FIFO)、公平调度[34](Fair Scheduler, 由 Facebook 提出)、计算能力调度[35](Capacity Scheduler, 由 Yahoo 研究开发) 及 Balancer[36]负载均衡方案.

FIFO[33]　在早期 Hadoop 的 MapReduce 计算架构中,主要面对的是单用户提交的较大型的批处理作业,所以作业跟踪器最早使用的作业调度算法是 FIFO 算法. FIFO 最大的缺点是在系统中存在大作业的情况下,小作业的效应时间较差. 由于它主要是针对单用户单一作业类型设计的,当多用户在同一平台上运行各类型作业时,其忽略了不同作业之间的需求差异,而 Hadoop 就是典型的多用户多任务平台,因此导致的后果是降低了 Hadoop 平台的整体性能.

Fair Scheduler[34]　Fair Scheduler 负载均衡方案的设计思想是最大化确保系统中的作业平均分配系统资源,适用于多用户情形. 当 Hadoop 集群中有多个用户提交作业时,为了确保公平性,调度器会为每个用户分配一个资源池 Pool,资源池里的所有作业都会按照其自身权重分配最小资源量以保证每个作业都能执行,不会有作业长期处于饥饿状态. Fair Scheduler 的缺点是当一个 Hadoop 集群里的 Reduce 资源有限时,且一些长时间运行的低优先级的任务占用完了所有的 Reduce 单元后,新提交优先级更高任务的 Reduce 会被暂停,从而无法抢占资源运行,造成其无法完成任务,这种情况就容易导致 Hadoop 平台的负载不均衡.

Capacity Scheduler[35]　Capacity Scheduler 负载均衡方案的设计思想是支持多个工作队列 (JobQueue),每个 JobQueue 可配置一定的资源量,且每个 JobQueue 均采用 FIFO 调度,调度器对同一用户提交的作业所占资源量进行限定,以防止同一用户独占 JobQueue 中的资源. Capacity Scheduler 方案与 FIFO 方案相比较,它弥补了 FIFO 方案过于简单且资源利用率低的问题,且支持资源密集型作业,允许作业使用的资源量高于默认值,进而可容纳不同资源需求的作业,提高了资源利用率,也能够动态调整资源分配,提高了作业执行效率. 但 Capacity Scheduler 方案中的 JobQueue 设置和 JobQueue 选组无法自动进行,降低了 Hadoop 负载均衡的执行效率.

Balancer[36]　Balancer 负载均衡方案主要依据数据节点 (DataNode) 的存储空间,根据平衡器设置的阈值对各个 DataNode 进行分类,找到那些存储空间使用率过高和使用率过低的节点,遍历使用率过高的节点,找到适合迁移数据块 (Block) 的目标节点,把 Block 从使用率高的节点拷贝到使用率低的节点,完成一次递归过程后重新计算使用率. 但 Balancer 在负载均衡时仅考虑了存储空间因素,很难准确地计算出各节点的真实负载值,长时间运行之后将容易导致各节点服务器负载的不均衡.

从上述研究现状分析可知,Hadoop 常用负载均衡方案 FIFO、Fair Scheduler、Capacity Scheduler 分别存在不满足多用户作业、高优先级任务无法抢占资源及执行效率低的问题. 虽然 Balancer 是 Hadoop 自带负载均衡工具,更适用于 Hadoop 的运行环境,但 Balancer 负载均衡方案也仅考虑了节点服务器存储空间因素,未考虑网络带宽、CPU 及内存等动态因素及节点之间的相对负载情况, 难以准确计算出各服务节点的真实负载值.

为此, 结合层次分析法, 本小节将提出一种基于层次分析法的 Hadoop 数据负载均衡方案, 方案综合考虑文件并发访问、网络带宽、CPU 负载能力及内存利用率等动态因素, 计算服务节点总负载及服务节点之间的相对负载, 从而更准确地得出节点服务器的真实负载能力, 使各节点服务器的负载更加均衡.

2. 基于层次分析法的 Hadoop 负载均衡方案

本小节结合层次分析法给出了一种基于层次分析法的 Hadoop 负载均衡方案, 层次分析法的简单介绍如下.

层次分析法 (Analytic Hierarchy Process, AHP)[37] 是美国匹茨堡大学运筹学家萨蒂教授于 20 世纪 70 年代初, 在进行美国国防部的 "各个工业部门根据对国家福利贡献的大小而进行合理的电力分配" 研究课题时, 采用多目标的综合评价方法[38]和网络系统理论[39]提出的一种基于层次权重的决策分析方法. 层次分析法将一个比较复杂的多目标决策问题当作一个目标系统, 然后将目标分解为许多个目标或准则, 进而分解成多指标 (或者约束、准则) 的若干层次, 最后通过给定性指标使用模糊量化的方法[40]计算得出层次权数的单排序以及总排序, 以作为一种对多方案、多指标进行优化决策的系统方法.

1) 预定义负载因子

在基于层次分析法的 Hadoop 负载均衡方案中, 对节点服务器运行时的负载影响因子具体定义如下.

- 数据块大小 (s): 在 Hadoop 数据节点中, 数据块的大小越大则它对节点服务器的负载影响越大.
- 数据块被访问次数 (k): 如果一个文件数据块被访问的次数越多, 则认为这个文件数据块以后将会再次被用户访问的概率就越大, 也即该文件数据块对其所在节点服务器的负载影响越大.
- 访问所占用时间 (t): 当用户访问文件时, 如果该文件的数据块被访问占用的时间越长, 则它对节点服务器的负载影响越大.
- 数据块未被访问时间 (z): 如果文件数据块长时间不被访问, 则它的负载不是恒定不变的, 而应该是被逐渐降低.
- 数据块并发访问数 (m): 如果一个数据块在同一时间被访问的次数越多, 表明该数据块对节点服务器的负载影响越大.
- 网络带宽 (W): 如果节点服务器网络带宽越大, 则在提供相同服务时该节点服务器的负载就越小.
- 数据节点内存大小 (M) 及 CPU 能力 (C): 节点服务器的内存越大, CPU 负载能力越强,则在提供相同服务时该节点服务器的负载就越小.
- 空闲存储空间 (L): 节点服务器的空闲存储空间越大,则在提供相同服务时该节点服务器的负载就越小.

从上述预定义的负载影响因子可知,Hadoop 中文件数据块大小 s、每次访问数据块占用时间 t 及数据块并发访问数 m 对负载的影响呈正相关,而数据块未被访问时间 z、网络带宽 W、内存大小 M、CPU 负载能力 C 及服务节点当前空闲存储空间 L 对负载的影响呈负相关.

2) 计算文件数据块负载

在 Hadoop 中,数据节点主要用来存储文件的数据块,如果一个文件数据块被访问的次数越多,则认为该文件数据块以后将会再次被用户访问的概率就越大,也即该文件数据块对其所在节点服务器的负载影响越大,在执行负载平衡的时候这类负载值大的文件数据块将会首先被移动到负载相对较轻的数据节点,以达到集群的负载均衡. 因此,计算数据节点的总负载之前就需要先计算出该数据节点中的文件数据块第 k 次被读取时的负载值,该负载值在计算数据节点总负载时会被作为负载影响因子来使用.

当存储在数据节点中的数据块被用户读取时,都需计算该数据块负载增量,其中某个数据块在第 k 次被用户读取时,该数据块被用户读取时的负载增量 ΔE 表示如下:

$$\Delta E = s_i \times (t_{i1} + t_{i2} + \cdots + t_{im})/(s' \times t'), \tag{3-1}$$

式中,s_i 表示第 i 个数据块的大小;m 表示并发访问数;$t_{i1}, \cdots, t_{im}$ 表示第 i 个数据块的 m 个并发访问所需要的时间;s' 表示所有数据块大小的平均值;t' 表示数据块被访问的平均时间. 计算该负载增量 ΔE 的算法时间复杂度由数据块的并发数据决定,因为时间复杂度为线性阶 $O(n)$.

该文件数据块第 k 次被访问时负载计算方法可表示如下:

$$e_x(f_n, k) = e_x(f_n, k-1) \times (1 - p^z) + \Delta E, \tag{3-2}$$

式中,e_x 表示第 x 个数据节点服务器;f_n 表示第 n 个文件数据块;k 表示该文件数据块第 k 次被用户访问值;p 是一个小于 1 的常量;z 表示最后一次调整该文件数据块负载的时间与上次调整该文件数据块负载时间的差值;ΔE 表示该文件数据块被访问时的负载增量. $e_x(f_n, k-1) \times (1 - p^z)$ 表示如果数据块长时间没有被用户访问,则该数据块的负载值将逐渐变小,直到它的负载值最后趋近于零,而不是一个不变的值. 该算法的时间复杂度主要取决于数据块的负载增量的时间复杂度,所以时间复杂度也为 $O(n)$.

3.1 高效稳定的云存储技术

3) 计算节点总负载

在 Hadoop 中, 文件的数据块全部被存储在数据节点 (DataNode) 中, 因此需要在考虑众多影响因素的情况下, 计算出数据节点的总负载. 结合层次分析法, 并按照不同的负载因子把数据节点的总负载进行加权分解, 数据节点总负载的分解如图 3-11 所示.

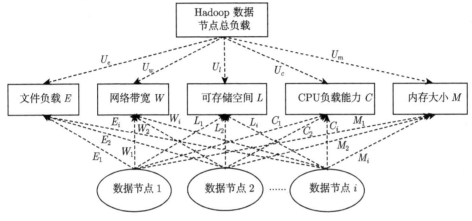

图 3-11 节点服务器负载分解

因此, 根据上节中计算出的文件数据块负载, 可采用对第 i 个数据节点全部文件数据块负载进行累加的方式来计算该节点文件数据块的总负载 E_i, 设定节点服务器网络带宽 (W)、当前可用存储空间 (L)、CPU 负载能力 (C)、内存 (M) 的权重值分别为 U_w, U_l, U_c, U_m(其中 $U_w + U_l + U_c + U_m = 1$), 假设节点服务器 i 中 W, L, C, M 的当前使用率分别为中 W_i, L_i, C_i, M_i, 根据层次分析法把负载进行分解与加权. 因此, 第 i 个数据节点服务器的总负载 S_i 如下:

$$S_i = E_i \times (1 + U_w \times W_i + U_l \times L_i + U_c \times C_i + U_m \times M_i). \tag{3-3}$$

例如第 i 个数据节点中文件数据块的总负载 E 表示为 100, 设第 i 个数据节点的网络带宽、存储空间、CPU 负载能力和内存的权重分别为: 0.2, 0.2, 0.3, 0.3(相加等于 1), 使用率分别为 0.6, 0.7, 0.4, 0.8, 则第 i 个数据节点当前总负载为: $S_i = 100 \times (1 + 0.2 \times 0.6 + 0.2 \times 0.7 + 0.3 \times 0.4 + 0.3 \times 0.8) = 162$, 也就是说第 i 个数据节点当前网络、存储空间、CPU 能力和内存使用率越大时负载越高. 该算法是各负载影响因素根据各自的权重累加得出的, 因此该算法的时间复杂度为 $O(1)$.

4) 计算节点相对负载

在上节中, 已计算出节点的总负载 S_i, 但仅根据数据节点的总负载很难准确反映出 Hadoop 集群的真实负载情况. 为此, 本节计算各数据节点之间的相对负载值, 根据数据节点的相对负载能更准确反映出 Hadoop 集群的真实负载情况. 根据各数据节点的相对负载值就可更准确地对它们的总负载进行动态调整及修正,从而使 Hadoop 平台负载处于更加均衡的状态. 第 i 个数据节点相对负载 D_i 的计算方法如下所示:

$$D_i = S_i \times (L' \times C' \times M'/W_i \times L_i \times C_i \times M_i) \tag{3-4}$$

其中, L' 表示 Hadoop 中全部数据节点可用存储空间的平均值; C' 表示 Hadoop 中全部数据节点 CPU 处理能力的平均值; M' 表示 Hadoop 中全部数据节点内存的平均值; W_i 表示第 i 个数据节点的带宽; L_i 表示第 i 个数据节点的可用存储空间; C_i 表示第 i 个数据节点的 CPU 处理能力; M_i 表示第 i 个数据节点的内存大小. 因此, 当 Hadoop 中数据节点的带宽越大、空闲存储空间越多、CPU 能力及内存越大时, 该数据节点的相对负载就越小. 相对负载由该服务器的总负载乘以各负载影响因素平均值与在该负载具体值之比的乘积计算得出, 因此计算节点相对负载的时间复杂度也为 $O(1)$.

5) 负载均衡方案具体实施流程

该负载均衡方案的具体实施流程如图 3-12 所示.

根据 Hadoop 中第 i 个数据节点的总负载和相对负载来对数据节点负载进行动态的调整, 具体描述如下.

(1) 先计算出 Hadoop 中各数据节点 DataNode 的相对负载值 D_i 及全部数据节点的平均负载 D'.

(2) 把 $D_i \geqslant D'$ 的数据节点加入队列 W(重负载节点集合), 并对队列 W 进行降序排列操作. 而把 $D_i < D'$ 的数据节点加入队列 R (轻负载节点集合), 并对队列 R 进行升序排列操作.

(3) 从数据节点队列 W 中选择第一个数据节点标记为 w, 把数据节点 w 中的文件数据块负载进行降序排列操作并标记为队列 U.

(4) 从数据块队列 U 中选择第一个数据块设为 u, 如果该数据块为非可读状态, 则继续执行步骤 (4), 不然转向下一步骤.

(5) 再从数据节点队列 R 中选择第一个数据节点设为 r, 然后把文件数据块 u 的负载值添加到数据节点 r 上, 再重新计算数据节点 r 的相对负载 D_r, 如果 $D_r \geqslant D'$, 跳转到步骤 (4) 重新选择一个文件数据块; 如果 $D_r < D'$, 则把该数据块 u 从数据节点 w 移动到数据节点 r, 并把 u 从数据块队列 U 中删除.

(6) 重新计算数据节点 w 和 r 的相对负载 D_w 和 D_r. 若 $D_w \leqslant D'$, 则把数据节点 w 从数据节点队列 W 中删除; 若 $D_r \geqslant D'$, 把数据节点 r 从数据节点队列 R 中删除.

(7) 最后, 判断数据节点队列 W 和 R 是否为空, 若为空则负载均衡操作完成, 否则转向步骤 (3) 继续选择负载较重的数据节点进行调整.

3.1 高效稳定的云存储技术

因此，根据上述负载均衡实施流程，就能够不断地对 Hadoop 平台中各服务节点进行负载判断及动态调整，并在指定时间或用户访问时按上述的负载均衡实施流程对服务节点的负载进行动态调整，使 Hadoop 平台中各服务节点的负载不断地趋于更加均衡的状态。

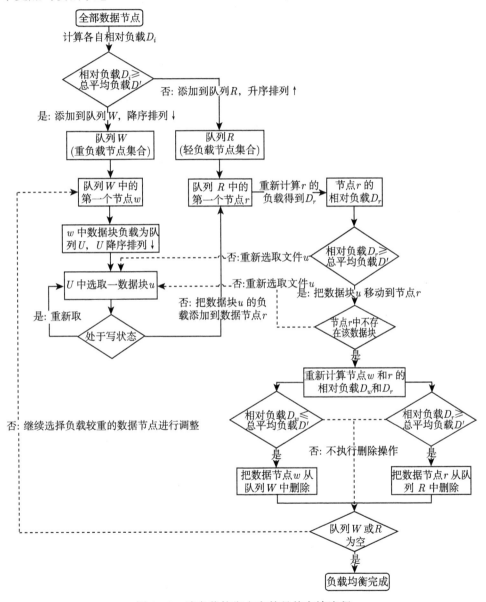

图 3-12 该负载均衡方案的具体实施流程

3. 实验与结果分析

1) 实验环境

为了验证本章负载均衡方案的可行性和实际效果,在测试环境中部署了 1 个主节点服务器和 6 个数据节点服务器 (Hadoop 版本均为 Hadoop-0.20.203),且设定数据节点服务器的 CPU 能力级数分别表示为:4、4、4、8、8、8,以及内存能力级数分别表示为:8、8、8、12、12、12.

实验部署结构如图 3-13 所示,实验环境中的 Hadoop 服务器集群共有 W、P、Q 三个机架,机架 W 与机架 Q 的网络带宽为 100 M/s,该机架上的服务器配置均为 4 核处理器、8G 内存;机架 P 的网络带宽为 150 M/s,该机架上服务器的配置均为 8 核处理器、12G 内存. 其中,主节点 NameNode 和数据节点 DataNode1 在机架 W 上,数据节点 DataNode2、DataNode3 及 DataNode4 在机架 P 上,数据节点 DataNode5 与 DataNode6 在机架 Q 上. 向 Hadoop 中写入大小不同的文件,写入文件的数量和大小分别为:1000 个 100 KB、1000 个 300KB、1000 个 500KB、1000 个 1MB 的小文件和 10 个 100 MB、10 个 300 MB、10 个 500 MB、10 个 1GB 的较大文件,写入上述数据文件之后的各数据节点存储空间利用率如表 3-1 所示.

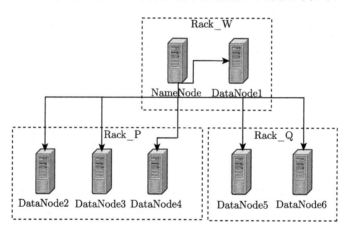

图 3-13 Hadoop 负载均衡方案实验部署结构图

表 3-1 数据节点原始储存空间利用率

数据节点	原始容量/GB	已使用容量/MB	利用率/%
DataNode1	10	7212	72.12
DataNode2	10	6031	60.31
DataNode3	10	2000	20.00
DataNode4	10	3321	33.21
DataNode5	10	1010	10.10
DataNode6	10	1326	13.26

3.1 高效稳定的云存储技术

2) 负载波动性及硬件资源消耗对比实验

首先，分别向基于负载均衡方案 FIFO、Fair Scheduler、Capacity Scheduler、Balancer 及本章方案的 Hadoop 平台中全部文件发起各 100 次的访问请求，且在访问时利用脚本监控记录主节点及数据节点的内存、CPU 及带宽的占用率，最后并采用各方案对 Hadoop 进行负载均衡操作.

(1) 负载波动性对比实验分析.

各方案负载均衡后 Hadoop 数据节点存储空间利用率如图 3-14 所示，采用各方案执行负载均衡后数据节点 DataNode1、DataNode2、⋯、DataNode6 的存储空间利用率分别如下.

- 使用 FIFO 方案负载均衡后的各节点存储空间利用率分别为：35.37%、36.34%、35.76%、37.09%、33.25% 和 31.19%；
- 使用 Fair Scheduler 方案负载均衡后的各节点存储空间利用率分别为：35.52%、34.71%、37.23%、35.86%、33.75% 和 31.67%；
- 使用 Capacity Scheduler 方案负载均衡后的各节点存储空间利用率分别为：37.33%、35.74%、36.43%、33.71%、32.84% 和 33.82%；
- 使用 Balancer 方案负载均衡后的各节点存储空间利用率分别为：36.6%、35.93%、35.76%、34.92%、33.84% 和 31.95%；
- 使用本章方案负载均衡后的各节点存储空间利用率分别为：35.62%、35.53%、35.14%、34.97%、34.31% 和 33.43%.

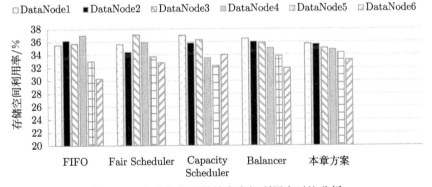

图 3-14 负载均衡后的储存空间利用率对比分析

根据上述实验数据，采用计算样本方差的方式来衡量各方案负载均衡后各节点负载波动性，样本方差为

$$S^2 = \frac{\sum_{i=1}^{i}(x_i - E(x))^2}{n-1} \tag{3-5}$$

其中, n 表示 Hadoop 数据节点总个数 (本实验中 $n=6$); i 表示第 i 个数据节点; x_i 表示第 i 个数据节点的存储空间利用率; $E(x)$ 表示各数据节点存储空间利用率的平均值. 通过实验数据及上述样本方差公式可计算出方案 FIFO、Fair Scheduler、Capacity Scheduler、Balancer 及本章方案执行负载均衡后各节点存储空间利用率的样本方差分别为: 0.00049、0.00037、0.00031、0.00029 和 0.00007. 通过计算结果分析可知, 本章方案负载均衡后节点存储空间利用率样本方差值为最小, 表明本小节方案负载均衡后 Hadoop 各数据节点的负载波动最小 (即负载更加均衡).

(2) 负载均衡时硬件资源消耗对比实验分析.

根据负载波动性实验记录的节点内存、CPU 及带宽占用率, 可计算出各方案负载均衡时主节点与数据节点的硬件资源平均消耗如图 3-15 所示.

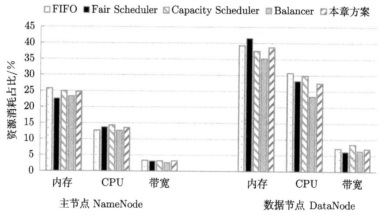

图 3-15　负载均衡时硬件资源消耗对比

执行负载均衡时主节点与数据节点硬件资源消耗情况具体分析如下.

- 内存与 CPU 消耗

实验中, 主节点采用负载均衡方案 FIFO、Fair Scheduler、Capacity Scheduler、Balancer 及本章方案执行负载均衡后的内存平均占用率分别为: 25.76%、22.56%、24.92%、23.26% 和 24.72%, CPU 平均占用率分别为: 12.74%、13.71%、14.32%、12.68% 和 13.56%; 在数据节点中, 采用负载均衡方案 FIFO、Fair Scheduler、Capacity Scheduler、Balancer 及本章方案执行负载均衡后的内存平均占用率分别为: 39.31%、41.52%、37.56%、35.21% 和 38.69%, CPU 平均占用率分别为: 30.75%、28.19%、29.96%、23.37% 和 27.53%. 通过对实验数据分析可知, 主节点中消耗内存和 CPU 较少的分别是 Fair Scheduler 和 FIFO 方案, 消耗内存和 CPU 最多的分别是 FIFO 和 Capacity Scheduler 方案. 在数据节点中消耗内存和 CPU 最少都是 Balancer 方案, 消耗内存和 CPU 最多的分别是 Fair Scheduler 和

3.1 高效稳定的云存储技术

FIFO 方案. 而本章方案在执行负载均衡时主节点与数据节点的内存及 CPU 消耗都较为适中, 可见本章方案在达到良好负载均衡效果的同时, 未增加对节点服务器内存和 CPU 资源的消耗.

- 网络带宽消耗

实验中, 主节点采用负载均衡方案 FIFO、Fair Scheduler、Capacity Scheduler、Balancer 及本章方案执行负载均衡后的网络带宽平均占用率分别为: 3.36%、3.13%、3.24%、2.63% 和 3.21%; 数据节点中采用负载均衡方案 FIFO、Fair Scheduler、Capacity Scheduler、Balancer 及本章方案执行负载均衡后网络带宽的平均占用率分别为: 7.21%、6.17%、8.52%、6.45% 和 7.13%. 通过实验数据可知主节点中消耗网络带宽最少的是 Balancer 方案, 网络带宽消耗最多是的 FIFO 方案; 数据节点中网络带宽消耗最少的是 Fair Scheduler 方案, 消耗网络带宽最多的是 Capacity Scheduler 方案. 因此, 本章方案负载均衡时主节点与数据节点的网络带宽消耗较为适中, 也未增加对主节点及数据节点的带宽资源消耗.

3) 负载均衡后访问响应时间对比实验

本小节测试在不同方案负载均衡后向 Hadoop 发起文件访问请求时的平均响应时间. 首先, 分别向未执行负载均衡和基于 FIFO、Fair Scheduler、Capacity Scheduler、Balancer 及本章方案执行负载均衡后的 Hadoop 平台中存储的全部文件发起访问请求各 100 次. 各方案负载均衡后的访问平均响应时间如图 3-16 所示.

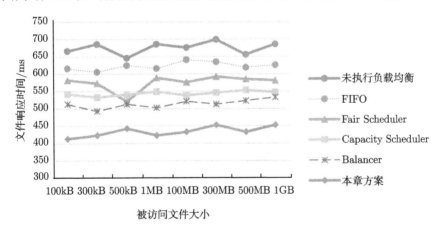

图 3-16 负载均衡后文件访问平均响应时间对比

在文件访问响应时间对比实验结果中, 未执行负载均衡及各方案负载均衡后的平均访问响应时间分别为: 675ms、623ms、580ms、553ms、514ms 和 434ms, 本章方案负载均衡后的平均响应时间相比于未执行负载均衡及另外四种负载均衡方案分别降低了 35.70%、30.33%、25.17%、21.52% 和 15.56%.

通过对实验数据分析可知,FIFO 方案负载均衡后的文件访问响应时间最长,本章方案负载均衡后的文件访问响应时间最短,这主要是由于主节点在读取文件时相应数据节点发起心跳包来判断数据块文件是否真实存在,所以服务节点的负载波动会直接影响文件响应时间,节点负载波动性越小则相应的文件访问响应时间就越短. 因此,通过上述分析可知,本章负载均衡方案降低了 Hadoop 节点负载波动性,使各节点负载更加均衡,同时也减少文件访问的响应时间.

4) 负载均衡后文件读取速度对比实验

本节测试不同方案负载均衡后从 Hadoop 中读取文件的平均传输速度. 首先,从基于不同方案执行负载均衡后的 Hadoop 中读取不同大小文件各 100 次,且在文件访问时利用脚本监控记录主节点 NameNode 及数据节点 DataNode 的内存、CPU 及带宽的占用率.

从 Hadoop 中读取文件时需要从相应数据节点读取具体的文件块,文件的读取速度主要受到数据节点的影响,如果数据节点间的负载更加均衡,则能够有效提高数据块的提取速度,从而加快整个文件的读取速度. 各方案负载均衡后的文件读取平均速度如图 3-17 所示.

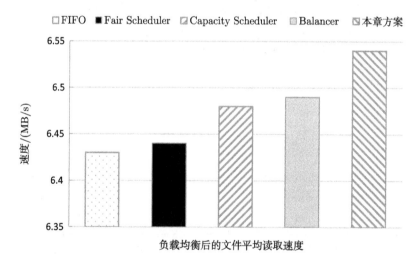

图 3-17 负载均衡后的文件平均读取速度对比

在负载均衡后的文件读取实验中,采用负载均衡方案 FIFO、Fair Scheduler、Capacity Scheduler、Balancer 及本章方案执行负载均衡后的文件平均读取速度分别为:6.43MB/s、6.44MB/s、6.48MB/s、6.49MB/s 和 6.54MB/s,本章方案的文件平均读取速度相比于其他方案分别提高了 17.11%、15.53%、9.26% 和 7.70%. 因此,通过实验数据分析可知,本章方案在使得 Hadoop 负载更加均衡的同时也有效提高了文件的读取速度.

5) 实验存在的不足及分析

从执行负载均衡时硬件资源消耗的对比实验可知，尽管本章方案未增加对节点服务器内存和 CPU 资源的消耗，在执行负载均衡时主节点与数据节点的内存及 CPU 等硬件资源消耗都较为适中，但相比于其他各方案并没有明显优势，尤其是在数据节点中消耗了较多的硬件资源。这主要是由于负载平衡时需要执行读取主节点中存储的文件元数据信息及移动数据节点中文件数据块等操作，如果执行负载均衡会比在执行负载平衡时会消耗较多节点服务器的硬件资源，这也是负载均衡通常在晚间或其他空闲时间执行的原因。

如图 3-15 中的主节点与数据节点的内存、CUP 及带宽资源平均占用率对比分析所示，从对比分析中可知在执行负载平衡时本章基于层次分析法的方案需要消耗更多的主节点及数据节点内存、CUP 及带宽资源，这主要是由于在执行负载平衡时读取主节点中存储的文件元数据信息及移动数据节点中文件数据块，且本章基于层次分析法的负载方案在执行负载平衡过程中考虑了更多的负载影响因子，该方案也计算了针对文件数据块的负载及各数据节点之间的相对负载，使得在执行负载平衡时就会消耗更多节点服务器的硬件资源。

从对比分析也可看出，在执行负载均衡时的数据节点相比于主节点消耗了更多的硬件资源，这主要是由于在负载平衡过程中主节点仅需要提供数据节点位置及文件元数据的信息检索操作，而在数据节点中则需要移动真实的文件数据块，如果执行负载均衡的频率非常高，则容易导致移动过多的文件数据块，并且文件的数据块原本就要比文件元数据大得多，所以在执行平衡过程中数据节点要比主节点消耗更多的内存、CUP 及带宽等硬件资源。但由于对系统执行负载均衡通常都是在晚间或指定空闲时段进行，在空闲时段牺牲一些硬件资源来换取各节点服务器的负载更加均衡是非常值得的做法。因此，本章负载均衡方案非常适用于那些不需要频繁执行负载平衡的应用及服务 (如云存储服务等)，但如果平台上部署的服务需要高频度地执行负载平衡 (如实时在线游戏类服务等)，则不建议采用本小节的负载均衡策略。

3.2 云存储所面临的安全挑战

在上面一节中，我们首先向读者阐释了大数据与云计算的发展现状，所面临的技术难题等；之后，基于我们在 Hadoop 平台的研究成果，展示了如何利用 Hadoop 平台提高云存储的性能，包括提高了 Hadoop 在小文件处理方面的效率，以及解决了 Hadoop 平台服务节点之间的负载均衡问题。然而，云存储技术在性能方面的不足却并不是限制其发展的主要因素。据 Gartner 在 2009 年的调查结果显示，70% 以上受访企业的 CTO 认为近期不采用云计算的首要原因在于存在数据安全性与隐私性的忧虑。对于个人用户也是如此，一旦个人用户将一些自身的敏感数据外包，必然要考虑就是隐私保护问题. 近年来, Amazon、Google 等云计算发起者不断爆出各种数据安全事故. 例如, 2009 年 3 月, Google 发生大批用户文件外泄事件; 2009 年 2 月和 7 月, Amazon 的 "简单存储服务"(Simple Storage Service, S3) 两次中断导致依赖于网络单一存储服务的网站被迫瘫痪等. 这些安全事故使得全球范围内关于云计算安全的研究迅速升温, RSA、CCS 等国际著名安全会议也都将云计算安全问题列为焦点, 并且举办了很多相关的研讨会. 而云计算安全, 首先要解决的就是云存储安全, 因为无论是数据存储, 还是外包计算, 服务器租用等, 一个和传统信息技术最大的不同, 就在于用户不在本地存储或处理数据, 而将数据放置在远程的云服务器上. 因此, 保护这种远程数据安全, 就成了云计算安全最关键的课题.

云存储所面临的安全问题多种多样, 比如由云服务商管理事故或黑客攻击引起的数据损坏、数据窃取、访问控制漏洞等, 更有甚者, 可能存在一些恶意的云服务商, 故意隐瞒事故, 甚至是直接由经济利益驱使、盗卖数据等. 不过粗略地划分一下, 可以发现, 无论是什么样的安全隐患, 要么是破坏了数据的完整性, 要么是破坏了数据的隐私性. 本节中, 我们将具体针对云存储所面临的这两种安全问题作简单论述, 介绍目前围绕这两类问题的研究进展. 最后, 我们将在 3.3 节与 3.4 节中提出关于数据完整性验证和数据隐私保护的相关方案, 这些方案在效率、安全性、易用性等方面比之前的方案更具优势.

3.2.1 数据完整性

当用户将数据远程存储至云端后, 为了释放本地的存储空间以及降低本地维护管理数据的成本, 用户一般会选择不再保留本地的数据备份, 那么一个很重要的问题是: 如何保证用户存储至云端的数据是完整的. 一个简单而平凡的想法是, 我们可以利用传统密码学中的 Hash 算法, 先对本地数据计算出一个 Hash 值, 验证数据完整性的过程可以分为这样两步: ① 从云端将外包的数据下载至本地; ② 在本地计算这个数据的 Hash 值, 和之前计算出的 Hash 值比较, 如果一样, 则证明数据是完整的.

这样做理论上讲是正确的, 但是存在一个很明显的缺点: 通信量过大. 每一次验证都要将全部数据传输一遍, 如果用户需要频繁地执行验证, 那么这种通信量是一定不能被接受的.

为了解决上述问题, 针对远程云数据的完整性验证的研究快速展开. 这些研究成果大多采用 "挑战–应答" 模式, 通过挑战外包数据的部分数据块, 以较高概率检测出整个数据集的完整性, 此外, 由于很多外包至云端的数据是敏感的、机密的, 所以几乎所有的数据完整性验证方案还要考虑数据隐私性的保护问题. 有关于数据隐私, 在后面会有详细的论述. 现在, 将国内外学者在数据完整性验证领域的几个主要的研究成果列举如下.

(1) 2007 年，Juels 等首次提出了对于文件的可取回性证明方案 (Proofs of Retrievability, POR)[41]，此方案是最早的关于完整性验证的详细论述，用户不需要将数据全部取回，而只需要存储一个用于验证的密钥.

(2) 同年，Ateniese 等也同样提出了一篇具有开创性意义的数据持有性证明方案 (Proofs of Data Possession, PDP)[42]，PDP 与 POR 的作用类似，都是为了解决远程大文件的高效完整性验证问题，然而 PDP 只保证所存储的数据的完整性，并不关心数据一旦被损坏是否可恢复，POR 则通过编码技术保证了数据损坏后的可恢复性.

(3) 2012 年，Wang 等提出了一种安全可靠的云存储服务[43]，在这个方案中，他们实现了数据完整性验证、数据恢复、错误定位，以及动态更新等多重功能.

(4) 2013 年，Wang 等提出了对于云存储安全的公开审计方案[44]，在保护用户隐私性的前提下允许一个不可信的第三方承担用户的数据完整性审计工作，从而大大减轻了用户的负担.

(5) 2014 年，Armknecht 等基于 POR 方案设计了一种新的 OPOR 方案[45]，考虑了之前 POR 方案没有考虑到的安全问题，同时也进一步减轻了用户在数据审计过程中的通信及计算代价.

其实上面只是列举了有关数据完整性验证研究的冰山一角，除此之外，还有很多研究工作，在支持动态更新，多副本存储等方面做出改进. 比如 Erway 等在 2009 年提出了动态 PDP 的概念[46]，设计了可支持动态更新的 PDP；Hao 等在 2010 年提出多副本数据的完整性验证[47]；Du 等在文献 [48] 中，针对多租客的云基础设施中可能存在的共谋攻击，构建了基于数据重放的解决方案，提出了基于节点自身信任分数和节点间信任分数的自适应多跳完整性证明协议. 此外还有很多非常有影响力的研究成果，这些研究成果使得云端数据完整性验证技术日臻完善，限于篇幅，我们在此不一一列举了.

总结一下，云计算所提供的新的数据存储模式和传统的本地存储有着本质上的不同，这使得数据完整性验证变成了一个具有挑战性的难题. 为了解决这个问题，几乎所有的完整性验证方案都从以下五个方面提出了相应的技术需求.

(1) 轻量级通信. 为此，大多方案使用概率性的验证方案 (比如挑战数据块的完整性). 同时，即便是采用这种计算标签的"挑战-应答"协议，也要使得用户所需要传送和接收的信息量尽可能地低.

(2) 支持动态更新. 云存储需要支持数据的动态更新，对于用户而言，长期存档使用的，不需要更新的数据量毕竟有限，更多的是一些需要即时更新的数据. 所以更新过程不能为用户或者云造成过大的通信及计算代价.

(3) 更加准确. 因为大多完整性验证是概率性的，所以要能够保证这些方案尽可能地以接近 100% 的概率正确验证数据完整性.

(4) 更加高效. "挑战-应答" 更加节省用户及云服务商的计算代价, 例如引入第三方审计者的方案, 就是为了解决这个问题.

(5) 更加安全. 在验证数据完整性时, 特别是将审计任务外包给一个第三方审计者的情况下, 要能够应对各种能力的敌手对用户数据隐私的攻击.

针对上述技术需求, 我们在已有方案的基础上, 针对新的应用环境提出了对于数据完整性验证的改进策略, 这一点会在 3.3 节详细论述.

3.2.2 数据隐私性

与数据完整性所带来的安全问题相比, 数据隐私性的风险更加严重和普遍. 数据时代, 数据就是资源, 就是金矿, 谁掌握了数据, 谁就掌握了时代的脉搏. 所以几乎任何商业竞争, 到最后都是对于数据的竞争. 所以无论用户出于何种考虑将数据外包, 一个最需要谨慎考虑的问题就是数据的机密性以及用户的其他隐私, 例如企业用户外包的可能是商业机密数据, 政府机构外包的是社会统计数据, 医疗、金融这些机构外包的数据, 类似于健康记录、财务状况等, 都严重涉及用户隐私. 虽然说, 具有更稳定服务性能的云存储技术会在一定程度上比传统的本地数据存储更有优势, 比如通过部署集中的云计算中心, 可以组织安全专家以及专业化安全服务队伍实现整个系统的安全管理, 避免不专业导致安全漏洞频出而被黑客利用, 但是, 与此同时, 云存储的集中管理却更容易成为黑客攻击的重点目标. 由于系统的巨大规模以及前所未有的开放性与复杂性, 其安全性面临着比以往更为严峻的考验.

以上这些安全隐患, 使得数据隐私性这个传统概念在云计算的大环境下有了新的意义. 首先, 我们先要搞清数据隐私性与数据机密性的区别. 所谓数据机密性, 这是一个较为狭隘的概念, 指数据内容本身的保密性; 而数据隐私性则含义更为广泛, 既指数据外包的数据内容本身, 也指由外包数据、读取数据、检索数据等一系列操作所带来的关于用户身份、癖好、习惯等一系列涉及隐私的数据.

当前数据隐私性的风险来源大致有以下五个方面.

(1) 由云服务器管理者的管理疏忽或黑客攻击造成的数据泄露, 也是当前最常见的隐私问题.

(2) 由恶意的云服务商主动造成的数据泄露, 云服务商通过这种恶意盗卖数据, 以谋取自身经济利益. 这种情况有两种特征: ① 由于这属于极度恶劣的违法行为, 所以发生率不高, 但不是不可能; ② 如果用户外包的是明文形式的数据, 那么一旦这种情况发生, 数据机密性将一定被破坏.

(3) 由云计算的动态虚拟化机制引发的安全问题. 在典型的云计算服务平台中, 资源以虚拟、租用的模式提供给用户, 这些虚拟资源根据实际运行所需与物理资源相绑定. 由于在云计算中是多租户共享资源, 多个虚拟资源很可能会被绑定到相同的物理资源上. 如果云平台中的虚拟化软件中存在安全漏洞, 那么用户的数据就可能被其他用户访问. 例如, 2009 年 5 月, 网络上曾经曝光 VMware 虚拟化软件的 Mac 版本中存在一个严重的安全漏洞. 别有用心的人可以利用该漏洞通过 Windows 虚拟机在 Mac 主机上执行恶意代码.

(4) 由用户数据访问造成的隐私性泄露. 用户将数据存储至云端当然不仅仅是 "存" 这么简单, 更复杂的问题是数据的访问, 因为多数情况下存储至云端的数据是经过加密的, 那么很多明文上方便使用的功能, 在密文上就变成了一个难点. 如何操作密文数据, 同时不暴露任何与用户相关的隐私, 也是当前的研究热点.

针对这些数据隐私方面存在的安全隐患, 一个简单而有用的方法是对数据在外包前加密, 这也是云环境下, 隐私保护最常用的方法. 传统的对称加密算法, 比如 DES、AES 虽然已出现了几十年, 但即便在当今, 普遍计算能力早已超越当年好几倍, 这些加密算法也依然表现出可靠的安全性以及良好的实现性能. 然而, 我们需要解决的一个问题是: 如何在云端所存储的加密数据上, 执行以前能在本地存储的明文数据的操作, 包括查找、读取、计算、修改等. 技术上讲, 对于外包的加密数据, 既要能够保证准确、高效的数据使用, 又要保证整个数据使用过程的安全性 (特指保护数据机密性以及其他用户隐私). 其中, 有关于加密数据检索的论述我们将在第 4 章详细展开, 而有关加密数据计算的论述我们将在第 7 章探讨.

除了加密之外, 还有另外一种常见而有效的方式是对数据分类处理, 将关键的机密数据单独放在个别服务器上, 与其他的服务器进行隔离. 我们在 3.4 节将向读者展示我们是如何结合 P2P 技术, 在 Hadoop 平台上构建了一种混合云的存储模型, 在保证安全性的同时, 也提高了存储数据的传输速度与检索效率.

除了上面我们所阐述的数据完整性与数据隐私性之外, 云存储安全也面临着可信删除、问责机制构建等问题, 这些都是具有挑战性的难题. 但是这些并不在本书的研究范围之内.

3.3 数据完整性验证

上一节中我们简单向大家介绍了当前云存储安全中关于数据完整性验证以及数据隐私性保护的研究意义及进展. 接下来我们将在这一小节介绍两个关于数据完整性验证的方案, 第一个是利用同态消息认证码验证数据的完整性, 第二个方案则提出了一个安全的自动扩容的云存储系统, 在这个系统中, 使用轻量级数据安全验证算法完成了对数据完整性、可用性的验证.

3.3.1 利用同态消息认证码验证数据完整性

1. 背景介绍

在理想云环境中, 用户在个人客户端上不需任何应用型软件, 有时只需一个浏览器即可,所有用户终端最后都要和云端通信,用户的信息安全完全由云服务公司保证. 由于云内部的操作细节对于用户而言是不透明的,那么用户是否相信自身数据在云端是安全的,成为云计算面临的关键问题. 云计算的一个核心问题就是用户数据在云端的存储,但是云存储对用户而言是不透明的,虽然云端具有超高的计算能力和海量的存储能力,但是云存储有一定风险. 一方面,用户担心文件被攻击者非法篡改、删除、替换,或者云端服务器的定期设备维护和升级会影响自己的数据,如 SSP(Storage Service Provider) 自身为了降低成本,将用户数据迁移,造成数据的不完整,SSP 的设备故障或错误操作导致数据丢失,存在恶意攻击者在云端篡改数据. 因此,需要一种方法检查存储在云端的数据是否完整. 另一方面,用户客户端通常是计算能力和存储能力都比较弱的 "瘦" 客户端,如手机等,无法进行大量计算,也无法下载大量数据. 因此,如果用户想确认数据是否完整,不希望将所有文件全部下载再利用传统的端到端消息认证码进行完整性认证. 从而设想: 为了验证存储在云端的数据的完整性,是否可以只需随机验证部分数据,使用密码学基本模块如消息认证码、数字签名、Hash 函数、分组密码等,就能够以较高可信度来判断数据完整性.

2003 年,Deswarte[49]等提出了一种对云端服务器数据进行验证的算法,该算法的设计利用了基于 Hash 函数的 RSA. 对用户而言,其计算和存储开销都是 $O(1)$,但是 RSA 应用于整个文件速度较慢. 2004 年,Krohn 和 Freedman 等[50]基于同态 Hash 构造了一种对云端数据完整性进行验证的方案,可以将大量的输入数据经由 Hash 函数映射为一个固定大小的值,大大降低了计算量. 2007 年以后,数据完整性验证方案主要分成两类技术: 一种是可证明数据拥有 (Provable Data Possession, PDP),另一种是可检索证明 (Proofs of Retrievability, POR). 此后,在这两种方法的基础上出现了大量应用于云环境的完整性检验方案.

3.2 节中,我们提到,Ateniese 等[42]2007 年首次定义了 PDP,随后,Swminathana 等[51]提出一种基于同态 Hash 函数的 S-PDR. 其实,随后的研究方向基本都集中于这两类方案. Juels 等[41]首次给出了 POR 的形式化模型与定义,并提出一种基于 "Sentinels" 方案的 POR,但该 POR 方案只能对数据文件的完整性进行有限次的校验. 2008 年,基于同态消息认证码的数据完整性验证方案也开始出现,2013 年,Shacham[52]基于对称密码体制构造了 HomMAC(同态消息认证码),这种 HomMAC 适用于 POR 方案,也称为基于伪随机函数的 POR-PRF(POR based on Pseudo-Random Function),该方案克服了 Juels[41]方案中只能进行有限次校验的缺点,但方案中使用了过多的密码模块,使得过程过于复杂且使用的密钥量很大. 同年,Catalano[53]和 Fiore 提出了效率较高的 HomMAC,以这种 HomMAC 作为基本构件,可以构造数据完整性检验方案. 该类方案允许无限次的验证,并且对概率多项式时间攻击者是安全的.

3.3 数据完整性验证

本节针对以上方案中的缺点,主要以方案 [41] 和方案 [52] 为对照,利用密码学和网络编码的相关技术设计了一种应用于云环境的 HomMAC 和具体算法构造,可用于构造 POR 的数据完整性验证方案. 本节给出的方案仅使用了一个密钥和一个状态值,减少了所使用的密钥量,避免了繁琐的密钥建立过程,且减少了计算量,使整个方案显得简洁而优雅.

2. 基础知识

1) 同态加密

在最初的密码加密体制中,同态性质其实是密码方案的一个缺点,但随着云计算安全、无线传感器网络安全、网络编码安全、密文检索、加密数据库群签名等领域的快速发展,同态性质日益显示其优点. 同态加密源于一个称为隐私同态 (Privacy Homomorphisms) 的公开问题: 在不使用秘密密钥解密的情况下,能否对密文进行任意计算,而且运算结果的解密值等于对应的明文运算的结果. 某些已有的密码算法本身具有同态特点,例如 RSA 体制满足任意次乘法同态操作,属于乘法同态体制. 1984 年, Goldwasser 和 Micali 提出加法同态密码体制 GM[54],允许任意次模 2 加同态操作. 2011 年, Boneh 和 Freeman 基于公钥体制提出了一种同态数字签名 (Homomorphic Signatures),并且给出了具体的实现方案. 同态签名尽管具有良好的同态性质,但是签名算法主要使用了离散对数问题,因此计算速度较慢. 总的来说,上述方案的同态计算能力都有限.

同态机制可以这样理解,设 P 为一个密码方案,可以是加密方案、认证方案、加密认证方案或者其他方案. G 和 R 是两个群,符号 $+$、$\times$ 是定义在 G 上的加法和乘法运算,符号 $\oplus$、$\otimes$ 是定义在 R 上的加法和乘法运算. f 是一个从 G 到 R 的函数, a, b 是 f 的输入. 如果满足 $f(a+b) = f(a) \oplus f(b)$, 则称 P 为加法同态方案. 如果满足 $f(a \times b) = f(a) \otimes f(b)$, 则称 P 为乘法同态方案.

定义 3.3.1 同态加密方案 (Homomorphic Encryption, HE) 可以看成是一个概率多项式时间算法的四元组,包含四个算法,分别记作

$$(\text{GEN}(\cdot), \text{ENC}(\cdot,\cdot), \text{EVA}(\cdot,\cdot,\cdot), \text{DEC}(\cdot,\cdot,\cdot)).$$

(1) **密钥生成算法 GEN** $k \leftarrow \text{GEN}(1^n)$, 即输入安全参数 n, 输出一个密钥 k;
(2) **加密算法 ENC** $c_i \leftarrow \text{ENC}(k, m_i)$, 即输入消息块 $m_i \in \{0,1\}^*$, 密钥 k, 输出密文 c_i;
(3) **赋值算法 EVA** $c' \leftarrow \text{EVA}(f, m_i, c_i)$, f 是一个函数, $i \in [1, n]$, 输出 c';
(4) **解密算法 DEC** 输入 c'、函数 f、密钥 k, 输出明文 m'.

定义 3.3.2 (全同态) 如果 P 同时满足加法同态和乘法同态, 那么称 P 为全同态方案.

2) **同态消息认证码**

传统的消息认证码 (Message Authentication Code, MAC) 主要应用于端对端的通信场景, 同态消息认证码的应用环境则包括云计算、网络编码、委托计算等. 与传统 MAC 相比, 同态消息认证码一个明显的区别是经过使用密钥 k 的 HomMAC 认证后的消息 $m_1, \cdots, m_t$, 允许第三方在不知道密钥 k 的情况下, 利用同态性质对相应的消息和认证标记实施变换 f, 变换后的消息和认证标记可以通过 HomMAC 带密钥 k 的验证. 更有甚者, 全同态消息认证码不仅可以满足以上功能, 还可以认证某个程序 P 确实是施加到经过认证的消息上的, 它主要应用在云计算中的委托计算领域.

定义 3.3.3 HomMAC 是一个概率多项式时间算法的四元组, 包含四个算法, 分别记作

$$(\text{GEN}(\cdot), \text{MAC}(\cdot, \cdot), \text{EVA}(\cdot, \cdot), \text{VER}(\cdot, \cdot, \cdot)).$$

(1) **密钥生成算法 GEN$(\cdot)$** $k \leftarrow \text{GEN}(1^n)$, 即输入安全参数 1^n, 输出一个密钥 k, 其中 $|k| \geqslant n$;

(2) **消息认证标记生成算法 MAC$(\cdot, \cdot)$** $Tag_i \leftarrow \text{MAC}k(m_i, \tau)$, 即输入消息 $m_i \in \{0, 1\}^*$, 程序标记 τ 和密钥 k, 输出消息认证标记 Tag_i;

(3) **赋值算法 EVA$(\cdot, \cdot)$** $Tag \leftarrow \text{EVA}(f, Tag_i)$, f 是一个函数, $f: \{0,1\}^k \to \{0,1\}, i \in [1, n]$. 如果 Tag_i 认证的是每一个消息 $m_i \in \{0, 1\}^*$, 那么 Tag 认证的是 $m^* = f(m_1, \cdots, m_k)$;

(4) **验证算法 VER$(\cdot, \cdot, \cdot)$** 输入认证标记 Tag、密钥 k 和程序 P, 输出 1 或 0. $1 \leftarrow \text{VER}(k, P, Tag)$, 则验证正确; $0 \leftarrow \text{VER}(k, P, Tag)$, 则验证失败.

3) **PDP 与 POR**

数据持有性证明 PDP(Provable Data Possession, PDP) 的主要功能是检查云端服务器是否完好地持有文件的方案. 在 PDP 中, 用户在将文件存储在云端服务器之前, 将原始文件进行预处理, 生成一些附加数据, 这些数据并不是简单的冗余数据, 而是与原始数据的每一位都相关的认证标记. 用户把文件存储到云端服务器后, 可以随时对文件进行抽样检查, 以较高概率确认服务器是否完好存储了数据. PDP 的完整性验证过程相当于一个 Verifier 和 Prover 之间的挑战应答试验. Verifier 向 Prover 发起询问 Q, Prover 根据所持有的文件和 Q, 通过认证算法, 生成一个应答并返回给 Verifier. Verifier 则根据应答进行计算, 根据计算结果判断云端服务器存储的文件是否完整. 如果文件的完整性已经遭到了破坏, 那么服务器返回的应答通过 Verifier 验证的概率可以忽略.

一个 PDP 方案的基本步骤如下.

(1) 步骤 1: Verifier 为文件的每一块预先计算出标签 Tag_i.

3.3 数据完整性验证

(2) 步骤 2：Verifier 把文件 m_i 和标签 Tag_i 一起发送给 Prover.

(3) 步骤 3：Prover 存储文件 m_i 和标签 Tag_i，允许 Verifier 删除除了密钥之外的相关文件.

(4) 步骤 4：Verifier 要验证存储在云端的数据的完整或者数据的持有，发起一个询问 Q，并把 Q 发送给 Prover.

(5) 步骤 5：Prover 生成一个针对 Q 的应答，并回复给 Verifier.

(6) 步骤 6：Verifier 通过算法进行验证，结果为验证通过或验证失败.

POR(Proofs of Retrievability, POR) 是另一种数据完整性验证方案，其基本理念是：Prover 能生成一个简洁的证明，证明 Verifier 可以检索目标文件，而不需要用户下载文件来完成验证. PDP 和 POR 的共同点：二者都是专门为处理较大文件而设计的；用户的存储能力相对于文件大小而言是很小的；用户需要存储的仅仅是密钥，并且当验证数据的完整性或可获取性时，不需要取回整个文件；二者都可以提供服务器安全服务的承诺——文件以一个非常理想的安全界被服务器完整存储.

PDP 和 POR 区别在于：PDP 可以检测到存储数据是否完整，但是无法确保数据的可恢复性，而 POR 则保证了存储数据的可恢复性，允许数据有一定程度的损坏，利用编码技术可以恢复出原数据.

4) 数据完整性方案性能考察指标

对数据完整性认证方案性能的考察，一般分为下面五项基本指标.

- **数据访问设置**　假设数据分块保存. 在理想方案中，用户只需要检查少量的、随机的数据块，就可以确认整个数据的完整性与否.
- **计算开销**　包括数据存储之前的预处理、用户提出询问和验证、云端服务器给出应答. 无论是对用户，还是对云端服务器，计算开销都应尽可能少.
- **存储开销**　存储包括用户和云端服务器为进行数据检查做准备的、有可能大于原始文件的数据量，还有计算时所需要的暂时存储量. 存储也要尽可能小，尤其对用户而言.
- **通信开销**　用户和云端服务器之间的网络传输数据量，对网络带宽有一定要求. 要求传输数据量尽可能小，至少要小于原始文件，不会增加额外通信负担.
- **安全性**　假设下面两种情况，一是云端服务器有欺骗意图，尝试对完整性已遭到破坏的文件生成有效应答，企图使用户相信数据仍然完整；二是存储在云端的数据遭到了非法篡改，云端服务器仍然对数据生成了有效应答. 上述欺骗行为在概率上都是可忽略的，并且安全性存在严格的理论证明.

除了这些基本指标外，还有其他的指标评判方案的性能，例如以下提出一些常用指标.

- **是否允许更新操作**　用户使用秘密密钥仅参与第一次上传时的消息认证标

记计算,后续修改操作和新的认证标记的生成由云端服务器完成,服务器并不掌握用户密钥,但是用户仍然可以验证云端服务器是否进行了正确修改和对应的正确认证标记的生成.

- **验证次数** 允许验证的次数是有限的,还是无限的.

表 3-2 是较为主流的四种数据完整性检验方案的性能比较.

表 3-2 部分数据完整性认证方案的性能比较

方案名称	Juels POR	S-PDR	PDP	Shacham POR
基于的模块	Sentinels	同态 Hash	同态签名	同态 MAC
是否可以公开验证	否	否	否	否
可验证次数	有限	有限	无限	无限
有无安全性证明	有	无	无	有
存储开销 (C/S)	$O(1)/O(t)$	$O(1)/O(n)$	$O(1)/O(n)$	$O(1)/O(n)$
计算开销 (C/S)	$O(1)/O(1)$	$O(1)/O(1)$	$O(1)/O(1)$	$O(1)/O(n)$
通信开销	$O(1)$	$O(1)$	$O(1)$	$O(1)$
更新操作	无	A\M\D	无	无

注: C/S 表示用户/服务商.

A\M\D 表示增加 \ 改变 \ 删除.

3. 详细方案

由于在 PDP 和 POR 方案中,不建议取回全部文件进行完整性验证,因此同态性质在验证过程中可以发挥很好的作用. 目前,很多 PDP 和 POR 方案都是基于同态签名或者同态消息认证码的,大大减少了服务器的计算量、网络流量和块访问量,同时以较理想的安全界实现了数据完整性验证. 本节介绍我们提出的一种新的 HomMAC 算法,该算法可用于构造 POR 方案,且取得低密钥量、低计算量、无繁琐过程,可证明安全性和有效性. 下面介绍具体的方案构造.

1) 系统模型

下面先介绍本章在云环境中的 HomMAC 方案中参与通信的各种角色.

传统的 MAC 中,三方参与通信过程: 发送方 S、接收方 R、攻击者 A. 而在云计算环境下的 HomMAC 方案中,发送方 S 和接收方 R 可能是一个实体用户 (User),需要验证的是存储在云端服务器 (Server) 的数据的完整性是否得到了保护. 本章中考虑的攻击者包括恶意访问云端数据库的外部入侵者和半信任的 Server. 外部入侵者有能力攻击 Server,并且篡改 Server 的数据,而 Server 在多数情况下是不会破坏数据的,但是为了某种利益,也可能删除某些数据,或者对用户隐瞒数据被外部入侵者篡改的实情.

为了方便,在本章中 User 称为验证方 (Verifier),Server 称为证明方 (Prover). 这里补充一点: 在基于公钥体制的认证方案中,Verifier 可能是第三方.

3.3 数据完整性验证

基本假设: 云端服务器是不诚实的或者被恶意访问的, 即 Prover 是不可靠的, 存在欺骗 Verifier 的可能, 它代替了传统 MAC 算法中的攻击者 A. 即使 Verifier 存储在云端的数据遭到了未曾授权的删除或篡改, 但是 Prover 仍然尝试欺骗 Verifier, 企图利用认证算法证明数据保持了完整性.

图 3-18 是云计算下数据完整性的基本验证模型.

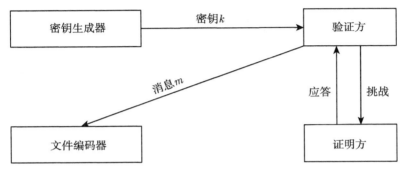

图 3-18　云计算中数据完整性验证模型

数据完整性的验证可以看成由一个挑战应答来完成的. 为了方便理解, 模型图中假设方案只使用一个密钥 k. 但是在实际设计中, 为了保证方案的安全性, 提高方案的安全界, 通常会使用到很多密钥. 尽管密钥量增大, 但是所有密钥都是秘密密钥, 只有 Verifier 拥有.

2) 预处理过程

本节提出的 HomMAC 是应用于 POR 方案的, 消息在认证之前需要经过预处理. 在对消息数据进行预处理时, 可采用的方法有很多, 大多是基于编码学的, 这里着重介绍本节将要用到的纠删码 (Erasure Code), 它不仅在 HomMAC 方案中使用, 还是云计算安全的一个有力工具. Erasure 编码是一种编码思想, 分为编码 (Encode) 和解码 (Decode) 两个过程. 其基本原理是将 n 长的原始数据 m, 通过代数运算进行处理, 增加 k 长的数据, 变为 $n+k$ 长的数据 m'. 如果 m' 中有部分数据失效, 只要失效的数据长度小于 m, 就可以通过代数运算, 利用剩下的有效数据将原始数据恢复出来. 在方案的初始化过程中, Verifier 需要对消息 m 进行预处理: 利用 Erasure Code 将 m 编码成 m'.

3) 具体方案与算法

本节提出一种新的 HomMAC 算法, 该算法可用于构造 POR 方案. 算法是定义在有限域 $GF(2n)$ 上, $n=128$, 其中的加法和乘法都是有限域 $GF(2n)$ 上的运算.

设置初始条件: $E: \{0,1\}^t \times \{0,1\}^n \to \{0,1\}^n$ 是一个分组密码, $K = \{0,1\}^t$ 是分组密码的密钥空间, $k \xleftarrow{s} K$ 是 E 的密钥, t 是密钥空间的长度, n 是消息的分组长度. p 为状态值, 初始为 0^n.

Verifier 对消息 m 进行预处理: 利用纠删码将 m 编码成 m', 并将 m' 表示成 r 行 s 列矩阵, $1 \leqslant i \leqslant r, 1 \leqslant j \leqslant s$, 即

$$m' = \begin{bmatrix} m_{11} & m_{12} & \cdots & m_{1s} \\ m_{21} & m_{22} & \cdots & m_{2s} \\ \vdots & \vdots & & \vdots \\ m_{r1} & m_{r2} & \cdots & m_{rs} \end{bmatrix}.$$

每一行可以看成是消息分块后的一块, 矩阵的元是 $\mathrm{GF}(2n)$ 中的元素.

将矩阵的行数 r 和列数 s 添加为 m' 的第 $r+1$ 行的第一个和第二个元素, 后面的元素全为 0, 有

$$m'' = \begin{bmatrix} m_{11} & m_{12} & m_{13} & \cdots & m_{1s} \\ \vdots & \vdots & \vdots & & \vdots \\ m_{r1} & m_{r2} & m_{r3} & \cdots & m_{rs} \\ r & s & 0 & \cdots & 0 \end{bmatrix}.$$

下面讨论中的 m_{ij} 均指矩阵 m' 中的元.

步骤 1 Verifier 任意选取一个密钥 k, $k \xleftarrow{s} K$, 固定状态值 p, 利用下面算法生成 s 个值 $\alpha_1, \alpha_2, \cdots, \alpha_s$, 算法如下:

$$\alpha_j = E_k(p+j), \quad p \text{ 是状态值}.$$

并对矩阵 (m_{ij}) 中的每一行作一个认证标记, 生成 $Tag_1, \cdots, Tag_r, Tag_{r+1}$, 算法如下:

$$Tag_i = E_k(2^{n-1} + p + i) + \sum_{j=1}^{s} \alpha_j m_{ij}, \quad 1 \leqslant i \leqslant r+1,$$

特别地, 有下式成立:

$$Tag'_{r+1} = E_k(2^{n-1} + p + r + 1) + \sum_{j=1}^{s} \alpha_j m_{r+1\,j}$$
$$= E_k(2^{n-1} + p + r + 1) + \alpha_1 r + \alpha_2 s.$$

认证标记是由所选定的行的全部元素所作的一个线性组合确定的值, 线性组合系数为 $\alpha_1, \cdots, \alpha_r, \alpha_s$, 再加上一个由 $2^{n-1} + p + i$ 作为输入的分组密码的输出值, 其中 i 标记的是该行的行数.

Verifier 生成 T, T 包含矩阵 m' 的行数 r 和列数 s, 然后 Verifier 更新状态值, 即重置状态值:

$$T = r || s,$$

3.3 数据完整性验证

$$T_0 = r||s||Tag_{r+1}||p,$$

$$p \leftarrow \max\{p+s, p+r+1\},$$

这里 Tag_{r+1} 是 T 的认证标记.

Verifier 将 $(T_0, m', Tag_1, \cdots, Tag_r)$ 发送给云端 Prover, 由 Prover 存储. 即使 Verifier 不再存储信息 $(T_0, m', Tag_1, \cdots, Tag_r)$, 也不会影响其对 m' 完整性的验证. 这里不需要发送 Tag_{r+1}, 因为 T_0 含有 Tag_{r+1} 信息.

步骤 2 Verifier 向 Prover 发出询问 Q, 不是要求下载全部的 m' 及所有的 $Tag_1, \cdots, Tag_r$, 而是随机询问某些消息块和这些消息块的认证标记. Q 是 l 个元素的集合 $\{(i, v_i)\}$, l 是询问的行数的总数量, i 是询问第 i 行消息, $i \in [1, n]$, v_i 是 i 对应的随机值, $v_i \xleftarrow{s} \{0, 1\}^\lambda$, λ 是一个参数.

步骤 3 Prover 收到 Verifier 发起的询问 Q, 将 T_0^* 发回给 Verifier, Verifier 得到 r^*, s^*, Tag_{r+1}^* 和 p^*, 计算:

$$\alpha_j = E_k(p^* + j), \quad j = 1, 2,$$

$$Tag'_{r+1} = E_k(2^{n-1} + p^* + r^* + 1) + \alpha_1 r^* + \alpha_2 s^*.$$

判断 $Tag'_{r+1} = Tag_{r+1}^*$ 是否成立. 若成立, 则进行下一步骤; 若不成立, 则要求 Prover 重发 T_0.

步骤 4 Prover 针对询问 $Q : \{(i, v_i)\}$ 进行应答:

$$\mu_j \leftarrow \sum_{(i, v_i) \in Q} v_i m_{ij},$$

$$Tag \leftarrow \sum_{(i, v_i) \in Q} v_i Tag_i.$$

其中 $1 \leqslant j \leqslant s$, 也就是说, Prover 针对 Verifier 发起的询问进行消息块和消息块标记的处理, 即 Verifier 询问哪些消息块, Prover 就计算哪些消息块.

计算方法是利用 Verifier 发送的 v_i 作系数, 对所询问的消息块作线性组合, 得到的结果记作 μ_j. 利用同样的步骤, 计算被询问的那些消息块分别对应的标记 $\{Tag_i\}$ 的线性组合值 Tag, 其中 $i \in [1, n]$, 然后将结果 $\mu_1, \mu_2, \cdots, \mu_s$ 和 Tag 发送给 Verifier.

步骤 5 Verifier 收到 $\mu_1, \mu_2, \cdots, \mu_s$ 和 Tag, 进行计算:

$$\sum_{(i, v_i) \in Q} v_i E_k(2^{n-1} + p + i) + \sum_{j=1}^{s} E_k(p+j) \mu_j = Tag'.$$

Verifier 比较 Tag' 是否等于 Tag. 如果相等, 则验证成功, Verifier 相信自己在云端的数据是完整的; 如果不相等, 则验证失败, Verifier 认为自己在云端的数据的完整性遭到了非法破坏. 以上是算法的完整描述, 下面是整个算法的流程.

SETUP

$$k \xleftarrow{s} \{0,1\}^t$$

$$E_k : \{0,1\}^t \times \{0,1\}^n \to \{0,1\}^n$$

$$p \leftarrow 0^n$$

$$m' = \{m_{ij}\}_{r \times s} \xleftarrow{EC} m$$

$$m'' = \{m_{ij}\}_{(r+1) \times s} \leftarrow m'$$

by add $(r,s,0,\cdots,0)$ as the last row

PREPARE

$$\alpha_j \leftarrow E_k(p+j) \text{ for } 1 \leqslant j \leqslant s$$

$$Tag_i \leftarrow E_k(2^{n-1}+p+i) + \sum_{j=1}^{s} \alpha_j m_{ij}$$

for $i = 1, \cdots, r+1$

$$T \leftarrow r \| s$$

$$T_0 \leftarrow T \| Tag_{r+1} \| p$$

$$m^* \leftarrow (m', Tag_1, \cdots, Tag_r)$$

then send (m^*, T_0) and t to Prover

RESET

$$p \leftarrow \max\{p+s, p+r+1\}$$

CHALLENGE

$$i \xleftarrow{s} [1,n]$$

$$v_i \xleftarrow{s} \{0,1\}^\lambda$$

$$Q \leftarrow \{(i, v_i)\} \text{ for some } i \in [1,n]$$

then send Q to Prover

RESPONSE

$$\mu_j \leftarrow \sum_{(i,v_i) \in Q} v_i m_{ij}$$

$$Tag \leftarrow \sum_{(i,v_i) \in Q} v_i Tag_i$$

then send (μ_j, Tag, t) to Verifier

VERIFY

$$Tag'_{r+1} \leftarrow E_k(2^{n-1}+p+r+1) + \alpha_1 r + \alpha_2 s$$

if $Tag'_{r+1} \neq Tag_{r+1}$

then require resend else

$$\left\{ Tag' = \sum_{(i,v_i) \in Q} v_i E_k(2^{n-1}+p+i) \right.$$

$$\left. + \sum_{j=1}^{s} E_k(p+j) \mu_j \right.$$

if $Tag = Tag'$

then return 1 else return $0\}$

下面说明为什么 $Tag = Tag'$ 与验证成功是等价的. 如果 Prover 诚实地对 Verifier 的询问 Q 作了回答, 则有下列式子成立:

$$Tag = \sum_{(i,v_i) \in Q} v_i Tag_i$$

3.3 数据完整性验证

$$
\begin{aligned}
&= \sum_{(i,v_i)\in Q} \left(v_i E_K \left(2^{n-1} + p + \mathrm{i}\right) + \sum_{j=1}^{s} \alpha_j m_{ij} \right) \\
&= \sum_{(i,v_i)\in Q} v_i E_K (2^{n-1} + p + \mathrm{i}) + \sum_{(i,v_i)\in Q} v_i \left(\sum_{j=1}^{s} \alpha_j m_{ij} \right) \\
&= \sum_{(i,v_i)\in Q} v_i E_K \left(2^{n-1} + p + \mathrm{i}\right) + \sum_{j=1}^{s} \alpha_j \left(\sum_{(i,v_i)\in Q} v_i m_{ij} \right) \\
&= \sum_{(i,v_i)\in Q} v_i E_K \left(2^{n-1} + p + \mathrm{i}\right) + \sum_{j=1}^{s} \alpha_j \mu_j.
\end{aligned}
$$

显然有 $Tag = Tag'$ 成立.

这样我们就设计了一种可用于构造 POR 的 HomMAC 算法, 且可以证明我们构造的算法是正确且有效的.

4) 方案的补充说明

为了更好地描述和理解该 HomMAC 方案, 补充以下九点说明.

(1) Verifier 是整个方案中唯一拥有秘密密钥 k 的一方.

(2) Verifier 只需要存储密钥 k 就可以对数据的完整性进行验证. 因为 Verifier 不需要存储消息 m', 也不需要存储消息标记 Tag_i, 而分组密码是公开算法, 所以该方案对 Verifier 的存储能力要求不高.

(3) Prover 与 Verifier 之间的通信通道不需要传送全部的 m', 只需传送 s 个大小等同于 m' 中一个元素大小的数据, 再外加 Tag 值就可以了, 需要的通信量相对较小, 对通信的带宽要求不高.

(4) 方案中的 $\mu_1, \mu_2, \cdots, \mu_s$ 与 Tag 的大小及消息的大小是独立的, 表明方案的通信开销是一个常量.

(5) 在本方案中, 由于询问 $Q: \{(i, vi)\}$ 是随机的, 因此认证是一个概率认证.

(6) 对于询问 $Q: \{(i, vi)\}$, 每次都可以随机选取, 理论上不会出现用完的情况, 所以不会对 Prover 产生在线负荷.

(7) Verifier 提出询问 $Q: \{(i, vi)\}$, Prover 针对 $Q: \{(i, vi)\}$ 进行回答, 这一步骤是不需要密钥的, 仅仅是 Prover 对消息块和消息标记作用于函数 f, 体现了同态认证的特点, 即允许第三方在不知道密钥 k 的情况下利用同态性质对相应的消息和认证标记实施变换 f.

(8) 在本方案中, 体现同态特点的 f 具体是指利用 v_i 作为系数, 对消息块和消息认证标记进行加法运算, 而验证算法是对加法的结果进行验证, 并不是对每一个消息块和认证标记进行验证, 因此计算开销很低.

(9) 方案中的 Response 算法与同态消息认证码定义中的赋值算法 EVA$(\cdot, \cdot)$ 是一致的, 在该方案中具体是指对被询问的数据作一个线性组合, 包括对消息认证标记作线性组合.

4. 方案的优势分析

具体方案及算法过程以及对方案的说明在上文中我们都已经给出了, 下面结合基础知识部分提出的数据完整性认证方面的性能评估标准以及与之前提出的数据完整性认证的相关方案进行比较, 分析并说明我们所提方案的优势所在.

该 HomMAC 主要是应用于 POR 方案的. 目前较为主流的 POR 是基于 "哨兵"(Sentinels) 构造的 POR, 其基本思想是用户在文件中随机插入若干个与文件数据不可区分的 "哨兵". 典型代表是文献 [41] 中给出的方案, 该方案在检查文件完整性时要求服务器端返回这些随机位置的 "哨兵", 通过验证 "哨兵" 的有效性来确定文件是否完整. 但是, 该 POR 方案存在缺点: 为防止重放攻击, 每个哨兵只能使用一次, 每次文件完整性检验都要消耗一批 "哨兵", 因此该 POR 方案只能进行有限次的校验, 在文件预处理过程中就已经确定了 "哨兵" 的位置, 后期不允许对文件进行任何形式的更新.

鉴于以上缺点, 文献 [48] 基于同态消息认证码的思想, 结合使用分组密码和消息认证码, 提出了一种紧致的 POR 方案, 该方案首先将用户的文件进行分块处理, 为每一个分块使用同态消息认证码生成一个认证标记上传至服务器, 为保证用户所持有的密钥数量的最小化, 一并上传的还有使用分组密码加密的同态消息认证码中用到的密钥和将消息分组的参数、加密后的数据及其使用传统的消息认证算法生成的认证标记, 用户只保留分组密码和消息认证码的密钥. 验证时, 用户首先取得消息分组的参数、加密后的数据及其使用传统的消息认证算法这一三元组, 使用消息认证码密钥验证其完整性, 通过验证后再使用分组密码密钥解密, 获得同态消息认证码所使用的密钥. 这时, 用户随机发起询问, 要求返回文件中某些分块的线性组合后的认证标记, 服务器端使用同态性质在无须掌握密钥的情况下生成用户询问的数据的认证标记, 连同组合后的消息返回给用户验证. 利用同态消息认证码的同态性质, 无论用户询问了多少组数据, 其通信量也不会增加, 仅为一个文件分块的大小. 同时, 这一同态性质, 允许用户进行任意次的校验, 克服了 "哨兵" 方案中只能进行有限次校验的缺点.

但是, 文献 [48] 使用了过多的密码模块, 包括消息认证码 (MAC)、分组密码 (BC)、伪随机数发生器 (PRG)、同态消息认证码 (HomMAC)、随机函数 (PRF) 等, 过程又过于复杂, 而且使用的密钥量很大.

针对以上缺点, 本小节给出的同态消息认证码方案则仅使用了分组密码这一个密码模块, 基于 Carter-Wegman 消息认证码构造思想, 结合线性泛 Hash 函数的同态性质,利用分组密码设计了一种同态消息认证码.在本方案中,仅使用了一个密钥和一个状态值,一方面减少了所使用的密钥量,另一方面避免了繁琐的 Setup 过程,巧妙地使用分组密码和输入分割的技巧生成计算过程中使用的伪随机值,达到了整个方案的最简化.使用该算法解决 POR 问题时,用户只需保存一个分组密码的密钥和一个状态值,就可处理任意多个不同的文件.本方案引入了可以公开的状态值,这里状态值的使用主要目的是使该算法可以简单连续处理多个不同的文件.就效率而言,在文献 [48] 提出的方案中,验证者不仅要为每个文件保存两个单独的、不相关的密钥,每次还需要进行传统消息认证码的生成和验证,并多做了一次加密和解密操作,存储和计算的开销都比较大,将造成验证者很大的负担.而本方案则使用同态消息认证码一揽子解决了消息分组参数的认证问题和方案中的密钥生成问题,避免了引入过多密码模块,减少了计算量,并且保留了文献 [48] 提出的方案的所有优点,整个方案显得简洁而优雅.表 3-3 是三个方案部分性能的比较.

表 3-3 算法部分性能对比

方案	校验次数	密钥量	计算开销	通信开销	密码模块
POR[41]	有限	一个	大	$O(1)$	Hash、MAC
CPOR[48]	无限	两个	较大	$O(1)$	BC、MAC、PRG、PRF
本方案	无限	一个	小	$O(1)$	BC

3.3.2 云计算扩容中的数据完整性验证

1. 背景介绍

可伸缩性是云计算中的一个重要性能指标,保证了云中共享的资源与信息可以按需求提供给用户或者其他设备,使得云计算服务商可对外提供动态的易扩展的虚拟资源.云计算的可伸缩性描述了云服务系统通过改变可用的计算资源的使用量与调度方式方法来调整云计算性能,保证云资源能以成本高效的方式按需租赁.目前国外主流的云计算提供商如 Amazon、Google 都提供按小时付费的超大规模持续运行的可伸缩云计算资源.这些云服务提供商都面向用户提供高度自动化或定制化的应用服务部署以及满足用户服务水平协议 (Service Level Agreement, SLA) 的云计算容量伸缩功能.这样的弹性自动伸缩功能不仅可以降低云服务提供商自身的运营成本,同时也能提高对云用户的服务效率与服务质量.

目前,全球数以万计的 IT 企业利用云服务商提供的云计算资源作为公司的基础设施,向互联网客户提供服务.如何依据用户流量动态地对应用服务器租用情况进行调整并提高服务质量与资源利用效率,日趋成为热点话题.不同的云服务商拥有个性化的云计算容量伸缩方法,也拥有不同的灵活度.云用户主要关注如何快速的按照自己所需部署资源并发布资源,并能从典型的按需付费模型中最大获益,同时尽量避免潜在的过度资源供应以减少不必要的基础设施投资. 一旦用户向云平台提供商请求更多资源, 云服务提供商必须能够按需、快速增加服务器资源来保障服务质量不受影响.

在自动扩容思想产生以前, 云用户需要不间断地监控云端部署系统的服务器状态, 以检测资源扩展动作是否需要进行[55]. 为了避免云用户在监控资源池服务器状态方面花费过多精力, 主流的云服务提供商都纷纷给出了针对自身平台"独一无二"的自动扩容方案, 这些方案都允许用户对云中部署的服务自行定义扩容规则. 用户定义的每个规则都包含多个应用条件, 当这些条件满足时便通知相关模块执行一系列扩容动作. 一般利用 CPU 利用率、RAM 内存使用量度量值作为阈值, 这些度量参数都由云平台监控获取. 若监控模块检测到这些度量值超过阈值, 则代表扩容规则的应用条件已经满足.

目前的云计算自动扩容方案都是基于扩容条件与扩容动作结合的方法[56], 但在许多方面也存在显著不同: 监控哪种度量、扩容策略应用条件执行是否高效执行哪种动作等. 文献 [57,58] 将用户请求流量的本源特性作为对资源池服务器调度策略的参数进行设计, 这些特性可以是请求事务的截止时间或是用户定义好的预算限制[59]. 而这些设计的容量伸缩方案必须达到毫秒级的响应时间以满足服务层协议(Service Level Agreement, SLA); 文献 [60-63] 则针对动态容量伸缩方案中的扩容方案算法的设计进行深入研究, 这些扩容算法大致可以分为预测方法[60,61]与实时监控策略[62,63]. 这些算法通过对应用服务器流量的监控, 对未来时间点到达的负载量进行预估, 来达到及时在系统中准备适量的服务器资源的目的. 但这些文献在容量伸缩的设计中都没有考虑云数据安全的验证, 因此这些扩容方案都或多或少存在一定的扩容风险.

由于当前国内外对云计算容量自适应的相关研究中, 并没有对需要被部署的服务器的数据安全方面进行考虑, 这让用户应用服务和用户数据信息都处在非常危险、极易被攻击盗取的状态. 拜占庭错误 (指一方向另一方发送消息, 另一方没有收到, 发送方也无法确认消息确实丢失的情形)、恶意用户攻击、云计算服提供商在利益驱使下的共谋攻击等, 都会令用户数据遭受被篡改、盗取、丢失及被获取的危险. 任何一种对数据的损坏或恶意修改, 都会给云计算用户带来潜在的重大损失. 本节对云计算可伸缩性与扩容过程中的云数据安全问题进行试验性探究, 并结合对云存储中用户数据的完整性验证与云服务器对用户数据的持有性验证, 设计含有数据安全验证的云计算扩容模型.

2. 基础知识

1) 双线性群

双线性群 G, 用来构建密码学算法, 其属于群 $\mathbb{Z}_p$, 其中 $\mathbb{Z}_p$ 代表素数 p 阶循环

3.3 数据完整性验证

群, 即除了单位元群和其本身以外没有其他正规子群的有限群.

2) 循环群

若由群 G 生成元素 g 的幂次构成的群 $G\{e, g, g^2, \cdots, g^{n-1}\}$, 则称 G 是一个循环群. 即若一个群 G 的每一个生成元都是某个固定元的乘方, 则称 G 为 g 元生成的循环群.

3) 消息认证码 (Message Authentication Code, MAC)

认证技术的一种, 可在一定程度上保证数据的完整性. 利用参与通信收发两方的共享密钥机制, 消息可通过某种认证函数计算出一个值, 这个值是长度较短的数据块, 并且长度固定. 而后将该数据块作为消息认证标记附加在消息后, 与原消息一同发送给接收方, 接收方同样对收到的消息通过认证函数计算出一个值, 将其与收到的消息认证标记值作比较, 如果相同, 则信息在传送过程中未被修改, 反之则被篡改了. 由于仅计算认证消息后, 文件以及附加信息直接以明文方式传送, 无法保证原信息的机密性, 故一般在 MAC 算法后对待传送的消息块进行加密. 因此整个过程需要两个独立密钥, 接收方与发送方共享两个密钥.

4) 双线性映射

设 V, W, X 为同一个基础域上 F 的三个向量空间. 双线性映射是一个函数 $B: V \times W \to X$, 使得对于任何 W 中 w, 映射 $v \mapsto B(v, w)$ 是从 V 到 X 的线性映射, 并且对于任何 V 中的 v, 映射 $w \mapsto B(v, w)$ 是从 W 到 X 的线性映射. (其中矩阵乘法运算规则 $M(m, n) \times M(n, p) \to M(m, p)$) 双线性映射在涉及的两个参数上都是线性映射的函数, 如整数乘法.

3. 自动扩容中可采用的数据安全验证方案

1) 自动扩容技术分析

云计算的发展使得越来越多的 IT 企业, 利用云服务商提供的云计算资源作为公司的基础设施, 为互联网客户提供服务, 就用户而言, 自然希望云服务商能提高服务质量同时提高资源利用效率. 为了避免云用户花费过多精力监控部署系统, 云服务商们纷纷提出针对自身平台特点的自动扩容方案, 这些方案都允许用户定义个性化的扩容规则. 云计算自动扩容的出发点, 是允许用户尽量避免潜在的资源过度供应, 以减少不必要的资源投资. 同时, 一旦用户向云平台提供商请求更多资源, 云服务提供商需要能够按需快速增加或减少服务器资源的供应量, 以保障服务质量不受影响. 文献 [64] 对三种云平台的扩容技术进行了详细分析与功能比较, 有兴趣的读者可以进行查阅, 本章中我们主要讨论云存储中的数据安全问题.

前面我们已经了解到了云存储中保证数据安全的重要性, 由于当前国内外对云计算容量自适应的相关研究中, 并没有对需要被部署的服务器的数据安全方面进行考虑, 这会让用户应用服务和用户数据信息都处在非常危险、极易被攻击盗取的状态. 针对这个问题, 我们重新设计了一种可用于自动扩容方案的数据完整性验证算法. 下面我们首先对自动扩容系统中服务器生命周期各个阶段与云数据安全检测的必要性与可行条件进行分析, 然后给出自动扩容方案中可采用的存储安全验证方案, 最后给出安全设计的模型.

2) 自动扩容服务器生命周期与数据安全检测

资源池中的服务器具有一定的生命周期, 如系统监控到的暂停云主机时间 3s、挂起云主机时间 30s、重启云主机时间 9s、取消暂停云主机时间 6s、恢复云主机时间 14s 等.

系统初始阶段, 为了保证负载正常加载进系统, 必须至少保证一台虚拟机应用服务器长期处于启动状态, 保证这些服务器可以处理应用负载模型中的用户请求. 以下针对服务器生命周期中不同阶段的云数据安全性问题进行分类探讨, 意在寻求校验云数据安全性执行动作的最小间隔.

当由用户请求负载量计算得出的资源需求量降低, 部分服务器实例将自动或用户手动执行脚本, 关闭部分应用服务器, 强制使一些服务器进入暂停 (SHUTDOWN) 状态. 在准备进入暂停状态过程中, 若有挑战者恰好检测到存储数据受损时, 则应用服务器应相应的自行取消暂停动作, 转为启动 (STARTING) 状态.

在应用服务器运行 (RUNNING) 状态期间, 用户可以正常访问服务器应用服务, 同时可随时对数据完整性正确性进行挑战, 恶意用户和共谋服务器也有大量时间可以对云数据进行篡改与盗窃. 此期间中, 验证者应以一定频率向存储服务器发起挑战, 对数据完整性正确性进行检验. 数据若损坏, 则验证者需要向负载均衡器返回 "此服务器暂时不可用" 提示, 并把此服务器 IP 地址添加在路由禁止列表中, 在接收到受损服务器发来的数据恢复成功消息之前, 不再向此服务器转发用户请求.

在应用服务器处于重启 (RESUMING) 状态时, 服务器重启, 过程和暂停 (SHUTDOWN) 类似. 当服务器由用户手动操作进入挂起 (SUSPENDING) 状态时, 服务器及其上的应用程序停止在当前状态, 用户不可对服务器应用进行操作访问, 再次启动时, 恢复这个状态, 服务继续运行. 在服务器处于挂起状态时, 恶意用户无法对数据进行篡改, 恶意提供商也需要对服务器修改状态为运行时才能对数据进行盗窃修改, 故挂起的中间状态不考虑安全性攻击. 还有一种状态是服务器本身运行, 但关闭了对用户的交互接口, 此时数据仍然可以被盗取管理员认证的云提供商访问, 当验证者发现这一过程中数据遭到破坏, 就需要通知应用管理员对认证信息进行修改. 但实际使用中, 这种情况仅出现在后台开发人员测试的情况下, 故在应用场景下不对这种情况进行深入探讨.

由镜像启动虚拟机直到应用服务可用, 需经历 3 分 26 秒, 此期间非法用户不能介入新服务器的内部存储, 故这个时间段不计入数据安全考虑. 在以上讨论的数

3.3 数据完整性验证

据可能被黑客非法攻击的时间段内,都需要做下文提到安全检测验证. 图 3-19 为应用服务器中服务可用阶段的服务器中间状态时间相对关系.

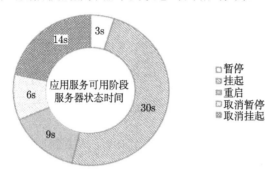

图 3-19 应用服务可用阶段服务器状态时间关系

3) 方案中的安全验证模块

本方案中的数据安全验证模块包含四个子模块:密钥生成模块、文件存储处理模块、验证器模块、证明器模块. 这里沿用文献中的简明可恢复性证明方法,其中各个模块的基本功能简述如下.

- **密钥生成模块** 随机生成公钥与密钥组 (pk, sk).
- **文件存储处理模块** 将待存储的文件预处理为加密文件块单元,意在降低验证与证明处理复杂度. 首先将用户存储的文件 M 利用密钥生成模块产生的密钥 sk 进行加密,生成加密文件 M^*,存储于云端. 此时我们一并发送预存储文件的标签信息 (包含文件名) 等其他信息到云服务提供商端,同样也经过 sk 加密.
- **证明器与验证器模块** 随机证明器与验证器联合证明云端存储数据的可恢复性. 证明器对加密处理文件 M^* 作为输入,验证器以密钥 sk 作为输入. 两模块协议为 $(V(pk, sk, t) \Leftrightarrow P(pk, t, M^*)) \to \{0, 1\}$,协议运行后,验证器输出 0 或 1. 输出 0 证明查询文件不在服务器上;输出 1 证明查询文件存储在服务器上.

4) 数据持有性证明方案的模块化功能设计

(1) **文件预处理** 文件首先经过预处理模块,处理过的文件被分割成若干块,每块又被分割成若干部分,每个部分是属于群 $\mathbb{Z}_p$ 的元素,每个块中有 s 个部分. 若处理的文件长度为 b 比特,则有 $n = \lceil b/s \cdot lgp \rceil$ ($\lceil \ \rceil$ 符号表示上取整) 块,其中 $s = pb \bmod n$.

(2) **验证者产生随机验证请求** 验证者随机选择 $[1, n]$ 中 l 个元素的子集 I,对子集中的每个元素 i,随机一致性地选择一个元素 v_i,其中 $B \to v_i$. 索引集合 $I \subset [1, n]$ 中的一个请求 Q 由向量 $q \in (\mathbb{Z}_p)^n$ 表示,其中对任意 $i \in I$ 有 $Q_i = v_i$,对

$i \notin I$ 有 $q_i = 0$. 令 $u_1, \cdots, u_n$ 为 $(\mathbb{Z}_p)^n$ 的基底, 则 $q = \sum\limits_{(i,v_i) \in Q} v_i u_i$ (此时设定集合 B 不包含 0) 检测请求是 $Q = \{(i, v_i)\}$ 中的 l 个元素的集合 (l 是请求的次数), 每个入口 (i, v_i) 中的 i 是 $[1, n]$ 中的块索引, 其中 v_i 是 B 中的乘数. Q 的大小 l 是系统参数, 集合 B 也是系统参数 ($B \subseteq \mathbb{Z}_p$, 可等同于 $\mathbb{Z}_p$).

(3) **验证信息聚集** 服务器对一个请求 Q 的响应计算如下: $\sum\limits_{(i,v_i) \in Q} v_i m_{ij} \to \mu_j$, 其中 $1 \leqslant j \leqslant s$. 响应是 $(\mu_1, \cdots, \mu_s) \in (\mathbb{Z}_p)^s$. 即 qM, 其中消息块矩阵 $M = (m_{ij})$.

5) 安全性分析

根据以上分析, 密钥生成器产生密钥组 (pk, sk), 并向挑战者 A 提供公钥 pk; 挑战者可向云端存储数据发起验证某个文件 M_i 的请求, 验证环境计算 $S(sk, M) \to (M^*, t)$, 向挑战者返回处理过的文件 M^* 和文件标记 t. 由挑战者指定验证的任意存储在云端的用户文件都会经过持有性证明模块, 并计算文件特有的标签 t, 最终验证器将结果 $V(pk, sk, t)$ 返回挑战者 A. 挑战者输出从请求存储返回的挑战标签 t 与证明器的返回结果 P'. 若验证者能以 ε 概率返回正确结果, 即 $P[V(pk, t) \Leftrightarrow P' = 1] \geqslant \varepsilon$ 则可证明云存储中以 ε 容忍度含有此文件.

如果存在对于任意挑战者 A 向验证器发起对文件 M 的挑战 (启动赌博), 如果验证者以 ε 容忍度输出结果 P', 则称可持有证明方案是可以以 ε 容忍度由 P' 恢复文件 M, 其中提取算法为 $E(pk, t, P') = M$. 其中假设挑战者 A 对环境没有破坏性, 每次执行持有性证明模块的进程是独立的, 并且假设验证者在环境中是无状态的.

以上, 我们先介绍了密码学中数据加密与安全检测中用到的基本概念, 之后通过对自动扩容系统中服务器生命周期各个阶段与云数据安全检测的必要性进行关联与分析, 我们给出了自动扩容方案中可采用的数据安全验证方案, 并分析了各个模块的基本功能与采用函数, 最终给出安全设计的模型.

4. 可验证数据完整性的安全自动扩容方案

上一小节中提出了一个可用于自动扩容方案的数据完整性验证模型, 在这一小节中我们给出一个具体的方案来, 将云存储中的数据安全问题与扩容策略有机结合起来. 本节提出的安全云自动扩容模型, 在沿用传统自动扩容方案架构 (具体说明参考文献 [59]) 的基础上引入存储安全验证模块, 融合云存储数据安全验证的容量伸缩方案, 将数据完整性验证结果作为扩容方案的返回值对扩容策略动作造成二次影响, 形成反馈环式的完整扩容方案设计.

1) 设计目标

- 服务器资源动态容量伸缩: 模型需要提供经济的容量伸缩方法, 最大化云中虚拟机器利用率, 并且能够根据用户请求瓶颈自动增加或减少运行服务器

3.3 数据完整性验证

的数量.

- **文件完整性验证与持有性证明**：系统需要不定时地检测存储在云服务提供商上的文件是否完整,是否未被篡改,验证云服务提供商是否正确持有用户文件数据.
- **安全验证反馈系统**：数据安全验证结果需要在扩容策略系统中作为反馈值对负载均衡器进行警告,使数据受损服务器进行关闭与恢复操作,直到服务器修复可用.

2) 系统模型

传统的云计算自动扩容系统由五个模块组成：前端负载均衡模块、服务性能监控模块、服务供应系统模块、扩容算法以及容量伸缩策略 (图 3-20). 本节中设计了一个融合云存储数据安全验证的容量伸缩方案,同样有五个模块组成：前端负载均衡器、虚拟计算机资源池、服务供应系统与服务性能监控器、动态扩容策略以及数据安全检测器 (图 3-21).

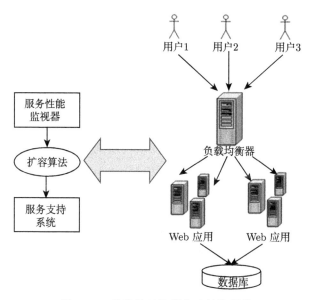

图 3-20　传统的云计算自动扩容系统

3) 方案设计

方案中,我们采用负载均衡模块分发用户的请求负载; 用服务性能监控器负责收集应用服务器的 CPU 利用率; 用服务供应系统模块负责对负载信息进行实时响应并将性能参数返回给监控模块. 最后,我们根据这三个模块的工作原理,设计了扩容算法,并给出实现代码. 具体如下.

(1) **负载均衡模块**　所有云计算使用用户生成的请求,都会以会话方式从并发

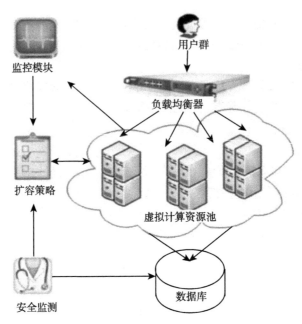

图 3-21 本节中的安全自动伸缩网络应用模型

器直接转发到负载均衡器的转发端口处. 一般, 用户使用指定算法分发请求负载. 以下是四种常用算法.

- **轮询** 将每个网络中的请求分别依次转发到每个服务器中, 直到整个循环结束.
- **权重轮询** 权衡每个服务器性能并量化为权重, 按照定义的优先级对请求重定向转发.
- **最少会话连接** 记录当前每个服务器中正在进行处理的用户请求会话数目. 将新的请求转发到处理数最少的服务器中.
- **最小响应时间** 监控资源池服务器状态, 将用户请求转发到响应时间最小的服务器上.

(2) **服务性能监控模块** 服务性能监控器负责收集应用服务器的 CPU 利用率, 剩余 RAM 等参数, 监控器调用脚本来触发负载均衡器应对负载利用扩容策略做出相应决策. 目前市场上性能监控插件有很多, 如 Nagios 即是一款运行在 Linux 下的多功能监控插件, 但若仅监控后端应用服务器的 CPU 利用率等基本运行参数, 则可通过简单的 Linux 命令进行命令行查看, 并通过脚本记录在日志中.

(3) **服务供应系统模块** 作为服务供应系统中的基本组成单元, 资源池中的每个运行指定应用并监控自身性能的服务器, 都负责对负载信息进行实时响应并将性能参数返回给监控模块. 一旦负载均衡器, 接收到由监控器监测数据结合扩容脚本决策出的扩容策略执行动作, 便对资源池的应用服务器进行相应调度. 调度策略包括对资源池中的服务器进行向上扩容、向下扩容, 分别对应启动一个新应用服务器或关闭已运行的服务器. 负载均衡服务器在每次调度后立即更新自身资源池服务器状态索引.

(4) **扩容算法** 自动扩容策略在现有文献中的关键研究点为: 应用模式的建模、应用负载预测、容量伸缩策略、综述与性能评估[60]. 本节中涵盖的容量伸缩算法设计主要针对预测应用的负载流量, 即根据当前网络负载或负载历史数据, 对未来的负载情况进行预测. CMU 技术研究报告[12]中将各类伸缩策略的触发条件归并为响应型、预测型、混合型. 其中预测型又细分为基于历史预测型 (History Prediction)、ARMA 自回归移动平均预测型. 各类伸缩策略的 Linux shell 脚本伪代码详见文献 [60].

4) **数据安全检测**

安全验证模块由以下五部分组成.

(1) 密钥生成模块 (输出密钥 k_{enc}, k_{mac}).
- 随机选一个对称加密密钥 k_{enc}.
- 随机算一个 MAC 密钥 (消息认证码)k_{mac} 密钥为 $sk = (k_{enc}, k_{mac})$.

(2) 数据处理模块 (输入 sk, M, 输出 Tag, σ_i)(图 3-22).

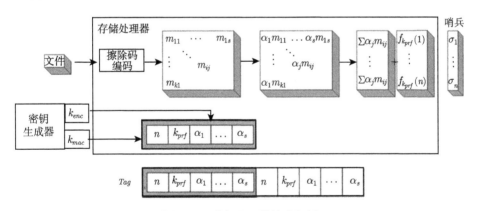

图 3-22 数据处理模块分解图

- 给定文件 M, 经过擦除码编码为 M', 将 M' 分为 n 块, 每块 s 部分 $\{m_{ij}\}_{1 \leqslant i \leqslant n, 1 \leqslant j \leqslant s}$. 选择 PRF 密钥 k_{prf} 和 s 个随机数 $\alpha_1, \cdots, \alpha_s$. 将 PRF 密钥和 s 个随机数分别拼接为一个字符串, 使用对称加密对字符串加密, 而后和文件块数拼接为一整个字符串:

$$Tag_{tmp} = n || Enc_{k_{enc}}(k_{prf} || \alpha_1 || \alpha_2 || \cdots || \alpha_s).$$

- 对 Tag_{tmp} 字符串利用 MAC 密钥对消息冗余与加密, Tag_{tmp} 和冗余消息拼接获得 Tag. 获得以下文件标签:

$$Tag = Tag_{tmp} || MAC_{k_{mac}}(Tag_{tmp}).$$

- 被处理的文件 M^* 为 $\{m_{ij}\}$(其中 $1 \leqslant i \leqslant n, 1 \leqslant j \leqslant s$) 和 "哨兵"$\{\sigma_i\}$ $(1 \leqslant i \leqslant n)$ 组成. 对每个 $i(1 \leqslant i \leqslant n)$, 计算下式:

$$\sigma_i \leftarrow f_{k_{prf}}(i) + \sum_{j=1}^{s} \alpha_j m_{ij}.$$

(3) 验证器模块 (输入 sk, Tag)(图 3-23).

- 使用随机 MAC 密钥 $sk = (K_{enc}, K_{mac})$, K_{mac} 来验证 Tag 的 MAC. 若 MAC 无效, 输出 0 并悬停. 否则解析 Tag, 用 K_{enc} 解密被加密的部分, 复原 $n, k_{prf}, \alpha_1, \cdots, \alpha_s$.
- 由集合 $[1, n]$ 中随机抽取 l 个元素的子集 I, 对每个 $i \in I$ 存在随机元素 $B \xrightarrow{R} v_i$.
- Q 为集合 $\{(i, v_i)\}$. 此步需要与证明器模块合作, 向证明器发送 Q. 解析证明器返回给验证器的响应, 获取 $\mu_1, \cdots, \mu_s, \sigma$(在循环群 $\mathbb{Z}_p$ 中). 如果解析失败, 输出 0 并悬停. 否则验证以下等式是否成立:

$$\sigma \stackrel{?}{=} \sum_{(i,v_i) \in Q} v_i f_{prf}(i) + \sum_{j=1}^{s} \alpha_j \mu_j.$$

若成立则输出 1, 不成立则输出 0.

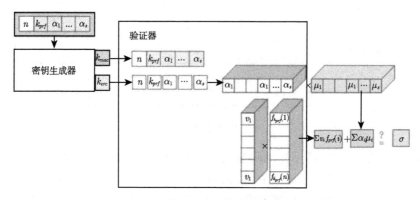

图 3-23 验证器模块分解图

(4) 证明器模块 (输入 sk, Tag, M^*)(图 3-24).

3.3 数据完整性验证

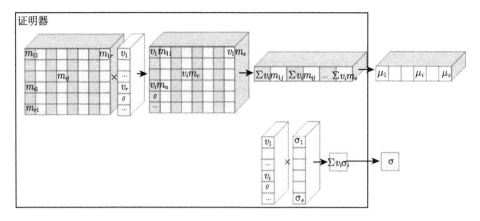

图 3-24 证明模块分解图

- 解析处理过的文件 M^* 为 $\{m_{ij}\}$，其中 $1 \leqslant i \leqslant n, 1 \leqslant j \leqslant s$ 和 $\{\sigma_i\}$，$1 \leqslant i \leqslant n$.
- 解析验证者发出的消息 Q，即 1 个元素的集合 $\{(i, v_i)\}$，对每个 $i \in [1, n]$，每个 $v_i \in B$，对所有 $1 \leqslant j \leqslant s$ 计算

$$\mu_j \leftarrow \sum_{(i,v_i) \in Q} v_i m_{ij},$$

$$\sigma \leftarrow \sum_{(i,v_i) \in Q} v_i \sigma_i.$$

- 向验证器发送 $\mu_1, \cdots, \mu_s$ 和 σ.

(5) 反馈模块.

验证器需要向负载均衡器返回检测的结果，并依据验证结果更新负载均衡分发策略. 若验证器挑战云存储中的某一文件，并通过安全验证模块得出文件是完整的可恢复的，则保持负载均衡策略不变；反之，若验证出文件遭到篡改，则需调整负载均衡策略，将数据损坏的服务器移出负载均衡服务器的监测索引表，资源池中的此服务器不再对外提供服务.

5. 实验与结果分析

由于我们是从自动扩容系统中对服务器生命周期各个阶段与云数据安全检测的必要性与可行条件进行分析中，给出自动扩容方案中可采用的存储安全验证方案的，因此我们的实验首先进行服务器生命周期与云存储安全验证.

1) 服务器生命周期与云存储安全验证

资源池中的服务器具有一定的生命周期，系统监控到的暂停云主机时间 5s，挂起云主机时间 30s，重启云主机时间 9s，取消暂停云主机时间 6s，恢复云主机时间

14s. 表 3-4 为服务器生命周期时间特性.

表 3-4　服务器生命周期时间表

操作	状态		操作	状态	
	实例完全关闭	实例邮件服务不可用		实例邮件服务可用	实例完全启动
暂停云主机	5s	2s	取消暂停云主机	6s	5s
挂起云主机	30s	5s	恢复云主机	14s	20s
重启云主机关闭阶段	9s	6s	重启云主机启动阶段	40s	1 分 15s

由于服务器在镜像文件直接被创建的这一时间段中,服务器初始化操作系统与安全的应用服务,在服务器到达运行 (RUNNING) 状态之前都不会被恶意用户攻击,故创建虚拟服务器的 3 分 26 秒不被考虑在服务器生命周期时间表内. 这里着重分析云数据安全性验证与可恢复性证明,故对分割成不同文件块数的不同大小的文件进行安全性验证,将验证响应时间与服务器生命周期时间表相互对比,分析在生命周期各阶段安全验证是否可以完成执行动作. 由图 3-25 可见,128M 文件与 512M 文件相同分割块数的文件预处理情况下,安全验证模块响应时间相差不大,故瓶颈在于分割文件数据的块数. 注意验证时间单位为 s.

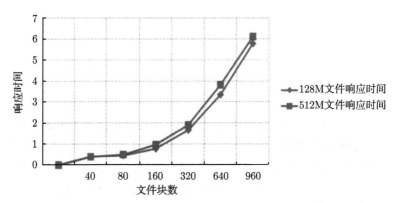

图 3-25　不同大小文件分割块数与响应时间关系图

若要保证以上服务器生命周期的所有可能被恶意用户攻击的阶段中,都必须进行并完成云数据安全验证,则必须选择合适的文件分割块数以控制验证时间与服务器生命周期阶段时间的匹配,满足在所有服务器状态阶段都能执行完整的验证过程. 由表 3-25 可知,邮件服务关闭的最短时间是暂停 (SHUTDOWN) 云主机阶段,除此阶段外,数据即使遭到非法者损坏,也能有大于 2s 的时间完成数据安全性验证. 故可选择适当的文件块数,使其安全验证模块的响应时间小于等于 2s. 由图 3-25 可知,选择小于 320 块的分块策略可满足服务器生命周期中的各阶段安全

3.3 数据完整性验证

验证操作. 以下仿真选择 128M 文件的 320 分块进行安全验证.

2) 稳增流量下无负载预测机制的安全自动扩容方案测试用例

表 3-5 为持有性验证的云扩容方案验证用例方案中稳增流量实时响应预测数据完整性与持有性验证方案设计与执行结果表.

表 3-5 安全自动扩容方案测试用例

编号	含稳增流量实时响应负载预测的安全自动扩容方案	
说明	本组用例为一台实例保持开启状态, 在稳增型 POP3 负载下的性能测试 选用实时响应预测流量扩容策略	
配置	LoadRunner 数据参数	稳增型 POP3 负载初始 60 个虚拟用户, 每 10 分钟增加步长为 60, 见图 3-26
	Haproxy 配置参数	监控资源池 9 台实例, 监听 110 端口, 初始启动实例 1
	CPU 监控	监控实例 1 仿真期间 CPU 利用率
能损	实例 CPU 利用率与能量损耗成正比	
测试内容	测试结果	
POP3 Logon 事务响应时间95%分位数	1.342s	
系统平均使用虚拟机数	4 (3.766666)	
实例 1 CPU 平均利用率	58.5768%	

为了更直观地观察数据完整性验证与持有性验证效果, 测试场景 —— 选择单一稳步增长型负载, 即初始虚拟用户量为 60, 每隔 10 分钟稳步增长 60 个虚拟用户, 如图 3-26 所示.

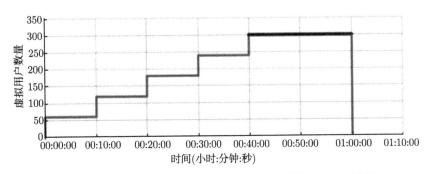

图 3-26 LoadRunner 虚拟用户加载图谱 (每次间隔为 10 分钟)

通过上节数据完整性与可持有性验证方案设计, 我们设定挑战者在每个负载变化间隔的 10 分钟内的第 8 分钟对五个云中存储数据进行挑战, 挑战总计运行三次,其中设定前两个数据已人为损坏,第三个数据被删除,后两个数据完整无损.完整性验证在负载变化间隔的 10 分钟内的第 9 分钟执行. Reactive 响应型预测容量伸缩策略在每分钟整点自动执行.

实际 LoadRunner 仿真用户加载如图 3-27 所示.

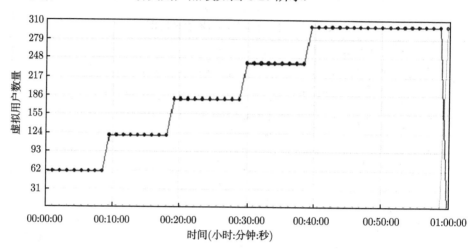

图 3-27　LoadRunner 实际仿真用户加载图 (每次间隔为 10 分钟)

LoadRunner 事务响应时间如图 3-28 所示.

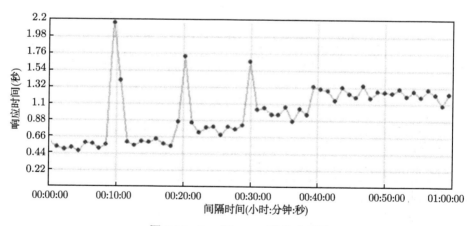

图 3-28　LoadRunner 事务响应图

由图 3-28 可见, 负载区间变化间隔的每隔 10 分钟的稳定响应时间都比前一区间的响应时间有所升高, 原因是负载量稳步提升, 单位时间压在每个服务器上的请求数增多, 每台服务器单位时间内的响应时间, 即处理请求的时间也随之上升. Reactive 实时响应容量伸缩策略的好处是, 监控力度细, 一旦发现资源池中服务器

CPU 利用率由于负载与资源供应数量不匹配增高,便马上通过负载均衡器进行容量上的增加或降低.

明显看到前三次 10 分钟间隔处都有响应时间的突增, 这是由于前两次挑战云中文件, 云中文件尾部存储的原始 Hash 值与文件内容计算出的 Hash 值不一致, 即完整性验证模块证明文件损坏, 则反馈模块向负载均衡配置文件返回此服务器不可用的警告消息, 负载均衡器接收到警告消息后马上在资源池中舍弃对此服务器的负载转发, 继续向其他服务器转发负载. 而此时资源池服务器个数减少, 负载量在间隔内第 9 分钟时还未增高, 则响应时间突增, 直到间隔第 10 分钟增加虚拟机来处理更多负载请求后, 响应时间恢复低值, 但由于负载量倍增, 响应时间仍有所增高. 而第三次挑战云中文件, 设定文件已被删除, 则持有性证明模块验证服务器是否正确持有文件时返回 0 值, 即文件未被服务器正确持有, 则反馈模块向负载均衡配置文件返回此服务器不可用的警告信息, 负载均衡停止向此服务器转发, 服务中的服务器个数降低, 响应时间增高, 而通过扩容算法在每 10 分钟间隔时负载增倍的流量下, 启动适量的新虚拟机, 响应时间回缩, 但由于负载量提高, 稳定值比前一阶段有所提升. 最后 20 分钟没有负载升高以及文件损坏或者删除的情况, 则容量伸缩与完整性验证与持有性证明模块正常运行, 不存在触发条件, 资源池虚拟机流量稳定在同一水平, 服务器响应时间也维持在稳定值.

3.4 数据隐私保护方案

3.2 节讨论了云存储中的数据隐私保护问题, 外包前对数据加密是目前最常用, 也是安全性最高的策略. 但是这种做法依然有两个显著的缺点: ① 加密数据会增加用户的计算负担, 尤其是当需要外包给云的数据量较大时, 这种计算开销是不可忽略的; ② 虽然目前对于加密数据的应用技术有非常丰富的研究成果, 但是和直接操作明文相比, 还是显得不够方便高效, 而且依然存在着一定程度上的安全性隐患. 所以, 为了避免上述缺陷对云存储造成的影响, 我们将在本节提出一种基于 P2P 网络的混合云存储模型, 并在 Hadoop 平台上实现它.

3.4.1 PCS 模型基本结构

PCS 模型是一种结合 P2P 技术, 在 Hadoop 平台上提出的 Hadoop 混合云存储模型. 在 PCS 模型中, 非重要数据被存储到云端, 而重要数据被存储到 PCS 内部 P2P 网络中, 使得重要数据能够有效与外界隔离, 同时提高了存储资源的传输速度及检索效率. 下面, 我们将首先分析当前云存储模型存在的问题, 通过对比, 我们可以发现分布式存储对于传统集中式存储的优势; 随后, 我们对提出的 PCS 模型进行介绍, 主要是它的总体架构设计、数据分片设计以及基本任务管理三个方面.

1. 当前云存储模型存在的问题分析

传统集中式存储的方式已无法满足大数据对可靠性和处理性能的要求，制约了大数据存储的系统性能，所以当前的大数据平台通常采用分布式的数据存储方式，如 Hadoop 的分布式文件系统 HDFS[65]。分布式存储系统可以搭建在由大量廉价机器组成的集群上，将原有的海量数据根据一定方案分隔存储到各个独立的机器上，并由一个记录数据位置和存储映射的服务器进行管理，有效地降低了服务器的成本，提高了系统的性能。而对于用户来说，整个集群是一个虚拟的存储设备，底层的软件实现都是由具体的分布式存储系统来实现。

云存储是典型的分布式文件存储系统。在云存储系统中，云端主要向用户提供以网络为基础的在线存储服务，通过规模化的方式来降低存储成本，而用户则不需要考虑存储容量、存储设备的类型、数据存储的位置、数据完整性保护以及容灾备份等繁琐的底层技术细节，只要采用按需付费的方式就能够从云存储服务中获得可扩展的存储空间及良好的服务质量，通过云存储提供的服务接口向云存储服务提交请求操作就能够获取相应的服务，Google 的 GFS 和 Amazon 的 EC2 和 S3 都是典型的云存储系统[66]。其中，典型的云存储模型层次结构如图 3-29 所示。

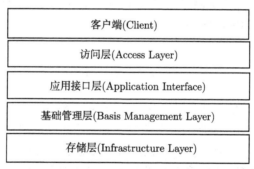

图 3-29 典型的云存储模型层次结构[67]

如图 3-29 所示，云存储模型层次结构主要由访问层、应用接口层、基础管理层和存储层组成。在访问层中，每个已授权用户都能够通过标准的公用应用接口来进行登录使用云存储服务。如果云存储运营单位不同，则云存储提供的访问手段及访问类型也可能会有所不同；应用接口层是云存储中最灵活多变的部分，使得不一样的云存储运营单位能够根据业务的实际类型，开发出不一样的应用服务接口，来提供不一样的应用服务；基础管理层是通过集群、分布式文件系统及网格计算等技术，来实现云存储中各种存储设备之间的协同工作，使多个存储设备能够共同对外提供同样的服务，且能够提供更好的数据访问性能；存储层则是云存储最为基础的部分，存储设备之上是一个统一存储设备管理系统，能够实现存储设备的逻辑虚拟化管理、多链路冗余管理，以及对硬件设备的状态监控和故障维护。

3.4 数据隐私保护方案

云存储通常具有可定制、低成本及管理方便等诸多优点,但目前云存储系统在安全访问及存储性能等方面还不够完善[68]. 一方面,云存储的访问层最容易受到外界网络的攻击,攻击者能够通过旁路监听等方式来获取用户的密码口令以获取对云存储系统的登录授权,以达到窃取用户的隐私数据的目的,甚至破坏整个存储系统;另一方面,虽然处于最底端的存储层不容易遭受外界网络攻击,但存储层自身的服务集群也可能会出现服务故障甚至系统崩溃的问题,这给云存储系统的安全带来不稳定因素,如 Google 的云存储服务曾出现 Gmail、Blog 等服务长时间宕机等问题,Amazon S3 和微软 Azure 也出现过类似的服务故障[69];此外,由于云存储面对的是海量文件存储服务,当有大量数据文件并发存储或下载时也容易导致通信带宽成为系统瓶颈的问题,降低了云存储系统的处理性能.

2. PCS 模型基本介绍

本小节结合 P2P 技术提出了一种基于 P2P 的 Hadoop 混合云存储模型——PCS,且在 PCS 模型中的文件存储及管理都是基于数据分片技术. 以下是对 P2P 技术的简单介绍及分析.

P2P[70]是一种点对点的对等网络模型,P2P 网络模型中各服务节点可以不通过中继设备或主服务器而直接进行数据共享和对外提供服务,允许网络中任何一台计算机上的客户端与其他计算机客户端进行直接交互. 而基于不同的 P2P 网络模型能够设计出不同的 P2P 应用系统[71],目前的 P2P 网络模型主要有以下四种类型.

- 集中式模型:集中式的 P2P 网络模型具有完全中心化的特点,在集中式 P2P 网络模型中实际共享资源都是以一种分布式的方式储存在各个不同的 P2P 客户端,主服务器存储和管理共享文件的索引信息.
- 分布式非结构化模型:该模型是真正的纯 P2P 网络模型,对网络即时动态的变化有很强的容错自组能力,具有很好的可用性和可扩展性,但该模型采用洪泛搜索方式会给系统带来非常繁重的网络负担.
- 分布式结构化模型:该模型采用了基于分布式散列 (Distributed Hash Table, DHT)[72]的路由及分布式发现算法,但 DHT 结构维护起来非常复杂,主要表现在节点的加入与退出会造成网络模型波动,并给维护带来麻烦.
- 混合式模型:该模型的网络拓扑会比任何单一拓扑具备更少的缺陷和更强的功能,只要中心服务器性能足够强大就能够提供无限的节点扩展能力,中心服务器的存在加强了网络的抗攻击能力,且非常有利于资源的快速搜索.

通过上述对 P2P 技术的介绍及分析可知,混合式 P2P 模型加强了网络抗攻击能力,且具备快速的检索能力,因此本章结合混合式 P2P 模型来设计基于 P2P 的 Hadoop 混合云存储模型.

1) PCS 模型总体架构设计

本章的 PCS 模型总体架构设计如图 3-30 所示.

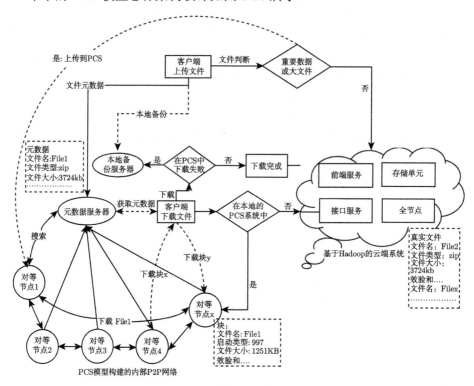

图 3-30　PCS 模型总体架构

如图 3-30 所示, PCS 模型主要由内部 P2P 系统和云端存储系统两部分组成. 用户在存储文件时可选择文件的重要性, 把重要数据及大文件存储到 PCS 模型的内部 P2P 系统中, 而把非重要数据及小文件存储到云端系统, 用户可自定义文件的重要性, 并对大文件大小进行定义. 在 PCS 模型中, 云端系统不具有对用户数据的完全控制权限, 如云端不能对存储在企业内部 P2P 系统中的数据进行删除与修改, 云端也不需要提供对数据的查询功能, 搜索查询功能被移植到 PCS 模型的内部 P2P 系统中. 而 PCS 模型的 P2P 内部系统主要用来存储大文件和企业重要数据, 以及管理整个 PCS 混合云存储系统中的全部元数据, 并提供高效的数据搜索查询功能, 使得 PCS 混合云存储系统能有效避免重要数据的安全存储问题, 减轻数据与云端的通信压力.

2) PCS 数据分片设计

在 PCS 模型中, 数据存储时采用文件分片技术以保证存储数据的完整性和可靠性, 其结构设计如图 3-31 所示.

3.4 数据隐私保护方案

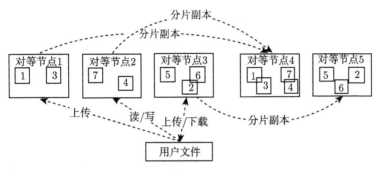

图 3-31 PCS 模型中的数据分片

为了减少存储的数据对单个服务节点的依赖,PCS 模型对用户上传的文件进行分片存储. PCS 模型中的每个文件数据块都有多个副本 (可以自定义副本数),PCS 模型把各个数据块存储在不同的对等节点 Peer 上,避免单个对等节点不能正常工作时破坏文件的完整性,但设定的数据块副本数不能太大或太小 (默认为 3 个副本),当数据块副本数定义太大时则会消耗过多的存储空间,而数据块副本数定义太小时则很难保证文件的完整性和可靠性. 基于数据分片的设计也有利于提高文件的传输速度,当用户下载文件时可同时从不同的对等节点 Peer 上获取各个数据块,最后把获取的全部数据块合并成一个完整的文件,从而大大提高文件下载速度.

3) PCS 基本任务管理

为了能够更好地管理重要数据及内部 P2P 系统中的对等节点,PCS 模型内部 P2P 系统中采用 M/P(Master/Peer, 管理节点/对等节点) 模式结构,内部 P2P 系统集群由一个管理节点 (Master) 和一定数目的对等节点 (Peer) 组成,管理节点 (Master) 相当于一个中心服务器,负责管理文件系统的名字空间以及客户端对文件的访问请求,执行文件系统的名字空间操作,例如打开、关闭及重命名文件或目录等,管理节点 (Master) 也负责确定数据块到具体对等节点的映射. 而集群中的对等节点 (Peer) 主要负责管理存储在它之上的具体数据,存储文件的真实数据被划分成一个或多个数据块,这些数据块被存储在一组对等节点上,对等节点 (Peer) 也负责处理文件系统客户端的读写请求,在管理节点 (Master) 的统一调度下进行数据块的创建、删除和复制等操作.

总的来说,PCS 模型内部 P2P 系统集群中的管理节点 (Master) 将所有文件元数据保存在一个文件系统树中,对等节点 (Peer) 则是文件系统中真正存储数据的地方,且对等节点 (Peer) 会周期性地向管理节点汇报其存储的数据块信息. 而客户端从管理节点 (Master) 获取文件的元数据信息后,就能够直接从相应的对等节点 Peer 中读取数据块文件,最后把获取的全部数据块合并成一个完整文件下载到本地.

3.4.2 PCS 运行过程及实验分析

上面介绍了 PCS 模型的基本情况, 这一小节将主要展示用户具体使用 PCS 模型进行文件存储的流程, 通过实验分析, 证明了我们提出的方案是可行且有效的.

1. PCS 模型中用户存储文件的过程

(1) 当用户存储重要文件时, 用户先把存储文件请求信息提交给 PCS 内部 P2P 系统的管理节点, 管理节点收到请求信息后立即审核用户权限, 权限审核通过后管理节点返回成功信息之后用户开始上传文件到 PCS 内部 P2P 系统, 重要文件的数据块及元数据都存储到内部 P2P 系统中.

(2) 当用户存储普通文件时, 用户先把存储文件请求信息提交给 PCS 内部 P2P 系统的管理节点, 然后管理节点向云端报告准备把用户需要存储的数据存储到云端, 云端在收到管理节点请求信息后审核用户权限, 权限审核通过后用户开始上传文件到云端, 而上传文件的元数据信息仍由 P2P 网中的管理节点进行存储和管理, 云端同时也会备份上传文件的元数据信息.

(3) 当用户从 PCS 混合云存储系统中下载文件时, 用户先向管理节点提交下载文件的请求信息, 管理节点收到请求信息后检查请求者是否有权限进行下载操作, 并返回请求成功或失败信息. 如果用户请求下载的文件存储在云端, 在获取云端操作权限后从云端下载该文件, 如果用户请求下载的文件存储在内部 P2P 系统中, 则用户可直接从内部 P2P 系统中下载该文件.

2. 实验与结果分析

1) 实验环境

实验部署结构如图 3-32 所示, 在实验环境中部署了 1 个主节点及 14 个数据节点, 在 PCS 内部 P2P 中部署 1 个管理节点和 4 个对等节点 (Peer), 各服务节点的硬件配置均为 4 核处理器、8G 内存.

先采用 Linux 命令随机生成若干个大小不等实验所需的数据文件, 总数据大小为 100GB. 接下来, 分别对本章 PCS 混合云存储模型的文件存储、文件检索及其硬件资源消耗进行实验测试, 且在实验测试过程中利用脚本监控记录节点服务器内存、CPU 及带宽资源的占用情况.

2) 文件存储速度及其硬件资源消耗对比实验

首先, 向普通云存储和 PCS 模型的云端系统中分别上传 $x\%\times 100GB$ 的数据文件, 并向 PCS 模型的内部 P2P 系统上传 $(1-x\%)\times 100GB$ 的数据文件, 其中 x 分别从 $0,1,2,\cdots,100$ 中递增取值, 并按照 x 的取值循环执行上述不同文件比例的存储操作, 并分别记录上传文件所消耗的时间, 且在文件访问时利用脚本监控记录主节点 NameNode 的内存、CPU 及带宽资源的占用率.

3.4 数据隐私保护方案

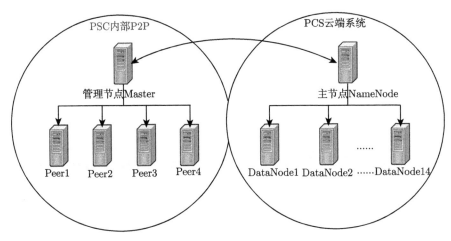

图 3-32 PCS 混合云存储实验部署结构图

(1) 文件存储速度对比实验分析.

根据实验时记录的各文件传输所消耗总时间可计算出文件上传的平均传输速率, 文件平均传输速率对比实验结果如图 3-33 所示. 通过实验数据分析可知, 在

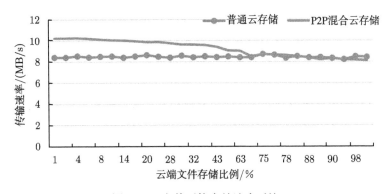

图 3-33 文件平均存储速度对比

PCS 模型云端存储文件的比例小于 81% 时的文件平均传输速率都比普通云存储要快. 其中, 在普通云存储中的文件平均传输速率为 8.45M/s, 全部文件存储在 PCS 模型内部 P2P 系统时的文件平均传输速率为 10.27 M/s, 全部文件存储在 PCS 模型云端系统时文件平均传输速率为 8.11 M/s, 且存储在 PCS 模型云端系统与内部 P2P 系统的文件比例从 0% 递增到 100% 的全部存储测试的总体平均传输速率为 9.24M/s, 可计算出 PCS 中文件的平均传输速率比普通云存储提高了 9.35%. 这主要是由于当有一定比例的文件存储到内部 P2P 系统时提高了 PCS 的文件平均传输速率, 而当存储到 PCS 云端中的文件达到一定比例时文件存储速率较慢, 因为

上传文件到 PCS 云端不仅需要传输实际文件到云端, 还需要在本地备份存储该文件的元数据信息, 降低了部分文件的传输速率.

因此, 通过上述对文件存储速度的对比实验分析可知, 本章基于 P2P 的 Hadoop 混合云存储有效提高了文件平均存储速度.

(2) 文件存储时硬件资源消耗对比实验分析.

文件存储时主节点硬件资源消耗对比实验结果如图 3-34 所示.

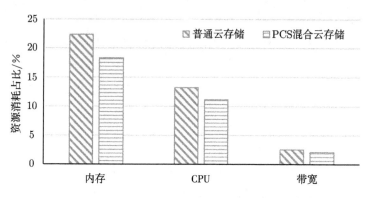

图 3-34 文件存储时主节点硬件资源消耗对比

文件存储时, 普通云存储及本章 PCS 混合云存储都需要从主节点读取文件的元数据信息, 并从数据节点中读取相应的数据块, 消耗了一定的主节点硬件资源. 文件存储时主节点硬件资源的消耗情况分析如下.

• 内存与 CPU 消耗

在文件存储时主节点资源消耗对比实验结果中, 普通云存储与 PCS 混合云存储的主节点内存平均占用率分别为: 22.34%、18.34%, CPU 平均占用率分别为: 11.16%、13.22%. 通过实验数据可知, 在本章 PCS 混合云存储的主节点内存和 CPU 的资源消耗已明显降低, 这主要是由于当文件被直接存储到 PCS 的内部 P2P 系统时减轻了云端主节点硬件资源的消耗.

• 网络带宽消耗

在文件存储时主节点资源消耗对比实验结果中, 普通云存储与本章 PCS 混合云存储的主节点带宽平均占用率分别为: 2.57%、2.13%. 通过实验数据可知, 在普通云存储与 PCS 混合云存储的带宽资源消耗都较少, 这主要是由于在存储文件时主节点仅需要存储文件的元数据及响应相关的服务请求, 具体文件的数据块将被存储到数据节点, 所以在存储文件时主节点的带宽资源消耗较少, 且由于 PCS 混合云存储中的所有文件元数据都在本地内部 P2P 系统中进行存储和管理, 从而在 PCS 混合云存储中存储文件时云端带宽资源的消耗要更低.

通过上述的硬件资源消耗对比分析可知, 本章基于 P2P 的 Hadoop 混合云存储在存储文件时主节点内存、CPU 及带宽资源的消耗都有明显减少,在一定程度上降低了云端主节点的硬件资源消耗.

3) 文件检索时间及其硬件资源消耗对比实验

在 PCS 模型中,无论文件是存储到云端还是存储到 PCS 内部 P2P 系统中,存储文件的元数据信息都会存储到 PCS 内部 P2P 系统中,所以在文件检索时,当被检索的文件存储在内部 P2P 系统时,就可直接从内部 P2P 系统的管理节点中读取文件元数据信息;当被检索的文件存储在云端时,检索文件时不仅要从内部 P2P 系统的管理节点中读取文件元数据信息,还需要与云端主节点核验该文件是否真实存在,增加了云端文件的检索时间.

接下来将分别对普通云存储、本章 PCS 模型的云端系统及内部 P2P 系统不同文件存储比例的文件检索时间进行对比实验.

首先,当 PCS 模型云端系统与内部 P2P 系统存储文件比例从 0% 向 100% 递增时,分别向普通云存储、PCS 混合云存储的云端及内部 P2P 系统中存储的全部文件发起检索请求,每种情况重复执行 10 轮检索操作 (一轮检索指对之前存储的全部文件各检索一次),并记录文件检索所消耗时间,且在文件检索时利用脚本记录主节点 NameNode(文件检索时与数据节点 DataNode 无关,仅需要从主节点获取信息) 的内存、CPU 及带宽资源的占用率.

(1) 文件检索时间对比实验分析.

文件检索每轮消耗的平均时间对比实验结果如图 3-35 所示. 通过实验数据分析可知,在 PCS 模型云端存储文件的比例小于 67%时的文件检索平均时间都比普通云存储要少. 其中,普通云存储中的文件检索平均时间为 365ms,全部文件存储在 PCS 模型内部 P2P 系统时的文件检索平均时间为 271ms,全部文件存储在 PCS 模型云端系统时文件检索平均时间为 383ms,且存储在 PCS 模型云端系统与内部 P2P 系统的文件比例从 0% 递增到 100% 的全部存储测试的总体平均文件检索时间为 340ms. 因此,可计算出 PCS 混合云存储的平均检索时间比普通云存储缩短了 6.85%,且当文件存储在 PCS 混合云存储内部 P2P 系统时的平均检索时间最短,相比于普通云存储缩短了 25.75%. 这主要是由于当用户从 PCS 内部 P2P 系统中检索文件时可直接从本地读取被检索文件的元数据信息,但当文件存储在 PCS 混合云存储的云端时,文件检索不仅需要从本地网络管理节点中读取文件元数据信息,还需要从云端核验该文件是否真实存在,如果存在则返回检索成功信息,不存在则返回检索失败信息,所以云端的文件核验操作增加了文件检索时间,使得当全部文件存储在 PCS 混合云存储的云端时文件检索时间最长;而当全部文件存储在普通云存储系统时,文件检索需要从云端主节点获取检索文件的元数据信息,使其消耗了较长的检索时间.

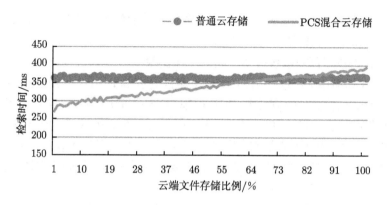

图 3-35　文件检索平均时间消耗对比

(2) 文件检索时硬件资源消耗对比实验.

文件检索时主节点内存、CPU 及带宽平均占用率对比实验结果如图 3-36 所示. 在文件检索时, 普通云存储及 PCS 混合云存储都需要从主节点 (PCS 中对应的管理节点 Master) 读取文件的元数据信息, 消耗了主节点硬件资源, 文件检索时主节点硬件资源消耗情况分析如下.

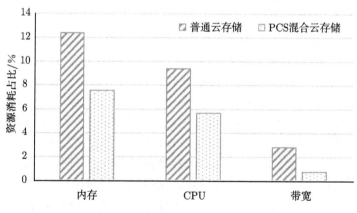

图 3-36　文件检索时主节点硬件资源消耗对比

- 内存与 CPU 消耗

在文件检索时硬件资源消耗对比实验结果中, 普通云存储与 PCS 混合云存储的主节点内存平均占用率分别为: 12.39%, 7.56%, CPU 平均占用率分别为: 9.41%, 5.68%. 通过上述的实验数据可知, 无论是在普通云存储还是在 PCS 混合云存储中, 文件检索时主节点内存及 CPU 的硬件资源消耗都比文件存储时消耗的要低, 且 PCS 混合云存储中的主节点内存和 CPU 资源占用率比普通云存储中分别降低

3.4 数据隐私保护方案

了 4.83% 和 3.73%，这主要是由于在 PCS 混合云存储中，检索文件时直接从 PCS 内部 P2P 系统中读取文件的元数据信息，云端的主节点只需要核验文件是否存在，从而降低了云端主节点内存和 CPU 资源的消耗.

- 网络带宽消耗

在文件检索时硬件资源消耗对比实验结果中，普通云存储与 PCS 混合云存储的主节点带宽平均占用率分别为：2.83%，0.76%. 通过实验数据分析可知，在普通云存储和 PCS 混合云存储中检索文件时主节点带宽消耗也都比文件存储时消耗的要更低，这是由于文件检索时仅需要获取文件索引信息，而不需要进行真实文件传输. 因此，文件检索时普通云存储和 PCS 混合云存储中的带宽占用率都非常小，且 PCS 混合云存储中的主节点带宽占用率比普通云存储中降低了 2.16%，这主要是由于在 PCS 混合云存储检索文件时，尽管也需要与云端主节点核验文件是否存在，但该文件的索引信息可直接从 PCS 内部 P2P 系统中获取，从而降低了云端主节点带宽资源的消耗.

因此，通过上述对硬件资源消耗的对比分析可知，PCS 混合云存储在文件检索时消耗了较少的云端主节点内存、CPU 及带宽资源，有效降低了云端主节点硬件资源的消耗.

4) PCS 内部 P2P 与私有云 (ownCloud) 对比实验及分析

本章提出的 PCS 模型中内部 P2P 系统相当于一个私有云存储系统，本节将对 PCS 模型中的内部 P2P 系统与 ownCloud 私有云系统在资源传输速率方面进行对比实验与分析. ownCloud[73] 是一个基于 Linux 系统的开源云项目，允许用户建立自己的个人私有云系统，目前功能包括文件分享、音乐存储、日历、联系人和书签共享等，ownCloud 可以安装在 Linux VPS 上也可以安装在支持 PHP 的虚拟主机上. ownCloud 可以安装在企业内部服务器或者个人服务器上，并且用户拥有修改和控制系统的最高权利，使它完全可以依赖于内部网络让办公变得更加安全高效，ownCloud 可以让用户在所有设备上便捷地同步、编辑查看和共享所有的文件、资料，以及同步共享用户间通讯录、日历和书签等. 尽管 ownCloud 在文件分享、日历、联系人和书签共享等方面非常方便，但仅就资源存储方面来说，ownCloud 搭建的私有云系统的扩展性及资源传输速率都有很大的局限性.

实验时，首先在 PCS 模型中设置为把所有文件全部存储到内部 P2P 系统中，在这种情况下文件会被统一存储在 PCS 内部 P2P 系统，方便与 ownCloud 搭建的私有云系统进行对比分析.

接下来，分别向本章 PCS 内部 P2P 系统和 ownCloud 私有云系统中存储之前生成的大小分别为 200MB、500M、1GB、2GB、3GB、4GB、5GB、6GB、7GB 和 8GB 的全部文件，分别重复执行 10 次上述的存储操作，且分别记录各个文件向本章 PCS 内部 P2P 系统和 ownCloud 私有云系统存储文件所需要的时间，文件存储平均速度的对比实验结果如图 3-37 所示.

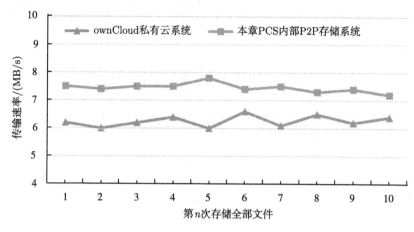

图 3-37　存储文件平均传输速率对比

最后,分别从 PCS 内部 P2P 系统和 ownCloud 私有云系统中下载上述已存储好的全部文件,同样分别重复执行 10 次上述的存储操作,且分别记录各个文件向本章 PCS 内部 P2P 系统和 ownCloud 私有云系统存储文件所需要的时间,文件下载平均速度的对比实验结果如图 3-38 所示.

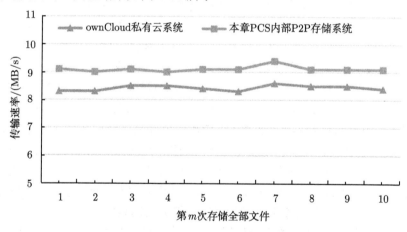

图 3-38　下载文件平均传输速率对比

在上述文件存储及下载的对比实验中,ownCloud 私有云系统和 PCS 内部 P2P 系统的平均存储速度分别为 6.23MB/s,7.44MB/s,平均下载速度分别为 8.42MB/s,9.13MB/s. 通过实验数据分析可知,PCS 内部 P2P 系统比 ownCloud 私有云系统在存储及下载速度方面分别快了 19.4% 和 8.4%,这主要是由于 PCS 内部 P2P 系统采用分片的形式,在存储和下载文件的过程中使用并行存储和下载的方式极大地提高了文件的传输效率. 通过上述分析可知, PCS 模型中的内部 P2P 系统相比普通私有云系统 ownCloud 在文件存储方面效率要更高.

5) PCS 模型存储文件的安全性分析

在 PCS 模型中, 由于重要文件可以选择存储在本地构建的 P2P 存储系统中, 通常公司内部都有自己良好的网络安全防护措施及内外网的物理安全隔离, 这样存储在 PCS 内部 P2P 系统中的重要文件就会比存储在远程云端要更加安全, 并且由于 PCS 内部的 P2P 系统采用了数据分片存储策略, 本地 P2P 网络中数据分片的多重备份能够更好地保障重要文件的可靠性和完整性, 也能够有效提高存储文件的安全性.

PCS 模型中构建的内部 P2P 网络能够非常容易地进行与外部网络的快速隔离, 因此在受到严重外部网络攻击时 PCS 模型能够及时有效地进行网络隔离来避免外部攻击带来的损失. 但在普通云存储中, 当某个公司存储文件受到外部攻击时只能够进行网络安全防护措施, 而不可能进行与外部网络隔离, 这主要是由于普通云存储通常都是采用虚拟隔离而不是物理隔离, 网络隔离将会导致其他用户也无法使用云服务.

而对于存储在云端的资源, 通常情况下云端系统都会提供强大的网络安全防护, 尽管云端不能百分之百保证在受到攻击时存储资源不被破坏, 但由于 PCS 模型用户在上传文件时可选择把重要文件存储在 PCS 的内部 P2P 系统中而把非重要文件存储到云端, 因此存储在 PCS 内部 P2P 系统中的重要文件依然能够得到很好的安全保护, 从而能够有效避免在云端服务遇到故障或遭受外部攻击时而导致重要文件被破坏的问题.

6) 实验存在的不足及分析

在本章设计的 PCS 模型中, 公司内部的存储系统由 P2P 网络构建而成, 如果公司内部存储系统中 P2P 节点的网络不够稳定, 将可能会出现文件无法读取的情况. 且由于 P2P 网络模型中默认文件为三个副本, 如果某个文件的全部副本所在的 P2P 节点同时出现了网络故障, 则此时该文件将无法被读取.

通常情况下, 普通云存储系统都是完全部署在 VPS 服务器或云服务器 (如 Amazon 的 EC2、阿里云的 ECS 及腾讯云的 CVM 等), 该类专用的服务器集群通常都能提供非常稳定的专用网络, 服务器自身及网络的稳定性都能够保障, 不容易出现部署在其上面的云节点出现故障的情况. 而如果为了某些重要文件的安全性及大文件的处理速度采用本章基于 P2P 的 Hadoop 混合云存储模型来搭建云存储系统, 则需要公司内部能提供较稳定的网络, 为 PCS 内部的 P2P 系统提供稳定可靠的网络服务, 以保障存储在 PCS 中的文件都能够被正常访问, 否则将可能会出现某些文件的全部副本无法读取而导致文件无法访问的情况. 因此, 如果公司内部没有能力提供较为稳定的服务系统及网络环境, 则不适合采用本章提出的基于

P2P 的 Hadoop 混合云存储模型来搭建公司自己的混合云存储系统.

参 考 文 献

[1] 傅颖勋, 罗圣美, 舒继武. 安全云存储系统与关键技术综述 [J]. 计算机研究与发展, 2015, 50(1): 136-145.

[2] Beach B. Simple Storage Service. Berkeley: Apress, 2014: 179-192.

[3] Mishra a K, Hellerstein J L, Cirne W, et al. Towards characterizing cloud backend workloads: insights from google compute clusters. ACM Sigmetrics Performance Evaluation Review, 2010, 37(4): 34-41.

[4] Ali M, Kumar J S A. Design and implementation of HDPS scheduler in hadoop over rackspace cloud server for better management of data in heterogeneous networks. International Review on Computers and Software (IRECOS), 2014, 9(6): 1043-1048.

[5] 张拯. 云存储分析报告. Http://t.cn/RUXYdK8 [2014-12-19].

[6] Kim. 云存储市场发展状况分析. Http://www.iimedia.cn/26270.html [2012-03-05].

[7] Perera S, Kumarasiri R, Kamburugamuva S, et al. Cloud Services Gateway: A Tool for Exposing Private Services to the Public Cloud with Fine-grained Control. 2013 IEEE International Symposium on Parallel & Distributed Processing, Workshops and Phd ForumIEEE, 2012: 2237-2246.

[8] Strunk A, Mosch M, Grob S, et al. Building a Flexible Service Architecture for User Controlled Hybrid Clouds. 2012 Seventh International Conference on Availability, Reliability and Security IEEE, 2012: 149-154.

[9] AbuLibdeh H, Princehouse L, Weatherspoon H. RACS: A Case for Cloud Storage Diversity. Proceedings of the 1st ACM Symposium on Cloud Computing ACM, 2013: 229-240.

[10] Habes M R, BelleiliSouici H, Vercouter L. A dynamic hybrid buyer bidding strategy for decentralized and cloud-based many-to-many negotiation. Multiagent and Grid Systems, 2014, 10(3): 165-183.

[11] Neredumilli G K. Selection of multi-cloud storage using cost based approach. IJCER, 2013, 2(2): 160-168.

[12] Luo Y, Luo S, Guan J, et al. A RAMCloud storage system based on HDFS: Architecture, implementation and evaluation. Journal of Systems & Software, 2013, 86(3): 744-750.

[13] White T. Hadoop 权威指南. 3 版. 华东师范大学数据科学与工程学院, 译. 北京: 清华大学出版社, 2015.

[14] Cheng D, Rao J, Guo Y, et al. Improving Mapreduce Performance in Heterogeneous Environments with Adaptive Task Tuning. Proceedings of the 15th International Middleware Conference. ACM, 2014: 97-108.

[15] Rosen J, Polyzotis N, Borkar V, et al. Iterative mapreduce for large scale machine learning. ArXiv Preprint Arxiv, 2013, 23(2): 1303-1309.

[16] Dong B, Zheng Q, Tian F, et al. An optimized approach for storing and accessing small files on cloud storage. Journal of Network and Computer Applications, 2012, 35(6): 1847-1862.

[17] Khayyat Z, Awara K, Alonazi A, et al. Mizan: A System for Dynamic Load Balancing in Large-Scale Graph Processing. Proceedings of the 8th ACM European Conference on Computer Systems. ACM, 2013: 169-182.

[18] Stanek J, Sorniotti A, Androulaki E, et al. A secure data deduplication scheme for cloud storage. Lecture Notes in Computer Science, 2014, 8437: 99-118.

[19] Mackey G, Sehrish S, Wang J. Improving Metadata Management for Small Files in HDFS. Cluster Computing and Workshops, 2009. CLUSTER'09. IEEE International Conference on. IEEE, 2009: 1-4.

[20] White T. Hadoop: the definitive guide. O'reilly Media Inc Gravenstein Highway North, 2010, 215(11): 1-4.

[21] He H, Du Z, Zhang W, et al. Optimization strategy of hadoop small file storage for big data in healthcare. The Journal of Supercomputing, 2015: 1-12.

[22] Yang L, Shi Z Z. An Efficient Data Mining Framework on Hadoop Using Java Persistence API. Computer and Information Technology (CIT), 2010 IEEE 10th International Conference on. IEEE, 2010: 203-209.

[23] Korat V G, Pamu K S. Reduction of data at namenode in HDFS using harballing technique. International Journal of Advanced Research in Computer Engineering & Technology, 2012, 1(4): 2278-1323.

[24] Wan P, Huang F, Zhao W B, et al. Research on the QoS of intensive concurrent accessing webGIS based on cloud computing. Geomatics World, 2013, 20(4): 20-26.

[25] Kim M, Cui Y, Han S, et al. Towards efficient design and implementation of a hadoop-based distributed video transcoding system in cloud computing environment. International Journal of Multimedia and Ubiquitous Engineering, 2013, 8(2): 213-224.

[26] Gohil P, Panchal B. Efficient ways to improve the performance of HDFS for small files. Computer Engineering and Intelligent Systems, 2014, 5(1): 45-49.

[27] Hua X, Wu H, Li Z, et al. Enhancing throughput of the hadoop distributed file system for interaction-intensive tasks. Journal of Parallel and Distributed Computing, 2014, 74(8): 2770-2779.

[28] Chen T F, Baer J L. Effective hardware-based data prefetching for high-performance processors. IEEE Transactions on Computers, 1995, 44(5): 609-623.

[29] Yin L, Cao G. Adaptive Power-aware Prefetch in Wireless Networks. IEEE Transactions on Wireless Communications, 2004, 3(5): 1648-1658.

[30] Jiang Z, Kleinrock L. Web Prefetching in a Mobile Environment. IEEE Personal Communications, 1998, 5(5).

[31] Su Z, Yang Q, Lu Y, et al. Whatnext: A Prediction System for Web Requests Using N-Gram Sequence Models. Web Information Systems Engineering, 2000. Proceedings of the First International Conference on. IEEE, 2000: 214-221.

[32] Ken C, Suguru Y. An Interactive Perfetching Proxy Server for Improvementof www Latency. Proceeding of the Seventh Annual Conference of the Internet Society.Kuala Lumpur, 1997: 109-116.

[33] Liland N S, Rosenlund G, Berntssen M H G, et al. Net production of atlantic salmon (FIFO, Fish in Fish Out< 1) with dietary plant proteins and vegetable oils. Aquaculture Nutrition, 2013, 19(3): 289-300.

[34] Chang J, Lai C, Wang M. A fair scheduler using cloud computing for digital TV program recommendation system. Telecommunication Systems, 2014, 60(1): 1-12.

[35] Raj A, Kaur K, Dutta U, et al. Enhancement of Hadoop Clusters with Virtualization Using the Capacity Scheduler. 2012 Third International Conference on Services in Emerging Markets, IEEE Computer Society, 2012: 50-57.

[36] Leverich J, Kozyrakis C. On the energy efficiency of hadoop clusters. Operating Systems Review, 2010, 44(44): 61-65.

[37] Ghodsypour S H, O'brien C. A decision support system for supplier selection using an integrated analytic hierarchy process and linear programming. International Journal of Production Economics, 1998, 56: 199-212.

[38] Yi H S W X, Heng-yu J K. An angle estimation method for multi-targets in bistatic MIMO radar with single snapshot. Journal of Electronics & Information Technology, 2013, 5: 020.

[39] Tan C, Chen J P, Que J S, et al. Analysis of representative elementary volume for rock mass based on 3 D fracture numerical network model and grey system theory. Shuili Xuebao(Journal of Hydraulic Engineering), 2012, 43(6): 709-716.

[40] Delgado M, Ruiz M D, Sánchez D, et al. Fuzzy quantification: a state of the art. Fuzzy Sets & Systems, 2014, 242(2): 1-30.

[41] Juels A, Kaliski Jr B S. PORs: Proofs of retrievability for large files[C]//Proceedings of the 14th ACM conference on Computer and communications security. ACM, 2007: 584-597.

[42] Ateniese G, Burns R, Curtmola R, et al. Provable data possession at untrusted stores. Proceedings of the 14th ACM conference on Computer and communications security. Acm, 2007: 598-609.

[43] Wang C, Wang Q, Ren K, et al. Toward secure and dependable storage services in cloud computing. IEEE transactions on Services Computing, 2012, 5(2): 220-232.

[44] Wang C, Chow S S M, Wang Q, et al. Privacy-preserving public auditing for secure cloud storage. IEEE transactions on computers, 2013, 62(2): 362-375.

[45] Armknecht F, Bohli J M, Karame G O, et al. Outsourced proofs of retrievability. //Proceedings of the 2014 ACM SIGSAC Conference on Computer and Communications Security. ACM, 2014: 831-843.

[46] Erway C C, Küpçü A, Papamanthou C, et al. Dynamic provable data possession. CCS'oq, November 9-13, 2009, Chicago, Lllinois, USA.

[47] Hao Z, Yu N. A multiple-replica remote data possession checking protocol with public verifiability//Data, Privacy and E-Commerce (ISDPE), 2010 Second International Symposium on. IEEE, 2010: 84-89.

[48] Du J, Shah N, Gu X. Adaptive data-driven service integrity attestation for multi-tenant cloud systems//Proceedings of the Nineteenth International Workshop on Quality of Service. IEEE Press, 2011: 29.

[49] Deswarte Y, Quisquater J J, Saïdane A. Remote integrity checking. Integrity and Internal Control in Information Systems VI, 2004: 1-11.

[50] Krohn M N, Freedman M J, Mazières D. On-the-fly verification of rateless erasure codes for efficient content distribution. In the IEEE Symposium on Security and Privacy, 2004, 5: 226-240.

[51] Swaminathan A, Mao Y, Su G M, et al, Confidentiality preserving rank-ordered search. //the 2007 ACM Workshop on Storage Security and Survivability-Storage SS 2007, New York, USA, 2007: 7-12.

[52] Shacham H, Waters B. Compact proof of retrievability. Journal of Cryptology, 2013, 26(3): 442-483.

[53] Catalano D, Fiore D, Practical homomorphic MACs for arithmetic circuits. Advances in Cryptology-EUROCRYPT 2013, Berlin, Heidelberg, 2013: 336-352.

[54] Goldwasser S, Micali S. Probabilistic encryption. Journal of Computer and System Sciences, 1984, 28(2): 270-299.

[55] 肖达, 刘建毅. 云灾备关键技术. 中兴通讯技术, 2010, 10(16): 24-27.

[56] 王伟兵. 一种基于云计算的动态可扩展应用, 模型. 计算机工程与应用, 2011, 15(005): 15-18.

[57] Mao M, Humphrey M. Auto-scaling to minimize cost and meet application deadlines in cloud workflows. 2011 International Conference for High Performance Computing, Networking, Storage and Analysis (SC), IEEE, 2011: 1-12.

[58] Mao M, Li J, Humphrey M. Cloud auto-scaling with deadline and budget constraints. 2010 11th IEEE/ACM International Conference on Grid Computing (GRID), IEEE, 2010: 41-48.

[59] Arefin S U. Event-based automated management of cloud applications. Master Thesis Nr, 2011, 3142: 1-22.

[60] Krioukov A, Mohan P, Alspaugh S, et al. Napsac: Design and implementation of a power-proportional web cluster. ACM SIGCOMM computer communication review, 2011, 41(1): 102-108.

[61] Castellanos M, Casati F, Shan M C, et al. Ibom: A platform for intelligent business operation management. Proceedings 21st International Conference on Data Engineering, 2005, ICDE, 2005 IEEE, 2005: 1084-1095.

[62] Urgaonkar B, Shenoy P, Chandra A, et al. Agile dynamic provisioning of multi-tier internet applications. ACM Transactions on Adaptive and Autonomous Systems, 2008: 11-28.

[63] Urgaonkar B, Pacifici G, Shenoy P, Analytic modeling of multi-tier internet services and its applications. ACM Transactions on the Web, 2007: 1-12.

[64] 雷明月. 云扩容的数据灾备关键技术研究. 北京: 北京邮电大学, 2014.

[65] Shvachko K V. HDFS scalability: the limits to growth. The Magazine of USENIX & SAGE, 2010, 35: 6-16.

[66] 周会祥, 温巧燕. 基于 P2P 技术的混合云存储模型. 华中科技大学学报 (自然科学版), 2012 (S1): 87-91.

[67] Liu P, Li C, Ji C. Analysis of the cloud storage model based on HDFS. Computer Knowledge and Technology, 2013, 36: 092.

[68] Qi Y U, Ling J. Research of cloud storage security technology based on HDFS. Computer Engineering & Design, 2013, 34(8): 2700-2705.

[69] Jhawar R, Piuri V. Chapter 1-fault tolerance and resilience in cloud computing environments. Cyber Security & It Infrastructure Protection, 2014: 1-28.

[70] Pouwelse J, Garbacki P, Epema D, et al. The Bittorrent P2P File-Sharing System: Measurements and Analysis [M]. in Proc, IPTPS Berlin: 2005: 205-216.

[71] 周会祥. P2P 资源共享技术研究及在教育平台中的应用. 北京: 北方工业大学, 2010.

[72] Zhu Y. Efficient, proximity-aware load balancing for DHT-Based P2P systems. IEEE Transactions on Parallel & Distributed Systems, 2005, 16(4): 349-361.

[73] Martini B, Choo K K R. Cloud storage forensics: owncloud as a case study. Digital Investigation the International Journal of Digital Forensics & Incident Response, 2013, 10(4): 287-299.

第 4 章 可搜索加密

我们在之前的章节中论述了大数据时代的基本特征,以及应运而生的云计算技术.当然,这种新兴的技术在带来巨大便利的同时,也产生了相应的隐私问题.比如对数据隐私性的暴露,对数据完整性的破坏等.本书第 3 章对这些问题产生的原因、产生的方式,以及相关的解决方案,进行了详细说明.然而,这是远远不够的,因为人们对于云计算的应用,绝对不会仅限于云存储,人们还需要能够对存储在云端的数据进行查询、访问、计算、管理等.这些应用如果不能在云平台上实施,那么云计算的意义就显得太过单薄了.可如果要在云平台实现,那么一定会产生比存储更加复杂的数据安全问题.因此,如何以一种安全的方式,实现云计算的这些应用,将在现在以及未来很长一段时间之内,作为云计算以及数据安全领域研究的热点.本章中,我们将介绍可搜索加密技术,这是一种特殊的数据加密技术,使得加密之后的数据远程存储至云端后,用户能够在云端对加密数据进行查询,同时这种查询是安全的,它在一定程度上不会泄露用户的数据以及查询的相关隐私.

4.1 可搜索加密 —— 云计算的信息之门

4.1.1 可搜索加密的意义

云计算技术的诞生,使得信息检索技术的意义更加突出.因为云计算的基本模式是 "pay as you use"(按使用量计费)[1],这里的使用量,当然不仅仅是指计算资源以及存储资源,也指对于数据的使用量.可以想象这样一个场景:Google 掌握着每天来自全球各地的超过 30 亿条搜索指令[2],这些搜索指令就是一个巨大的数据金矿,可以挖掘出极为丰富的信息.为了让这些数据 "各得其所",我们需要建立一种数据共享机制,使得需要其中某一部分数据的人,通过付费的方式,得到这一部分数据.但是,这个场景下存在两个问题:① Google 显然不希望这些数据占用自己太多的存储资源,所以,它愿意将这些数据外包给一家云服务商,由这家云服务商向其他用户提供 Google 的数据共享服务,但是为了保护其数据隐私,Google 会在外包前对数据加密;② 对于想要使用某一部分数据的用户而言,他当然希望下载的是他最想要的数据,这样既节省了下载全部数据带来的很多不必要的通信量,又节省了购买数据的成本;同时,出于隐私考虑 (比如个人用户搜索某种疾病信息),数据使用者也不希望云服务商知道自己的查询内容.

以上这个场景,就是一个最基本的可搜索加密的应用.其实,可搜索加密不仅仅应用于这种不同网络实体之间的数据共享,即便是用户想要在云端搜索自己上传的加密数据集,如果不能直接搜索取回相关的部分数据文件,而是全部下载整个加密数据集,这在通信量上也是不切实际的.所以,云端的数据查询与可搜索加密,是密不可分的两者.前者为后者提供了用武之地,而后者解决了由前者所带来的技术挑战.

综上,我们可以这样定义可搜索加密技术:**可搜索加密是一种针对外包数据的加密技术,通过这种技术,可以使得用户直接在外包的服务器端实施数据查询,从而取回部分最相关的数据,而非全体加密数据集.同时,这种技术将保护数据拥有者的数据隐私,以及数据使用者的查询隐私**.在大数据时代,云计算技术已经渗入到生活的方方面面,而如果没有可搜索加密技术的支撑,那么也就无法实现基于云平台的安全数据共享.可以说,可搜索加密,就是云计算的信息之门.利用它,将为我们在云平台获取信息,分享信息提供最可靠的安全保证.也就是说,在大数据时代,实现数据的"大共享".

4.1.2 可搜索加密的发展历程

可搜索加密的研究历史并不算悠久,但发展相当快,而且随着云计算技术的成熟和普及,可搜索加密的研究热度与日俱增.这一小节中,我们将向读者简要介绍可搜索加密的发展历程,并对可搜索加密所使用的两种加密体制:公钥密码体制和对称密码体制的应用场景以及优缺点进行分析.

1996 年,文献 [3] 首次提出了隐藏用户访问模式的密文搜索机制,但是它要求用户和服务器端进行多重对数轮交互,这种方法在实际中运用的效率不高.直到 2000 年,可搜索加密的研究出现了突破性进展,文献 [4] 提出了一种基于对称密码体制的可搜索加密方案,这也是可搜索加密 (Searchable Encryption, SE) 第一次以一个完整的概念出现,开创了在密文上以关键词进行搜索的先例.该文中,数据拥有者 (Data Owner, DO) 独立地加密每个文档的每个关键词,云服务器可以判断一个经过加密处理的查询词是否在某个文档中出现过.随后,在对称密码体制下的可搜索加密的研究愈加深入,发展历程从最开始的单关键词搜索发展为多关键词,搜索结果从最初的无差别排列发展为按相关度可排序,搜索功能也从最初的只支持精确搜索丰富为支持模糊搜索,我们简要地将一些具有代表性意义的论文列举如下.

- 2006 年, Curtmola 等[5]提出了一种近乎完美的支持单关键词的可搜索加密方案.这是继 2000 年 Song 在对称密码体制下提出可搜索加密的方案之后,在安全性和效率两个方面都达到理想状态的可搜索加密方案.但是这种只能支持单关键词检索,且搜索结果不可排序的 SE 方案显然不能满足人们使用云平台的现实需求.

- 2010 年, Wang 等[6]提出了可排序的单关键词可搜索加密方案. 他们根据文档中关键词权重的计算模型 "TF x IDF", 先计算每个关键词的权重, 再将这些权重加入索引, 从而搜索得到一个经过排序的文档列表, 云服务器最终将返回列表中的 top-k 给用户.
- 2010 年, Li 等[7]针对模糊关键词搜索的问题, 设计了基于通配符的模糊关键词搜索算法, 解决了用户在查询时, 拼写错误导致搜索结果不准确的问题, 这也是第一次完整描述了模糊关键词搜索面临的挑战, 并提出了解决方案.
- 2014 年, Cao 等[8]根据对于加密数据库进行安全 KNN 查询的保内积加密的技术[9], 设计了可支持多关键词可排序搜索的 SE 方案, 这种新技术手段的应用彻底解决了之前采用的 "合取关键词"[10]搜索的弊端, 使得不全部满足查询关键词的文档也能按照一定的排列顺序返回.
- 2014 年, Wang 等[11]在可支持关键词模糊搜索的研究方向上, 设计了一种基于局部敏感哈希 (Locality-Sensitive Hashing, LSH) 的可隐私保护的关键词搜索方案, 解决了之前基于通配符的模糊搜索[7]中索引量较大以及搜索复杂度较高的问题.
- 2016 年, Xia 等[12]设计了一种动态多关键词可排序搜索方案, 将搜索算法消耗的线性时间复杂度降为次线性复杂度, 同时支持同态更新以及搜索结果排序.

可以说, 基于对称密码体制的可搜索加密方案的设计日臻完善, 从搜索效率的提高到搜索功能的丰富, 学者们正在一步步接近最优. 但是对称密码体制也有其不可避免的缺点, 比如对称的设计失去了在实体间提供加密数据共享的能力, 而且也会引发复杂密钥分配管理问题, 所以早在 2004 年, Boneh 作为公钥密码学领域的著名学者, 就非常敏锐地提出了基于公钥密码体制的可搜索加密方案[13]. 为后来的研究者通过公钥密码学实现更加多样的 SE 方案提供了指导. 比如, 为了解决之前的可搜索加密只能处理单关键词的限制, Golle 等在 2004 年设计了可以处理多个关键词联合查询的 "合取关键词" 搜索[10]. 4 年后, Katz 等[14]为了改进合取关键词搜索功能太过单一的问题, 设计了可同时支持合取与析取的谓词加密. 当然, 近些年, 基于公钥密码体制可搜索加密方案的研究成果总体上讲比对称密码体制的研究成果要少一些, 因为公钥密码也有其难以突破的瓶颈, 接下来, 我们将对这两种密码体制下的可搜索加密方案的优缺点进行分析比较.

1. 公钥密码体制
    - 缺点: 由于现今应用比较普遍的基于公钥密码学的可搜索加密方案大部分是构建于双线性对的, 涉及群元素之间的运算, 所以开销较大.
    - 优点: 更加适用于一些不安全的网络中, 因为其不需要加密方和解密方事先协商密钥,用户可以直接使用对外公开的公钥对关键词集合进行加密,而数据所有者可以使用私钥产生搜索凭证,进行密文上的关键词搜索. 同时,公钥密码体制有助于节省大量密钥分配、管理的成本.

2. 对称密码体制

- 缺点:事先需要数据拥有者与数据使用者之间通信,共享密钥或者是一个与密钥有关的信息,这会带来一定的安全隐患. 同时,对于有些基于对称密码的可搜索加密方案 (比如现今应用最广泛的,用于处理索引向量的加密问题的保内积加密技术) 会使得数据拥有者和云服务商生成和存储大量的索引信息,占用一定的软硬件资源.
- 优点:效率高,实用性强,易编程实现. 安全性更高.

本章中,我们将分两部分介绍我们在公钥环境下可搜索加密的研究成果,4.2 节介绍第一部分:安全且高效的可搜索加密方案. 我们将向读者展示在安全性和效率两个方面做出的改进. 随后,4.3 节介绍第二部分如何将可搜索应用到数据管理中.

4.2 安全且高效的可搜索加密方案

本节,我们将介绍两个研究成果:一是抗内部攻击的关键词搜索加密方案,解决大量现有方案普遍关注外部攻击而内部攻击依然存在隐患的问题;二是一种基于双线性对的高效的多关键词公钥检索方案,它与之前的同类方案比较,提高了运算效率.

4.2.1 抗内部攻击的关键词搜索加密

1. 方案背景

关于对密文检索的意义我们之前已经详细探讨过,为了能够同时实现数据的安全外包以及数据共享时必不可少的信息检索,可搜索加密技术几乎是唯一的途径. 信息检索技术最基本的使用方式就是关键词检索,这尤其对于文本数据是简单且有效的. 而不同的使用场景,使得用户对安全性和效率的要求有所差别,也就因此产生了基于公钥密码体制的关键词可搜索加密方案 (Public Key Encryption with Keyword Search, PEKS) 以及基于对称密码体制的关键词可搜索加密方案 (Searchable Symmetric Encryption, SSE). 我们的研究方向偏重于 PEKS. PEKS 方案的提出,克服了 SSE 中复杂的密钥管理问题. 然而,就安全性而言,PEKS 只能抵抗较弱的外部攻击,却无法抵抗来自服务器 (内部攻击者) 的关键词猜测攻击. 如何抵抗内部攻击仍然是一个具有挑战性的问题. 本小节首次提出了可抵抗内部攻击的关键词搜索

加密 (SEK-IA) 框架, 并重新定义其安全模型. 在该框架下, 本小节设计了一个具有常数级陷门 (trapdoor) 长度的 SEK-IA 方案并给出形式化的安全性证明. 性能测试表明, 在该方案中, 接收者和服务器之间的通信代价是常数级的, 与待搜索的发送者数量无关, 而且接收者只花费最小的计算代价, 以一个陷门可以搜索多个发送者的数据.

我们之前提到, PEKS 由 Boneh 等首先提出[13], 在 PEKS 中发送者 (加密数据的一方) 使用关键词和接收者的公钥生成可搜索密文, 并且接收者 (可以搜索加密数据的一方) 使用关键词和他的密钥产生陷门密钥. 然后, 当陷门与密文匹配时, 服务器将相应的加密数据返回给接收方. 这意味着两个关键词是相同的.

与 SSE 相比, PEKS 虽然省去了复杂的密钥管理过程, 却更容易遭受关键词猜测攻击, 其陷门中的关键词的隐私可能受到损害. 一些现有的 PEKS 方案, 例如文献[15-18], 可以抵抗局外人攻击, 这意味着任何外部攻击者, 除了服务器, 都不能从陷门区分关键词. 然而, 不可信服务器可能意图从给定陷门获得关键词. 来自服务器的关键词猜测攻击称为内部攻击[18].

对于 PEKS 的内部攻击, 所有以前发布的 PEKS 方案的问题是不受信任的服务器可以启动关键词猜测攻击, 以通过暴力攻击方法从给定的陷门中找到关键词. 我们假设在系统中存在关键词集合 W, 其中 W 的大小是 N. 通常, 任何一方的公共密钥是完全公开的并且可用于整个系统. 由于可搜索密文是公开生成的, 不可信服务器可以使用以下方法猜测关键词.

- 给定与一些未知关键词 $w \in W$ 相关联的陷门 T_w, 不可信服务器选择关键词 $w' \in W$ 和接收者的公钥产生可搜索密文 $PEKS_{w'}$.
- 如果 $PEKS_{w'}$ 与 T_w 匹配, 那么 $w = w'$. 服务器可以猜测到 T_w 的关键词 w.
- 否则, 服务器继续生成另一个搜索密文 $PEKS_{w''}$, 直到猜到 T_w 中的关键词信息.

在数据库系统中, 不受信任的服务器提供数据存储和数据搜索功能. 作为服务提供商, 服务器可以收集一些敏感信息以获得额外的和非法的利润. 当服务器执行搜索操作时, 它尝试知道接收者想要通过内部攻击搜索什么. 以这种方式, 服务器收集接收者关注的相关联的关键词, 并将它们销售给对该接收者感兴趣的那些人. 内部攻击不仅损害关键词隐私, 而且损害数据隐私, 甚至损害接收者的身份隐私. 所以, 内部攻击应受到重视, 需要抵制. 到目前为止, 局外人攻击已经被解决, 但其解决方案不能应用于内部攻击. 由于内部攻击的存在, 目前的 PEKS 方案还未能实现关键词隐私. 如何提高 PEKS 对于内部攻击的安全性仍是一个尚未解决的研究问题.

2. 准备工作

我们现在给出在公钥密码体制下,关键词可搜索加密的相关基础知识,以及本小节所涉及的方案中用到的一些符号.

1) 基础知识

我们在本方案中主要用到的基础知识是双线性对. 定义如下:令 G_1, G_2 是两个阶为素数 p 的循环加法群,群中元素用 P 和 Q 表示. 令 G_T 是一个素数阶 p 的循环乘法群. 我们有 $e: G_1 \times G_2 \to G_T$ 是一个双线性对,其有以下性质.

- 双线性:对所有的 $P, Q \in G_1 \times G_2$ 和 $a, b \in \mathbb{Z}_p$,有 $e(aP, bQ) = e(P, Q)^{ab}$;
- 非退化性:$e(P, Q) \neq 1$;
- 可计算性:存在一个有效算法对所有的 $P, Q \in G_1 \times G_2$ 能计算 $e(P, Q)$.

为简化表达,我们假设一个对称的对,有 $G_1 = G_2 = G$. 我们把双线性对参数表示为 $(p, G, G_T, e(\cdot, \cdot))$,由一个概率多项式时间算法 $\mathcal{BG}$ 输出,其输入为 1^λ.

2) 符号表示

在给出具体算法之前,为提高可读性,我们把方案中所用到的符号及其含义都在表 4-1 中列出,方便读者查阅.

表 4-1 4.2.1 节方案所用符号含义

符号	描述
ID	发送者身份
I_w	关键词
$PEKS_w$	关键词 w 对应的搜索密文
T_w	关键词 w 对应的陷门
$Enc(m)$	加密算法 Enc 加密数据 m 得到的数据密文
PPT	概率多项式时间
TTP	管理和分配发送者私钥的全可信第三方
PP	公开参数
MSK	主密钥
dID	发送者 ID 的私钥
PK, SK	接收者的公私钥对
N	系统中的关键词数量
n	陷门中发送者最大数量

3. 方案设计

1) 系统模型

(1) 传统的 PEKS 系统模型.

通用的系统描述如图 4-1 所示. 它包含三个独立的实体,发送者、接收者和云服务器.

4.2 安全且高效的可搜索加密方案

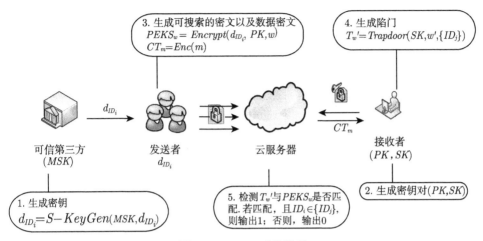

图 4-1 PEKS 系统模型

- 发送者拥有关键词 w 关联的数据 m. 他用加密算法 $Encrypt$ 生成搜索密文 $PEKS_w$, 用加密算法 (Enc) 生成数据密文 CT_m. 发送者上传 ($PEKS_w$, CT_m) 给云服务器. 我们加密算法 $Encrypt$ 以接收者的公钥 PK, 关键词 w 和一些公开信息作为输入.
- 接收者想要恢复和关键词 w' 相关联的加密数据, 他用 Trapdoor 算法生成了一个陷门 $T_{w'}$. 接收者将 $T_{w'}$ 作为一个搜索请求发送给服务器以搜索对应的加密数据. Trapdoor 算法以接收者的秘密密钥 SK、关键词 w 和一些公开信息作为输入.
- 云服务器提供数据存储和数据索引服务. 服务器存储大量的密文. 我们用 $(PEKS_{w_1}, CT_{m_1}), (PEKS_{w_2}, CT_{m_2}), \cdots, (PEKS_{w_n}, CT_{m_n})$ 来表示. 当接收到的陷门 T_w' 匹配 $PEKS_w$, 服务器返回对应的密文 CT_m 给接收者. 服务器不完全可信, 意味着服务器能诚实地执行搜索协议, 但是服务器也好奇想要知道加密数据的内容.

(2) 新的 SEK-IA 框架.

为了提高可搜索加密方案的安全性和高效性, 我们对原有的 $PEKS$ 系统模型进行改进, 提出了一个新的 SEK-IA 框架. 与之前方案相比, 新的方案要求能抵抗内部攻击且尽量减少接收者与服务器之间的通信带宽来提高效率. 因此, 数据库系统中的一个对加密数据的关键词可搜索方案期望的设计目标如下.

- 可抵抗选择关键词攻击: 服务器和任何外部攻击者不能从他们选择的密文中区分出关键词.
- 在本方案中主要用到的基础知识是双线性对和关键词猜测攻击: 服务器和任何外部攻击者不能从他们选择的陷门中区分出关键词.

• 高效: 接收者和服务器之间的通信负担尽可能地小以减少他们之间的通信带宽.

针对以上设计目标, 我们提出了一个数据库系统中可抵抗内部攻击的关键词可搜索加密 (SEK-IA) 框架 (图 4-2), 并给出了全面的描述.

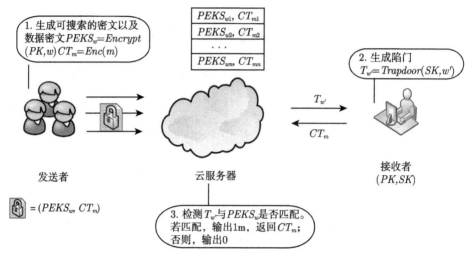

图 4-2 新的可抵抗内部攻击的关键词可搜索加密框架

可抵抗内部攻击的关键词可搜索加密和公钥关键词可搜索加密的最大不同在于实现系统初始化的可信第三方 (TTP). TTP 是一个管理整个系统的可信实体. 在 SEK-IA 框架中, 每一个实体都是独立的, 我们假设任何两个实体都不进行合谋, 因为任意两个实体的合谋都会使关键词隐私和数据安全受到威胁.

基本的过程运行如下. TTP 运行服务器密钥生成算法 $S\text{-}KeyGen$, 输入 ID_i 和主密钥 MSK 生成私钥 d_{IDi}, 再将 d_{IDi} 分配给发送者. 接收者生成他自己的公私钥对 (PK, SK). 发送者运行加密算法 $Encrypt$ 输入他自己的私钥 d_{IDi}, 关键词 w, 指定的接收者公钥 PK 和其他的公开信息生成搜索密文 $PEKS_w$. 发送者运行加密算法 Enc 为数据 m 生成数据密文 CT_m. 发送者上传 $(PEKSw, CTm)$ 到云服务器. 当接收者想要从发送者 $\{ID_j\}$ 检索出与关键词 w' 关联的数据时, 他运行 $Trapdoor$ 算法输入他的私钥 SK, 关键词 w', 指定的发送者身份集合 $\{ID_j\}$ 和确定的公开信息来生成陷门 $T_{w'}$. 云服务器执行搜索操作检查身份认证 $ID_i \in \{ID_j\}$ 和关键词匹配 $w = w'$. 如果检查都通过, 则输出 1, 服务器返回对应的加密数据给接收者, 否则输出 0.

在这个新的 SEK-IA 框架中, 服务器既不能从陷门也不能从密文中区分关键词. 服务器不能针对一个关键词生成一个正确的搜索密文来匹配陷门. 因此, 他不能用内部攻击猜测关键词. 同时, 服务器不能生成有效的陷门来匹配其存储的搜索密文.

4.2 安全且高效的可搜索加密方案

2) 算法定义及安全模型

根据上述所提出的新的 SEK-IA 框架, 需要对其算法及安全模型重新定义.

公钥可搜索加密系统模型的大致流程可以概括如下. 发送者选择指定的接收者, 并生成存储在云上的有效搜索密文; 接收者生成对应的目标数据集的关键词搜索陷门; 拿到陷门后, 服务器搜索数据库, 当对应的加密关键词匹配嵌入在陷门中的关键词时, 返回对应的数据集. 注意搜索密文是被属于接收者身份集合中的用户创建. 下面给出在上述 SEK-IA 框架下, 可搜索加密方案包含的一组具体算法.

定义 4.2.1 一个 SEK-IA 方案包含的一组算法如下.

(1) $Setup(1^\lambda)$: 输入一个安全参数 (1^λ), 输出一个公开参数 PP 和主密钥 MSK.

(2) $S\text{-}KenGen(MSK, ID_i)$: 输入主密钥 MSK 和发送者的身份 ID_i, 输出发送者用于加密的私钥 d_{ID_i}.

(3) $R\text{-}KenGen(PP)$: 输入公开参数 PP, 输出接收者公私钥对 (PK, SK).

(4) $Encrypt(d_{ID_i}, w, PK, PP)$: 输入公开参数 PP, 发送者私钥 d_{ID_i}, 关键词 w 和接收者公钥 PK, 输出一个搜索密文 $PEKS_w$.

(5) $Trapdoor(SK, w', \{ID_j\}, PP)$: 输入公开参数 PP, 接收者秘密密钥 SK, 关键词 w' 和指定的发送者身份集合 $\{ID_j\}$, 输出陷门 $T_{w'}$.

(6) $Test(PEKS_w, T_{w'}, ID_i, \{ID_j\}, PP)$: 输入公开参数 PP, 身份 ID_i 对应的可搜索密文 $PEKS_w$ 和身份集 $\{ID_j\}$ 对应的陷门 T'_w, 当 $ID_i \in \{ID_j\}$ 和 $w = w'$ 同时满足时输出 1, 否则输出 0.

对于可搜索加密方案来说, 用户关心的是数据隐私是否会被泄露, 即方案的安全性. 对于这点, 我们会在本节最后给出证明以证实我们提出的方案是安全的. 安全模型在文献 [19] 中被定义, 其安全性证明被认为很困难. 文献 [20] 也提到了大多数方案至少会泄露搜索模式和访问模式. 但是, 我们发现完全安全的概念只适用于对称可搜索加密. 对称可搜索加密受到密钥管理和数据共享的威胁, 因此, 对称可搜索加密的完全安全模型不能适用于非对称背景. 基于文献 [2, 5, 6], 我们通过抵抗选择关键词攻击和关键词猜测攻击来定义在非对称环境下的 SEK-IA 安全模型. 这个模型可以形式化地通过一个挑战者 (C) 和一个概率多项式时间 (PPT) 敌手之间进行的两个游戏来描述. 具体如下:

游戏 1 抵抗选择关键词攻击 (SS-CKA) 游戏的语义安全允许敌手 A 发动选择关键词攻击. 在这里敌手除了合法的发送者可以是任何人. 敌手 A 尝试从关键词 w_0 和 w_1 的加密密文中区分出一个可搜索密文. 敌手 A 和挑战者 C 执行游戏如下.

初始化 A 宣布挑战的身份为 ID^*.

系统建立 C 运行 Setup 算法得到 PP, PK 并发送给 A.

阶段 1 A 执行一个多项式有限次询问.

- 私钥查询 A 询问 ID_i 的私钥且 $ID_i \neq ID^*$, C 运行 S-KeyGen 算法得到私钥 d_{ID_i} 并发送给 A.
- 陷门查询 A 发送身份集 $\{ID_j\}, w_i$ 给 C, C 运行 Trapdoor 算法生成陷门 T_{w_i} 并发送给 A.
- 密文查询 A 发送 ID_i, w_i 给 C, C 运行 Encrypt 算法生成密文 $PEKS_w$ 并发送给 A.

挑战 A 输出他想要挑战的两个等长度关键词 w_0, w_1 和 ID^*. A 不能预先询问 ID^* 的私钥或是 w_0 和 w_1 对于 $\{ID_i\}$ 的陷门, 这里有 $ID^* \in \{ID_i\}$. C 随机选择 $\beta \in \{0, 1\}$ 并生成挑战密文 $PEKS^*_{w_\beta}$ 并发送给 A.

阶段 2 A 持续询问 $ID_i \neq ID^*$ 的私钥, $ID^* \notin \{ID_i\}$ 时 $\{ID_i\}$ 的陷门或 $w_i \neq w_0, w_1, ID^* \in \{ID_i\}$ 时 ID_i 的陷门, 以及任意的 ID_i, w_i 的密文, C 像阶段 1 那样进行响应.

猜测 A 输出他的猜测 $\beta' \in \{0, 1\}$, 当 $\beta' = \beta$ 时赢得游戏.

敌手 A 的优势定义为 $|Pr[\beta' = \beta] - 1/2|$, 这里的概率采取挑战者和敌手使用的随机比特位相同时的概率.

定义 4.2.2 SEK-IA 方案对于选择关键词攻击是语义安全的, 当且仅当没有多项式时间敌手 A 能以不可忽略的优势赢得游戏 1.

游戏 2 抵抗关键词猜测攻击的不可区分性游戏允许敌手 A 包括内部服务器执行关键词猜测攻击. A 尝试区分由 w_0, w_1 分别生成的陷门. 这个游戏在 A 和 C 之间执行的描述如下.

初始化 A 宣称挑战的身份集为 $\{ID_i^*\}$.

系统建立 C 运行 Setup 算法得到 PP, PK 并发送给 A.

阶段 1 A 执行一个多项式约数次询问, 包括私钥询问, 密文询问和陷门询问.
- Private key query: A 询问 ID_i 的私钥且 $ID_i \notin \{ID_i^*\}$, C 运行 S-KeyGen 算法得到私钥 d_{ID_i} 并发送给 A.
- Ciphertext query: A 发送 ID_i, w_i 给 C, C 运行 Encrypt 算法生成密文 $PEKS_w$ 并发送给 A.
- Trapdoor query: A 发送身份集 $\{ID_i\}, w_i$ 给 C, C 运行 Trapdoor 算法生成陷门 T_{w_i} 并发送给 A.

挑战 A 输出他想要挑战的两个等长度关键词 w_0, w_1 和宣称挑战的身份集 $\{ID_i^*\}$. A 不能询问 ID_i 的私钥当 $ID_i \in \{ID_i^*\}$ 时, 也不能询问 w_0 和 w_1 对于 $ID_i \in \{ID_i^*\}$ 的陷门. C 随机选择 $\beta \in \{0, 1\}$ 并生成挑战陷门 $T^*_{w_\beta}$ 发送给 A.

阶段 2 A 继续询问 $ID_i \notin \{ID_i^*\}$ 的私钥, 询问 $ID_i \notin \{ID_i^*\}$ 的密文, 或者 $ID_i \in \{ID_i^*\}, w_i \neq w_0, w_1$ 的时候 ID_i, w_i 的密文和 $\{ID_i\}, w_i$ 的陷门, C 像阶段 1 那样进行响应.

4.2 安全且高效的可搜索加密方案

猜测 A 输出他的猜测 $\beta' \in \{0,1\}$, 当 $\beta' = \beta$ 时赢得游戏.

敌手 A 的优势定义为 $|Pr[\beta' = \beta] - 1/2|$, 这里的概率为挑战者和敌手采取战者和敌手使用的随机比特位相同时的概率.

定义 4.2.3 SEK-IA 方案对于关键词猜测攻击是语义安全的, 当且仅当没有多项式时间敌手 A 能以不可忽略的优势赢得游戏 2.

3) 具体算法实现

新的算法及安全模型定义已经给出, 接下来我们给出具体的算法设计. 我们提出的方案是一个常数级陷门的 SEK-IA 方案. 在我们构建的方案中, 接收者能用常数大小的陷门搜索来自不同发送者的多个密文. 每一个接收者指定关键词和发送者身份集合.

(1) $Setup(1^\lambda)$ 输入安全参数 1^λ, 运行前面提到的概率多项式时间算法BΓ生成双线性对参数 $(p, G, G_T, e(\cdot, \cdot))$. 和接收者的 $Trapdoor$ 相关联的有一个关键词集合 $\{w_1, \cdots, w_N\}$ 和一个发送者身份集合 $\{ID_1, \cdots, ID_n\}$. 我们考虑单关键词的情况并将其简化表示为 $w = w_i|_{i \in [1,N]}$. 对应关键词 w, 令 $P(w) \in G$. 选择生成 $P_1, P_2, P_3, Q_1, Q_2, Q_3 \in G$ 使满足 $e(P_1, Q_1) = e(P_2, Q_2) = e(P_3, Q_3)$. 系统随机选择 $\alpha, c \in \mathbb{Z}_p^*$, 并计算 $R_1 = \alpha P_1, R_2^i = \alpha P_2, S_1^j = c\alpha^j Q_1, S_2 = cQ_2$ 和 $S_3 = cQ_3$. 公开参数 PP 和主密钥 MSK 表示如下:

$$PP = \left(R_1, \{R_2^i\}, P_3, \{S_1^j\}, S_2, S_3, \{\alpha^l P(w)\}\right),$$
$$MSK = (\alpha, c, P_1, P_2, Q_1, Q_2, Q_3).$$

这里有 $i \in [1, n-1], j \in [0, n], l \in [1, 2]$.

(2) $S-KeyGen(MSK, ID_i)$ 输入发送者身份 ID_i 和主密钥 MSK. 系统生成私钥 $d_{ID_i} = \dfrac{1}{\alpha + ID_i} P_1$, 并通过一个安全信道将其分配给发送者.

(3) $R-KeyGen(PP)$ 输入公开参数 PP, 接收者选择一个随机值 $b \in \mathbb{Z}_p^*$ 作为他的私钥, 计算 $PK = bR_1$ 作为他的公钥. 接收者的公私钥表示为 $(PK, SK) = (bR_1, b)$.

(4) $Encrypt(d_{ID_i}, w, PK, PP)$ 输入公开参数 PP, 发送者私钥 d_{ID_i}, 关键词 w 和接收者的公钥 PK. 发送者 ID_i 选择一个随机数 $r \in \mathbb{Z}_p^*$, 计算可搜索密文 $PEKS_w = (C_1, C_2, \{C_{3,i}\}, C_4)$, 这里有

$$C_1 = \frac{r}{\alpha + ID_i} P,$$
$$C_2 = rP_3,$$
$$C_{3,i} = rR_2^i,$$
$$C_4 = e(PK, P(w))^r.$$

发送者上传 $PEKS_w$ 到服务器.

(5) $TrapdoorGen(SK, w, \{ID_j\}, PP)$　输入公开参数 PP, 接收者私钥 SK, 关键词 w 和指定的发送者身份集合 $\{ID_j\}$, 其大小为常数 n. 接收者随机选择 $k_1, k_2 \in \mathbb{Z}_p^*$, 生成陷门 $T_w = (U_1, V_1, W_1, U_2, V_2, W_2)$, 这里有

$$U_1 = b\alpha^2 P(w) + k_1 c(\alpha + ID_1)\cdots(\alpha + ID_n)Q_1,$$
$$V_1 = -k_1 S_2,$$
$$W_1 = k_1 S_3,$$
$$U_2 = b\alpha P(w) + k_2 c(\alpha + ID_1)\cdots(\alpha + ID_n)Q_1,$$
$$V_2 = -k_2 S_2,$$
$$W_2 = k_2 S_3,$$

可以从 S_1^i 计算得到 $k_1 c(\alpha + ID_1)\cdots(\alpha + ID_n)Q_1, k_2 c(\alpha + ID_1)\cdots(\alpha + ID_n)Q_1$. 接收者发送 T_w 给服务器.

(6) $Test(PEKS_w, T_w, ID_i, \{ID_j\}, PP)$　输入公开参数 PP, 对应身份 ID_i 的搜索密文 $PEKS_w$ 和对应身份集合 $\{ID_j\}$ 的 $Trapdoor T_w$, 服务器执行搜索操作通过检查等式是否成立.

$$e(U_1 + ID_i \cdot U_2, C_1)e(V_1 + ID_i \cdot V_2, f_1(\alpha)r\alpha P_2)$$
$$= C_4 \cdot e(C_2, W_1 + ID_i \cdot W_2)^{f_2},$$

这里有 $f_1(\alpha)$ 是一个阶为 $n-2$ 的多项式; f_2 是一个在 $\mathbb{Z}_p$ 上的常数. 如果上面的等式成立, 服务器输出 1, 返回对应的加密数据给接收者, 否则输出 0.

因为 $f_1(\alpha)$ 的阶为 $n-2$, $f_1(\alpha)r\alpha P_2$ 是可以从 $C_{3,i}$ 计算出的. 更一般地, 我们有

$$f_1(\alpha) = \frac{1}{\alpha}\left(\prod_{j \neq i}(\alpha + ID_j) - f_2\right), \quad f_2(\alpha) = \prod_{j \neq i} ID_j,$$

因此,

$$e(U_1 + ID_i \cdot U_2, C_1)$$
$$= C_4 \cdot e(P_1, Q_1)^{rc(k_1 + ID_i \cdot k_2)\prod_{j\neq i}(\alpha + ID_j)},$$
$$e(V_1 + ID_i \cdot V_2, f_1(\alpha)r\alpha P_2)$$
$$= e(P_2, Q_2)^{-rc(k_1 + ID_i \cdot k_2)\prod_{j\neq i}(\alpha + ID_j) - f_2)}.$$

联合 $e(P_1, Q_1) = e(P_2, Q_2) = e(P_3, Q_3)$, 我们有

$$e(U_1 + ID_i \cdot U_2, C_1) \cdot e(V_1 + ID_i \cdot V_2, f_1(\alpha)r\alpha P_2)$$

4.2 安全且高效的可搜索加密方案

$$=C_4 \cdot e(P_3, Q_3)^{rc(k_1+ID_i \cdot k_2)f_2}$$
$$=C_4 \cdot e(C_2, W_1+ID_i \cdot W_2)^{f_2}.$$

4) 安全性证明

通过形式化证明,我们证明了本小节中所设计的可抵抗内部攻击关键词搜索加密 (SEK-IA) 方案在前面定义的安全模型下是安全的. 由于篇幅的限制,我们在此不给出详细的全性证明,有需要的读者请参见文献 [21].

5) 方案性能评估与分析

为了进一步证实所提方案的有效性,我们通过仿真实验对方案进行进一步分析与性能评估.

我们通过公共参数的大小,可搜索密文的大小,陷门的大小来分析 SEK-IA 方案的性能. 在可搜索密文和陷门分析中我们只考虑单关键词的情况. 采用 OpenSSL 数据库,我们分析不同参数的大小和发送者身份数量关系如图 4-3 所示.

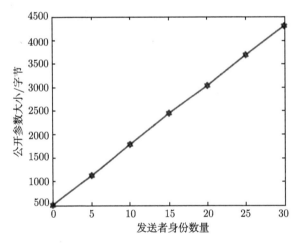

图 4-3 公共参数大小和发送者身份数量关系

图 4-3 首先显示了公共参数的长度随着身份数量的变化,以及在陷门中的最大发送者数量. 我们改变发送者身份数量从 0 到 30,并且做出了公共参数的大小变化曲线. 当发送者身份集数量是 30 的时候,公共参数大小增至最高为 4310 字节. 从图 4-3,我们可以看出,公共参数随着发送者身份集合数目的大小平滑地增长.

图 4-4 显示出可搜索密文长度和发送者身份集大小的关系. 我们考虑相同的方法来改变发送者身份集大小. 在被允许的发送者最大数量为 30 的情况下,每一个可搜索密文需要 2055 字节. 可搜索密文的长度随着发送者消息的长度近似线性增长.

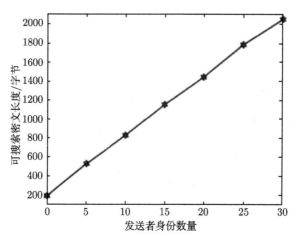

图 4-4 可搜索密文长度和发送者身份集大小关系

图 4-5 显示出陷门的长度和发送者身份集大小的关系. 我们用上述同样的方法处理发送者身份集大小. 通过曲线我们可以看出, 陷门的长度几乎保持常量, 围绕着 383 字节上下波动, 与发送者身份集大小无关. 通过以上分析, 我们可以得到 SEK-IA 方案实现了常量大小的陷门, 并且同时保持了公共参数和搜索密文大小随着发送者身份集大小的增加近似线性增长的态势.

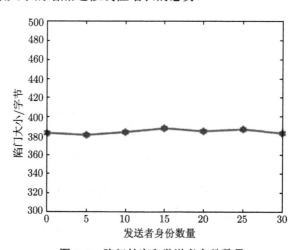

图 4-5 陷门长度和发送者身份数量

我们同样通过仿真来测试通过改变发送者的数量, 相应的陷门生成的计算代价. 通过运行 OpenSSL Library 数据库在一台主机上 (系统配置是: Inter(R)Dual-Core(TM))E53002.60GHz with 3GB, 操作系统是 Windows 7, 操作语言是 C, 我们测试运行时间. 在我们的模拟仿真中, 发送者信息的数量从 1 变化到 30, 实验数据

4.2 安全且高效的可搜索加密方案

结果通过图 4-6 表现出来. 在图 4-6 中, 带星的实曲线表示我们的方案, 带点的虚曲线表示的是一个陷门只搜索来自一个发送者的密文所用时间 (例如对每个发送者身份单独进行操作). 通过和单独操作的对比, 我们的 SEK-IA 方案随着发送者信息的增长, 花费较短的时间来产生陷门.

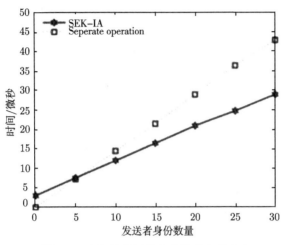

图 4-6 陷门计算耗费和发送者身份大小

我们通过比较 SEK-IA 方案和其他相关的非对称背景下的方案, 从功能性和复杂性方面论证. 我们的比较结果展示在表 4-2 中, n 是发送者的数量. 就功能性而言, 我们的 SEK-IA 可以达到抵抗内部攻击, 而其他方案最多可以抵抗外部攻击. 就复杂度而言, 我们的 SEK-IA 方案取得了常量耗费的陷门, 没有超过其他方案的耗费, 虽然这样做的结果导致密文线性增长. 我们的 SEK-IA 方案在搜索多个发送者发出的密文时将服务器和发送者之间的带宽降到了最低, 这个带宽复杂性是 O(1), 与发送者的数量无关.

表 4-2 对比分析

Terms	SEK-IA 方案	[13]	[17]	[18]
Chosen Keyword Attacks	√	√	√	√
Outsider Attacks	√	×	√	√
Insider Attacks	√	×	×	×
Test Entity	任意服务器	任意服务器	指定服务器	指定服务器
Ciphertext size	$O(n)$	$O(1)$	$O(1)$	$O(1)$
Trapdoor size	$O(1)$	$O(1)$	$O(1)$	$O(1)$
Bandwidth between server and receiver	$O(1)$	$O(n)$	$O(n)$	$O(n)$

以上的实验与分析表明我们的方案的确能抗内部攻击且尽可能地降低通信带宽以实现高效性. 在未来的发展中, 根据用户的不同要求而更好地满足用户的搜索

体验, 各种各样的可搜索加密方案亟须被设计出来. 以下, 我们就 SEK-IA 方案的参数长度, TTP 和实际运行进行讨论.

(1) 参数长度.

在我们提出的 SEK-IA 方案中, 接收者通过发送一个常量级的陷门给服务器来搜索来自不同发送者的多个密文, 这个通信耗费在发送者和服务器之间是恒定的, 这个恒定的陷门是以密文和公开参数的线性增长为代价. 如果密文和陷门都是常量大小, 公共参数就不会线性增长, 但是这样密文和陷门只会和一个发送者有关. 这样的结果就是, 接收者需要提交多个陷门来在不同发送者之间查找数据. 在接收者和服务器之间的通信带宽随着与陷门相关联的发送者数量线性增长. 然而, 最初的 PEKS 致力于尽可能减少接收者和服务器之间的带宽耗费, 并且尽可能地增加数据的利用率. 和上述的方法相比, 我们的方案可以极大地减少在搜索大型数据库时在服务器和接收者之间所产生的带宽. 在公共参数大小, 密文和陷门之间有一个内在平衡. 我们的工作致力于解决在加密数据上进行公钥搜索过程中可以抵抗内部攻击. 如何构建一个不受密文空间约束的可搜索加密方案同时保持恒定的密文长度是未来的一个积极有意义的工作.

(2) TTP.

在我们提出的 SEK-IA 方案中, 要求 TTP 分发私钥给发送者. 在大型系统中, 单独的 TTP 可能会变成系统的瓶颈, 我们的系统包含权威机构和群用户 (比如, 企业中的员工), 这样可以让一个服务器在本地为所有的用户提供计算能力从而解决这个困难. 我们可以采用不同安全措施来保证本地服务器是可信的且其和用户之间的通信是安全的 (比如, 建立一个服务器和用户之间安全的沟通信道). 这个方法是比较普遍和常用的. 我们为了降低对 TTP 的依赖程度, 通常采用多个 TTP 来生成密钥, 这样一来可以同时解决安全和效率两大问题. 如何部署这样个多 TTP 的细节问题是我们未来的工作方向.

(3) 模型建立的简述.

我们的 SEK-IA 方案是通过密码学方案得到的. 直观地来说, 在数据库管理系统 (DBMS) 中的记录可以以 "关键词 || 指针 1|| 指针 2||···" 的形式来进行存储, 对于每一条记录我们都关联上一个关键词. 一条记录包括一个 (加密的) 关键词域和几个文件域. 每一个文件区域记录了一个指向文件的指针, 这个文件包含这个关键词. 对于密文搜索, 通过执行 Test 算法来实现搜索功能, 这样 DBMS 可以返回与密文关键词匹配的所有记录. 匹配的关键词对应的文件可以被读取. 然而, 现存的 DBMS 只支持精确查询和范围查询, 因此我们不能直接使用 SQL 断言来执行 Test 算法. 取而代之的是, 我们可以通过以下的两个方法来执行.

- 利用一个可信的中间层服务器, 即我们通过采用一个可信的独立于数据库的计算层. 假设得到一个陷门, 服务器从数据库中选择一条记录, 对加密的关键词和陷门执行 Test 算法，并且当输出为 True 时返回相对应的指针.
- 破解 DBMS：我们可以构建一个开源的数据库系统 (比如, SQLite), 然后修改它的代码并且扩展为能支持 Test 算法. 这两种方法都需要对整个数据进行搜索并且不能和现存的基于索引的最优化方法兼容 (比如 B+树). 具体的实现可以作为一个未来的研究工作.

4.2.2 一种基于双线性对的高效的多关键词公钥检索方案

1. 方案背景

在 2004 年, Boneh 等[13]首次提出公钥可搜索加密方案, 这是公钥密码体制下关键词搜索方案的开篇之作, 我们前面也已经多次提到, 为了更好地理解本小节中我们对于多关键词的公钥检索方案的设计理念, 在此, 我们先简要回顾一下 Boneh 这篇著名的研究成果.

Boneh 等[13]的方案实现了如下的场景. 假设每一个文件都分为两个部分, 一部分是文件的正文 M, 另一部分是文件中的关键词 $W = \{W_1, W_2, \cdots\}$. 把文件存储到服务器之前, 先把正文 M 进行加密变成 $Enc(M, pk_r)$, 把关键词 W 加密为 $PEKS(w_1, pk_r)||\cdots||PEKS(w_n, pk_r)$, 然后把两部分放在一起, 形如: $\langle Enc(M, pk_r)$ $||PEKS(w_1, pk_r)||\cdots||PEKS(w_n, pk_r)\rangle$, 最后把这个文件传送到第三方服务器上. 如果用户需要从第三方服务器上检索一个包含关键词 W' 的文档, 用户只需要提供一个关键词 W', 搜索服务器端就会用关键词 W' 和服务器私钥 sk_r 采用 $Trapdoor$ 算法计算门限值 $T_w = Trapdoor(sk_r, w')$, 通过安全信道把 T_w 这个值传送给服务器. 服务器根据门限值 T_w 和 W' 的 $PEKS$ 加密值 $S = PEKS(pk_r, w')$, 通过 $Test$ 算法, 就可以从第三方存储设备中检索到包含关键词 W' 的加密文档, 并且把这个加密文档通过信道传送给检索用户.

在研究关键词检索的同时, 很多关于多关键词的检索 (the Public Key Encryption with Conjunctive Keyword Search, PECK 方案) 的研究也悄然兴起. PECK 方案是研究多个关键词可搜索加密的方案, 这种方案的研究极大地满足了用户对数据检索精确性的需求, 具有较强的现实意义.

实际上, PEKS 方案和 PECK 方案提供了一种搜索机制. 这种搜索机制允许用户使用待搜索的关键词从邮件服务器中检索到相关的邮件, 同时保证邮件服务器对搜索的信息一无所知.

目前, 有很多关于私有数据查询的文章, 但是关于 $PEKS$ 和 $PECK$ 方案的文章非常少. 在 Boneh 等[13]和 Waters 等[22]提出的基于对的可搜索加密算法之后, 在 2007 年, Gu 等[23]提出了一种比 Baek 等[20]更为高效的可搜索加密方案, 该方案使用了非安全信道来传输加密的信息, 实现了一个基于非安全信道的可搜索加密方案 (SCF-PEKS). 文献[19]提出了一种基于多关键词可搜索加密的另一种方案, 该方案提高了检索的准确性. 随后, 在文献[24]中, 该方案进一步得到了改进.

多关键词公钥加密方案 (PECK) 能够实现一个检索者检索到含有多个加密关键词的密文信息, 同时不泄露任何关键词和明文数据的任何信息. 现有的 PECK 方案基本上是基于双线性对和安全信道实现数据的加密搜索. 本小节中, 我们基于现有的文献 [20,25,26] 提出了一种新的 SCF-PECK 方案. 在这个方案的数据加密 (Trapdoor) 和信息检索阶段没有使用到对运算, 在用户和服务器之间不需要使用安全信道进行数据的传输. 同现有的 PECK 方案如 Baek 方案[20]和 Park 方案[26]相比较, 本小节提出的 NSCF-PECK 方案在计算量和通信开销两个方面更高效.

2. PECK 方案简介

在 4.2.1 节, 我们已经详细地介绍了 PEKS 方案, 在本节中我们对多关键词公钥加密方案 (PECK) 进行研究并提出了一种基于双线性对的高效的多关键词公钥检索方案. 在介绍我们的方案之前, 先给出基础的 PECK 方案和 SCF-PECK 方案的详细介绍. 下面先介绍 PECK 方案.

情境: 有一个用户准备把自己的文档存放在第三方、非信任的服务器上, 不妨以邮件服务器为例. 在基于公钥的关键词加密搜索的模型中, 服务器存储来自第三方的加密数据集, 要求用户能够从第三方服务器上检索到相关的文件, 同时要求服务器对我们的检索信息和检索的内容一无所知. 假设每一份邮件都必须有 m 个不同的关键词字段 (在这里假设 m 为 4)—— 分别为邮件来自哪里 From, 邮件发送的目的地 To, 邮件发送的日期 Date, 邮件的内容主题 Subject.

一般来说, 多关键词检索的公钥加密方案必须要有如下的前提[25-27].

(1) **假设相同的关键词决不会出现在两个不同的关键词字段**. 满足这一要求的最简单的方法是在他们所属字段的名称后面加上关键词. 例如, 来自 Bob 的邮件的关键词设定为 From: Bob, 发送给 Bob 的邮件设定为 To: Bob, 这样发送给 Bob 的邮件和 Bob 发送的邮件就比较容易区分开了.

(2) **假设每个文档都必须定义每个关键词字段的内容**. 在我们的电子邮件的例子中, 比如主题字段没有关键词, 我们就设置为 Subject: NULL.

上述两个假设, 保证了关键词搜索的规范性和标准性, 为多关键词可搜索加密提供了一些标准的前提条件.

一个基于公钥的多关键词可搜索加密的方案由四个多项式算法组成 —— KeyGen, PECK, Trapdoor 和 Test, 具体如下[25,26].

- $KeyGen(1^k)$ 1^k 为安全参数, 这是一个公私密钥对产生的算法. 密钥产生算法根据提供的安全参数 1^k, 生成用户公私密钥对 (pk, sk).
- $PECK(pk, W)$ pk 为用户的公钥, W 即为 m 个关键词的集合 $\{W_1, W_2, \cdots, W_m\}$, 这是关键词字段加密的算法. 关键词加密算法通过用户的

公钥 pk 加密所有的关键词 W, 产生关键词的可搜索加密算法的结果 S.
- $Trapdoor(sk, Q)$ sk 为加密文档的私钥, Q 为一个需要搜索的 $t(1 \leqslant t \leqslant m)$ 个关键词序号和对应的明文序列 $Q = \{I_1, I_2, \cdots, I_t; W_1, W_2, \cdots, W_t\}$, 其中 W_t 表示在整体的关键词集合 W 中的第 $I_t(1 \leqslant I_t \leqslant m)$ 关键词, 这是一个陷门算法. 陷门算法是产生需要搜索关键词 $\{W_1, W_2, \cdots, W_t\}$ 的可搜索加密信息 T_Q.
- $Test(pk, S, T_Q)$ pk 为用户的公钥, S 为可搜索加密算法的结果, T_Q 为陷门算法产生的结果, 这是用来在第三方数据库中匹配所搜索关键词的加密文档的算法. 如果在第三数据库中存在含有搜索关键词的加密文件, 算法将返回 "correct", 并且通过信道传送相关的文件给文件检索者; 如果没有检索到覆盖所有带检索关键词的文件, 算法将返回 "incorrect".

另外, 在可搜索加密方案中, 用户一般对文件使用对称加密或非对称加密方式进行加密, 形成加密文件 $\langle Enc(pk', M) \rangle$, 然后把关键词的加密信息 $\langle PEKS(pk, W) \rangle$ 以某种方式追加到加密文件的后面, 最终形成 $\langle Enc(pk, M) \| PEKS(pk, W) \rangle$, 其中 "$\|$" 表示两个不同形式加密数据连接成一个关键词和文件数据的密文信息.

3. SCF-PECK 方案简介

基于现有的 PECK 方案, 有一种基于安全信道的可搜索加密方案 (下文简称 SCF-PECK 方案) 被相应地提出, 该方案极大地节省了通信开支, 其由如下的四个多项式算法组成[16,26].

(1) $KeyGen(1^k)$ 1^k 为安全参数, 这是一个生成公私密钥对的算法. 密钥产生算法根据提供的安全参数 1^k, 生成用户和第三方服务器的公私密钥对. 不妨假设用户的公私密钥对为 (pk_r, sk_r), 服务器的公私密钥对为 (pk_s, sk_s).

(2) $PECK(pk_r, pk_s, W)$ pk_r 为用户的公钥, pk_s 为服务器的公钥, W 即为 m 个关键词的集合 $\{w_1, w_2, \cdots, w_m\}$, 这是关键词字段的加密算法. 关键词加密算法通过用户的公钥 pk_r, 服务器的公钥 pk_s 加密文档中所有的关键词集合 W, 产生关键词的可搜索加密算法的结果 S, 此处的 $S = PECK(pk_r, pk_s, W)$.

(3) $Trapdoor(sk_r, Q)$ sk 为加密文档的私钥, Q 为一个需要搜索的 $t(1 \leqslant t \leqslant m)$ 个关键词序号和对应的明文序列 $Q = \{I_1, I_2, \cdots, I_t; w_1, w_2, \cdots, w_t\}$, 其中 w_i 表示在整体的关键词集合 W 中的第 I_i 个关键词, 这是一个陷门算法. 陷门算法是产生需要搜索关键词 $\{w_1, w_2, \cdots, w_t\}$ 的可搜索加密信息 T_Q, 此处的 $T_Q = Trapdoor(sk_r, Q)$.

(4) $Test(pk_r, sk_s, S, T_Q)$ pk_r 为用户的公钥, sk_s 为用户的私钥, S 为可搜索加密算法的结果, T_Q 为门限算法产生的结果, 这是用来在第三方数据库中匹配所搜索关键词的加密文档的算法. 如果在第三方数据库中存在带搜索关键词的加密文件,算法将返回 "correct",并且通过信道传送相关的文件给文件检索者;如果没有检索到覆盖所有带检索关键词的文件,算法将返回 "incorrect".

4. 新的基于对的高效 NSCF-PECK 方案

基于对以上两个方案的分析与改进,我们设计出了一种新的基于双线性对的高效多关键词公钥检索 (NSCF-PECK) 方案. 该方案中,用户使用服务器的公钥和自己的私钥利用 NSCF-PECK 方案产生加密信息,用户对需要搜索的关键词生成门限,通过非安全信道和存储服务器之间进行数据信息的传输. 具体方案如下.

(1) 密钥产生阶段.

KeyGen(1^k) 选择一个安全参数 1^k,以及随机选择两个整数 x,y,使得 $x,y \in \mathbb{Z}_p^*$,则用户的公私密钥对分别为 $pk_r = X = xP, sk_r = x$,服务器的公私密钥对分别为 $pk_s = Y = yP, sk_s = y$.

(2) 数据加密阶段.

PECK(pk_s, pk_s, W) 用户随机选择两个整数 $r_1, r_2 \in \mathbb{Z}_q^*$,利用用户和服务器的公钥对 (X, Y) 对关键词集合 W 进行加密,加密算法如下: $U_i = r_1 H_1(W_i)P + r_1 X(1 \leqslant i \leqslant m), V = r_2 P$,那么关键词加密的数据集最终为 $S = [U_1, U_2, \cdots, U_m, V]$. 同时在这个阶段我们可以采用对称或者非对称加密的算法对数据的正文进行加密 $\langle Enc(pk, M) \rangle$,其中 pk 为文档的加密密钥. 因此加密的正文和加密的关键词情况如下:$\langle Enc(pk', M) || U_1, U_2, \cdots, U_m, V \rangle$,"||" 表示两个不同形式加密数据连接成带搜索的密文信息.

(3) 检索信息加密阶段.

$Trapdoor(sk, Q)$ Q 为一个需要搜索的 $t(1 \leqslant t \leqslant m)$ 个关键词序号和其对应的明文序列 $Q = (I_1, I_2, \cdots, I_t; \Omega_1, \Omega_2, \cdots, \Omega_t)$,其中 Ω_i 表示在整体的关键词集合 W 中的第 $I_i(1 \leqslant I_i \leqslant m)$ 个关键词,这是一个陷门算法. 陷门算法是产生需要搜索关键词 $\Omega_1, \Omega_2, \cdots, \Omega_t$ 的可搜索加密信息 $T_w, T_w = P(H_1(\Omega_{I_1}) + H_1(\Omega_{I_2}) + \cdots + H_1(\Omega_{I_t}) + lx)^{-1}$,$l$ 表示待搜索关键词的个数. 则这个陷门算法最终的结果为:$T_Q = [T_w, I_1, I_2, \cdots, I_t]$.

(4) 服务器检索阶段.

$Test(pk, sk_s, S, T_Q)$ 根据第二阶段和第三阶段得到的 $S = [U_1, U_2, \cdots, U_m, V]$,$T_Q = [T_w, I_1, I_2, \cdots, I_t]$ 计算 $U = U_{I_1} + U_{I_2} + \cdots + U_{I_m}$,如果 $H_2(e(yU, T_w + V)) = H_2(e(r_1 P + r_2 U, Y))$,表示我们检索到了我们需要的关键词密文信息,服务器自动把包含检索关键词的信息 $\langle Enc(pk, M) \rangle$ 发送给信息检索者,否则表示第三方服务器中不包含我们需要查找的关键词的密文信息.

(5) 算法的一致性证明.

很明显上述算法的一致性证明,主要是证明服务器检索阶段的等式是否成立,

首先我们计算:

$$\begin{aligned}
U &= U_{I_1} + U_{I_2} + \cdots + U_{I_m} \\
&= (r_1 H_1(W_{I_1})P + r_1 X) + (r_1 H_1(W_{I_2})P + r_1 X) + \cdots + (r_1 H_1(W_{I_t})P + r_1 X) \\
&= r_1(H_1(W_{I_1}) + H_1(W_{I_2}) + \cdots + H_1(W_{I_t}))P + lr_1 X \\
&= r_1 P \cdot (H_1(W_{I_1}) + H_1(W_{I_2}) + \cdots + H_1(W_{I_t}) + lx) \\
&= r_1 P \cdot \Delta,
\end{aligned}$$

其中, $\Delta = H_1(W_{I_1}) + H_1(W_{I_2}) + \cdots + H_1(W_{I_t}) + lx$. 由于

$$\begin{aligned}
H_2(e(yU, T_Q + V)) &= H_2\left(e(yU, T_Q) \cdot e(yU, V)\right) \\
&= H_2\left(e(U, T_Q)^y \cdot e(U, V)^y\right) = H_2\left(e(r_1 P \cdot \Delta, P \cdot \Delta^{-1})^y \cdot e(U, r_2 P)^y\right) \\
&= H_2\left(e(r_1 P, P)^y \cdot e(U, r_2 P)^y\right) = H_2\left(e(r_1 P, yP) \cdot e(r_2 U, yP)\right) \\
&= H_2\left(e(r_1 P + r_2 U, yP)\right).
\end{aligned}$$

因此当我们需要搜索的关键词 $W_{I_1}, W_{I_2}, \cdots, W_{I_t}$ 包含在密文数据的关键词集合 $\{W_1, W_2, \cdots, W_m\}$ 中时, 上述服务器检索等式是成立的.

以上, 我们向读者完整地展示了我们的设计思想与方案, 下面我们对方案进行效率分析与安全性证明, 说明我们设计的方案的有效性与高效性.

5. 效率分析与安全性证明

1) 效率分析

使用非安全信道来传送数据. 由于我们的 NSCF-PCKS 方案采用了用户和服务器两对公私密钥对, 成功避免了使用安全信道来传送和接收加密的数据. 降低使用者和存储服务器之间的成本, 保证了加密数据之间的安全性.

提高算法的效率. 我们的 NSCF-PCKS 方案对计算成本比较大的乘法运算、对运算、Hash 运算方面使用比较少, 极大地提高了算法的效率. 在密钥生成阶段, 我们的算法仅用了 2 次乘法运算, 而在参考文献[10]的方案 2 中使用 $m+2$ 次. 在服务器检索阶段, 方案[7]使用了 $2t+1$ 次对运算, 而我们提出的算法仅仅使用了 2 次对运算. 特别地, 在数据加密阶段和检索信息加密阶段没有使用对运算, 相对于现有的加密算法[10,2,7]均使用对运算的情况. 在总体计算量上, 本 NSCF-PCKS 方案使用了 $3m+9$ 次乘法, 2 次对运算及 t 次 H_1 的运算, 在目前的 SCF-PCKS 算法中是效率最高的, 表 4-3 把我们提出的算法和现有的 SCF-PECK 方案进行一系列的比较. 其中 SUM 表示算法中所有的计算量, 统计是忽略了计算比较小的运算, 比如群 G_1 和 G_2 加法运算及 Hash 的 H_2 的运算.

表 4-3 本节提出的算法方案和现有 SCF-PECK 方案的比较

方案	KeyGen	SCF-PECK	Trapdoor	Test	SUM
方案[10]-1	$2M$	$2M + me$	$M + tP$	$(t+1)M + e$	$(t + 6M + (m+1)e + tP$
方案[10]-2	$(m+2)M$	$(4m+2)M + E$	$5M + tP$	$1M + 2e$	$(5m+1)M + E + 2e + tP$
方案[2]	$2M$	$M + m(e + P + E)$	tM	te	$(3m+t)M + mE + (m+t)e + mP$
方案[7]	$2E$	$3mM + (m+1)E$	$3M + 3E + tP$	$(2t+1)e$	$(3m+3)M + (m+5)E + (2t+1)e + tP$
本方案	$2M$	$(3m+1)M$	$3M + tP$	$3M + 2e$	$(3m+9)M + 2e + tP$

注：表中各符号的含义如下．

m: 关键词的总个数；t: 需要搜索关键词的个数；

M: 在加法群 $(G_1, +)$ 中，乘法运算和逆运算的操作；

E: 在乘法群 $(G_2, \cdot)$ 中，幂运算的操作；e: 表示对运算操作；

P: 表示把一个 0,1 串映射成数域 $\mathbb{Z}_q^*$ 上的函数 H_1；

方案[10]-1(或 2)：在参考文献 [10] 中的第二个算法方案．

2) 安全性分析

(1) **安全隔离查询** 在服务器检索阶段，只有 $H_2(e(yU, T_w + V))$ 等于 $H_2(e(r_1 P + r_2 U, Y))$ 时，服务器才把加密文件通过公共信道传送到检索者的手中，否则，第三方服务器不能检索到任何信息．由于检索的信息是加密的，所以存储服务器不能获得搜索者的任何检索信息．

(2) **提供受控查询** 在没有用户许可的情况下，非可信的服务器和外来攻击者都不能搜索任何关键词的密文．本方案在生成关键词陷门 T_w 时，一方面，需要用到检索者的私钥，检索者的私钥对于服务器和其他的用户来说是保密的，对查询的关键词起到了控制作用．另一方面，Hash 函数 H_1 在客户端的加密软件中，服务器无法得知，对控制起到了一些作用．加密信息需要用到检索者的私钥和客户端的 Hash 函数，外来攻击者是无法伪造陷门 T_w 来获取相关的密文信息．

(3) **支持隐查询** 如果用户需从服务器检索到某些关键词的密文，他们提交的信息是经过陷门算法计算 $T_w = P(H_1(\Omega_{I_1}) + H_1(\Omega_{I_2}) + \cdots + H_1(\Omega_{I_t}) + lx)^{-1}$ 得到的．从 T_w 的结果我们可以看出，每一个关键词都用了一次 Hash 算法，由于 Hash 算法有不可逆的特性，为此服务器接收到的检索信息都是一些密文信息，服务器仅能得知某一邮件中是否含有该关键词，而不可能推算出所检索信息的任何内容．

(4) **使用非安全信道传输密文** 由于在本算法中采用了用户和服务器两对公私密钥对，在信息数据的 PECK 阶段，我们用服务器和用户的公钥对数据进行加密，在 Trapdoor 阶段，我们使用用户的私钥对检索信息进行加密，由于 ElGamal 算法依赖于计算有限域上离散对数这一难题,我们知道,加密信息对于攻击者来说是非常安全的.使用非安全信道进行加密信息的传输,降低了通信成本.

4.3 可搜索加密在数据管理中的应用

数据管理在云计算环境下是一个非常值得研究的课题.云计算所带来的便利和经济方面的优势,使得越来越多企业和个人倾向于把数据存储到云端方便管理和节省本地存储空间,而这恰恰改变了我们在云计算普及之前很长一段时间内管理数据的习惯.为了保护云端数据的安全性和保证用户对数据的可用性,可搜索加密被提出并成为研究的热点,本章前两节已经介绍并给出了几个安全且高效的可搜索加密方案,这节中我们结合第 3 章云存储安全的内容,详细介绍可搜索加密中数据管理中的应用.

4.3.1 保护移动云存储中的数据安全

1. 方案背景

随着智能移动终端技术的发展,用户通过移动终端进行办公,访问云服务已成为一种趋势.其中,移动云存储服务就是一种常见应用.企业用户将大量数据存储在云端,企业员工通过移动终端访问云端存储的数据.对于机密数据则先加密再存储到云端.同时,利用云端提供的密文查询服务、完整性验证服务,数据删除证明服务等实现数据在云端的机密性、完整性和安全删除等安全目标.然而,移动云存储场景下还存在如下问题.

- 客户端带来的数据安全风险.云端数据在使用时,可能被用户下载到移动客户端.由于移动客户端可能存在被攻击者入侵的风险,这些存储在客户端的数据也就面临非法访问、泄露、篡改等风险.另外,攻击者通过入侵客户端还可能窃取到访问云端数据的权限,直接威胁云端的数据安全.
- 客户端性能限制.当移动客户端性能受限时,云端提供的可搜索加密、完整性证明等安全服务可能影响用户体验,因为这类安全服务需要客户端参与.例如,客户端需要进行数据加解密处理、完整性验证等,对于性能受限的移动客户端并不适用.同时,如果企业用户选择了多个云存储服务,则需要在移动客户端安装多个云存储应用.
- 密文查询机制限制.用户查询时可能选择多种不同的查询条件,如精确匹配、结果排序等.现有的密文查询机制功能单一,无法满足多样化的密文查询需求.

针对上述问题,本节以移动云存储为应用场景,以实现可搜索加密与云存储安全为目标,设计了一个完整的数据保护方案.首先,针对客户端安全,利用可信计算进行平台加固，并利用访问控制、透明加解密等技术实现客户端数据的保护. 其次，针对移动平台的性能限制问题，本方案引入用户信任的安全代理负责执行密文查询、完整性验证等操作. 第三，针对密文查询机制功能单一问题，引入了基于关键词密文的查询机制，实现多样化的密文查询能力，确保移动云存储的用户体验.

2. 设计思想

为了满足企业移动云存储应用下的数据安全需求，方案从多个方面进行设计，主要思想如下.

1) 基于可信计算构建可信的移动客户端平台

可信计算是一种基于硬件安全的技术，其度量存储校验报告机制是实现可信计算的核心技术，该机制由一组可信根来保证[28]，工作原理如图 4-7 表示.

利用该机制，可用于实现移动客户端远程平台证明、应用完整性验证、文件与平台绑定等功能.

2) 基于透明加密技术实现客户端数据保密性及应用透明性

为防止数据从移动平台泄露，受保护的文件在移动平台上采用加密存储. 同时，为了不影响移动平台现有应用的运行，加密操作采用透明部署策略. 本方案通过修改 Linux 虚拟文件系统 (Virtual File System, VFS) 来实现透明加密功能部署.

如图 4-8 所示，虽然可以选择在不同层面部署文件的加解密功能，但不同层上修改的影响是不一样的，越低层，修改难度越大. 为此，本方案选择在虚拟文件系统层引入加解密功能. 虚拟文件系统并非真实的文件系统，而是 Linux 运行时构建的逻辑文件系统，实现了对多种独立的文件系统抽象化，从而为应用程序访问不同独立文件系统提供一致的访问接口.

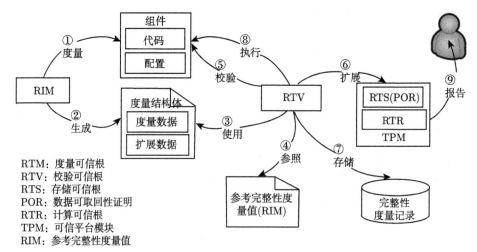

图 4-7　度量存储校验报告机制工作原理

4.3 可搜索加密在数据管理中的应用

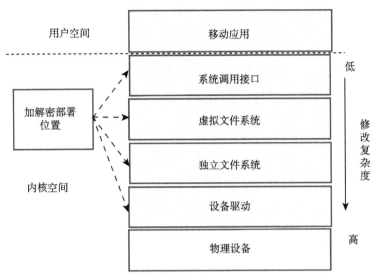

图 4-8 加解密模块在移动平台的位置选择

因此,对该层软件引入加解密功能后,既可以保持对应用程序的透明性,又可以兼容多种不同的文件系统,而且修改难度适中.

3) 基于代理架构实现方案的扩展性

如图 4-9 所示,本方案引入了安全代理组件. 安全代理作为移动客户端和云存储服务提供者的中间代理者,可以适配不同的客户端,并能集成多个云存储服务提供者,从而实现方案的可扩展性.

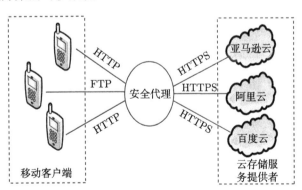

图 4-9 基于代理的可扩展架构

4) 基于关键词密文的数据查询,实现多样化的密文查询需求

由表 4-4 可知,不同的加密机制支持的密文查询能力也各不一样. 为此,本方案在构建查询索引时,每个关键词使用不同的加密机制生成多个关键词密文

(图 4-10),云存储服务端根据关键词密文执行不同类型查询,从而逻辑上实现了多样化密文查询能力.

表 4-4　不同加密机制的查询能力

加密机制类型	密文查询能力	举例
保序加密	范围查询,查询结果排序	基于对称加密机制的保序加密[6]
同态加密	密文统计(求和、求平均等)	基于双线性对的同态加密
确定性加密	精确匹配,模糊匹配等	AES 对称加密或 RSA 公钥加密

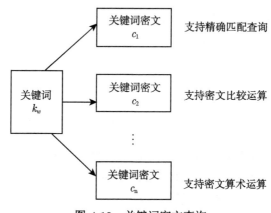

图 4-10　关键词密文查询

工作原理如图 4-11.

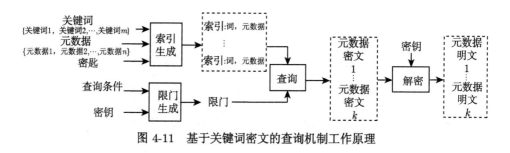

图 4-11　基于关键词密文的查询机制工作原理

(1) 在索引建立时,数据所有者根据不同加密机制,生成支持不同密文查询类型的关键词密文,并将这些密文和文件元数据绑定,建立相应的索引信息,并发送给存储服务提供者.

(2) 在陷门生成时,根据数据使用者的查询请求,调用相应的加密机制,生成支持不同查询类型的陷门.

(3) 在执行查询操作时,存储服务端根据索引及陷门进行查询处理,并返回密文元数据信息给数据使用者.

(4) 数据所有者进一步解密元数据, 获得明文元数据.

数据所有者获得明文元数据后就可以进行下一步处理, 如下载某个文件 (文件本身是加密存储).

3. 系统架构模型

方案的设计思想是基于可信计算与代理来实现关键词搜索密文查询和面向移动云存储的数据保护, 因此系统中需要可信移动客户端, 安全代理和云服务器的出现, 下面给出我们的系统架构. 我们所设计的面向移动云存储的数据保护方案包括三个部分, 可信移动客户端、安全代理及云存储服务端, 其系统架构模型如图 4-12 所示.

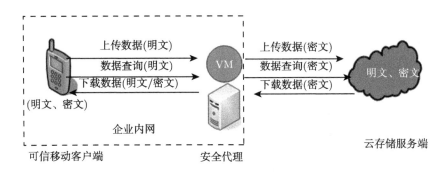

图 4-12　系统架构模型

可信移动客户端位于企业内部网络, 主要功能是数据访问控制, 数据透明加解密, 远程平台证明、应用完整性验证等. 安全代理位于企业网络边界, 主要功能包括明密文查询代理、身份认证、完整验证等. 安全代理实施了服务器虚拟化, 形成多个虚拟机实例, 这些实例分别属于企业内部不同的用户或部门使用. 云存储服务端位于云端, 主要功能包括明密文存储、明密文查询服务及数据完整性证明服务等扩展服务.

可信移动客户端通过安全代理访问云存储服务. 安全代理和云存储服务端之间建立了加密信道, 传输过程数据都是密文. 根据数据安全级别不同, 数据在客户端和云端时, 普通数据以明文存储, 保密数据以密文存储. 下面对这三个部分进行详细介绍.

1) 可信移动客户端架构

如图 4-13 所示, 可信移动平台建立在可信计算的基础上, 并在移动平台的内核空间和用户空间进行了安全加固, 说明如下.

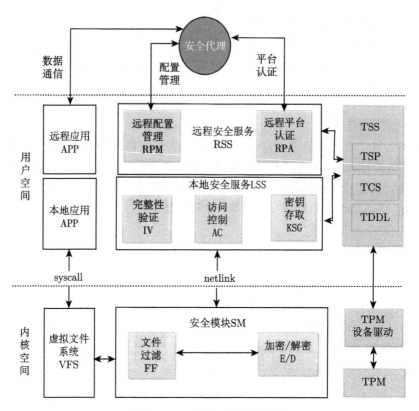

图 4-13 可信移动客户端架构

(1) **用户空间安全组件.**

- **TCG 软件栈**(TCG Software Stack,TSS) 简称可信软件栈,是实现可信计算的软件层次体系,包括 TSS 服务提供者 (TSS Service Provider, TSP):为本地和远程应用访问 TPM 提供接口;TSS 核心服务 (TSS Core Service, TCS):提供了公共服务集合;TSS 设备驱动库 (TSS Device Driver Library, TDDL):负责与不同的 MTM 交互,并进行 TDDL 接口管理.

- **本地安全服务**(Local Security Service, LSS) 本地安全服务主要为安全模块提供服务,包括访问控制、应用完整性验证及密钥存取功能.访问控制用于验证当前应用的合法性,对不满足条件的应用拒绝进一步的访问.应用完整性验证用于检查应用是否完整,防止被篡改应用访问用户数据.密钥存取用于存储和获取保护文档的加密密钥.

- **远程安全服务**(Remote Security Service, RSS) 包括远程配置管理和远程平台证明.远程配置管理包括平台注册、安全配置更新等.配置信息包括用户身份证书、加密密钥、访问控制策略等.远程平台证明用于证明移动平台的完整性及合法性.

(2) **内核空间安全组件**.
- **安全模块**(Security Module, SM)　安全模块主要功能是文件过滤 (File Filter) 及文件加密解密 (E&D). 文件过滤用于区分受保护文件和普通文件以及区分合法应用和非法应用. 文件加解密用于实现对受保护文件的加密和解密.
- **可信平台模块设备驱动**(TPM Device Driver, TDD)　负责与可信平台模块 TPM 直接通信的驱动程序.
- **可信平台模块**(Trusted Platform Module, TPM)　一种防篡改的安全芯片, 主要功能包括随机数生成、加密解密、数字签名及安全存储等. 移动平台一般指移动可信模块 (MTM), 其功能和 TPM 类似.

2) 安全代理架构

如图 4-14 所示, 对客户端而言, 安全代理就如同一个云存储服务, 而对云存储服务端而言, 安全代理就如同客户端. 安全代理由五类服务构成.

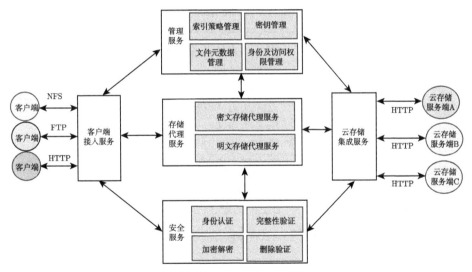

图 4-14　安全代理架构

- **管理服务**　包括元数据管理 (描述文件的信息)、密钥管理、身份及访问管理 (各类云存储用户账号) 等.
- **安全服务**　包括加解密 (数据上传时加密、下载时解密、查询时关键词加密等)、身份认证 (客户端认证)、完整性验证代理 (验证云端数据是否完整)、删除验证代理 (验证云端数据已经彻底删除).
- **客户端接入服务**　用于支持客户端的多种通信协议 (如 HTTP、FTP) 和编程接口 (如 web service API, Restful API).

- **云存储集成服务** 用于实现和不同访问接口的云存储服务对接和集成. 安全代理可以配置多个云存储服务作为存储后端,并将数据存储到不同的云环境中. 该服务和不同云存储服务端之间采用安全通道进行通信.
- **云存储代理服务** 包括密文存储代理服务和明文存储代理服务. 明文存储代理服务包括明文上传代理、明文下载代理、明文删除代理、明文查询代理. 为了实现明文数据的安全,对明文存储服务中的上传代理服务增加完整性保护功能,在数据下载代理服务中增加了完整性验证功能,对数据删除代理服务中增加了数据删除验证功能. 密文存储代理服务包括密文上传代理、密文下载代理、密文删除代理、密文查询代理. 为支持多种密文查询机制,密文存储代理还使用基于关键词密文查询策略,可以根据用户查询请求条件生成密文查询请求.

3) 云存储服务端架构

如图 4-15 所示,云存储服务端参考架构由访问接入服务、管理服务、存储服务、安全服务,云存储系统访问接口等组件构成.

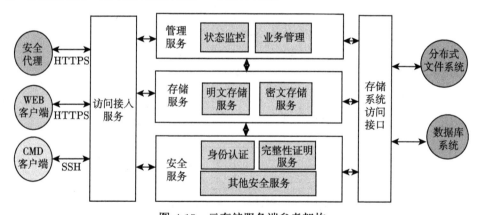

图 4-15 云存储服务端参考架构

- **访问接入服务** 用于适配接入各种客户端. 一般地,云存储服务提供了多种通信协议 (如 HTTPS、SSH) 和编程接口 (如 Restful API).
- **存储管理服务** 用于实现对用户存储业务及存储系统性能监控等功能.
- **明文存储服务** 用于实现对明文数据的增删查改功能,主要面向用户一般安全要求场景.
- **密文存储服务** 用于实现对密文的增删查改等功能,面向那些安全要求较高的用户. 由于对云端的不可信,云端不进行加解密操作,只是为了支持密文查询的要求,云端提供相应的接口,比如基于安全索引的密文查询接口.
- **安全服务** 指保证云端存储系统安全及用户数据安全的各项安全功能. 主要

4.3 可搜索加密在数据管理中的应用

包括证明服务(如数据完整性证明、数据删除证明等)、身份认证服务(对访问者进行身份认证)、其他安全服务(如访问控制、数据防泄露等)。
- **云存储系统访问接口** 用于实现和不同存储系统对接,后端存储系统可以是分布式文件系统,也可以是数据库系统。

4. 方案流程

系统模型及各模块作用上文已经进行了详述,下面给出方案中的关键流程设计。为了方便读者阅读,表 4-5 给出了流程中用到的符号及其含义。

表 4-5 所用符号介绍

简写	描述	简写	描述
TMC	Trust Mobile Client	F	File
SP	Security Proxy	FN	File Name
CSSP	Cloud Storage Service Provider	NF	Normal File
Req	Request	SF	Security File
Ack	Acknowledge	EF	Encrypted File
KW	Keyword	DF	Decrypted File
IntTag	Integrity Tag	EFN	Encrypted File Name
I	Index	EFL	Encrypted File List
SL	Security Level	FL	File List
P	Proof	T	Trapdoor

1) 客户端读操作流程

客户端读操作交互过程如图 4-16 所示,其中步骤如下。

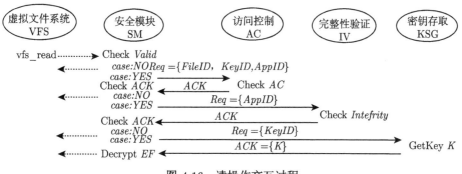

图 4-16 读操作交互过程

- **步骤 1** VFS 调用读操作 vfs_read:移动应用进行文件读操作时,虚拟文件系统调用安全模块。
- **步骤 2** SM 对文档进行安全检查:如果当前文档是受保护的文件,SM 调用访问控制服务 AC 发送访问控制检查请求,AC 处理后返回处理结果给安全模块；否则，SM 则不作处理．
- **步骤 3** SM 根据 AC 返回结果进行处理：如果允许当前应用，调用完整性验证服务 IV，后者处理完毕返回处理结果给 SM；如果当前应用权限不足，则直接返回到 VFS 读操作调用．
- **步骤 4** SM 根据 IV 返回结果进行处理：如果完整性验证通过，SM 向密钥存取服务 KSG 发送密钥请求，密钥存取服务根据获取相应的加密密钥 GetKey，并返回处理结果给 SM；如果完整性验证不通过，SM 直接返回到 VFS 读操作函数．
- **步骤 5** SM 根据 KSG 返回结果进行处理：如果密钥不空，SM 执行文件解密操作，解密完毕，返回虚拟文件系统读操作；如果密钥为空，SM 直接返回处理结果给 VFS 读操作函数．

2) 客户端写操作流程

客户端写操作交互过程如图 4-17 所示，其中步骤如下．

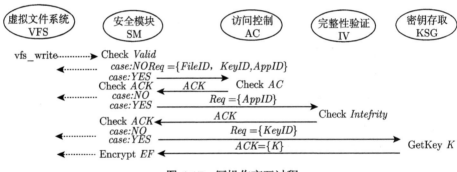

图 4-17 写操作交互过程

- **步骤 1** VFS 调用读操作 vfs_write：移动应用进行文件写操作时，虚拟文件系统调用安全模块．
- **步骤 2** SM 对文档进行安全检查：如果当前文档是受保护的文件，SM 调用访问控制服务 AC 发送访问控制检查请求，AC 处理后返回处理结果给安全模块；如果当前文档是普通文件，SM 则不作处理，直接返回到 VFS 读操作调用．
- **步骤 3** SM 根据 AC 返回结果进行处理：如果允许当前应用，调用完整性验证服务 IV，后者处理完毕返回处理结果给 SM；如果当前应用权限不足，则直接返回到 VFS 写操作调用．
- **步骤 4** SM 根据 IV 返回结果进行处理：如果完整性验证通过，SM 向密钥存取服务 KSG 发送密钥请求，密钥存取服务根据获取相应的加密密钥 Getkey，并返回处理结果给 SM；如果完整性验证不通过，SM 直接返回到

4.3 可搜索加密在数据管理中的应用

VFS 写操作函数.
- **步骤 5** SM 根据 KSG 返回结果进行处理：如果密钥不空，SM 执行文件加密操作. 加密完毕，返回虚拟文件系统写操作；如果密钥为空，SM 直接返回处理结果给 VFS 写操作函数.

3) 客户端注册

客户端注册过程如图 4-18 所示.

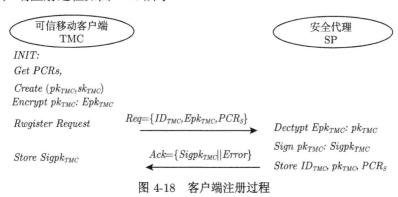

图 4-18 客户端注册过程

客户端注册的步骤如下.
- **步骤 1** 客户端初始化：获取平台配置信息 $PCRs$；生成一对注册用公私钥对 (pk_{TMC}, sk_{TMC})；使用 SP 的公钥加密 TMC 公钥，得到 Epk_{TMC}.
- **步骤 2** TMC 向 SP 发送注册请求 $Req = \{ID_{TMC}, Epk_{TMC}, PCRs\}$.
- **步骤 3** SP 处理 TMC 请求：SP 使用自己的私钥解密客户端发送来的加密的公钥 Epk_{TMC}，然后将 pk_{TMC} 和 $PCRs$ 存储在本地；SP 对客户端公钥进行签名，并返回给 TMC.
- **步骤 4** TMC 处理 SP 响应，存储签名后的公钥在本地.

4) 数据上传

数据上传流程如图 4-19 所示.

数据上传步骤如下：
- **步骤 1** TMC 向 SP 发送文件上传请求 Req={F,SL,KW}.
- **步骤 2** SP 处理 TMC 请求.

根据文件安全级别 SL 不同处理如下：如果是普通级，先计算文件的完整性校验信息 IntTag，然后调用 CSSP 明文存储服务，存储文件 SL、KW、IntTage 等信息；如果保密级，生成关键词加密索引 I，加密文件为 EF，然后调用 CSSP 密文存储服务，存储索引 I、保密文件 EF 等.
- **步骤 3** CSSP 处理 SP 不同的文件存储请求：如果是明文存储请求则执行明文存储 PlaintextStore，返回响应 ACK；如果是密文存储请求则执行密文存储 CiphertestStore, 返回响应 ACK.
- **步骤 4** SP 转发 CSSP 响应 ACK 给 TMC.
- **步骤 5** TMC 检查 SP 响应.

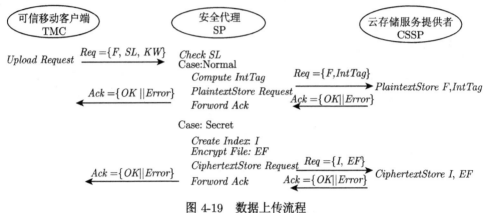

图 4-19 数据上传流程

5) 数据下载

数据下载流程如图 4-20 所示.

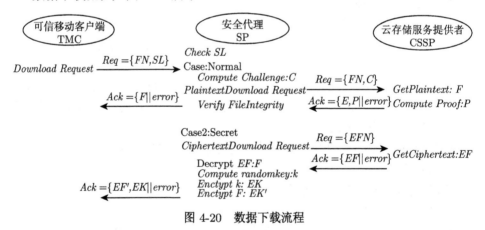

图 4-20 数据下载流程

数据下载步骤如下:
- **步骤 1** TMC 发送文件下载请求给 SP.
- **步骤 2** SP 根据文件安全级别 SL 处理下载请求：如果是普通级，SP 计算完整性挑战 C, 然后向 CSSP 发送明文下载请求 (包含文件完整性挑战); 如果是保密级, SP 向 CSSP 发送密文下载请求.
- **步骤 3** CSSP 处理 SP 请求：如果是普通文件下载请求，则执行明文获取过程，并计算一个完整性证明 P, 然后将明文 F 及证据 P 返回给 SP; 如果是密文下载请求, 则执行密文获取过程, 并返回密文 EF 给 SP.
- **步骤 4** SP 处理 CSSP 响应: 如果是明文下载响应, 则验证文件完整性, 只有完整时返回文件 F 给 TMC; 如果是密文下载响应, 则对文件进行解密, 并将解密后的文件用随机生成的临时密钥 k 进行加密, 密钥 k 本身也用 TMC 注册的公钥进行加密, 最后将加密后的文件 EF 及加密密钥 EK 一起返回给 TMC.
- **步骤 5** TMC 处理 SP 响应: 如果没有出错, TMC 保存 SP 返回文件信息.

6) 数据查询

数据查询过程如图 4-21 所示, 其中步骤如下.

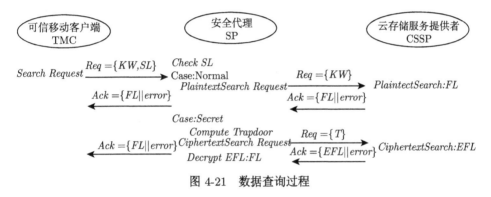

图 4-21 数据查询过程

- **步骤 1** TMC 向 SP 发送查询文件请求 $Req = \{KW\}$.
- **步骤 2** SP 根据文件安全级别 SL 处理 TMC 请求: 如果是普通级 Normal, SP 调用 CSSP 普通文件查询服务; 如果是安全级, SP 先计算查询陷门 T, 然后调用 CSSP 安全查询服务.
- **步骤 3** CSSP 处理 SP 请求: 如果是普通文件查询, 则执行普通查询, 返回匹配的文件列表 FL 给 SP; 如果是保密文件查询, 则执行安全查询, 返回匹配的加密文件列表 EFL 给 SP.
- **步骤 4** SP 处理 CSSP 响应: 如果是普通文件响应, 则转发响应给 TMC; 如果是保密文件响应, 则先将加密文件列表解密, 然后将解密后的文件列表返回给 TMC.

5. **方案分析**

1) 安全性

本方案的安全性表现在以下三个方面.

(1) **存储安全** 当数据存储到云端后, 保密数据是加密的, 非授权用户无法访问, 即使密文泄露也难以破解. 同时, 方案引入云端的完整性证明服务和数据删除证明服务,可以验证云端数据是否完整,验证数据删除是否彻底.

(2) 通信安全　安全代理和云存储服务端之间采用安全通道进行通信(如 IPSec VPN),可以确保数据在传输过程的保密性和完整性. 数据在移动客户端和安全代理之间传输时,不管是本地客户端还是远程客户端都需要进行认证,防止非授权用户访问云端数据.

(3) 自身安全　安全代理位于企业网络内部(比如防火墙之后),数据所有者可以直接访问物理设备,因此,安全代理的可控性较强.

2) 可行性

本方案的可行性主要体现在以下三个方面.

(1) 在技术上,安全代理部署上位于安全网关位置,可以充分利用安全网关性能优势和位置优势但不改变企业内网的结构. 同时,对移动客户端而言,安全代理的引入并不会导致云存储应用的失效.

(2) 从商业模式上,安全代理由企业用户自己管理,并不需要引入外部可信第三方. 安全代理可以部署在企业网关位置,不影响企业移动云存储业务的使用.

(3) 从经济成本上分析,安全代理只是一种软件功能实现,可以部署在虚拟机中,也可以部署为独立硬件. 可以根据用户实际情况投入建设.

3) 扩展性

本方案的扩展性主要表现以下四个方面.

(1) 支持多个客户端接入　当所有客户端都连接到单个安全代理时,可能存在性能限制. 因此,本方案在设计时就以虚拟机的方式来承载安全代理功能. 以虚拟机为单位,可以通过为每个客户端分配独立的安全代理虚拟机,实现更多客户端的接入.

(2) 支持多云存储服务　安全代理通过适配器可以连接不同的云存储服务. 每个安全代理可以连接单个云存储服务,也可以同时连接到多个云存储服务端,形成逻辑上更大的云服务端.

(3) 支持安全代理性能动态扩展　安全代理以虚拟机形式存在,可以根据运行要求动态调整性能. 同时,安全代理可以构成集群,并部署为负载均衡模式,分流加密流量和非加密流量,方便安全代理性能扩展.

(4) 支持安全代理功能扩展　所设计的安全代理架构采用服务模式来设计,用户可以根据安全需求,动态扩展所支持的安全功能服务.

4) 对比分析

针对云存储服务的数据安全问题,也存在许多基于代理架构保护方案.

文献[29]提出了基于代理架构云存储保护架构,主要目的是解决多个云服务的适配问题. 该架构核心思想是在客户端引入代理服务器节点,代理服务器的主要功能是实现数据分割,并将分割后的数据分散存储到多个不同的云存储服务端. 为了保证数据的安全性,对不可信的云存储服务端上的数据使用对称加密机制 (AES) 进行加密存储. 同时,使用纠错编码机制保护每个数据分割. 然而,该代理架构只具备基本的存取功能,并不支持密文查询功能. 同时,代理服务器同时为多个用户服务,其性能将随接入用户的增多而降低.

文献[30]提出了基于双云的安全架构,通过在云服务端和云用户之间引入一个可信云,作为客户端代理执行数据完整性验证、密文加解密等工作. 然而,可信云意味着存在一个可信的第三方,这种假设缺乏实际的商业模式. 同时,该方案没有考虑客户端安全问题.

本节方案中的代理完全由云存储用户自己控制,避免了代理的可信假设. 表 4-6 分析可知,所提出保护方案更加完善,更加适合于移动云存储应用场景下的数据保护场景.

表 4-6 方案对比

对比项	客户端数据保护	云端数据保护	密文查询代理	完整性验证代理	客户端适配	云服务集成	代理性能扩展
[29]	N	Y	N	N	Y	Y	N
[30]	N	Y	N	Y	Y	Y	Y
本节方案	Y	Y	Y	Y	Y	Y	Y

N 表示否,Y 表示是.

6. 原型系统及实验分析

1) 原型系统说明

为验证方案的有效性,这里构建了一个原型验证系统. 该系统主要实现了保护方案中的主要功能,其他功能组件有待进一步开发实现. 表 4-7 给出了系统各子系统的实现说明.

表 4-7 核心组件实现说明

子系统	实现说明
可信移动客户端 (TMC)	(1) 基于 TPM emulator 及 TrouSers 来实现可信计算功能 (2) 基于 ftp4j 实现云存储移动应用,实现文件上传、下载、查询等功能 (3) 安全模块通过 Netlink[31] 机制与 TPM 通信
安全代理 (SP)	(1) 基于 CryptDB 客户端组件,实现自适应密文查询策略 (2) 增加可信移动客户端平台合法性验证功能 (3) 基于 OpenSSL 实现与云存储服务器建立安全传输
云存储服务端 (CSSP)	(1) 基于 cryptDB 实现文件索引信息存储及文件查询功能 (2) 使用 vsftp 服务器提供文件系统存储基本功能

OpenSSL:SSL 开源实现;TPM emulator:TPM 仿真软件;TrouSers:TSS 可信软件栈实现;CryptDB:支持密文查询的数据库系统;ftp4j:FTP 客户端软件;Vsftp:FTP 服务器软件.

2) **实现关键技术**

方案在实现上的关键技术包括两部分,一部分用于客户端及数据保护,另一部分用于云端的数据保护. 本节对实现保护功能的各项关键技术进行说明.

3) **可信计算**

客户端使用可信计算技术实现了多种安全加固能力, 包括平台完整性认证、应用完整性验证、文档平台绑定等. 以下对三种能力进行说明.

(1) **基于 DAA 的移动平台完整性认证** 可信计算目前支持两种远程平台认证机制即基于可信第三方 CA 认证 PCA(Private Center Authenticate) 和直接匿名认证 DAA(Direct Anonomy Attestation). DAA 机制是对 PCA 进一步改进, DAA 证书发布者可以离线工作. 同时, DAA 签署的证书可以一次申请多次使用, 解决 PCA 方案的认证瓶颈问题, 同时又可以实现可信计算平台认证过程中的匿名性. 本方案使用 DAA 方式来实现.

如图 4-22 所示, DAA 协议包含如下两个过程.

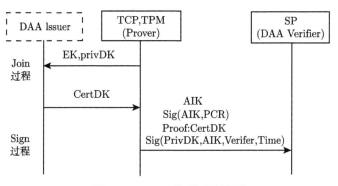

图 4-22 DAA 协议工作流程

- **Join 过程**

  (a) TPM 创建两组密钥对 DK 和 EK, 并使用 EK 向签发者标识自己.

  (b) 如果 Join 过程成功, 签发者将向 TPM 和 HOST 签发 DAA 证书 $CertDK(=Sig_{issuer}(DK))$.

- **Sign 过程**

  (a) TPM 创建一个 AIK. TPM 和 HOST 使用 privDK 和 CertDK 对该 AIK 的公钥签名 Sig(AIK,PCR), Sig(PrivDK,AIK,Verfier,Time). TPM 和 HOST 将 AIK, Sig(AIK,PCR), Sig(PrivDK,AIK,Verfier,Time),CertDK 证据 Proof 发送给验证者.

  (b) 验证者使用 AIK 验证签名是否合法. 如果合法, 认为该 AIK 的私钥被一个拥有某个 certDK 的 TPM 持有.

(2) **应用完整性验证**　应用完整性验证基于 TC 提供哈希功能来实现,主要步骤如下.

(a) 程序执行前,对预先配置的合法应用执行 Hash 运算 HValue_A= H(AppId‖AppContent),并存储度量结果 HValue_A.

(b) 在程序运行时,再次执行 Hash 运算,HValue_B=H(AppId‖AppContent).

(c) 比较两次 Hash 值是否相等,HValue_A= HValue_B,相等则说明程序完整,否则说明应用程序存在篡改.

(3) **文件使用与平台绑定**　本方案使用 TC 数据封装技术保护文件解密密钥 EK. 基本思路:密钥 EK 和可信移动平台特定 PCR 值封装在一起,在执行密钥存储和获取过程时,先需要判断当前平台 PCR 是否与密封 EK 时平台 PCR 状态一致;如果不一致则不允许解密 EK,从而限制加密的文件 EF 只能在本平台上解密.

4) 保护文件格式

为确保数据在客户端的安全,从云服务端下载文件和密钥进行了封装处理.

如图 4-23 所示,保护文件由保护文件头和保护文件负载两部分构成. 保护文件头包含 1 字节标记 Flag,用于区分保护文件和普通文件特征,如 10101010. 保护文件负载 Protected File Payload 存储 SP 重新加密后的文件.

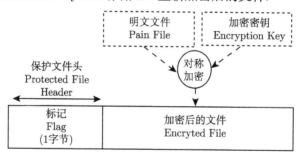

图 4-23　保护文件格式

如图 4-24 所示,密钥文件格式,每个文件加密密钥都使用公钥进行了加密处

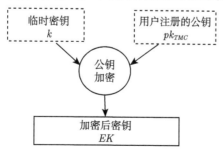

图 4-24　密钥文件格式

理. 确保只有合法公钥的用户才能解密获得密钥.

5) 缓存机制

为了提高透明加解密处理性能, 本方案对应用访问控制、完整性验证检查以及密钥获取三个过程进行优化处理, 主要策略就是将三个过程的处理结果进行缓存处理. 当再查询时, 直接从缓存区查询判断结果.

缓存机制主要基于应用特征 Hash 函数实现: HashValue=Hash(AppID,FileID), 应用特征作为完整性校验时的匹配项, 缓存以数组和链表的方式存储, 结构如下.

A[N]: 链表首地址数组. 其中, N 为数组长度, 本方案中 N=100;

```
Struct Node{//链表节点结构
Integrity HashValue;//Hash值
Bool        Result;//处理结果
String      Key;//加解密钥
Date        Timestamp;//时间戳
Struct Node * Next;//下一个节点
}
```

运行状态缓存状态示意如图 4-25 所示.

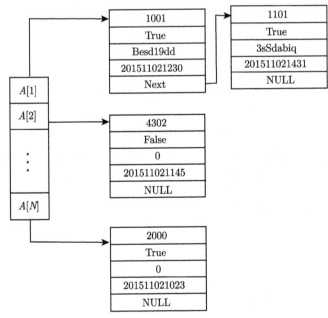

图 4-25 缓存运行状态示意

4.3 可搜索加密在数据管理中的应用

根据图 4-25 的结构, 当读写调用进入安全模块时, 安全模块计算 HashValue = Hash(AppID||FileID); i = HashValue Mod N; 根据 A[i] 定位匹配项, 如果没有对应节点, 则按常规方式处理 (依次执行访问控制检查、应用完整性检查、密钥获取); 否则直接使用命中节点信息, 包括 Result、Key 和 Timestamp; Timestamp 选项用于进行缓存的更新, 删除长期未使用节点, 但每次匹配命中时进行 Timestamp 更新.

6) 关键词密文查询

(1) 可搜索关键词选择.

本方案中, 每个文件对应一组可搜索关键词 (图 4-26), 包括: 文件名、文件扩展名、内容关键词、内容关键词数量、文件大小、文件修改日期.

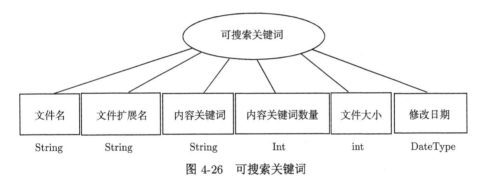

图 4-26 可搜索关键词

(2) 加密机制选择.

本方案中, 每个明文关键词可能使用多种加密机制.

表 4-8 说明加密机制、密文查询及数据类型对应关系. 表 4-9 说明可搜索关键词适用的加密机制.

(3) 查询结构.

查询结构由所有加密关键词和加密的文件元数据构成. 可搜索关键词密文按一定规则进行编码, 文件的元数据 Meta 使用普通加密机制加密, 查询结构如下:

表 4-8 加密机制、密文查询及数据类型对应关系

加密机制类型	加密机制编号	密文查询能力	适用的数据类型	举例
对称加密	SE1	精确匹配	Int,String,DateType	AES
	SE2	模糊匹配	String	模糊匹配文献 [7]
	SE3	查询结果排序	Int,DateType	保序加密文献 [6]
	SE4	查询结果统计	Int	—
公钥加密	PE1	精确匹配	Int, tring,DateType	RSA
	PE2	模糊匹配	String	—
	PE3	查询结果排序	Int,DateType	—
	PE4	查询结果统计	Int	同态加密

表 4-9 可搜索关键词与加密机制映射关系

序号	可搜索数据	数据类型	可使用的加密机制
1	FileName	String	SE1, SE2, PE1, PE2
2	FileExtName	String	SE1, SE2, PE1, PE2
3	ContentKeyWord	String	SE1, SE2, PE1, PE2
4	ContentKeyWordNum	Int	SE3, PE3
5	FileSize	Int	SE1, SE3, PE1, PE3
6	ModifyDate	DateType	SE1, SE3, PE1, PE3

$$I_{Mate} = \left\{ \left\{ (i,j,E_{i,j}), 1 \leqslant i \leqslant n, 1 \leqslant j \leqslant m, \right\}, E_{Meta} \right\},$$

其中, $(i,j,E_{i,j})$ 表示第 i 个可搜索关键词的第 j 个加密密文; E_{Meta} 表示加密后的元数据信息, 该部分内容作为查询结果返回给客户端.

7) 实验结果分析

为了验证方案的有效性, 本节给出了一些典型的验证实验.

实验环境配置如图 4-27.

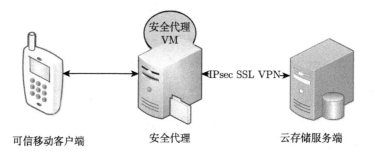

图 4-27 实验环境

智能手机 (模拟可信移动客户端): Android 系统, CPU 1.5Hz 2 核, 内存 1G. 安全代理虚拟机 (模拟安全代理): Linux 系统, CPU 2.0GHz 2 核, 内存 2G. 物理主机 (模拟云存储服务端): Linux 系统, CPU 3.2GHz 4 核, 内存 4G

实验一 客户端数据保护

该实验主要用于检查客户端上移动应用的数据读写访问控制能力, 分别针对三种情况进行测试.

图 4-28 说明, 当合法应用打开受保护的文件时, 提示打开文件过程, 除了有一定的延迟外, 并没有其他异常现象. 当合法应用被篡改后, 将提示权限不足. 可以通过重新安装完整的应用来解决. 对于访问控制列表中的非法应用, 则提示无权限警告. 当文件被篡改或文件加解密错误时, 提示文档不可识别. 针对加解密处理失败问题是本方案需要进一步改进的地方.

4.3 可搜索加密在数据管理中的应用

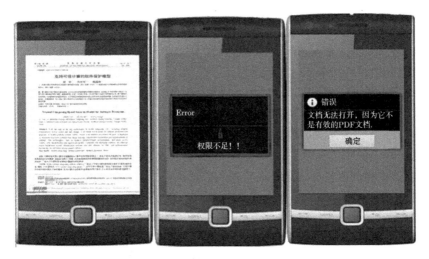

(a) 合法应用且完整　　(b) 合法应用但不完整　　(c) 非法应用

图 4-28　访问控制效果示意

实验二　云存储服务端数据保护

该实验用于验证云端数据的保密性. 测试方法是由云存储服务端管理员 (root 用户) 访问云端存储的关键词索引信息.

图 4-29 为云服务提供者在没有数据所有者授权下进行数据查询. 图 4-30 为对应的明文数据表信息.

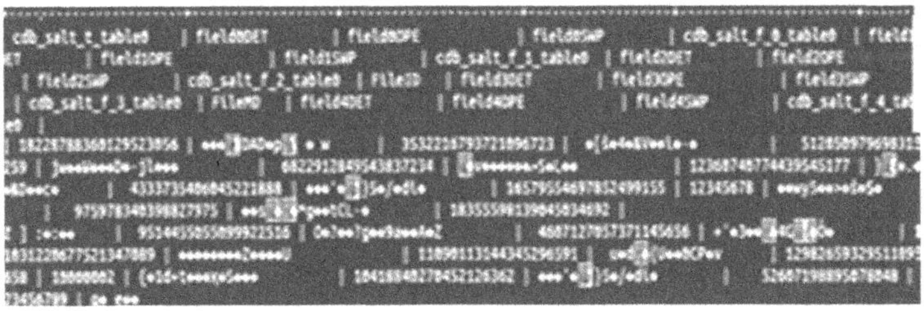

图 4-29　非授权用户访问数据

图 4-30　明文数据信息

尽管云服务提供者可以登录用户数据库,但不能获得表内部任何信息,因为数据是加密的,表明方案能够确保云端数据的机密性.

实验三 客户端 I/O 性能测试

该项测试主要针对引入安全模块及缓存下的磁盘 I/O 读写操作性能变化. 测试采用 iozone 工具进行. 测试针对三种情况进行:a) 无安全模块; b) 有安全模块 (无缓存); c) 有安全模块 (有缓存).

如表 4-10 和表 4-11 所示,安全模块导致 I/O 读写性能分别下降了 60% 和 95% 左右. 主要原因是内核和用户态通信以及数据解密引入的时间消耗. 引入缓存机制后,性能有所提升,读写操作是无缓存时 2 倍左右.

原因分析.

读操作需要进行保护文件识别、访问控制判断、解密三个基本任务. 写操作需要进行保护文件识别、访问控制判断、明文加密三个基本任务.

表 4-10 读操作 I/O 性能对比　　　　　　　　　　(单位:MB/s)

序号	无安全模块	有安全模块 (无缓存)	有安全模块 (有缓存)
1	11.022	4.129	8.114
2	12.333	4.118	7.994
3	10.218	3.845	7.821
4	11.631	3.950	8.933
5	10.214	4.122	8.369

表 4-11 写操作 I/O 性能对比　　　　　　　　　　(单位:MB/s)

序号	无安全模块	有安全模块 (无缓存)	有安全模块 (有缓存)
1	6.814	0.423	1.098
2	7.312	0.321	0.921
3	6.924	0.511	1.128
4	6.772	0.492	0.913
5	7.443	0.633	1.334

读写操作中,访问控制判断操作计算量基本相同,密文解密和明文加密计算量也相当,但读操作中保护文件识别和写操作中的保护文件识别有所不同. 由于安全模块位于 VFS 内部,在读操作时只需要根据文件特征 (文件头) 就可以识别是否为保护文件,但解密后保护文件后只有保护文件负载部分提交给 VFS. 因此,写操作时首先需要根据 VFS 提供的明文数据计算出相应的明文文件特征,然后基于该特征查询相应的保护文件头信息 (读操作时需要记录保护文件头及解密后的明文件特征). 最后将保护文件头信息加密的明文文件一起返回给 VFS 系统. 所以写操作实现上更加费时间.

引入缓存机制后,可以直接根据缓存中的访问控制结果和密钥进行访问控制和数据加解密,根据访问操作的局部特征,在短时间内内核不再需要和用户态模块通信,从而提升 I/O 性能.

实验四　数据查询延迟

该实验主要考察引入代理后的数据查询性能影响. 测试直接在安全代理上进行, 利用安全代理提供查询接口函数, 执行以下三种情况测量: (a) 无安全代理, 明文查询; (b) 有安全代理, 明文查询; (c) 有安全代理, 密文查询.

如图 4-31 所示, 安全代理的引入后, 对于用户执行明文查询而言, 系统所带来的延迟几乎是没有的, 而密文查询延迟明显增大. 原因分析可知, 明文查询时, 安全代理除了一次安全级别判断外, 基本上没有增加更多的操作, 对客户端的请求直接转发给服务器, 并将服务器响应直接转发给客户端; 但对于密文查询, 安全代理在做完安全级别判断之后, 还要对查询语句进行翻译, 将明文查询翻译为密文查询, 最后还要对相应进行解密, 因此, 增加的延迟自然增大, 但仍然属于用户可接受范围.

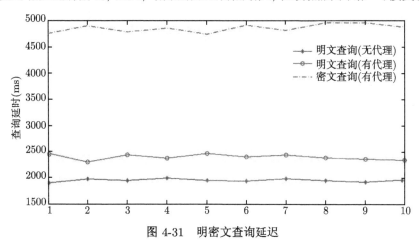

图 4-31　明密文查询延迟

实验五　安全代理性能调整

本测试主要验证安全代理性能可扩展能力. 安全代理部署在虚拟机中, 测试以下两种配置下的代理性能.

配置 1: CPU 2.0GHz, 2 核, 内存 2G;

配置 2: CPU 2.0GHz, 1 核, 内存 256M.

其中, 配置指安全代理虚拟机处理性能配置. 测试结果如下.

图 4-32 为文件上传过程中, 不同大小文件处理延迟结果. 图 4-33 为文件下载过程, 不同大小文件处理延迟. 两组数据都表明随着用户处理数据量的增大, 相应的处理延迟也增大. 由于实验环境在本地网络, 传输延迟几乎可以忽略不计. 主要

时间损耗在上传文件时的索引建立,以及下载文件时的文件解密和二次加密封装.

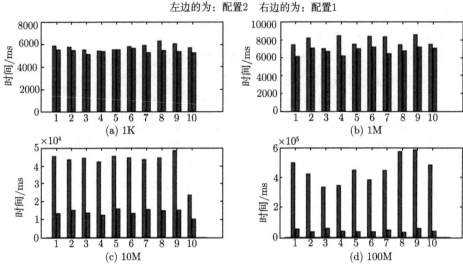

图 4-32　文件上传过程通信耗时

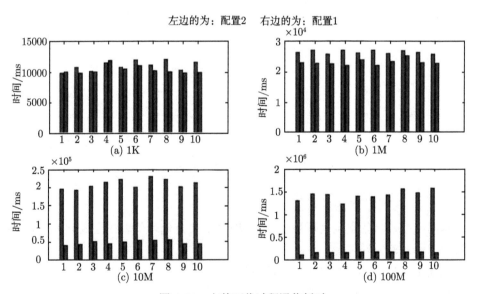

图 4-33　文件下载过程通信耗时

对于不同配置的安全代理,随着处理数据量的增加,相应的性能降低幅度呈现明显差异.这表明,通过修改安全代理的配置的方法可以达到性能调优目的,从而满足云存储用户的使用体验.

4.3.2 基于云的中心化数据检索方案

1. 方案背景

大数据流的业务数据管理问题已经在文献 [32] 中进行了研究, 相应的解决方案已经在文献 [33, 34] 中给出. 为了确保云中数据的机密性, 数据通常是加密的, 但加密的数据存储使得数据使用变得困难[35,36]. 一般来说, 用户可以下载和解密所有加密的数据用以在本地搜索他们感兴趣的数据, 但这需要额外的通信和计算支出. 或者, 服务器使用来自用户的授权密钥解密所有数据并将请求的数据返回给用户, 但是它将损害数据隐私. 可搜索的加密关键词为加密数据检索提供了一个很好的解决方案. 本小节中我们对集中式云存储服务的数据检索与管理进行研究.

凭着丰富的计算和存储能力的优势, 云服务越来越受欢迎. 集中式云存储是最受欢迎的云服务之一. 如图 4-34 所示, 云中的集中式数据存储系统通常由组管理器和许多组成员组成. 这种集中式结构依赖于组管理器来管理系统. 组管理器有权授权给不同的组成员并分配任务. 每个组成员通过接受的授权来执行自己的任务, 例如, 向存储服务器上传数据或从存储服务器下载数据. 我们知道, 云是用来减少本地存储支出的, 而传统的分布式云环境不能为某个数据库实现高效的私有管理. 在基于云的集中式数据存储系统中的一个优点是组管理器可以搜索和访问系统中的所有数据, 而每个组成员只能搜索和访问他自己上传的数据. 这个特征开启了在一些商务场景 (例如公司) 上的重要应用. 如经理给予员工一些权利以减轻他管理所有员工的负担.

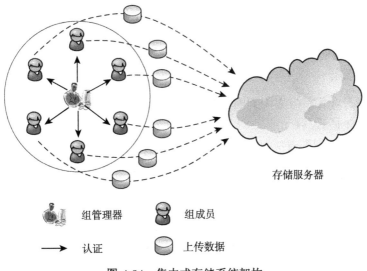

图 4-34 集中式存储系统架构

在集中式数据存储系统中,我们可以考虑一种简单的方法来实现数据检索. 组成员使用传统的 PEKS 方案上传或搜索自己的数据,并将密钥发送给管理器,以便管理器能够搜索所有数据. 使用这种方法,管理者维护密钥的代价较高,并且管理者可以伪造成员上传加密的数据. 但是,以前的基于公钥的数据检索方案在这里并不适用,并且如何在集中式数据存储系统中实现数据检索仍然是一个具有挑战性的问题.

在本小节中,我们提出了具有集中式管理的安全云存储服务,将中心化方法用于可搜索加密中并建立中心化的关键词搜索加密系统 (Centralized Keyword Search on Encrypted Data, CKSE). 我们的系统提供了一个允许管理员在所有加密数据中可以搜索和访问的新颖的多功能机制,而普通授权组用户只保留搜索和访问自己的数据的权利. 它通过允许管理器和授权用户检索加密数据来扩展原始非对称可搜索加密模式. 我们的系统允许服务器检查上传数据的有效性,同时管理器或用户可以验证从云服务器返回的搜索结果的正确性. 我们的系统还具有针对恶意参与者和云服务器的隐私保护属性,并且由于计算和通信的低成本而具有高效性和实用性. 组管理器和组成员的双向检索模式的这种特征不能在加密关键词搜索的其他方案中实现.

作为我们系统中的一个例子,企业资源规划 (ERP)[37] 是一种流行的架构,在政府,企业和组织中有着广泛的应用. ERP 是用于收集、存储和管理各种商务活动数据的业务管理系统. CEO 作为企业管理者,授予不同部门 (制造、销售、库存管理、运输等) 的负责人将业务数据上传到系统服务器的权利. 从这些数据中,CEO(即管理者) 获得所需的信息并管理公司业务. 每个部门主管 (即授权用户) 分析自己部门的业务数据并进行相应的调整. 每个部门主管只能获取和更新自己部门上传的数据.

2. 准备工作

这一部分我们将方案用到的基础知识和一些表示符号向读者作简要的说明.

(1) BDH 假设.

文献 [38] 在配备有配对 $e: G \times G \to G_T$ 的群中, 生成器 $g \in G$ 和 $a, b, c \in \mathbb{Z}_p$. 给定随机双线性 Diffie-Hellman(BDH) 实例 g, g^a, g^b, g^c, 任何 PPT 算法难以计算 $e(g,g)^{abc}$.

(2) DBDH 假设.

文献 [13] 给定随机决策双线性 Diffie-Hellman(DBDH) 实例 $g, g^a, g^b, g^c, Z \in G$, 任何 PPT 算法难以区分 $Z = g^{abc}$ 或 G 中的随机元素.

(3) CDH 假设.

给定随机计算 Diffie-Hellman(CDH) 实例 g, g^a, g^b, 任何 PPT 算法难以计

4.3 可搜索加密在数据管理中的应用

算 g^{ab}.

(4) 基于上面这些基础知识, 我们提出 "集中关键词搜索加密" 的新概念, 其具有三个主要特性.

- 组管理员授权组用户上传加密的数据. 管理员可以搜索和访问所有加密的数据, 但不能利用授权用户伪造有效的密文.
- 授权用户只能搜索和访问自己上传的加密数据, 无权访问其他授权用户上传的加密数据.
- 云服务器可以对用户进行身份验证, 并检查上传密文的完整性, 但无法获取加密数据中的任何私有信息

(5) 集中系统中的密文检索应该满足以下目标.

- 访问权限: 管理员可以访问所有加密的数据, 而每个用户只能访问自己上传的加密数据.
- 身份验证和可验证性: 数据认证应由云服务器操作, 包括上传数据的完整性和数据源的授权. 此外, 返回的搜索结果的正确性应由管理者或用户验证.
- 机密性和隐私性: 密文检索应当保护数据的机密性和关键词隐私免受恶意的局外人和云服务器破坏.
- 效率: 计算和通信的成本要低.

(6) 方案中使用的符号如表 4-12 所示.

表 4-12 符号说明

符号	解释	符号	解释
pp	公开参数	M	消息
MPK,MSK	管理者公私钥	CT	密文
PK,SK	用户公私钥	DCT	数据密文
ID	发送者身份	T	搜索令牌
DK	代理密钥	pf	验证阶段的证据
w	关键词		

3. 方案设计

1) 系统模型

我们所构建的系统中涉及三种类型的参与者: 管理器、用户和云服务器. 如图 4-35 所示, 其各个组成部分的功能如下.

- 管理器作为组管理器来管理整个系统. 他通过分发委托密钥 DK_i 来对系统用户授权, 同时保留在系统中搜索和访问所有加密数据的特权. 管理器不会与不受信任的服务器合谋也不会被攻破.

- 被授权的用户可以上传、搜索和访问自己的加密数据,上传数据的操作不能由包括管理器在内的任何人伪造.
- 服务器提供数据存储和数据索引服务. 服务器不是完全被信任的,它试图从加密数据中获得敏感信息,并且可能执行不正确的搜索.

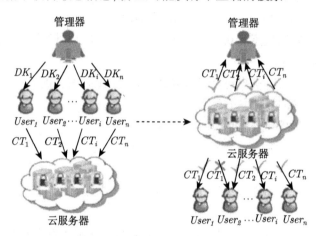

图 4-35 集中式密文检索系统

系统进行过程如下. 我们假设在集中式密文检索系统中有一个管理器和一组用户 $User_1, User_2, \cdots, User_n$. 管理器用授权密钥 DK_i 向用户 $User_i$ 授权. 具有 DK_i 的授权用户被允许将密文 CT_i 上传到云服务器. 在接收密文时,服务器检查密文是否来自授权用户. 管理器或任何授权用户基于所选择的关键词产生搜索令牌并将该令牌提交到服务器. 服务器可以通过测试密文中的关键词是否与令牌中的关键词匹配来执行搜索操作. 如果匹配成功,服务器返回相应的加密数据. 作为集中式系统的一个特色,管理器可以检索所有加密数据 $(CT_1, CT_2, \cdots, CT_n)$,而每个授权用户 $User_i$ 仅允许检索他自己的 CT_i 但不能检索他人. 由于云服务器的不可靠性,用户或管理器需要验证云服务器是否忠实地进行搜索操作. 如果验证通过,则搜索结果是正确的,并且用户或管理者可以解密以获得数据.

2) 算法定义

定义 4.3.1 CKSE 方案由以下九种算法组成.

(1) $Setup(\lambda) \to pp$ 以安全参数 λ 作为输入,它输出公共参数 pp.

(2) $KeyGen(pp) \to MPK/MSK, PK/SK$ 以 pp 作为输入,它输出管理者的公/私钥对 MPK/MSK 和用户的公/私钥对 PK/SK. 该算法分别由管理者和用户运行.

(3) $Delegate(ID, MSK, pp \to DK)$ 以用户身份 ID,管理者的私钥 MSK 和公共参数 pp 作为输入,它输出授权密钥 DK. 此算法由管理器运行.

(4) $BuildIndex(M, ID, w, DK, SK, MPK \rightarrow CT)$ 以消息 M, 用户身份 ID, 关键词 w, 授权密钥 DK, 用户的秘密密钥 SK 和管理者的公钥 MPK 作为输入, 它输出密文 CT. 该算法由用户运行.

(5) $Check(CT, ID, MPK, PK \rightarrow \{0,1\})$ 以密文 CT, 用户身份 ID, 管理者公钥 MPK 和用户公钥 PK 作为输入, 如果密文是从具有身份 ID 的授权用户集成并真实地输出的, 则输出 1. 此算法由服务器运行.

(6) $TokenGen(w', MSK, DK \rightarrow T)$ 以关键词 w' 和管理器的私钥 MSK 为输入, 输出管理器的搜索令牌 T. 它由管理器运行. 以关键词 w' 和授权密钥 DK 作为输入, 输出用户的搜索令牌 T. 它由用户运行.

(7) $SearchIndex(T, CT \rightarrow DCT, pf)$ 以令牌 T 和密文 CT 作为输入, 当且仅当 $w = w'$ 时, 其输出数据密文和证明 (DCT, pf). 此算法由服务器运行.

(8) $Verify(w'', MSK, DK, pf \rightarrow \{0,1\})$ 以关键词 w'', 管理者的私钥 MSK 和证明 pf 为输入, 如果 w'' 与证明 pf 匹配则输出 1. 它由管理器运行. 以关键词 w'', 授权密钥 DK 和证明 pf 作为输入, 如果 w'' 与证明 pf 匹配则输出 1. 它由用户运行. 这意味着服务器忠实地执行搜索操作并返回所需的结果.

(9) $Decrypt(MSK, DK, ID, DCT \rightarrow M)$ 以管理者私钥 MSK, 身份 ID 和数据密文 DCT 作为输入, 它输出消息 M. 它由管理器运行. 以委托密钥 DK, 身份 ID 和数据密文 DCT 作为输入, 它输出消息 M. 它由用户运行.

定义 4.3.2 当所有的实体都跟随上述算法步骤进行时, 对于给定的关键词 w, 用户身份 ID 和消息 m, 如果可以成功地进行验证, 搜索和解密, 则称一个 CKSE 方案是正确的.

3) 安全模型

安全模型是从对选择明文攻击 (SS-CPA) 的语义安全性, 选择关键词攻击的语义安全 (SS-CKA), 关键词猜测攻击 (IND-KGA) 的不可区分性和存在不可伪造性出发建立的. SS-CPA 意即在没有相应的秘密密钥的情况下密文消息是不可区分的. SS-CKA 表示在没有对应的陷门的情况下密文关键词是不可区分的. IND-KGA 意味着来自陷门的关键词是不可区分的. EUF 意味着对手 (恶意用户或管理者) 不能伪造由授权用户生成的有效密文. 安全游戏在挑战者 C 和敌手 A 之间如下进行.

Game 1(SS-CPA) 这个游戏定义了 SS-CPA, 其中允许敌手进行一些查询, 但是不能区分消息 M_0 的密文与 M_1 的密文.

- **Setup** C 运行 Setup 算法, 并将系统参数和公钥发送到 A.
- **Phase 1** A 执行对于身份 ID_i 的多项式有界数目的委托密钥查询. C 运行授权算法生成对应于 ID_i 的委托密钥 DK, 并将委托密钥 DK 发送给 A, 可以自适应地进行这些查询.

- **Challenge** 一旦 A 决定结束 Phase 1, 他输出两个相等长度的明文 M_0, M_1 和其希望被挑战的身份 ID^*. A 并没有预先在阶段 1 中查询 ID^* 的授权密钥. C 随机选择位 $b \in \{0,1\}$, 并将挑战密文 CT_b^* 返回给 A.
- **Phase 2** A 继续发出 $ID_i \neq ID^*$ 的委托密钥查询. C 在阶段 1 中进行响应.
- **Guess** A 输出猜测 $b' \in \{0,1\}$, 如果 $b' = b$, 则赢得游戏.

Game 2(SS-CKA) 该游戏定义 SS-CKA, 其中敌手可以在有一些限制的情况下请求查询, 但是不能区分关键词 w_0 的密文与 w_1 的密文.

- **Setup** C 将相应的公共参数发送给 A.
- **Phase 1** A 执行多项式有界数目的授权密钥查询和令牌查询, 可以自适应地进行这些查询.
- **Delegated Key Query** 参照 Game 1.
- **Token Query** A 请求 ID_i 和 w 的令牌查询, C 通过运行 TokenGen 算法将 ID_i, w 的令牌 T, T' 返回给 A.
- **Challenge** A 生成他想要挑战的两个相等长度的关键词 w_0, w_1 和 ID^*. A 之前没有询问 ID^* 的授权密钥查询, ID^* 的令牌查询或者 $w = w_0, w_1, ID_i = ID^*$ 的令牌查询. C 选择随机位 $b \in \{0,1\}$, 并发送挑战密文 $CT_{w_b}^*$ 给 A.
- **Phase 2** A 继续发出 $ID_i \neq ID^*$ 的委托密钥查询, 以及 $ID_i \neq ID^*$ 的令牌查询或当 $ID_i = ID^*$ 时 $w \neq w_0, w_1$ 的令牌查询. C 像阶段 1 一样进行回应.
- **Guess** A 输出一个比特 $b' \in \{0,1\}$, 如果 $b' = b$, 则获胜.

Game 3(IND-KGA) 这个游戏定义了 IND-KGA, 其中敌手 (除了服务器之外的外部攻击者) 可以进行一些有限制的查询, 但不能区分关键词 w_0 和 w_1 的令牌.

- **Setup** C 将相应的公共参数发送给 A.
- **Phase 1** A 执行多项式有限数目的授权密钥查询和密文查询, 可以适应性地询问这些查询.
- **Delegated Key Query** 参照 Game 1.
- **Ciphertext Query** A 发出对于身份 ID_i, 明文 M 和关键词 w 的密文查询. C 运行 BuildIndex 算法并将密文 CT 发送给 A.
- **Challenge** A 生成他想要挑战的两个相等长度的关键词 w_0, w_1 和身份 ID^*. A 之前没有请求 ID^* 的授权密钥查询, ID^* 的密文查询或 $w = w_0, w_1, ID_i = ID^*$ 的密文查询. C 取随机位 $b \in \{0,1\}$, 并将令牌 $T_{w_b}^*$ 返回给 A.
- **Phase 2** A 继续进行 $ID_i \neq ID^*$ 的授权密钥查询, 以及 $ID_i \neq ID^*$ 的密文查询或当 $ID_i = ID^*$ 时 $w \neq w_0, w_1$ 的密文查询. C 像阶段 1 一样进行

4.3 可搜索加密在数据管理中的应用

回应.
- **Guess** A 输出一个比特 $b' \in \{0,1\}$, 如果 $b' = b$, 则获胜.

Game 4(用户的 EUF) 当对手是恶意用户时, 此游戏定义为 EUF. 敌手可以请求查询, 但不能从授权用户产生有效的密文.
- **Setup** C 将相应的公共参数发送给 A.
- **Query** A 执行多项式有限数量的授权密钥查询, 秘密密钥查询和密文查询.
- **Forgery** A 输出 (ID^*, CT^*) 并且如果 CT^* 是 ID^* 的有效密文, 则获胜, 其中 $CT^* = (m^*, W^*)$. A 之前并没有询问 ID^* 的授权密钥, ID^* 的秘密密钥或 (ID^*, m^*) 的密文.

Game 5(管理器的 EUF) 当对手是管理器时, 此游戏定义为 EUF. 敌手能够请求查询, 但不能从授权用户产生有效的密文.
- **Setup** C 将相应的公共参数发送给 A, A 发送其身份、授权密钥和主公钥到 C.
- **Query** A 执行多项式有界数量的密文查询.
- **Forgery** A 输出 (ID^*, CT^*), 并且如果 CT^* 是 ID^* 的有效密文, 则获胜, 其中 $CT^* = (m^*, W^*)$. A 先前没有请求 (ID^*, m^*) 的密文查询.

4) 算法设计

在给出具体算法之前, 我们先展示如何在集中存储系统中使用 CKSE 进行数据检索, 给出大体的框架与协议流程, 具体用到的算法介绍紧随其后. 相关的算法如图 4-36 所示.

(1) **初始化** 所有系统参数和每个实体的公共或秘密密钥对都被初始化. 系统运行 Setup 算法生成公共参数 pp; 管理器和每个组用户运行 KeyGen 算法分别生成管理器的公共和私有密钥 MPK 和 MSK 和用户的公共和秘密密钥 PK 和 SK; 所有公共信息对所有实体都是公开的, 而 MSK 由管理器保存, SK 由每个用户保存.

(2) **授权密钥分发** 组用户在集中式系统中注册. 管理器运行授权算法生成授权密钥 DK. 管理器向每个用户发出 DK.

(3) **数据下载** 授权用户将带有索引的加密数据外包给服务器. 用户运行 BuildIndex 算法生成密文 CT. 用户将 CT 上传到服务器. 服务器运行 Check 算法检查密文整体和数据源授权.

(4) **数据检索** 在该集中式系统中, 管理器或每个授权用户都有权检索存储的数据, 如下所述. 管理器或用户运行 TokenGen 算法以生成搜索令牌 T. 管理器或用户使用 T 发送请求到服务器. 服务器运行 SearchIndex 算法执行搜索操作. 如果搜索成功, 服务器将相应的密文返回给管理者或用户. 管理员或用户运行 Verify 算法以验证服务器是否忠实地执行搜索操作并返回正确的结果. 如果验证通过, 管理员或用户运行 Decrypt 算法以获得消息.

(5) **安全性**　集中式系统的基于 CKSE 的数据检索的安全性降低到基础 CKSE 的安全性. 换句话说, 如果 CKSE 在 (3) 中的安全模型下是安全的, 则所提出的数据检索方案是安全的.

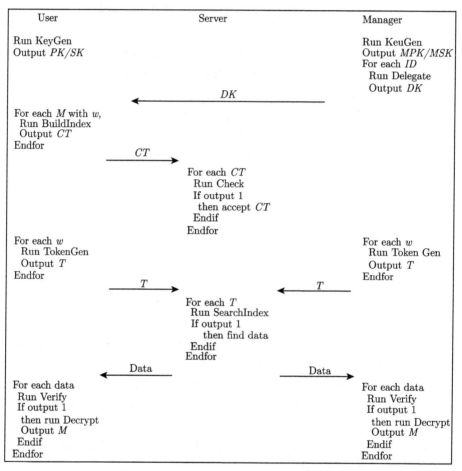

图 4-36　基于 CKSE 的集中数据检索协议

接下来, 我们使用短密文, 借用 IBE 和 PEKS 的属性提出一个可验证的 CKSE 结构. 详细描述如下.

(1) **Setup**　取安全参数 λ 作为输入, 系统选择具有相同素数阶 p 的两个乘法循环群 G 和 G_T, g 是 G 的生成元. 双线性映射 e 被预定义为 $e: G \times G \to G_T$. 此外, 预置散列函数 H, H_0, H_1, H_2 和 H_3, 其中, $H, H_0 : G_T \to \{0,1\}^*$, $H_1 : \{0,1\}^* \to G$, $H_2, H_3 : (\{0,1\}^* \| G \| G \| \{0,1\}^* \to G)$. 公共参数表示为 pp=

4.3 可搜索加密在数据管理中的应用

$(g, p, G, G_T, e, H, H_0, H_1, H_2, H_3)$。

(2) **KeyGen** 以 pp 作为输入,管理器输出私有/公共密钥对 $\{MSK = y, MPK = g^y\}$,并且每个用户具有他自己的秘密密钥和公钥对 $\{SK = z, PK = g^z\}$,其中 y, z 从 $\mathbb{Z}_p^*$ 中随机选取.

(3) **Delegate** 以用户身份 $ID \in \{0,1\}^*$,管理器的私钥 MSK 和公共参数 pp 为输入,管理器从 $\mathbb{Z}_p^*$ 中随机选取 k_1, k_2,计算 $x = H_1(ID)^y$,并通过安全信道发送委托密钥 $DK = (k_1, k_2, x)$ 给用户. 图 4-37 描述了在管理器和用户之间执行的委托密钥分发过程.

(4) **BuildIndex** 以消息 $M \in \{0,1\}^*$,用户身份 ID,关键词 w,委托密钥 DK,用户秘密密钥 SK 和管理者公钥 MPK 作为输入,用户从 $\mathbb{Z}_p^*$ 中随机挑选 r 并计算密文如下:

$$CT = \begin{cases} C = M \oplus H(e(H_1(ID), g^y)^r), \\ U = g^{rk_1}, \\ U' = (g^y)^{rk_2}, \\ V = H_0(e(H_1(w), g^y)^r), \\ W = H_3(m)^{rk_1} H_2(m)^z x, \end{cases}$$

其中 $m = (C, U, U', V)$. 然后,用户将 CT 上传到云服务器.

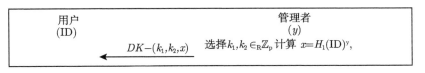

图 4-37 委托密钥发送给用户

(5) **Check** 将密文 CT,用户身份 ID,管理器公钥 MPK 和用户公钥 PK 作为输入,服务器首先检查密文是否真实地来自具有身份 ID 的授权用户:
$e(g, W) \stackrel{?}{=} e(U, H_3(m)) e(g^z, H_2(m)) e(H_1(ID), g^y)$.

如果是,则服务器输出 1,否则输出 0.

(6) **TokenGen** 将关键词 w,管理器的私有密钥 MSK 和授权密钥 DK 作为输入,管理器和每个授权用户可以生成用于搜索的令牌. 管理器产生令牌 $T = H_1(w)^{yk_1^{-1}}$ 并将其传递到服务器. 用户通过类似的方式计算搜索令牌 $T = H_1(w)^{\frac{1}{k_2}}$ 并将其发送到服务器.

(7) **SearchIndex** 以令牌 T 和密文 CT 作为输入,云服务器执行搜索操作. 服务器从管理器接收到令牌后,检查令牌中的关键词是否与密文中的关键词匹配 $H_0(e(T, U)) \stackrel{?}{=} V$. 如果是,则服务器返回相应的数据密文和证明 $(DCT, pf) = (C, U, V)$,否则输出失败. 在接收到来自用户的令牌时,服务器通过 $H_0(e(T, U)) \stackrel{?}{=} V$ 执行关键词搜索. 如果是, 则服务器返回相应的数据密文和证明 $(DCT, pf) = (C, U', V)$, 否则输出故障.

(8) **Verify** 以指定的关键词 w, 管理者的私钥 MSK, 授权密钥 DK 和证明 pf 为输入管理器和用户都需要验证服务器是否忠实地执行搜索操作. 在接收到返回的搜索结果 (DCT, pf) 时, 用户通过 $H_0(e(H_1(w)^{\frac{1}{k_2}}, U)) \stackrel{?}{=} V$ 验证其正确性, 而管理者通过 $H_0(e(H_1(w)^{yk_1^{-1}}, U)) \stackrel{?}{=} V$ 进行验证. 如果验证成功, 输出 1, 否则输出 0 并终止.

(9) **Decrypt** 以管理者的私钥 MSK, 委托密钥 DK, 身份 ID 和数据密文 DCT 作为输入, 用户通过 $M = C \oplus H(e(H_1(ID)^{\frac{1}{k_2}}, U))$ 解密, 而管理器解密 $M = C \oplus H(e(H_1(ID)^{yk_1^{-1}}, U))$ 以获得消息.

图 4-38 给出了用户和云服务器之间的操作过程, 图 4-39 给出了云服务器和管理器之间的工作流程.

5) 方案的正确性验证

如果密文实际来自授权用户, 则可以按如下所示验证授权和完整性的正确性.

$$e(g, W)$$
$$= e(g, H_3(m)^{rk_1} H_2(m)^z x)$$
$$= e(U, H_3(m)) e(g^z, H_2(m)) e(g^y, H_1(ID))$$

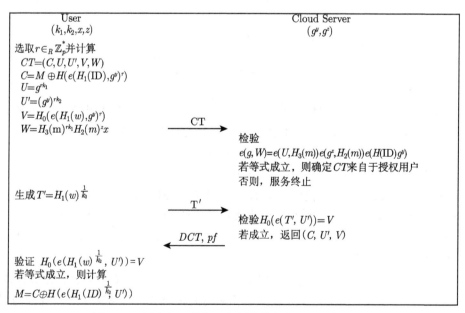

图 4-38　用户和云服务器之间的数据上传、搜索和访问

4.3 可搜索加密在数据管理中的应用

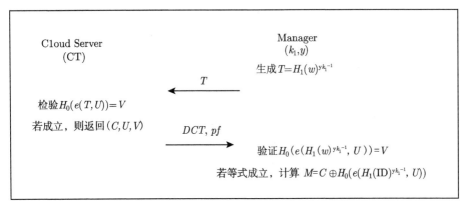

图 4-39 管理器和云服务器之间的数据搜索和访问

如果令牌中的关键词与密文中的关键词匹配,则搜索的正确性可以用

$$H_0(e(T,U)) = H_0(e(H_1(w)^{yk_1^{-1}}, g^{rk_1})) = V$$

和

$$H_0(e(T,U)) = H_0(e(H_1(w)^{k_2^{-1}}, (g^y)^{rk_2})) = V$$

来验证.

然后,可以按照如下所示验证管理者和用户的解密的正确性.

$$C \oplus H\left(e\left(H_1(ID)^{\frac{1}{k_2}}, U'\right)\right)$$
$$=M \oplus H(e(H_2(ID),g^y)^r) \oplus H\left(e\left(H_2(ID)^{\frac{1}{k_2}}, (g^y)^{rk_2}\right)\right)$$
$$=M,$$
$$C \oplus H\left(e\left(H_2(ID)^{yk_1^{-1}}, U\right)\right)$$
$$=M \oplus H(e(H_2(ID),g^y)^r) \oplus H\left(e\left(H_2(ID)^{yk_1^{-1}}, g^{rk_1}\right)\right)$$
$$=M.$$

以上,我们给出了所构造的具有结果可验证的、短密文中心化的关键词搜索加密方案的详细介绍,下面对其进行安全性分析,从而证明我们的方案是安全的且可以抵抗关键词猜测攻击.

6) 安全性分析

这里提出的 CKSE 方案的安全性在 (3) 中定义的安全模型下进行正式分析. 我们证明对 CPA 和 CKA 的语义安全性降低到 BDH 假设的硬度. 针对关键词猜测攻击的语义安全性可以降低到 DBDH 假设的困难性. 证明无效用户和管理器的 EUF-CPA 降低了 CDH 假设的困难性. 验证过程如下.

针对选择明文攻击的语义安全：在我们的 CKSE 方案中，由于授权密钥 DK 仅由授权用户 ID 和管理器保存，所以没有 DK 或主秘密密钥 MSK 的敌手不能通过启动 CPA 来获得消息 M.

定理 4.3.1 如果 BDH 假设成立，我们的方案在 Game 1 中针对 CPA 是语义安全的.

针对选择关键词攻击的语义安全：由于敌手不能为没有授权密钥或主密钥的某些关键词生成有效的陷门，因此他无法通过启动 CKA 来区分密文中的关键词.

定理 4.3.2 如果 BDH 假设成立，我们的方案在 Game 2 中中对 CKA 具有语义安全性.

关键词猜测攻击的语义安全：在我们的 CKSE 方案中，由于 DK=(k_1,k_2,x) 对于授权敌手是未知的，所以他不能生成有效的密文 CT，来猜测陷门 T 中的关键词. 因此，所提出的 CKSE 可以抵抗关键词猜测攻击.

定理 4.3.3 如果 DBDH 假设成立，我们的方案在 Game 3 中对 KGA 是语义安全的.

用户的存在不可伪造性：由于密文是用消息 M，用户身份 ID，关键词 w，授权密钥 DK，用户秘密密钥 SK 和管理者公钥 MPK 生成的，任何恶意用户不能伪造没有 DK 或 SK 的有效密文. 因此，提出的 CKSE 可以为恶意用户实现存在性的不可伪造性.

定理 4.3.4 如果 CDH 假设成立，则我们的方案在 Game 4 中针对 EUF 是安全的.

管理者的现实不可伪造性：由于密文是用消息 M，用户身份 ID，关键词 w，授权密钥 DK，用户秘密密钥 SK 和管理者公钥 MPK 生成的，所以具有主秘密密钥 MSK 的管理者不能伪造没有 SK 的有效密文. 因此，提出的 CKSE 可以为管理者实现不可伪造性.

定理 4.3.5 如果 CDH 假设成立，则我们的方案在 Game 5 中针对 EUF 是安全的.

4. 扩展的 SCF-CKSE 方案

为了降低通信信道部署成本，以及服务器搜索代价，我们还提出了一个扩展方案，该方案移除了搜索者和服务器之间的安全信道并实现了服务器的批量认证. 在我们的基础架构的令牌生成阶段，管理器/用户需要向服务器提交搜索令牌以通过安全信道进行数据搜索，这种部署通常是昂贵的. 为了删除管理器或用户和服务器之间的安全通道，我们借用了无安全通道的 PEKS(SCF-PEKS)[39]的特性来设计以批量认证为特征的 SCF-CKSE 方案. 在该扩展方案中，当接收到多个密文时，只有指定的服务器可以执行搜索操作和检查阶段以常量大小对操作，而不是线性级对操作的代价，从而显著降低计算成本. 详细的描述如下.

(1) **Setup** 以安全参数 λ 作为输入，系统选择具有相同素数阶数 p 和的两个乘法循环群 G 和 G_T, g, h 为 G 的生成元. 双线性映射 e 被预定义为 $e: G \times G \to G_T$. 此外，预置散列函数 H, H_0, H_1, H_3, 其中 $H, H_0: G_T \to \{0,1\}^*$, $H_1: \{0,1\}^* \to G$, 以及 $H_3: (\{0,1\}^* \parallel G \parallel G \parallel \{0,1\}^* \to G)$. 公共参数表示为 $(g, h, G, G_T, e, H, H_0, H_1, H_3)$.

(2) **KeyGen** pp 作为输入，管理者输出私有/公共密钥对 $(MSK = y, MPK = g^y, h^y)$, 每个用户产生他自己的私有和公共密钥对 $(SK = z, PK = g^z)$, 服务器生成他的私钥和公钥 $(SSK = s, SPK = h^s)$.

(3) **Delegate** 以用户身份 $ID \in \{0,1\}^*$, 管理者私钥 MSK 和公共参数 pp 为输入，管理者从 $\mathbb{Z}_p^*$ 中随机选择 k_1, k_2 即 $k_1, k_2 \in \mathbb{Z}_p^*$ 计算 $x = H_1(ID)^y$, 并给用户发送授权密钥 $DK = (k_1, k_2, x)$.

(4) **BuildIndex** 以消息 $M \in \{0,1\}^*$, 用户身份 ID, 关键词 w, 授权密钥 DK, 用户密钥 SK, 管理器公钥 MPK 和服务器公钥 SPK 为输入，用户选择 $r \in_R z_p^*$ 并计算密文. 其中 $m = (C, U, U', V)$. 然后用户将密文 CT 上传到云服务器.

$$CT = \begin{cases} C = M \oplus H(e(H_1(ID), h^y)^r), \\ U = (h^y)^{rk_1}, \\ U' = h^{rk_2}, \\ V = H_0(e(H_1(w), h^s)^r), \\ W = (h^s)^{rH_3(m)+z}x, \\ X = h^r. \end{cases}$$

(5) **TokenGen** 以关键词 w, 管理者的私钥 MSK, 授权密钥 DK 和服务器的公钥 SPK 为输入，管理器和每个授权用户可以生成搜索令牌. 管理器选择 $r' \in_R \mathbb{Z}_p^*$, 产生令牌 $T = \left(T_1 = H_1(w)^{\frac{1}{yk_1}h^{r'}}, T_2 = (h^s)^{r'}\right)$ 并将 T 传送给服务器. 同样，用户选择 $r'' \in_R z_p^*$, 并且计算令牌 $T' = \left(T_1 = H_1(w)^{\frac{1}{k_2}h^{r'}}, T_2 = (h^s)^{r'}\right)$, 并通过公共通道将 T' 发送到服务器.

(6) **Check** 将密文 CT, 用户身份 ID, 管理员的公钥 MPK, 用户的公钥 PK 和服务器的公钥 \ 私钥对 (SPK, SSK) 作为输入，服务器检查上传的密文是否确实来自身份 ID 的授权用户通过检查

$$e(g, W) \stackrel{?}{=} e(X^{H_3(m)}, g^s)e(g^z, h^s)e(H_1(ID), g^y).$$

如果上述等式不成立，则输出失败，否则，服务器继续执行搜索操作. 当分别从不同用户 $ID_i, i = 1, \cdots, n$, 接收到 n 个密文 CT_i 时，服务器能够实现批量认证而不增

加对操作运算数.

$$e\left(g,\prod_{i=1}^{n}W_i\right)\stackrel{?}{=}e\left(\prod_{i=1}^{n}X_1^{H_3(m_i)},g^s\right)e\left(\prod_{i=1}^{n}g^{z_i},h^s\right)e\left(\prod_{i=1}^{n}H_1(ID_i),g^y\right).$$

(7) **SearchIndex** 将令牌 T、密文 CT 和服务器的秘密密钥 SSK 作为输入, 服务器执行搜索操作. 在从管理器接收到陷门时, 服务器检查令牌中的关键词是否与密文中的关键词匹配 $T = T_1^S/T_2$, $H_0(e(T,U)) \stackrel{?}{=} V$. 如果是, 则服务器返回相应的数据密文和证明 $(DCT, pf) = (C, U, X)$, 否则输出失败. 当接收到用户生成的陷门时, 服务器通过计算 $T' = T_1'^S/T_2', H_0(e(T',U')) \stackrel{?}{=} V$ 执行关键词搜索操作. 如果是, 服务器返回包含相同关键词的密文和证明 $(DCT, pf) = (C, U', X)$, 否则输出失败.

(8) **Verify** 将授权密钥 DK 和证明 pf 作为输入, 管理器和用户都需要验证服务器是否忠实地执行搜索操作. 在接收到返回的搜索结果时, 用户通过检查 $X^{k_2} = U'$ 来验证它, 而管理器通过检查 $X^{Yk_1} = U$ 来进行验证. 如果验证成功, 则输出 1 并继续, 否则输出 0 并终止.

(9) **Decrypt** 以管理器的私钥 MSK, 授权密钥 DK, 身份 ID 和数据密文 DCT 作为输入, 管理器通过 $M = C \oplus H(e(H_1(ID)^{yk_2^{-1}}, U'))$ 解密, 用户则通过 $M = C \oplus H(e(H_1(ID)^{k_1^{-1}}, U))$ 对其进行解密.

5. 实验评估

为了证明我们方案的有效性与可用性, 我们从不同的角度评估我们的基本 CKSE 构造和扩展 SCF-CKSE 的性能.

表 4-13 比较了其他相关方案的功能. 我们从搜索实体、数据机密性、数据认证、搜索结果验证和是否需要安全通道的这五方面分析它们. PKEDS[40]和改进的 PKEDS[41]都满足加密数据的每个部分是可搜索和可解密的, 但它们在认证和搜索结果验证中是无力的. APKS[42]能保护云的搜索结果的隐私性, 但未能考虑数据

表 4-13 方案对比分析

方案	搜索实体	机密性	认证	批量认证	结果可验证	无安全信道
PEKS[13]	SU	×	×	×	×	×
PKEDS[40]	DU	√	×	×	×	×
RPKEDS[41]	DU	√	×	×	×	×
APKS[42]	DU	×	×	×	√	×
CKSE	M & DU	√	√	×	√	×
SCF-CKSE	M & DU	√	√	√	√	√

SU: 特定用户, DU: 委派用户, M: 管理器, SCF: 无安全通道.

4.3 可搜索加密在数据管理中的应用

的机密性和身份验证. 我们提出的 CKSE 和 SCF-CKSE 能够克服上述弱点, 比较结果表明我们的方案提供了更多的功能.

从表 4-13 中的比较, 我们发现以前没有基于非对称的可搜索加密方案可以实现与用于集中式系统的数据检索的 CKSE 和 SCF-CKSE 相同的功能, 难以基于相同级别的功能进行有效对比. 因此以下复杂度分析和仿真实验只针对我们的 CKSE 和 SCF-CKSE.

我们首先分析 CKSE 和 SCF-CKSE 在交互相关阶段的通信复杂性, 包括 Delegate、BuildIndex、TokenGen 和 SearchIndex. 我们将群 G 中的元素大小表示为 $|G|$, 将 $\mathbb{Z}_p^*$ 中的元素大小表示为 $|\mathbb{Z}_p^*|$ 和 $\{0,1\}^*$ 中的字符串大小分别为 $|str|$. 我们还分析了 CKSE 和 SCF-CKSE 在不同阶段的计算复杂性. 我们将计算对操作的时间表示为 Pair, 将计算指数运算的时间表示为 Exp, 将群中的乘法计算为 Mul 的时间. 我们将分析结果在表 4-14 和表 4-15 中显示.

我们在数据上传阶段测量用户和云服务器之间的带宽. 我们的目标是表明在集中式密文检索模型的情况下, 我们的 CKSE 和 SCF-CKSE 仍然维持带宽开销. 在这里, 我们假设每个组用户只上传一个密文.

表 4-14 通信复杂度

Phase	Delegate	BuildIndex	TokenGen	SearchIndex
CKSE	$2|\mathbb{Z}_P^*|+|\mathbb{C}|$	$2|str|+3|\mathbb{C}|$	$1|\mathbb{C}|$	$2|str|+|\mathbb{C}|$
SCF-CKSE	$2|\mathbb{Z}_P^*|+|\mathbb{C}|$	$2|str|+4|\mathbb{C}|$	$2|\mathbb{C}|$	$1|str|+2|\mathbb{C}|$

表 4-15 计算复杂度

Phase	Delegate	BuildIndex	Check	TokenGen	SearchIndex	Verify	Decrypt
CKSE	1Exp	2Pair+6Exp+2Mul	4Pair	1Exp	1Pair	1Exp+1Pair	1Exp+1Pair
SCF-CKSE	1Exp	2Pair+6Exp+1Mul	4Pair	3Exp+1Mul	1Pair	1Exp	1Exp+1Pair

图 4-40 显示了不同解决方案的在数据上传中用户数量与带宽关系. 随着用户数量的增加, CKSE 和 SCF-CKSE 成本比平凡解决方案的带宽开销要小. 由于安全信道自由和批量认证的特性, SCF-CKSE 的成本略高于 CKSE.

对于在数据搜索阶段中用户或管理器和服务器之间的通信成本, CKSE 和 SCF-CKSE 在仅使用一个群元素和两个群元素的非对称背景中, 具有最小化的通信成本. 图 4-41 显示了用户数量的实验结果. CKSE 和 SCF-CKES 可以实现更多的功能, 同时保持与原始方案[13,17]相同级别的搜索带宽.

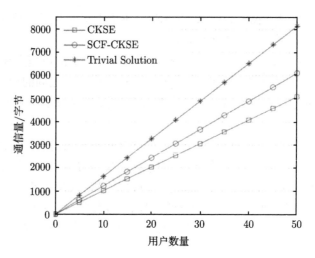

图 4-40　数据上传带宽与用户数

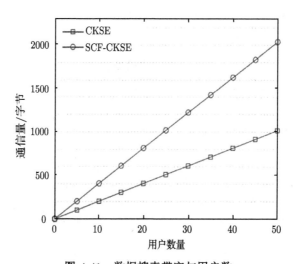

图 4-41　数据搜索带宽与用户数

我们使用具有 3GB 的 Inter(R)Core (TM)2 Duo T6600 2.20GHz 上的 OpenSSL 测试我们的基本方案 CKSE 的不同阶段的计算时间，其中操作系统是 Windows 7，程序语言是 C. 为了简化整个过程，我们的模拟首先研究每个阶段的管理器，用户和服务器，虽然我们的系统可以包括一组用户. 当多个用户加入时，管理器将逐个向用户分发授权密钥，并且服务器分别向用户返回相应的搜索结果. 每个授权用户只需通过运行 TokenGen、Verify 和 Decrypt 算法即可获取数据. 我们测试一个管理器、一个用户和一个服务器的不同阶段的计算成本，其中考虑一个消息和一个关键词. 我们在表 4-16 中显示了计算成本结果.

表 4-16　不同阶段的计算时间　　　　　　　（单位: ms）

Phase	Delegate	BuildIndex	Check	TokenGen	SearchIndex	Verify	Decrypt
CKSE	1Exp	2Pair+6Exp+2Mul	4Pair	1Exp	1Pair	1Exp+1Pair	1Exp+Pair
SCF-CKSE	1Exp	2Pair+6Exp+1Mul	4Pair	3Exp+1Mul	1Pair	1Exp	1Exp+1Pair

注: Pair 表示对操作时间, Exp 表示指数运算时间, Mul 表示乘法运算时间.

图 4-42 展示出了云服务器在检查阶段中进行认证的计算成本. 我们模拟认证过程在密文数量上的计算成本, 其中具有星形的曲线表示 CKSE 方案的计算成本, 而具有菱形的曲线表示 SCF-CKSE 方案的计算成本. 观察到我们的扩展方案的计算成本保持不变, 与接收到的密文的数量无关. 当服务器接收更多的密文时, 更多的优点就凸显出来. 显然, 从认证效率的角度来看, 扩展方案是较优的.

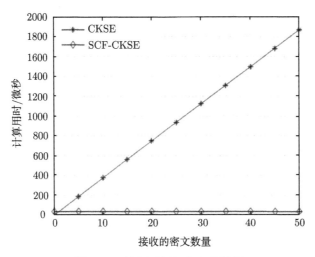

图 4-42　认证时间与密文的数量

参 考 文 献

[1] Cao N, Yu S, Yang Z, et al. Lt codes-based secure and reliable cloud storage service//INFOCOM, 2012 Proceedings IEEE. IEEE, 2012: 693-701.

[2] Mayer-Schönberger V, Cukier K. Big Data: A Revolution that Will Transform How We Live, Work, and Think. Boston: Houghton Mifflin Harcourt, 2013.

[3] Goldreich O, Ostrovsky R. Software protection and simulation on oblivious RAMs.

Journal of the ACM, 1996, 43(3): 431-473.
[4] Song D X, Wagner D, Perrig A. Practical techniques for searches on encrypted data//Proceedings of the IEEE Symposium on Security and Privacy(s&p 2000): IEEE, 2000: 44-55.
[5] Curtmola R, Garay J, Kamara S, et al. Searchable symmetric encryption: improved definitions and efficient constructions. Journal of Computer Security, 2011, 19(5): 895-934.
[6] Wang C, Cao N, Li J, et al. Secure ranked keyword search over encrypted cloud data[C]//Distributed Computing Systems (ICDCS), 2010 IEEE 30th International Conference on. IEEE, 2010: 253-262.
[7] Li J, Wang Q, Wang C, et al. Fuzzy keyword search over encrypted data in cloud computing[C]//INFOCOM, 2010 Proceedings IEEE. IEEE, 2010: 1-5.
[8] Cao N, Wang C, Li M, et al. Privacy-preserving multi-keyword ranked search over encrypted cloud data. Parallel and Distributed Systems, IEEE Transactions on, 2014, 25(1): 222-233.
[9] Wong W K, Cheung D W, Kao B, et al. Secure knn computation on encrypted databases[C]//Proceedings of the 2009 ACM SIGMOD International Conference on Management of data. ACM, 2009: 139-152.
[10] Golle P, Staddon J, Waters B. Secure conjunctive keyword search over encrypted data[C]//International Conference on Applied Cryptography and Network Security. Springer Berlin Heidelberg, 2004: 31-45.
[11] Wang B, Yu S, Lou W, et al. Privacy-preserving multi-keyword fuzzy search over encrypted data in the cloud[C]//INFOCOM, 2014 Proceedings IEEE. IEEE, 2014: 2112-2120.
[12] Xia Z, Wang X, Sun X, et al. A secure and dynamic multi-keyword ranked search scheme over encrypted cloud data. IEEE Transactions on Parallel and Distributed Systems, 2016, 27(2): 340-352.
[13] Boneh D, Di Crescenzo G, Ostrovsky R, et al. Public key encryption with keyword search[C]//International Conference on the Theory and Applications of Cryptographic Techniques. Berlin: Springer Berlin Heidelberg, 2004: 506-522.
[14] Katz J, Sahai A, Waters B. Predicate encryption supporting disjunctions, polynomial equations, and inner products[C]//Annual International Conference on the Theory and Applications of Cryptographic Techniques. Berlin: Springer Berlin Heidelberg, 2008: 146-162.
[15] Yau W, Heng S, Goi B. Offline keyword guessing attacks on recent public key encryption with keyword search schemes. In Autonomic and Trusted Computing, 5th International Conference, ATC 2008, volume 5060 of Lecture Notes in Computer Science, 2008: 100-105.

[16] Baek J, Safavi-Naini R, Susilo W. Public key encryption with keyword search revisited. In Computational Science and Its Applications - ICCSA 2008, volume 5072 of Lecture Notes in Computer Science, 2008: 1249-1259.

[17] Rhee H S, Park J H, Susilo W, et al. Improved searchable public key encryption with designated tester. In Proceedings of the 2009 ACM Symposium on Information, Computer and Communications Security, ASIACCS 2009, 2009: 376-379.

[18] Fang L, Susilo W, Ge C, et al. Public key encryption with keyword search secure against keyword guessing attacks without random oracle. Inf. Sci., 2013, 238: 221-241.

[19] Kerschbaum F. Secure conjunctive keyword searches for unstructured text. 5th International Conference on Network and System Security (NSS), 2011: 285-289.

[20] Baek J, Safiavi-Naini R, Susilo W. Public key encryption with keyword search revisited. Proceedings of the International Conference on Computational Science and Its Applications, 2008: 1249-1259.

[21] Jiang P, Mu Y, Guo Fc, et al. Private Keyword-Search for database Systems against Insider Attacks. Journal of comouter science and technology, 2017, 32(3): 599-617.

[22] Waters B R, Balfanz D, Durfee G, et al. Building an encrypted and searchable audit log. In The 11th Annual Network and Distributed System Security Symposium (NDSS), 2004.

[23] Gu C X, Zhu Y F, Zhang Y J. Efficient public key encryption with keyword search schemes based on pairings. IACR Cryptology ePrint Archive, 2006: 108.

[24] Jin W B, Dong H L, Lim J. Efficient conjunctive keyword search on encrypted data storage system. Proceedings of the 3rd European PKI Workshop (EuroPKI), 2006: 184-196.

[25] Yong H H, Lee P J. Public key encryption with conjunctive keyword search and its extension to a multi-user system. Pairing, 2007: 2-22.

[26] Dong J P, Kim K, Lee P J. Public key encryption with conjunctive field keyword search. Proceedings of the 5th International Workshop on Information Security Applications (WISA), 2004: 73-86

[27] Golle P, Staddon J, Waters B R. Secure conjunctive keyword search over encrypted data, Proc. Applied Cryptography and Network Security Conference (ACNS), 2004: 31-45.

[28] TCG MPWG.TCG Mobile Reference Architecture v1.0. https://www.trustedcomputinggroup.org/specs/mobilephone/tcg-mobile-reference-architecture-1.0.pdf, 2017-12-15.

[29] Seiger R, Stephan G, Schill A,et al. SecCSIE: A Secure Cloud Storage Integrator for Enterprises//Proceedings of IEEE Conference on Commerce and Enterprise Computing(CEC'11), Washington, D.C: IEEE Computer Society, 2011: 252-255.

[30] Bugiel S, Nürnberger S, Sadeghi A R, et al. Twin Clouds: Secure Cloud Computing with Low Latency//Proceedings of 12th IFIP TC6/TC11 International Conference on Com-

munications and Multimedia Security(CMS 2011), Washington, D.C: IEEE Computer Society, 2011: 32-44.

[31] Dhandapani G, Sundaresan A. Netlink Sockets-Overview. http://qos.ittc.ku.edu/netlink/netlink. pdf 2017-12.

[32] Baccarelli E, Cordeschi N, Mei A, et al. Energy-efficient dynamic traffic offloading and reconfiguration of networked data centers for big data stream mobile computing: review, challenges, and a case study. IEEE Network, 2016, 30(2): 54-61.

[33] Stefanovic C, Crnojevic V S, Vukobratovic D, et al. Contaminated areas monitoring via distributed rateless coding with constrained data gathering. Proceedings of the 6th International Wire- less Communications and Mobile Computing Confer- ence, IWCMC 2010, Caen, France, 2010: 671-675.

[34] Stefanovic C, Vukobratovic D, Chiti F, et al. Urban infrastructure-to- vehicle traffic data dissemination using UEP rateless codes. IEEE Journal on Selected Areas in Communications, 2011, 29(1): 94-102.

[35] Li J, Li J, Liu Z, et al. Enabling efficient and secure data sharing in cloud computing. Concurrency and Computation: Practice and Experience, 2014, 26(5): 1052-1066.

[36] Li J, Li J, Chen X, et al. Privacy-preserving data utilization in hybrid clouds. Future Generation Comp. Syst., 2014, 30: 98-106.

[37] Enterprise resource planning. https: //www.oracle.com/ cloud/saas.html? sckw=srch: Software_as_a_Service& SC=srch: Software_as_a_Service&mkwid=sheWecJ4v |pcrid| 50106807535|pkw|software_as a service|pmt|e|p dv|c [2016-3-15].

[38] Boneh D, Franklin MK. Identity-based encryption from the weil pairing. Advances in Cryptology— CRYPTO 2001, 21st Annual International Cryptology Conference, Proceedings, Santa Barbara, California, USA, 2001: 213-229.

[39] Fang L, Susilo W, Ge C, et al. Chosen-ciphertext secure anonymous conditional proxy re-encryption with keyword search. Theoretical Computer Science, 2012, 462: 39-58.

[40] Ibraimi L, Nikova S, Hartel PH, et al. Public-key encryption with delegated search. Applied Cryptog- raphy and Network Security—9th International Con- ference, ACNS 2011, Proceedings, Nerja, Spain, 2011: 532-549.

[41] Tang Q, Zhao Y, Chen X, et al. Refine the concept of public key encryption with delegated search. IACR Cryptology ePrint Archive 2012. 2012: 654.

[42] Li M, Yu S, Cao N, et al. Authorized pri- vate keyword search over encrypted data in cloud computing. 2011 International Conference on Distributed Computing Systems, ICDCS 2011, Minneapolis, Minnesota, USA, 2011: 383-392.

第 5 章 远 程 认 证

随着世界信息化水平的不断提高,计算机技术以及信息网络技术的应用也日益普及和深入,主要的应用领域从传统小型业务系统逐渐发展到现代大型的关键业务系统.计算机技术和网络技术的普遍应用给人们的工作、学习和生活带来了极大的方便,因此,在线活动已经与人们的生活息息相关.

身份认证可以保证在不安全的网络环境中对远程登录用户的身份进行鉴别,来确认操作者的身份是否合法,这样的第一道关口对非法的第三方进入系统起到了有效的阻挡作用,防止其对用户的信息进行篡改、模仿合法用户获得不正当的利益或者是对系统进行恶意攻击,以及破坏系统数据的完整性.密码学是信息安全的核心技术,而身份认证技术作为安全系统的第一道防线,有着举足轻重的作用.

5.1 远程认证概述

远程认证主要分为消息认证和实体认证.消息认证主要是用来验证所传输的消息的真实性,即向消息接收方保证这条消息确实是来源于其所宣称的源,而不是任何假冒的第三方;另外就是要验证消息的完整性,即验证消息从所宣称的源到接收方的传输过程中没有被篡改、伪造以及重放.实体认证也就是身份认证,主要就是用来验证实体的身份,保证发起连接的各方实体都是可信的,第三方不能冒充通信中的任何一方.

远程身份认证作为信息网络安全系统的第一道防线,主要是来验证用户的身份,限制非法用户对应用系统中的服务和数据资源的访问.在安全性弱的网络通信环境中,身份认证是参与通信的各方相互验证彼此身份是否真实、合法和唯一的过程,是确认通信各方身份真实性的重要环节.从而确保通信的安全性,防止非法的第三方进入系统获得不正当的利益.

5.1.1 远程认证的背景

在网络技术和电子商务技术快速发展的今天,在线活动与人们的生活息息相关,如我们常用的在线购物、在线支付、在线游戏、远程教育等.人们可以简单地利用手中持有的智能设备(智能手机、PAD、笔记本等)随时随地访问这些远程资源,并获得远程服务器提供的服务.

但是由于网络的开放性、无主管性和不设防性等特点,使得很多敏感信息都直接通过公共信道进行存储和传输,这样就给非法第三方提供了盗取、查看、篡改甚至攻击的可能,同时病毒木马入侵、黑客攻击、网络欺诈等行为也给人们的经济生活带来了巨大的损失和灾难性的后果. 因此,信息安全问题已经受到当今社会的关注,成了热点问题之一.

从信息网络系统上来讲,信息安全一方面要实现信息的秘密传输,使信息具有保密性和完整性等特征,可以抵抗被动攻击,如窃听等;另一方面还要能防止攻击者对系统进行的主动攻击,实现认证性和不可否认性等特征,如要防止篡改(插入、删除、修改、重排等)、伪造以及重放消息内容等攻击. 认证(Authentication)是对抗主动攻击的一个重要技术,它在开放网络中对信息系统的安全性发挥着举足轻重的作用.

简单概括,远程身份认证技术就是用来让一方来验证另一方身份的过程,如实体 A 要建立和 B 之间的安全通信,那么 A 就要利用自己的一些信息来让 B 相信其就是要与它通信的那个真实实体 A.

远程身份认证一般包含两个角色:一方是要出示证明并提出某种请求的实体,称为宣称者或申请者,通常都是自称的. 另一方是验证者,用来检查宣称者所出示的证明或请求的合法性和正确性.

一般的,对身份认证系统的要求如下[1]:

(1) 验证者能够正确识别合法宣称者的概率极大.

(2) 不可传递性:验证者不可能使用宣称者所提供给他的证明或请求信息来伪装宣称者,并成功地欺骗其他的验证者从而得到信任.

(3) 攻击者能够伪装宣称者欺骗验证者并取得成功的概率极小.

(4) 通过重放宣称者和验证者之间通信的信息来进行欺骗和伪装并成功的概率极小.

(5) 计算有效性:实现身份认证技术所需的计算代价要足够小.

(6) 通信有效性:实现身份认证技术所需的通信代价要足够小.

(7) 系统中使用的秘密参数可以被安全存储.

(8) 双向认证:某些系统要求通信双方能够实现身份的相互认证.

(9) 第三方的可信赖性.

(10) 可证明安全性:某些系统要求认证机制能够进行安全性证明.

现存的远程认证类方案,按照基于数学困难问题的密码体制划分,可以分为基于大整数因子分解的 RSA 公钥密码体制,基于有限域乘法群上离散对数问题的 ElGamal 公钥密码体制和基于椭圆曲线上离散对数问题的椭圆曲线公钥密码体制;按照认证方式划分,可以分为基于口令的远程认证,在单一记忆因素的基础上结合其他物理因素,如磁卡、智能卡、个人特征等的双因子远程认证,和引入生物特征作为第三种认证因素的三因素认证. 按照环境划分, 可以分为单服务器远程认证和多服务器远程认证.

5.1.2 远程认证的安全需求

由于网络的开放性, 用户和服务器之间通信的信息都是在不安全信道上传送的, 这样整个系统就会很容易受到攻击者发起的各种攻击. 为了分析身份认证协议的安全性, 一般假设攻击者具有一定的攻击能力: 第一, 攻击者可以窃听或拦截公共信道上所传输的信息, 并对这些信息进行篡改操作; 第二, 攻击者可以通过某种物理方式获取智能卡中所存储的信息. 基于以上假设, 一个安全的身份认证协议应该可以抵抗以下的典型攻击[2].

(1) 重放攻击 (Replay Attack)　攻击者窃听了之前某次会话的消息, 拦截并记录下该消息, 之后在协议执行的过程中, 试图通过重放所记录的消息来模仿合法用户登录服务器, 以达到欺骗的目的. 针对这种攻击, 一般可以在协议中使用时间戳或随机数来保证传输消息的新鲜性.

(2) 拒绝服务攻击 (Denial of Service Attack)　这种攻击主要是以耗尽系统带宽或某种资源为目的来使得服务器无法正常提供服务. 攻击者向服务器发送大量信息, 使得服务器被暂停甚至死机, 无法正常响应合法用户的请求信息.

(3) 口令猜测攻击 (Password Guessing Attack)　口令猜测就是攻击者通过随机的猜测来找到用户正确的口令. 攻击者通过窃取合法用户与服务器通信的有用信息, 并存储在本地, 然后试图利用这些信息穷举口令, 并逐个验证猜测口令的正确性.

(4) 内部攻击 (Insider Attack)　内部攻击就是系统内部的合法参与者 (如用户、服务提供商的服务器内部使用者) 滥用自己的相关信息, 来计算其他合法用户的秘密信息, 然后通过模仿该合法用户登录服务器获得系统资源.

(5) 伪造/模仿攻击 (Forgery/Impersonation Attack)　攻击者试图通过在公共信道上窃听或拦截用户与服务器之间的通信信息, 并冒充合法用户伪造正确的登录请求信息来获得远程系统中的资源. 此外, 攻击者也可以模仿合法的服务器来欺骗合法用户.

(6) 智能卡被盗攻击 (Stolen Smart Card Attack)　智能卡中所存储的信息是保证基于智能卡的身份认证协议安全性的关键因素. 如果用户的智能卡丢失或被盗时, 攻击者可以通过某些方式获得智能卡中所存储的信息, 然后就可以利用这些信息以及在公共网络上拦截的信息来计算用户的其他秘密信息或者是猜测口令, 从而冒充该合法用户登录远程服务器获得服务.

(7) 验证表被盗攻击 (Stolen Verifier Attack)　有的协议在服务器端存有与用户预共享的秘密值, 即验证表. 验证表被盗攻击就是指如果攻击者从服务器端盗窃了所存储的验证表,那么他就有可能在用户登录和认证阶段直接冒充合法用户.

(8) 并行会话攻击 (Parallel Session Attack)　在不知道用户信息的情况下,攻击者并发执行两个或多个协议,然后他可能从某个协议的运行过程中所传输的信息获得其他协议运行所需的应答消息,从而冒充用户来创建有效的登录信息.

(9) 中间人攻击 (Man-in-the-middle Attack, MITM)　攻击者通过拦截正常的网络通信内容,并对信息进行篡改和嗅探,而相互通信的双方却毫不知情.

5.2　远程认证的研究现状

口令身份认证 (Password Identity Authentication) 协议是一个高效安全的身份认证机制,用来对用户身份的合法性进行认证. 也就是说,如果一个用户想要登录远程服务器,那么他必须先向系统进行注册,获得自己的身份标识 (Identity, ID) 和口令 (Password, PW),然后利用获得的 ID 和 PW 去登录远程服务器,服务器随后对登录用户的身份合法性进行验证,以确定是否允许用户接入.

在 1981 年,Lamport[3]最先提出了一个口令身份认证协议,解决了在不安全信道中通信的一些安全问题,同时也实现了用户和服务器之间的双向认证. 这种认证方式一般用于早期的计算机系统和现在的一些对安全性要求不高的简单系统,如计算机的开机密码、Windows 用户登录等. 然而,这种认证方法存在严重的安全问题. 因为基于口令列表的方案是很脆弱的,一旦敌手通过某种手段攻破了服务器系统,他就很容易得到这个列表并对其进行篡改或损坏,那么用户的部分秘密信息将会泄露,同时整个认证系统也将可能是不安全的,容易受到篡改攻击,验证表被盗攻击,口令猜测攻击,重放攻击和拒绝服务攻击等. 此外,存储口令列表也会给系统带来较大的通信开销和存储开销.

为了解决以上所提到的安全问题并改进协议的效率,学者们提出将智能卡与口令相结合来实现远程认证. 2000 年,Hwang 和 Li[4]提出了一个基于 ElGamal 公钥加密[5]的智能卡远程用户认证协议. 在该方案中,服务器端不需要存储用户的口令列表就可以完成身份认证过程.

一些学者对智能卡信息保密性质的研究成果表明,通过差分能量分析攻击可以提取出智能卡中储存的一些秘密信息[6,7]. 这给仅以依赖口令和智能卡来保证安全的远程身份认证协议带来了很大的威胁. 因为口令的低熵值,大部分用户的口令都被用户设置成有意义数字或者便于记忆的数字,用户的口令很容易通过离线或在线口令猜测攻击猜到.

学者们[8]发现将生物特征与口令、智能卡联合起来加入远程认证方案当中可以有效地保护方案的安全性. 生物特征主要包括指纹、面相、虹膜、掌纹、DNA、步态、声音、字迹等. 使用生物特征具有以下优势[9]: ①生物特征密钥不会丢失或被遗忘；②生物特征密钥很难被伪造或分配；③生物特征密钥难以被复制或分享；④生物特征密钥不会像低熵的口令那样被猜出；⑤比起其他的私密信息，生物特征更不容易被破坏.

Lee 等[10]在 2002 年首次将智能卡和生物特征相结合，他们提出了基于指纹和智能卡的身份认证方案. 2004 年, 经过 Lin 和 Lai[11]对 Lee 等[10]的方案分析，发现该方案容易遭受伪装用户攻击，并且用户不能随意设置和更改自己的口令. 随后他们设计了一个改进的应用生物特征的远程用户认证方案. 2013 年, Awasthi 和 Srivastava[12]提出了一个基于生物特征的认证方案. 然而 Mishra 等发现 Awasthi 和 Srivastava 的方案[12]不能抵抗离线口令猜测攻击，而且口令更新也并不高效，他们在此基础上提出了安全性更高的基于生物特征的身份认证方案[13]. Tan[14]在 2014 年分析了 Mishra 等的方案[13]并指出该方案无法抵抗反射攻击，无法实现三因子安全性和用户匿名性. 为此，Tan 提出了一个应用于 TMIS 的三因子用户匿名认证方案.

在 2001 年, Li 等[15]提出了一个基于神经网络的多服务器远程用户身份认证方案，他们的方案没有使用验证列表，并且用户只需要注册一次就能获得多服务器环境中同一服务提供商提供的多种不同服务. Juang[16]在 2004 年提出了一个有效的多服务器口令认证密钥协商方案，该方案是基于 Hash 函数和对称加密算法，不但解决了传统的重复注册问题，而且也降低了协议的计算和通信代价. Tsaur 等[17]也提出了一个多服务器身份认证方案，该方案是基于 RSA 密码体制和 Lagrange 差值多项式的. 在 2008 年, Tsai[18]提出了一个基于随机数和 Hash 的多服务器身份认证方案，由于该方案基于的密码学算法效率较高，适合智能卡有限计算能力的应用场景，所以此方案很适合应用于分布式的网络环境.

5.3 基于 ElGamal 公钥密码体制的远程认证

本节主要讨论基于有限域上离散对数问题的公钥密码体制，其中最著名的是 ElGamal 密码体制，它是由 T.ElGamal 在 1985 年提出的[5]. 该密码体制既可以用来加密，也可以用以数字签名，同时，也是最有代表性的公钥密码体制之一. 由于 ElGamal 密码体制有较好的安全性，且同一明文在不同的时刻会生成不同的密文，因此在实际中得到了广泛的应用[19].

5.3.1 ElGamal 公钥密码

ElGamal 密码体制的公私钥对生成过程如下[19].

(1) 随机选择一个满足安全要求的大素数 p，且要求 $p-1$ 有大素数因子，$g \in \mathbb{Z}_p^*$ ($\mathbb{Z}_p$ 是一个有 p 个元素的有限域，$\mathbb{Z}_p^*$ 是 $\mathbb{Z}_p$ 中的非零元构成的乘法群) 是一个本

原元 (也称生成元);

(2) 选一个随机数 $x(1 < x < p-1)$, 计算 $y \equiv g^x \bmod p$, 则公钥为 (y, g, p), 私钥为 x.

5.3.2 基于 ElGamal 的认证方案

假设系统已经建立了主密钥 $MK \in \{0,1\}^l$, 选取了秘密数 $x \in \mathbb{Z}_p^*$ 和公开参数 pp, 这些参数都是大素数 p 阶的乘法群 $(G, \cdot)$ 上生成的, 其中 g 是生成元. 本认证方案算法包含以下四个阶段.

1. 用户注册阶段

如果 U 是一个合格的参与者, S 通过安全信道给他颁发认证凭证 AC. 智能手机将认证凭证 AC 连同认证因素 ID, PW, BD 一起作为完整的认证信息 AI 存储起来. 这一阶段 (图 5-1) 的细节描述如下.

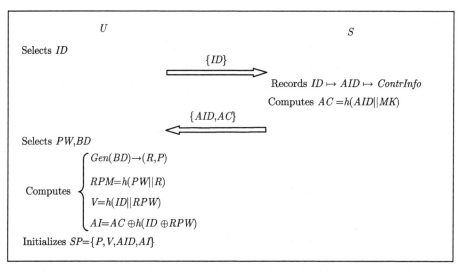

图 5-1 用户注册阶段

(1) $U \Rightarrow S : \{ID\}$. U 将自己选择的身份 ID 和口令 PW 输入注册窗口, 并输入生物特征数据 BD. 之后, U 将自己的注册信息 ID 发送给 S. 注意, 这里不需要用户将自己的口令和生物特征数据发送给服务器, 因此用户的隐私可以得到保护.

(2) $S \Rightarrow U : \{AID, AC\}$. S 验证注册用户的有效性. 如果用户满足注册策略, 那么服务器检查用户列表. 如果 ID 是新用户, 那么服务器为该用户建立新的条目 $ID \to AID \to N \to ControlInfo$, 其中 AID 是服务器为用户产生的唯一随机数标识并表示匿名登录的假名, N 表示用户注册次数, $ControlInfo$ 包含了其他注册阶段系统所需的控制参数. 否则, ID 在用户列表中存在, 意味着 U 已经注销了之前的

特权并且现在需要再次注册成为服务器的合法用户. 那么, 服务器通过修改 NULL 为 AID 升级用户列表中该用户的假名, 其中 NULL 为注销标识号. 最后, 服务器计算并 (利用安全信道) 发送给用户认证凭证 $AID, AC = h(AID\|MK)$.

(3) 最后用户存储 P, V, AID, AI 在智能手机中. 具体如下: 模糊提取器生成 $Gen(BD) \to \{R, P\}$, 注册设备计算 $RPW = h(PW\|R), V = h(ID\|RPW)$. 这里需注意, 智能手机在本阶段需要利用公开参数进行初始化.

2. 认证阶段

当用户 U 想要访问服务器 S, 他需要执行下面的步骤完成认证阶段. 图 5-2 描述了认证的框架结构. 详细的相互认证和密钥协商过程描述如下.

(1) $CSP : M_1 = \{ID, PW, BD'\}$. 用户在计算机登录界面输入 ID', PW' 和 BD', 点击登陆按钮来生成 Login Request (注册请求)$M_1 = \{ID, PW, BD'\}$, 然后 M_1 将通过安全的蓝牙信道发送给 SP.

(2) $SPC : M_2 = \{A, CID, C_1, T_1\}$. 收到 Login Request 后, 智能手机生成 $R' \leftarrow Rep(BD', P)$, 其中 $R' = R$ 当且仅当 BD' 足够接近于 BD. 那么智能手机计算 $RPW = h(PW\|R), V' \stackrel{?}{=} h(ID\|RPW), AC = AI \oplus h(ID \oplus RPW), A = g^a, CID = X^a \oplus ID, C_1 = h(A\|AC\|CID\|T_1)$, 其中 T_1 是目前时间戳, $a \in_R \mathbb{Z}_p^*$ 是由 $PRNG$ 生成的随机数. 特别地如果 $V' \neq V$, 智能手机将会结束该步骤. 这意味着智能手机由于本地验证的失败拒绝了用户的登录请求. 否则, 智能手机确认了他的合法拥有者 (也就是说 $V' = V$ 成立), 并且通过预先建立的蓝牙通信信道发送 $M_2 = \{A, CID, C_1, T_1\}$ 作为 Login Reply 给工作台.

(3) $C \to S : M_3 = \{A, CID, C_1, T_1\}$. 当计算机确认消息和通信信道的有效性之后, 转发消息 M_2 给服务器 S. 这一步骤中 $M_3 = M_2$ 被命名为 Authentication Request.

(4) $S \to C : M_4 = \{B, C_2, T_2\}$. 收到 Authentication Request 后, S 检查时间戳 T_1. 如果 $T_2 - T_1 \geq \Delta T$, 由于超时 S 拒绝访问请求, 其中 T_2 是 S 接收到Authentication Request时的时间戳, ΔT 是网络延时的时间区间. 否则, S 将会继续计算 $ID = A^x \oplus CID$, 并且检查 ID 是否在 UL 中有效. 如果 $ID = ID$ 在 UL 中有效, 那么 S 从它的 UL 中提取 $AI \neq DN$ 并计算 $AC = h(AID\|MK), C_1 = h(A\|AC\|CID\|T_1)$, 然后检查 $C_1 =? C_1$. 如果 $C_1 = C_1, S$ 将成功认证 U. 接下来, S 生成 $B = g^b, C_2 = h(B\|AC\|T_2)$, 其中 $b \in_R \mathbb{Z}_p^*$ 是一次性随机数. 然后, S 发送Authentication Reply $M_4 = \{B, C_2, T_2\}$ 给 U 并建立会话密钥 $SK = H(g^{ab}\|AC)$.

(5) $CSP : M_5 = M_4$. 计算机通过蓝牙信道转发 $M_5 = M_4$ 给智能手机作为 Access Request.

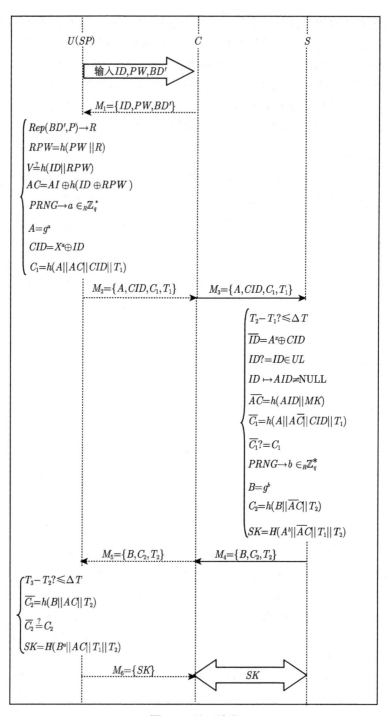

图 5-2 认证阶段

(6) $SPC: M_6 = \{SK\}$. 智能手机验证 $T_3 - T_2 \leqslant \Delta T$ 并计算 $C_2 = h(B||AC||T_2)$. 如果 $C_2 = C_2$ 成立，SP 计算 $SK = H(g^{ab}||AC)$ 并通过蓝牙信道发送给 C 做为 Access Reply.

如果以上步骤成功执行而未出现任何差错，那么 C 和 S 相互认证成功，并且他们可以使用会话密钥 SK 作为接下来私有的信道安全通信.

3. 秘密升级阶段

用户需要执行认证阶段的两个步骤来确认他的合法持有者 $(V' = V)$，并且下一步用来秘密升级.

口令更改 确认智能手机的合法拥有者之后，U 输入新的口令 PW^{new}，智能手机计算 $RPW^{new} = h(PW^{new}||R), V^{new} = h(ID||RPW^{new})$，$AI^{new} = AI \oplus h(ID \oplus RPW) \oplus h(ID \oplus RPW^{new}) = AC \oplus h(ID \oplus RPW^{new})$. 智能手机通过 V^{new}, AI^{new} 替换 V, AI 来结束口令更改阶段.

生物特征替换 确认智能手机的合法拥有者之后，U 输入新的生物特征数据 BD^{new}. 智能手机生成 $(R^{new}, P^{new}) \leftarrow Gen(BD^{new})$ 并计算 $RPW^{new} = h(PW||R^{new}), V^{new} = h(ID||RPW^{new}), AI^{new} = AI \oplus h(ID \oplus RPW) \oplus h(ID \oplus RPW^{new}) = AC \oplus h(ID \oplus RPW^{new})$. 智能手机通过 $P^{new}, V^{new}, AI^{new}$ 替换 P, V, AI 来结束生物特征替换阶段.

智能手机替换 通过离线复制原始数据给新的智能手机而无须与远程服务器交互来实现智能手机的替换，是一种非常简单的方法. 所有存储在旧的智能手机中的参数可以被传输到新的智能手机来实现替换.

密钥升级 如果 S 通过改变主密钥 MK 来升级他的系统，那么用户的认证凭证也需要被相应地升级. 这里，S 可以管理 $ContrInfo$ 来区分升级的用户和原始用户. 这是一个交互式的协议用来升级 $AC^{new} = h(AID||MK^{new})$. 当收到新的认证凭证后，$U$ 通过 $AI^{new} = h(ID \oplus RPW) \oplus AC^{new}$ 替换 AI，并且 S 在用户列表中标记 U 为已升级的用户.

4. 用户注销阶段

如果 U 希望注销之前保留在系统中的特权，那么 S 确认该内容的有效性后，需要在用户列表中可选的 Alias 上标记该用户 $AID=$ NULL. 随后，如果 U 希望重新注册为系统合法用户而不希望改变他的原始 ID，那么 S 可以通过替换 NULL 为 AID^{new} 修改注销用户为合法用户.

5.4 基于椭圆曲线公钥密码体制的远程认证

椭圆曲线在代数学和几何学上已广泛研究了 150 多年，有丰富的理论积累.

1985 年, Miller 和 Koblitz 将椭圆曲线引入密码学, 提出了基于有限域的椭圆曲线点集构成群, 在这个群上定义离散对数系统并构造出基于离散对数的一类公钥密码体制, 即基于椭圆曲线的离散密码体制 (ECC), 其安全性基于椭圆曲线上离散对数问题的难解性. 基于椭圆曲线上的离散对数问题被公认要比大整数分解问题 (RSA 密码体制的基础) 和模 p 离散对数问题 (ElGamal 密码体制的基础) 难解得多. 因此, ECC 仅需要较小的密钥长度就可以提供与 RSA 和 ElGamal 相当的安全性[19].

5.4.1 椭圆曲线公钥密码

基于密码学的椭圆曲线可以分成奇偶两大类, 分别对应 $GF(p)$ 和 $GF(2^m)$ 上的多项式, 它们都是离散的. 基于有限域 $GF(p)$ 上的离散密码体制, 椭圆曲线上所有的点都落在某一个区域内, 组成一个 Abel 群 (也称交换群), 与密钥长度对应, 密钥长度越大, 这个区域越大, 安全层次越高, 但计算速度越慢.

在椭圆曲线构成的 Abel 群上考虑方程 $Q = kP$, 其中 $P \in E_p(a, b)$ 且是该群生成元, Q 为 P 的倍点, 即存在正整数 $k(k < p)$, 由 k 和 P 易求 Q, 但由 P, Q 求 k 困难, 这就是椭圆曲线上离散对数问题, 可用于设计公钥密码体制[19].

5.4.2 基于椭圆曲线公钥密码体制的远程认证方案

1. 注册阶段

当用户想要在认证服务器 S 中注册成为合法用户时, 用户和服务器需要执行以下操作.

(1) 用户 U_i 选择自己的身份标识 ID_i 和口令 pw_i, 然后通过安全信道将消息 $\{ID_i, pw_i\}$ 发送给服务器 S.

(2) 收到消息 $\{ID_i, pw_i\}$ 后, S 计算 $Y_i = (Y_{i,1}, Y_{i,2}) = (ID_i^{r_i x_S} \cdot H(pw_i), ID_i^{r_i})$, 其中是 $r_i \in \mathbb{Z}_p^*$ 一个随机数, $x_S \in G$ 是由服务器生成并且安全保存的主密钥, G 是素数 p 阶群, $H(\cdot) : \{0,1\}^* \to G$ 是全域 Hash 函数. 需要注意的是所有计算操作都是在有限域 $\mathbb{Z}_p$ 中进行.

(3) S 通过安全信道发送 $\{H(\cdot), h(\cdot), p, Y_i\}$ 给 U_i, 其中 $h(\cdot) : \{0,1\}^* \to \{0,1\}^l$ 是单向 Hash 函数.

(4) 收到自己的认证信息之后, U_i 将它存储在自己的设备中.

2. 登录阶段

用户 U_i 执行以下步骤完成登录服务器请求操作.

(1) 选择两个随机数 $a, b \in \mathbb{Z}_p^*$.

(2) 计算 $Y_i = Y_{i,1}/H(pw_i) = ID_i^{r_ix_S}, C_1 = (Y_{i,2})^a = ID_i^{r_ia}, M = H(Y_i \oplus T \oplus ID_i), C_2 = (Y_i)^a \cdot M, C_3 = (Y_{i,2})^b = ID_i^{r_ib}$, 其中 T 是登录设备当前时间戳.

(3) 将登录消息 $C = \{ID_i, Y_{i,2}, C_1, C_2, C_3, T\}$ 发送给 S 用来认证.

3. 认证阶段

在时间 T' 收到用户 U_i 的登录请求后, 认证服务器 S 执行下面操作完成认证阶段.

(1) S 检查用户 ID_i 和时间区间的有效性, 如果 ID_i 是有效的, 并且不等式 $(T' - T) \leqslant \Delta T$ 成立, 那么接受登录请求; 否则, 拒绝.

(2) S 验证等式 $C_2 \cdot ((C_1)^{x_S})^{-1} = H((Y_{i,2})^{x_S} \oplus T \oplus ID_i)$ 是否成立. 如果成立, 那么接受登录请求; 否则, 拒绝.

(3) S 计算 $C_4 = h(C_3^{x_S} \oplus T'')$, 其中 T'' 是服务器当前时间戳. 然后, S 发送双向认证信息 $\{C_4, T''\}$ 给 U_i.

(4) 在时间 T''', 收到 S 的双向认证消息 $\{C_4, T''\}$ 后, U_i 用户检查时间区间 $(T''' - T'') \leqslant \Delta T$ 是否有效. 如果不等式成立, 那么 U_i 计算 $C_4^* = h((Y_i)^b \oplus T'')$ 并且检查等式 $C_4 = C_4^*$ 是否成立. 如果成立, U_i 相信回应的参与者就是 S 并且 U_i 和 S 之间的双向认证完成; 否则, 如果上述不等式不成立或者等式 $C_4 = C_4^*$ 不成立, U_i 结束当前过程, 认证失败.

5.5 基于双因素远程认证

匿名的远程用户认证, 在无线个人通信网络中扮演着重要的角色, 它用来负责保证系统安全和保护个人隐私. 虽然是一种很有潜力的解决方法, 但是很长一段时间以来, 在认证方案中安全和隐私问题, 已经严重挑战用户体验和系统性能.

无线网络和智能设备的蓬勃发展已经使个人通信在世界范围内规模的扩张. 然而, 远程通信需要强的身份认证来确保他的安全性不被攻破. 事实上, 认证作为通信系统的第一道防线起着非常重要的作用. 只有当授权的用户被成功认证并授权后, 才能够使用相应的服务和资源. 因此, 如果认证机制不够安全, 那么非法入侵者可能会攻破认证防线并进入服务器而不被发现. 更重要的是, 服务提供者的数据文件 (例如口令验证表、生物特征数据库和用户角色 —— 特权映射关系表) 容易被恶意的管理员或者其他特权用户泄露. 这些数据文件容易泄露用户的隐私, 这些隐私进一步地可以导致认证协议的安全漏洞.

利用口令来确认用户的身份, 是当前最常用的认证技术. 通常, 每当用户登录系统时, 登录程序都首先要求用户输入用户名, 登录程序利用用户输入的名字去查找一张用户注册表或口令文件. 在该表中, 每个已注册用户都有一个表目, 其中记录有用户名和口令等. 登录程序从中找到匹配的用户名后, 再要求用户输入口令, 如果用户输入的口令也与注册表中用户所设置的口令一致, 系统便认为该用户是合法用户, 于是允许该用户进入系统; 否则将拒绝该用户登录.

口令是由字母或数字或字母和数字混合组成的, 它可由系统产生, 也可由用户自己选定. 系统所产生的口令不便于用户记忆, 而用户自己规定的口令则通常是很容易记忆的字母、数字, 例如生日、住址、电话号码, 以及某人或宠物的名字等. 这种口令虽便于记忆, 但也很容易被攻击者猜中.

在随后的研究中, 智能卡被广泛应用于认证密钥协商协议的设计, 主要有两大原因: 第一, 用户只需要记住简单的口令并保存好智能卡, 比较方便简洁; 第二, 智能卡可以存储由可信服务器分发的复杂密钥或其变形, 减少远程服务器额外的消耗来保存敏感的认证表.

5.5.1 基于口令和智能卡的远程认证

最早由 Lamport 通过使用一张口令表提出远程认证体系实现, 但在群成员动态变化时, 信息量消耗过大故不宜用于动态群通信. 为了在两方密钥协商协议基础上发展群密钥协商协议, 同时保留原来的功能并尽量减少计算量, 提高灵活性仍然是一个难题. 由于口令容易记忆、免费获取并且资源丰富, 口令认证对于普通移动用户来说仍然是最为流行的认证方法, 但是传统的口令认证系统已经被证明了受到安全问题的困扰并被用户所诟病. 在分布式系统中, 存在许多口令的弱点: 验证表的泄露、不经意的暴露 (钓鱼)、离线猜测攻击、跨域重用和记忆上的认知负担. 因此, 单独的口令认证已经无法确保系统安全.

智能卡作为第二认证因素可以保证提高认证协议的安全性, 但是考虑到用户的可用性, 他们的认证习惯需要被改变. 再说, 目前存在的双因素认证方案是为可靠的智能卡设计的, 也就是说智能卡是防破坏的. 然而, 对于智能卡的研究表明该安全性假设是概率性的. 攻击者可以通过监视能量消耗或者分析泄露的信息来提取智能卡中存储的数据, 从而进一步地利用智能卡的这些缺陷攻击认证方案的安全性.

双因素身份认证的实现方式如下. 用户首先在注册中心提交自己的 ID 和 Password 注册成为一个合法的用户. 当用户需要访问网络系统提供的服务时, 在业务终端输入自己的 ID/Password 对, 然后业务终端读入第二认证因素中的数据, 并将所有的数据加密计算后发送到要登录的服务器端; 然后服务器端根据自己拥有的秘密信息对用户进行认证, 并把认证结果返回到客户终端.

5.5.2 基于双因素的远程认证方案

方案一

本方案共包括四个阶段, 分别是注册阶段、登录阶段、认证阶段和口令变更阶段. 在注册阶段开始之前, 远程服务器 S 选择一个椭圆曲线 $E: y^2 \equiv x^3 + ax + b \pmod{p}$ 和一个椭圆曲线上的点 $E_p(a,b)$, 其阶为 n, n 是一个大素数. 接着, S 选择一个基础点 $G = (x_0, y_0)$, 其中, G 满足 $n \cdot G = O$. S 继续选择一个随机数 s 作为其私钥, 并计算出对应的公钥 $p_s = s \cdot G$. 为节省计算成本, 这些操作都是离线进行的.

1. 注册阶段

注册阶段操作步骤如下.

(1) U_i 选择自己的口令 PW_i 和一个随机数 r, 然后将 ID_i 和 $\overline{PW_i} = h(PW_i \| r)$ 通过一个安全信道发送给服务器 S.

(2) 收到 ID_i 和 $\overline{PW_i} = h(PW_i \| r)$ 之后, S 计算 $A_i = h(s \oplus ID_i) \oplus h(\overline{PW_i})$. 然后, S 将 $\{E_p, G, h(\cdot), p_s, A_i\}$ 存入智能卡中, 并经过安全信道将智能卡发送给 U_i.

收到智能卡之后, U_i 将 r 存入. 最终, 智能卡含有参数 $\{E_p, G, h(\cdot), p_s, A_i, r\}$.

2. 登录阶段

登录阶段操作步骤如下.

(1) U_i 将智能卡插入读卡器中, 输入 ID_i 和 PW_i, 智能卡计算 $\overline{PW_i} = h(PW_i \oplus r)$ $B_i = a \cdot G$, $C_i = a \cdot p_s$, $D_i = A_i \oplus h(\overline{PW_i})$, $CID_i = ID_i \oplus h([C_i]_x)$ 和 $E_i = h(ID_i, C_i, D_i)$, 其中, a 是用户选取的秘密随机数, $[C_i]_x$ 是 C_i 的横坐标值.

(2) 智能卡将 $m_1 = \{B_i, CID_i, E_i\}$ 发送给 S.

3. 认证阶段

认证阶段操作步骤如下.

(1) 收到 m_1 之后, S 计算 $C_i' = s \cdot B_i$, $ID_i' = CID_i \oplus h([C_i']_x)$, $D_i' = h(s \oplus ID_i')$ 和 $E_i' = h(ID_i', C_i', D_i')$. 然后, S 比较 E_i' 和 E_i 是否相等. 如果两者相等, 则 S 认证 U_i 为一个合法的用户.

(2) 认证完成后, S 计算 $sk = h(ID_i, C_i, r_s)$ 和 $F_i = h(sk \| r_s)$. 其中, r_s 是 S 选取的随机值. 然后, S 将 $m_2 = \{F_i, r_s\}$ 发送给 U_i.

(3) 收到 m_2 之后, U_i 计算 $sk' = h(ID_i, C_i, r_s)$, 然后检查 $F_i = h(sk' \| r_s)$ 和 F_i 是否相等. 如果两者相等, 则 U_i 认证 S 是一个合法的服务器. 最后, U_i 计算 $G_i = h(ID_i \| sk)$ 并将 $m_3 = \{G_i\}$ 发送给 S.

(4) 收到 m_3 之后, S 计算 $h(ID_i \| sk)$ 并检查其值是否与 G_i 相等. 如果两者相等, 则完成相互认证.

4. 口令变更阶段

当用户觉得现有的口令不安全了, 便可以启用此阶段变更口令, 操作步骤如下.

(1) U_i 输入一个新的口令 PW_{inew}，智能卡计算 $\overline{PW_i} = h(PW_i\|r), D_i = A_i \oplus h(\overline{PW_i}), \overline{PW_{inew}} = h(PW_{inew}\|r)$ 和 $A_{inew} = D_i \oplus \overline{PW_{inew}}$.

(2) 然后，智能卡将 A_i 替换成 A_{inew}，则口令完成更替。

方案二

方案二提出一个新的基于双因素的远程认证方案。安全性和功能分析表明新方案应用于无线漫游环境下会更加安全有效，并且新方案达到用户匿名性和完美前向安全性。

方案包含四个阶段，分别是注册阶段、登录阶段、认证和密钥协商阶段以及管理阶段。在方案开始之前，本地代理 HA 选择一个有限域 F_p，满足：$y^2 \equiv x^3 + ax + b \mod p$，其中 p 是一个 k 比特大素数，$a, b \in F_p$ 并且 $4a^3 + 27b^2 \mod p \neq 0$. 本地代理 HA 在有限域 F_p 上定义了一个椭圆曲线 E. 然后，本地代理 HA 选择基于 $E(F_p)$ 的基点 P，选择一个随机数 N 作为主秘密密钥值，并计算 $Q = N \cdot P$ 为公共密钥值。最后，本地代理 HA 选择一个适当的单向 Hash 函数 $h(\cdot)$，将公共参数 F_p, E, P, Q 和 $h(\cdot)$ 公开，保持 N 秘密，本地代理 HA 和外地代理 FA 间预共享一个对称密钥 sk_{HF}.

1. 注册阶段

当移动用户 MU 想要访问外地代理服务器 FA 时，他需要先在本地代理服务器 HA 注册成为一名合法用户，其注册过程如下。

移动用户 MU 选择他的身份 ID_{MU} 和口令 PW_{MU}，选择一个随机数 r_n，计算 $h(PW_{MU}\|r_n)$. 然后，移动用户 MU 通过安全通道给本地代理 HA 发送注册信息 $\{ID_{MU}, h(PW_{MU}\|r_n)\}$.

接收到移动用户 MU 的注册信息后，本地代理 HA 计算

$$Z = h(ID_{MU}\|N),$$
$$R = Z \oplus h(PW_{MU}\|r_n),$$
$$V = h(Z\|ID_{MU}),$$

并将信息 $\{E_p, E, n, P, Q, ID_{HA}, R, V, h(\cdot)\}$ 储存在智能卡中。本地代理 HA 通过安全通道将智能卡发送给移动用户 MU.

接收到在本地代理 HA 发送的智能卡后，移动用户 MU 将随机数 r_n 存储在智能卡中.

2. 登录阶段

当移动用户 MU 想要访问外地代理服务器 FA 获取相应的资源或服务时，将进行如下登录过程.

5.5 基于双因素远程认证

(1) 移动用户 MU 将智能卡插入读卡器终端中,输入他的身份 ID_{MU} 和口令 PW_{MU};

(2) 智能卡计算

$$Z' = R \oplus h(PW_{MU} \| r_n), \quad V' = h(Z' \| ID_{MU}),$$

比较 V' 与 V 的值. 如果 V' 与 V 不相等, 智能卡将会终止本次通信会话;

(3) 如果 V' 与 V 相等, 智能卡就选择一个随机数 r_s, 计算

$$X = r_s \cdot PX_1 = r_s \cdot Q, \quad CID_{MU} = ID_{MU} \oplus X_1, \quad c_1 = h(Z' \| ID_{MU} \| X_1 \| T_{MU}),$$

然后, 智能卡通过公共通道给外地代理 FA 发送登录请求信息 $\{X, CID_{MU}, c_1, ID_{HA}, T_{MU}\}$.

3. 认证和密钥协商阶段

(1) 接收到登录请求信息后, 外地代理 FA 首先查看时间戳 T_{MU} 的有效性. 如果 T_{MU} 是无效的, 外地代理 FA 将会终止本次通信会话. 否则, 外地代理 FA 选择一个随机数 r_t, 计算

$$Y = r_t \cdot P, \quad c_2 = h(X \| Y \| CID_{MU} \| c_1 \| T_{MU} \| T_{FA} \| sk_{HF}),$$

然后, 外地代理 FA 通过公共通道给本地代理 HA 发送认证信息 $\{X, Y, CID_{MU}, c_1, T_{MU}, T_{FA}\}$.

(2) 接收到来自于外地代理 FA 的认证信息后, 本地代理 HA 首先查看时间戳 T_{FA} 和 T_{MU} 的有效性. 如果 T_{FA} 和 T_{MU} 是无效的, 本地代理 HA 将会终止本次通信会话. 否则, 本地代理 HA 计算

$$c_2' = h(X \| Y \| CID_{MU} \| c_1 \| T_{MU} \| T_{FA} \| sk_{HF}),$$

并比较 c_2' 与 c_2 的值. 如果 c_2' 与 c_2 不相等, 本地代理 HA 将会终止本次通信会话. 如果 c_2' 与 c_2 相等, 本地代理 HA 计算

$$X_1' = N \cdot X,$$
$$ID_{MU}' = X_1' \oplus CID_{MU},$$
$$Z' = h(ID_{MU}' \| N),$$
$$c_1' = h(Z' \| ID_{MU}' \| X_1' \| T_{MU}),$$

并比较 c_1' 和 c_1 的值. 如果 c_1' 和 c_1 不相等, 本地代理 HA 将会终止本次通信会话. 否则, 本地代理 HA 计算

$$c_3 = h(X \| Y \| CID_{MU} \| ID_{HA} \| c_1' \| T_{MU} \| T_{FA} \| T_{HA} \| sk_{HF}),$$

$$c_4 = h(Z'\|ID'_{MU}\|X'_1\|Y\|T_{MU}\|T_{HA}).$$

然后, 本地代理 HA 通过公共通道发送认证信息 $\{c_3, c_4, T_{HA}\}$ 给外地代理 FA;

(3) 接收到本地代理 HA 的认证信息后, 外地代理 FA 首先查看时间戳 T_{HA} 的有效性. 如果 T_{HA} 是无效的, 外地代理 FA 将会终止本次通信会话. 否则, 外地代理 FA 计算

$$c'_3 = h(X\|Y\|CID_{MU}\|ID_{HA}\|c_1\|T_{MU}\|T_{FA}\|T_{HA}\|sk_{HF}),$$

并比较 c'_3 和 c_3 的值. 如果 c'_3 和 c_3 不相等, 外地代理 FA 将会终止本次通信会话. 如果 c'_3 和 c_3 相等, 外地代理 FA 计算

$$sk = h(ID_{HA}\|r_t \cdot X),$$
$$c_5 = h(X\|Y\|CID_{MU}\|c_1\|T_{MU}\|T'_{FA}\|sk),$$

其中 sk 是会话密钥. 然后, 外地代理 FA 通过公共通道发送认证信息 $\{c_4, c_5, Y, T_{HA}, T'_{FA}\}$ 给移动用户 MU;

(4) 接收到来自外地代理 FA 的认证信息后, 移动用户 MU 首先查看时间戳 T_{HA} 和 T'_{FA} 的有效性. 如果 T_{HA} 和 T'_{FA} 是无效的, 移动用户 MU 将会终止本次通信会话. 否则, 移动用户 MU 计算

$$c'_4 = h(Z'\|ID_{MU}\|X_1\|Y\|T_{MU}\|T_{HA}),$$

并比较 c'_4 和 c_4 的值. 如果 c'_4 和 c_4 不相等, 移动用户 MU 将会终止本次通信会话. 如果 c'_4 和 c_4 相等, 移动用户 MU 计算

$$sk = h(ID_{HA}\|r_s \cdot Y),$$
$$c'_5 = h(X\|Y\|CID_{MU}\|c_1\|T_{MU}\|T'_{FA}\|sk),$$

其中 sk 是与外地代理 FA 的会话密钥, 并比较 c'_5 和 c_5 的值. 如果 c'_5 和 c_5 不相等, 移动用户 MU 将会终止本次通信会话. 如果 c'_5 和 c_5 相等, 移动用户、本地代理和外地代理通信三方完成了相互之间的认证过程.

4. 管理阶段

管理阶段包括口令更改阶段和会话密钥更新阶段.

(1) 口令更改阶段.

当移动用户 MU 怀疑口令 PW_{MU} 不安全或是想更换为一个更安全的口令时, 将进行如下过程.

(a) 移动用户 MU 将智能卡插入读卡器终端中, 输入他的身份 ID_{MU} 和口令 PW_{MU};

(b) 智能卡计算 $Z' = R \oplus h(PW_{MU} \| r_n)$, $V' = h(Z' \| ID_{MU})$, 并比较 V' 与 V 的值, 其中 V 是存储在智能卡中的值. 如果 V' 与 V 不相等, 智能卡将会终止本次通讯会话; 如果 V' 与 V 相等, 移动用户 MU 被要求输入一个新口令;

(c) 移动用户 MU 选择一个新口令 PW'_{MU}, 输入到终端中;

(d) 智能卡选择一个新的随机数 r'_n, 计算 $R' = R \oplus h(PW_{MU} \| r_n) \oplus h(PW'_{MU} \| r'_n)$, 使用 r'_n 和 R' 替代 r_n 和 R 存储在智能卡中. 至此, 新口令已经更改为 PW'_{MU}.

(2) 会话密钥更新阶段.

假设移动用户 MU 和外地代理 FA 间第 i 次会话密钥是 sk_i. 会话密钥更新阶段如下.

(a) 移动用户 MU 将智能卡插入读卡器终端中, 输入他的身份 ID_{MU} 和口令 PW_{MU}.

(b) 智能卡计算 $Z' = R \oplus h(PW_{MU} \| r_n)$ 和 $V' = h(Z' \| ID_{MU})$, 比较 V' 与 V 的值, 其中 V 是存储在智能卡中的值. 如果 V' 与 V 不相等, 智能卡将会终止本次通信会话; 如果 V' 与 V 相等, 智能卡计算

$$m_i = (sk_{i+1} \| Other\ Information)_{sk_i},$$
$$c_i = h(sk_{i+1} \| Other\ Information),$$

其中 Other Information 包括新呼叫到达率、用户移动模式、Cell/WLAN 能力等. 然后, 智能卡通过公共通道将信息 $\{m_i, c_i\}$ 发送给外地代理 FA.

(c) 接收到会话密钥更新信息后, 外地代理 FA 通过使用他们的第 i 次会话密钥 sk_i 解密 m_i 提取到 sk_{i+1} 和其他信息, 并计算

$$c'_i = h(sk_{i+1} \| Other\ Information),$$

比较 c'_i 和 c_i 的值. 如果 c'_i 和 c_i 不相等, 外地代理 FA 将会终止本次通信会话. 如果 c'_i 和 c_i 相等, 外地代理 FA 更新第 i 次会话密钥 sk_i 为 sk_{i+1}.

5.6 基于三因素的远程认证

身份匿名性作为移动用户在公共通信信道中传输信息的关键性质. 用户身份的暴露能够使攻击者追踪他的目前地址或者历史地址, 甚至分析他在无线服务中的行为习惯. 这一问题似乎跟认证的要求相冲突: 匿名性要求隐藏用户身份而认证需要确认用户身份的合法性.

为了解决以上设计的问题和矛盾,信息安全和隐私保护已经成为无线个人通信认证方案设计中的重要问题.同时,用户习惯和系统友好性同样成为传统口令和智能卡认证方法中的挑战.

在这种方式中,增加了第二认证因素,使得认证方法的安全性得到了指数级的递增,但是这种方法依然存在一定的不安全因素.第一,用户的身份和口令仍然是静态不变的,不能保证用户的匿名性且不能避免攻击者的定向跟踪和重放攻击;第二,用户的第二认证因素也可能丢失,那样攻击者通过在公共网络上所拦截的信息可能进行口令猜测,并利用第二认证因素进入系统.因此,这种认证方法虽然经常用于安全性要求较高的系统中,但是其仍然没有从根本上解决身份认证机制所存在的安全问题.双因子身份认证就是在单一的记忆因素(固定口令)的基础上结合了用户的其他物理认证因素,如磁卡、智能卡、个人特征等.

许多研究人员发现攻击者可以通过一些逻辑或物理手段攻破智能卡,即使该智能卡拥有一定程度的抗干扰能力.如果智能卡中的信息被敌手获取,那么他可以利用离线密码猜测攻击获取用户的口令.因此,传统的双因子身份认证方案不能保证足够的安全性.为了解决该问题,研究者提出了一种三因素(口令生物信息识别和智能卡)认证协议,大大增强了方案的安全性和可靠性.

5.6.1 基于生物信息的远程认证

生物特征[20]作为第三种认证因素,被引入认证方案中用来提高安全性.与口令相比,生物特征具有它自己的内在缺陷.首先,他不易被改变或者注销,因为他的资源是有限的;其次,生物特征认证依赖于注册信息和认证样本的相似度.错误的不匹配会导致拒绝服务攻击,但错误的匹配可能导致入侵者的进入.

生物特征由于其稳定性、唯一性,不易丢失,不易仿冒,已成为一种可靠、高效的身份识别手段.基于生物特征的信息识别和身份认证具有广泛的应用前景.然而,生物特征虽有其独特的优势,但在利用生物特征进行身份认证的过程中,也往往会碰到很多困难.例如,生物特征信息的采集过程易受到外界因素的影响,从而无法正常识别.这时候就需要借助纠错编码技术来解决这个问题.通过纠错编码,能够去除生物特征信息在采集过程中受到的外界干扰,从而达到正确采集信息的目的.

生物特征认证基于生物特征识别技术,受到现在的生物特征识别技术成熟度的影响,采用生物特征认证还具有较大的局限性.首先,生物特征识别的准确性和稳定性还有待提高,特别是如果用户身体受到外界因素的影响,就无法正常识别,从而造成合法用户无法登录.生物特征一般分为生理特征和行为特征.生理特征一般指的是一个人区别于他人的显著特点,诸如脸型、指纹、掌形、声音、虹膜、红外热等先天性的特征;而签名、击键、步态等通过后天的学习或发展而形成的特征是行为特征.生物特征具有安全、保密、方便、不易遗忘、防伪性能好、不易伪造或被盗、随身携带和随时随地可用等优点. 生物特征特有的稳定性、唯一性, 在安全、认证等身份识别领域有广泛的应用.

5.6.2 基于三因素的远程认证方案

本小节描述了一个基于三因素的远程认证方案, 该方案能够抵抗各种恶意的网络攻击, 并能保护用户隐私. 该方案主要包括四个部分: 注册阶段、登录阶段、认证阶段、口令更新阶段. 其中登录阶段和认证阶段在图 5-3 中给出了图示.

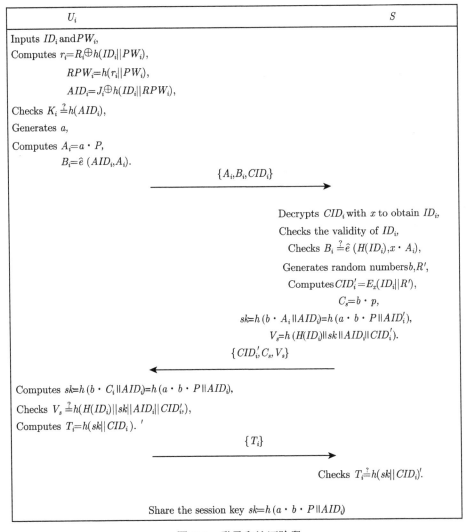

图 5-3 登录和认证阶段

服务器 S 选取一个加法循环群 G_1 和一个乘法循环 G_2, 其中 G_1 和 G_2 有相同

的阶 q，G_1 的生成元为 P。随后，S 选取主私钥 $x \in \mathbb{Z}_q^*$ 并计算公钥为 $P_{pub} = x \cdot P$。最后，S 公开参数 $\{\hat{e}, G_1, G_2, P, q, P_{pub}\}$。

1. 注册阶段

(1) 患者 U_i 选取身份 ID_i，口令 PW_i，并生成随机数 $r_i \in \mathbb{Z}_q^*$。随后计算 $RPW_i = h(r_i \| PW_i)$，并将注册请求 $\{ID_i, RPW_i\}$ 通过安全信道发送给服务器 S。

(2) 收到注册请求后，S 选取随机数 $R \in \mathbb{Z}_q^*$ 并计算 $AID_i = x \cdot H(ID_i)$，$K_i = h(AID_i)$，$J_i = AID_i \oplus h(ID_i \| P \| RPW_i)$，$CID_i = E_x(ID_i, R)$，其中 x 为 S 的主私钥。

(3) S 将 $\{J_i, K_i, CID_i, \hat{e}, G_1, G_2, P, q, P_{pub}\}$ 存储在智能卡中，并将其发送给 U_i。

(4) U_i 计算 $R_i = r_i \oplus h(ID_i \| P \| PW_i)$，并将 R_i 存储在收到的智能卡中。

2. 登录阶段

(1) U_i 将智能卡插入读卡器，并输入身份 ID_i，口令 PW_i。随后智能卡计算 $r_i = R_i \oplus h(ID_i \| P \| PW_i)$，$RPW = h(r_i \| P \| PW_i)$，$AID_i = J_i \oplus h(ID_i \| P \| RPW_i)$，并验证 $K_i \stackrel{?}{=} h(AID_i)$。如果等式成立，继续执行下面步骤；否则拒绝用户的登录请求。

(2) 智能卡选取随机数 $a \in \mathbb{Z}_q^*$，并计算 $A_i = a \cdot P$，$B_i = \hat{e}(AID_i, A_i)$。

(3) 最后，将登录请求 $\{A_i, B_i, CID_i\}$ 发送给服务器 S。

3. 认证阶段

(1) 收到 $\{A_i, B_i, CID_i\}$ 后，S 利用 x 解密 CID_i 获得 ID_i，并验证 ID_i 的合法性。如果验证不成功，S 放弃此次会话，否则验证 B_i 与计算的 $\hat{e}(H(ID_i), x \cdot A_i)$ 是否相等。如果是，U_i 被认为是合法的；否则 S 终止此次会话。

(2) S 生成两个随机数 b 和 R'，计算 $CID_{i'} = E_x(ID_i, R')$，$C_s = b \cdot P$，$sk = h(b \cdot A_i \| AID_i) = h(a \cdot b \cdot P \| AID_i)$，$V_s = h(H(ID_i) \| sk \| AID_i \| CID_{i'})$。随后，$S$ 将 $\{CID_{i'}, C_s, V_s\}$ 发送给 U_i。

(3) 收到相互认证信息后，U_i 计算 $sk = h(a \cdot C_s \| AID_i) = h(a \cdot b \cdot P \| AID_i)$，$V_s^* = h(H(ID_i) \| sk \| AID_i \| CID_{i'})$，并验证它与收到的 V_s 是否相等。如果是，医疗服务器 S 是可信的；否则 U_i 放弃此次登录。紧接着，U_i 计算会话密钥验证信息 $T_i = h(sk \| CID_{i'})$，并将它发送给 S。最后，U_i 将 $CID_{i'}$ 存在智能卡中，取代 CID_i 作为下一次会话的参数。

(4) 收到 $\{T_i\}$ 后，S 验证收到的 T_i 是否等于计算的 $h(sk \| CID_{i'})$，如果两者相等，那么完成了相互认证过程；否则此次会话结束。

最后，U_i 和医疗服务器 S 共享一个会话密钥 $sk = h(a \cdot b \cdot P \| AID_i)$。

4. 口令更新阶段

(1) U_i 将智能卡插入读卡器中，并输入身份 ID_i，口令 PW_i，随后发送更新口令的请求.

(2) 智能卡计算 $r_i = R_i \oplus h(ID_i \| PW_i)$, $RPW_i = h(r_i \| PW_i)$, $AID_i = J_i \oplus h(ID_i \| RPW_i)$，然后验证 $K_i \stackrel{?}{=} h(AID_i)$. 如果等式成立，继续执行下面步骤；否则直接拒绝此次请求.

(3) U_i 输入两次新的口令 PW_i^{new}. 如果两次输入的密码不一致，U_a 需要再次输入两次新密码. 如果两次输入的密码一致，智能卡计算 $RPW_i^{new} = h(r_i \| P \| PW_i^{new})$, $J_i^{new} = J_i \oplus h(ID_i \| RPW_i) \oplus h(ID_i \| RPW_i^{new})$, $R_i^{new} = r_i \oplus h(ID_i \| PW_i^{new})$. 随后智能卡存储 J_i^{new}, R_i^{new}，用来取代原有的 J_i, R_i.

5.7 单服务器远程认证

在单服务器环境中，用户与服务器的关系是多对一，即系统中所有用户都寻求同一服务器的服务，但用户只有经过认证后才能连接到服务器获取服务. 认证参与方一般只包括客户端和服务器，用户的个人信息直接发送给服务器，在这种情况下，服务器就能直接获取用户的私密信息，并且需要对信息进行保存，对服务器来说也是很大的负担；随着安全级别的要求提高，在认证中也需要可信第三方 (TTP, Trusted Third Party) 的参与. TTP 的主要功能包括：证书中心、公证中心、交付中心、仲裁中心、时戳中心.

单服务器认证中，TTP 只在注册过程中扮演证书中心. 注册阶段，用户通过安全可信通道将口令、生物特征信息等注册信息发送给 TTP, TTP 对用户的注册信息进行相应的处理，并通过一定的方式将秘密信息或密钥发送给用户，这些秘密信息将会作为验证是否合法的凭证.

5.7.1 移动客户端服务器模型

普遍认为，移动客户端服务器环境下的认证密钥协商协议需要达到如下安全需求. 首先，客户端和服务器达到双向认证. 也就是说，移动客户端需要确定服务器的身份，服务器需要确认移动客户端的合法性. 其次，客户端的匿名性需要达到. 也就是说，外部攻击者不能够获取客户端的真实身份. 再次，协议应该抵抗服务器内部攻击，即拥有服务器私钥的服务器内部授权者不能够导出客户端的私钥. 最后，会话密钥的安全性需要达到. 也就是说协议需要尽可能地满足如下安全属性：已知密钥安全性、完美的前向安全性、抵抗密钥泄露模仿攻击、抗未知密钥共享攻击、抗临时秘密泄露模仿攻击.

客户端服务器结构可看作分布式系统的一种特殊情况,客户端和服务器的消息传递特性隐藏了同步分布式系统应有的复杂性. 服务器的功能特性使其结构简单化,客户机中对应用程序的控制使其处理逻辑对程序是直接的. 通过客户端服务器技术可将组织中所有的计算机和通信资源综合到一起,从而像一个单一的系统那样运作. C/S 技术是同时执行的软件过程之间相互作用的模型; 它是一个逻辑概念,客户端部分和服务器部分可存在相同或不相同的物理机器上. 由客户端进程发送请求给服务器进程,服务器进程根据请求给出对应的结果. 服务器进程通常采用只有它能做的特殊处理为客户端提供服务,一直处于运行中,随时向客户端提供服务; 客户端进程由于免除了复杂的计算和进行一些特殊处理的开销,从而能更侧重于其他有益的工作. 这两种进程的相互作用是协作式的,其中客户端主动而服务器是被动的.

5.7.2 单服务器下远程认证方案

方案包含系统建立、客户端注册、用户认证和密钥协商三个阶段.

1. 系统建立阶段

给定安全参数 k,服务器 S 按照如下方式来产生系统参数.

选择有限域 F_p,其中 p 是 k 比特位的素数.

定义 F_p 上一个椭圆曲线 $E: y^2 \equiv x^3 + ax + b \mod p$,其中 $a, b \in F_p, p \geqslant 3, 4a^3 + 27b^2 \neq 0 \mod p$.

选择 E 上素数 q 阶的点 P,然后由点 P 生成一个 q 阶循环加法群 G.

选择一个随机数 $s \in \mathbb{Z}_q^*$ 作为主密钥,设置 $P_{pub} = sP$ 为系统公钥.

选择四个密码学 Hash 函数 $H_1: \{0,1\}^* \times G \to \mathbb{Z}_q^*$,$H_2: \{0,1\}^* \times G^3 \to \{0,1\}^k$,$H_3: \{0,1\}^* \times G^4 \to \{0,1\}^k$,$H_4: \{0,1\}^* \times G^5 \to \{0,1\}^k$.

公开系统参数 $params = (F_q, E, G, P, P_{pub}, H_1, H_2, H_3, H_4)$,并秘密保存主密钥 s.

2. 客户端注册阶段

假定低功耗、低计算能力的客户端 C 的身份为 ID_C. 这一阶段,服务器 S 为客户端 C 产生私钥. C 和 S 执行如下操作.

客户端 C 选择一个秘密随机数 $x_C \in \mathbb{Z}_q^*$,计算 $X_C = x_C P$,通过安全信道发送 (ID_C, X_C) 给服务器 S.

收到 (ID_C, X_C) 后,服务器 S 选取一个随机数 $y_C \in \mathbb{Z}_q^*$,计算 $W_C = X_C + y_C P$ 和 $d_C = (H_1(ID_C, W_C)s - y_C) \mod q$,然后通过安全信道发送 (W_C, d_C) 给客户端 C.

客户端 C 计算 $s_C = (d_C - x_C) \mod q$ 和 $PK_C = s_C P$.

5.7 单服务器远程认证

最后，C 分别设置 (s_C, x_C) 和 (PK_C, X_C) 为它的私钥和公钥. 拥有 W_C 可计算 $PK_C = H_1(ID_C, W_C)P_{pub} - W_C$.

下面简要验证 PK_C 的正确性.

$$\begin{aligned} PK_C &= s_C P = (d_C - x_C)P \\ &= (H_1(ID_C, W_C)s - y_C - x_C)P \\ &= H_1(ID_C, W_C)sP - (y_C P + x_C P) \\ &= H_1(ID_C, W_C)P_{pub} - W_C. \end{aligned}$$

3. 用户认证和密钥协商阶段

这一阶段，如图 5-4 所示，客户端 C 和服务器 S 间实现双向认证和密钥协商，细节描述如下.

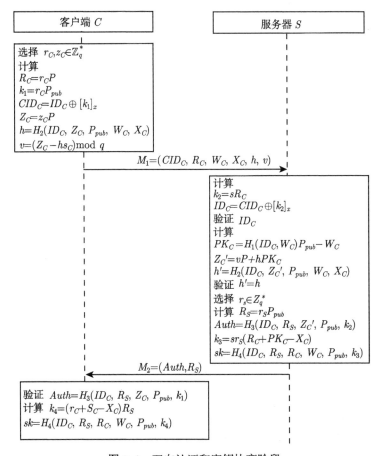

图 5-4 双向认证和密钥协商阶段

客户端 C 选择随机数 $r_C, z_C \in \mathbb{Z}_q^*$, 分别计算 $R_C = r_C P$, $k_1 = r_C P_{pub}$, $CID_C = ID_C \oplus [k_1]_x$, $Z_C = z_C P$, $h = H_2(ID_C, Z_C, P_{pub}, W_C, X_C)$ 和 $v = (z_C - hs_C) \bmod q$. 然后 C 发送消息 $M_1 = (CID_C, R_C, W_C, X_C, h, v)$ 给服务器 S.

收到 M_1 后, 服务器 S 计算 $k_2 = sR_C$. 然后, S 获取客户端 C 的身份为 $ID_C = CID_C \oplus [k_2]_x$, 并验证 ID_C 的有效性. 如果 ID_C 有效, 则 S 执行以下操作; 否则 S 拒绝 C 的登录请求.

接下来, 服务器 S 计算 $PK_C = H_1(ID_C, W_C)P_{pub} - W_C$, $Z_C = vP + hPK_C$ 和 $h' = H_2(ID_C, Z_C, P_{pub}, W_C, X_C)$. 然后, 验证 h' 与 h 是否相等. 如果不相等, 则服务器 S 拒绝 C 的登录请求; 否则, S 随机选择 $r_S \in \mathbb{Z}_q^*$, 计算 $R_S = r_S P_{pub}$, $Auth = H_3(ID_C, R_S, Z_C, P_{pub}, k_2)$, $k_3 = sr_S(R_C + PK_C - X_C)$ 和 $sk = H_4(ID_C, R_S, R_C, W_C, P_{pub}, k_3)$. 最后, S 发送消息 $M_2 = (Auth, R_S)$ 给客户端 C.

收到 M_2 后, 客户端 C 验证 $Auth$ 是否等于 $H_3(ID_C, R_S, Z_C, P_{pub}, k_1)$. 如果相等, 则客户端 C 计算 $k_4 = (r_C + s_C - x_C)R_S$ 和 $sk = H_4(ID_C, R_S, R_C, W_C, P_{pub}, k_4)$; 否则终止协议.

下面简要验证方案的正确性.
因为

$$k_1 = r_C P_{pub} = r_C sP = sr_C P = sR_C = k_2,$$
$$Z_C = vP + hPK_C = (v + hs_C)P = z_C P = Z_C,$$
$$k_3 = sr_S(R_C + PK_C - X_C) = sr_S(r_C + s_C - x_C)P$$
$$= (r_C + s_C - x_C)r_S sP = (r_C + s_C - x_C)R_S = k_4,$$

所以, 客户端 C 和服务器建立共同的会话密钥

$$sk = H_4(ID_C, R_S, R_C, W_C, P_{pub}, k_3) = H_4(ID_C, R_S, R_C, W_C, P_{pub}, k_4).$$

5.8 多服务器远程认证

随着信息技术的快速发展, 一些强大的在线服务提供商可以同时为用户提供多种不同的服务, 如 Web 服务、邮件服务、即时通信服务、视频服务、游戏服务、上传下载服务等. 这类环境称为多服务环境, 其中用户与服务器之间是多对多的关系.

这种多服务器环境的认证方式类似于单服务器环境, 每一个服务器在给用户提供服务之前也是需要对用户的身份进行认证的, 确保只有合法用户才能访问公开网络系统中的服务和资源. 但是, 单服务器环境下的身份认证方案却不能直接应用到

5.8 多服务器远程认证

多服务器环境中. 如果在多服务器环境下采用了单服务器认证方案, 那么将会给用户带来诸多不便, 同时也会给系统带来潜在的安全威胁.

如果一个用户想获得同一服务提供商提供的多种服务, 那么他就必须首先要在多个不同的服务器进行多次的重复注册, 并且在登录的过程中也要进行多次认证. 更麻烦的是, 用户还需同时记住大量不同的用户名和口令, 这对于人类来说是很困难的. 此外, 人们设置口令的时候都会选择容易记忆的, 并且多个口令之间也会有一定的相关性, 甚至是相同的, 因此这种机制也有可能遭遇口令泄漏猜测的攻击, 给整个系统带来安全威胁.

随着计算机网络的发展和通信技术的提高, 现在很多的网络服务环境都变成了基于多服务器环境的, 以前的单服务器已经不能满足现在用户的需求, 于是, 很多的服务提供商都可以同时提供多种不同的服务. 在这一节中我们主要讨论如何设计多服务器环境下的认证密钥协商协议, 能够使得用户简单方便地使用同一服务提供商提供的不同服务, 同时也能够保证用户和系统的安全性.

5.8.1 多服务器模型

为了解决上述安全问题, 很多研究人员都研究并提出了多服务器环境下的远程用户认证密钥协商协议. 用户只需要在注册中心进行一次注册, 就可以享受由同一服务提供商提供的多种不同服务. 如图 5-5 所示, 一般多服务器远程认证协议包含三个参与者.

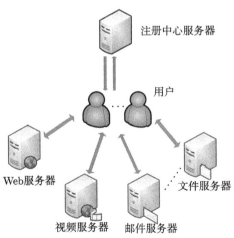

图 5-5 多服务器环境示意图[2]

(1) 注册中心 (RC): 一个可信的第三方, 主要负责系统的初始化, 以及用户和服务器的注册.

(2) 服务器 (S_j): 系统中可以有多个服务器, 即隶属于同一个服务提供商的, 可以提供不同服务类型的服务器.

(3) 用户 (U_i)：获取服务资源的一方.

5.8.2 多服务器下远程认证方案

方案一

1. 注册阶段

(1) $U_i \Rightarrow RC : ID_i, A_i$.

用户 U_i 自由地选择他的身份标识字符串 ID_i 和口令 PW_i，并计算 $A_i = h(b \oplus PW_i)$，其中 b 是 U_i 自己选择的随机数. 然后 U_i 通过安全信道将 ID_i 和 A_i 发送给注册中心 RC.

(2) RC 计算.

$$B_i = h(ID_i \| x),$$
$$C_i = h(ID_i \| h(y)),$$
$$D_i = B_i \oplus h(ID_i \| A_i),$$
$$E_i = B_i \oplus h(h(x\|y) \| C_i),$$
$$H_i = h(B_i).$$

(3) $RC \Rightarrow U_i$：智能卡.

RC 初始化 U_i 的智能卡，将秘密信息 $\{C_i, D_i, E_i, H_i, h(\cdot), h(y)\}$ 存储在智能卡中，并把智能卡通过安全的信道发送给用户 U_i.

(4) U_i 将 b 存储在收到的智能卡中，最终智能卡中包含 $\{C_i, D_i, E_i, H_i, b, h(\cdot), h(y)\}$.

2. 登录阶段

在这一阶段，用户 U_i 将智能卡插入到读卡器终端，并且输入自己的用户名 ID_i 和口令 PW_i，然后智能卡将做如下的计算.

(1) 智能卡计算 $A_i = h(b \oplus PW_i) B_i = D_i \oplus h(ID_i \| A_i)$，$H_i^* = h(B_i)$，然后检查等式 $H_i^* = H_i$ 是否成立. 如果成立，智能卡就接受 U_i 的登录请求，进行下一步操作.

(2) 智能卡计算：

$$P_{ij} = C_i \oplus h(h(SID_j \| h(y)) \| N_i),$$
$$Q_i = E_i \oplus h(h(SID_j \| h(y)) \| C_i \| N_i),$$
$$CID_i = A_i \oplus h(B_i \| SID_j \| N_i),$$

5.8 多服务器远程认证

$$M_1 = h(P_{ij}\|CID_i\|B_i\|N_i),$$
$$M_2 = h(SID_j\|h(y)) \oplus N_i.$$

其中, N_i 是智能卡产生的随机数.

(3) $U_i \to S_j : \{P_{ij}, Q_i, CID_i, M_1, M_2\}$.

智能卡发送登录信息 $\{P_{ij}, Q_i, CID_i, M_1, M_2\}$ 给所要登录的服务器 S_j.

3. 认证阶段

(1) 当服务器 S_j 收到用户 U_i 的登录信息 $\{P_{ij}, Q_i, CID_i, M_1, M_2\}$ 时, 要和用户 U_i 进行相互的身份认证, 做如下计算:

$$N_i = h(SID_j\|h(y)) \oplus M_2,$$
$$C_i = P_{ij} \oplus h(h(SID_j\|h(y))\|N_i),$$
$$E_i = Q_i \oplus h(h(SID_j\|h(y))\|C_i\|N_i),$$
$$B_i = E_i \oplus h(h(x\|y)\|C_i),$$
$$A_i = CID_i \oplus h(B_i\|SID_j\|N_i).$$

(2) $S_j \Rightarrow U_i : \{M_3, M_4\}$.

S_j 计算 $h(P_{ij}\|CID_i\|B_i\|N_i)$, 并验证其是否跟收到的 M_1 的值相等. 如果不相等, 则 S_j 就拒绝用户 U_i 的登录, 并终止会话; 否则 S_j 接受 U_i 的登录请求, 并计算

$$M_3 = h(B_i\|A_i\|N_i\|SID_j),$$
$$M_4 = A_i \oplus N_i \oplus N_j.$$

然后发送响应信息 $\{M_3, M_4\}$ 给用户 U_i, 其中 N_j 是 S_j 产生的随机数.

(3) $U_i \Rightarrow S_j : \{M_5\}$.

当 U_i 收到服务器的应答消息之后, 计算 $N_j = A_i \oplus N_i \oplus M_4$ 和 $h(B_i\|A_i\|N_j\|SID_j)$, 并验证 $h(B_i\|A_i\|N_j\|SID_j)$ 是否跟收到的 M_3 相等. 如果不相等, U_i 结束会话; 否则, U_i 通过了对 S_j 的认证, 接受服务器的认证请求, 然后计算并发送认证信息 $M_5 = h(B_i\|A_i\|N_i\|SID_j)$ 给 S_j.

(4) S_j 计算 $h(B_i\|A_i\|N_i\|SID_j)$, 并核对其是否跟收到的 M_5 相等. 如果不相等, S_j 结束会话; 否则, S_j 验证了 U_i 信息的有效性.

最终, U_i 和 S_j 为以后的通信共同协商出一个会话密钥 $SK = h(B_i\|A_i\|N_i\|N_j\|SID_j)$.

4. 口令变更阶段

当用户 U_i 想要变更现在所使用的口令 PW_i 时，这个阶段就被激活. 该方案的口令变更阶段不需要注册中心的参与，用户自己可以自由更改口令.

(1) 用户 U_i 将智能卡插入读卡器终端，并且输入自己的用户名 ID_i 和当前口令 PW_i，然后智能卡计算 $A_i = h(b \oplus PW_i)$, $B_i = D_i \oplus h(ID_i \| A_i)$, $H_i^* = h(B_i)$, 并且比较所计算的 H_i^* 与卡中存储的 H_i 是否相等. 如果相等，智能卡就认为操作者确实是卡的拥有者，同意 U_i 变更口令.

(2) U_i 选择一个新的口令 PW_{new}, 并计算 $A_i^{new} = h(b_{new} \oplus PW_i^{new})$ 和 $D_i^{new} = B_i \oplus h(ID_i \| A_i^{new})$, 其中 b_{new} 是 U_i 自己重新选择的随机数.

(3) 用 D_i^{new} 替换 D_i 存入智能卡中，最终完成口令变更.

方案二

该方案有三个参与者：用户 (U_i)、服务器 (S_j)、注册中心 (RC). 注册中心 RC 会选择一个自己的主密钥 x 和秘密值 y, 计算 $h(SID_j \| y)$ 并将其通过安全信道发送给服务器 S_j. 此方案也包含四个阶段：注册阶段、登录阶段、认证阶段和口令变更阶段.

1. 注册阶段

当用户想要登录或者访问远程系统的时候，他必须先要在注册中心进行注册成为合法的用户. 具体的注册过程如下.

(1) $U_i \Rightarrow RC : ID_i, E_i = h(b \oplus PW_i)$.

用户 U_i 自由地选择他的身份标识字符串 ID_i 和口令 PW_i, 并计算 $E_i = h(b \oplus PW_i)$, 其中 b 是 U_i 自己选择的随机数. 然后 U_i 通过安全信道将 ID_i 和 E_i 发送给注册中心 RC.

(2) RC 计算.

$$T_i = h(ID_i \| x),$$
$$V_i = T_i \oplus h(ID_i \| E_i),$$
$$B_i = T_i \oplus h(h(y \| x) \| E_i),$$
$$H_i = h(T_i).$$

(3) RC 初始化 U_i 的智能卡，使得智能卡中包含下列秘密信息：$\{V_i, B_i, H_i, h(\cdot), h(y)\}$, 并把智能卡通过安全的信道发送给用户 U_i.

(4) U_i 将 b 存储在收到的智能卡中，最终智能卡中包含 $\{V_i, B_i, H_i, b, h(\cdot), h(y)\}$.

2. 登录阶段

用户 U_i 将智能卡插入读卡器终端，并且输入自己的用户名 ID_i 和口令 PW_i,

然后智能卡将做如下的计算.

(1) 智能卡计算 $E_i = h(b \oplus PW_i) T_i = V_i \oplus h(ID_i || E_i)$ 和 $H_i^* = h(T_i)$, 并且比较所计算的 H_i^* 与卡中存储的 H_i 是否相等, 如果相等, 智能卡就接受 U_i 的登录请求.

(2) 接受 U_i 的登录请求之后, 智能卡计算:

$$CID_i = E_i \oplus h(B_i || h(y) || N_i),$$
$$P_{ij} = B_i \oplus h(h(y) || N_i || SID_j),$$
$$C_0 = h(SID_j || T_i || N_i || B_i).$$

其中, N_i 是智能卡产生的随机数.

(3) 智能卡发送登录信息 $\{CID_i, P_{ij}, C_0, N_i\}$ 给所要登录的服务器 S_j.

3. 认证和会话密钥协商阶段

(1) $S_j \to RC : \{CID_i, P_{ij}, C_0, N_i, K_i, SID_j\}$.

当服务器 S_j 收到用户 U_i 的登录信息 $\{CID_i, P_{ij}, Q_i, N_i\}$ 时计算 $K_i = h(SID_j || y) \oplus N_{jr}$, 并发送信息 $\{CID_i, P_{ij}, C_0, N_i, K_i, SID_j\}$ 给 RC, 其中 N_{jr} 是 S_j 产生的随机数.

(2) $RC \to S_j : \{C_1, C_2, N_{rj}\}$.

当 RC 收到 S_j 的消息之后, RC 计算

$$N_{jr} = K_i \oplus h(SID_j || y),$$
$$B_i' = P_{ij} \oplus h(h(y) || N_i || SID_j),$$
$$E_i' = CID_i \oplus h(B_i' || h(y) || N_i),$$
$$T_i' = B_i' \oplus h(h(y || x) || E_i'),$$
$$C_0' = h(SID_j || T_i' || N_i || B_i').$$

然后, RC 验证等式 $C_0' = C_0$ 是否成立, 如果成立, 则 RC 成功帮助 S_j 验证了用户 U_i 的合法性, 进一步计算

$$C_1 = h(N_{rj} || h(SID_j || y) || N_{jr}), \quad C_2 = h(h(SID_j || y) || N_{jr}) \oplus h(T_i' || E_i' || N_i),$$

并发送 $\{C_1, C_2, N_{rj}\}$ 给服务器 S_j. 其中, N_{rj} 是 RC 产生的随机数.

(3) $S_j \to U_i : \{M_{ij}, N_j\}$.

当 S_j 收到服务器的应答消息之后, 计算 $h(N_{rj} || h(SID_j || y) || N_{jr})$, 并验证其是否跟收到的 C_1 相等. 如果相等, S_j 通过了对 RC 的认证, 进一步计算

$$h(T_i || E_i || N_i) = C_2 \oplus h(h(SID_j || y) || N_{jr}),$$

$$M_{ij} = h(h(T_i\|E_i\|N_i)\|N_j\|SID_j).$$

并发送消息 $\{M_{ij}, N_j\}$ 给 U_i. 其中 N_j 是 S_j 产生的随机数.

(4) $U_i \to S_j : \{M'_{ij}\}$.

U_i 计算 $h(h(T_i\|E_i\|N_i)\|N_j\|SID_j)$, 并核对其是否跟收到 M_{ij} 的值相等, 如果不相等, U_i 终止会话; 否则, U_i 成功地认证了所登录的服务器 S_j, 并计算和发送信息 $M'_{ij} = h(h(T_i\|E_i\|N_i)\|N_i\|SID_j)$ 给 S_j.

(5) S_j 计算 $h(h(T_i\|E_i\|N_i)\|N_i\|SID_j)$, 并验证其值是否等于 M'_{ij} 的值. 如果不相等, S_j 拒绝用户的登录, 并终止会话; 否则, 用户 U_i 的合法性通过了 S_j 的认证.

最终, U_i 和 S_j 为以后的通信共同协商出一个会话秘钥 $SK = h(h(T_i\|E_i\|N_i)\|N_i\|N_j\|SID_j)$.

4. 口令变更阶段

当用户 U_i 想要变更现在所使用的口令 PW_i 时, 这个阶段就被激活.

(1) 用户 U_i 将智能卡插入读卡器终端, 并且输入自己的用户名 ID_i 和当前口令 PW_i, 然后智能卡计算 $E_i = h(b \oplus PW_i)T_i = V_i \oplus h(ID_i\|E_i)$ 和 $H_i^* = h(T_i)$, 并且比较所计算的 H_i^* 与卡中存储的 H_i 是否相等. 如果相等, 智能卡就认为操作者确实是卡的拥有者, 同意 U_i 变更口令.

(2) U_i 选择一个新的口令 PW_{new}, 并计算 $E_{new} = h(b_{new} \oplus PW_{new})$ 和 $V_{new} = T_i \oplus h(ID_i\|E_{new})$, 然后通过安全信道将 ID_i 和 E_{new} 发送给 RC, 其中 b_{new} 是 U_i 自己重新选择的随机数.

(3) RC 计算并发送 $B_{new} = T_i \oplus h(h(y\|x)\|E_{new})$ 给 U_i.

(4) 分别用 V_{new}, B_{new} 替换 V_i, B_i 存入智能卡中, 最终完成口令变更.

方案二的安全性分析

(1) 恶意用户攻击.

在方案中, 一个恶意的合法用户知道每一个用户智能卡中所共有的秘密信息 $h(y)$, 并且他也可以知道其他用户 (比如说 U_i) 的登录信息 $\{CID_i, P_{ij}, C_0, N_i\}$, 那么他就可以计算

$$B_i = P_{ij} \oplus h(h(y)\|N_i\|SID_j),$$
$$E_i = CID_i \oplus h(B_i\|h(y)\|N_i).$$

尽管如此, 由于 U_i 的秘密信息 T_i 是由 Hash 函数保护的, 也就是说, 在不知道 ID_i 和 x 或 $h(y\|x)$ 的情况下, 任何实体都不能计算 T_i 的值, 从而攻击者也就不能计算正确的认证信息 $C_0 = h(SID_j\|T_i\|N_i\|B_i)$. 因此, 任何恶意的用户都不能模仿其他用户来欺骗服务器.

类似地，在不知道秘密信息 $h(T_i||E_i||N_i)$ 和 $h(y||x)$ 的情况下，任何恶意的用户也不能模仿服务器或认证中心来欺骗其他用户.

因此，新提出的改进方案可以抵抗恶意用户攻击.

(2) 恶意服务器攻击.

在方案的认证阶段中，使用了受信任的第三方 RC 帮助服务器来认证远程的登录用户. 由于任何服务器都不知道秘密信息 $h(y)$ 和 $h(y||x)$，从而服务器也不能计算用户的任何秘密信息. 因此，任何恶意的服务器都不能模仿用户产生正确的认证信息 $C_0 = h(SID_j||T_i||N_i||B_i)$，即该方案可以抵抗恶意服务器攻击.

(3) 智能卡被盗攻击.

在方案中，用户一个重要的秘密信息 T_i 既没有被存储在智能卡中，也没有以明文的形式在公开信道上传输. 无法计算 T_i 的值，即使攻击者获得了用户 U_i 的智能卡中的信息 $\{V_i, B_i, H_i, b, h(\cdot), h(y)\}$ 及登录信息 $\{CID_i, P_{ij}, C_0, N_i\}$，他也不能计算正确的认证信息 $C_0 = h(SID_j||T_i||N_i||B_i)$，即不能发送伪造的登录请求给服务器. 因此，新改进的方案即方案二，可以抵抗智能卡被盗攻击.

参 考 文 献

[1] 王育民, 刘建伟. 通信网的安全 —— 理论与技术. 西安: 西安电子科技大学出版社, 1999.

[2] 李雄. 多种环境下身份认证协议的研究与设计. 北京: 北京邮电大学, 2012.

[3] Lamport L. Password authentication with insecure communication, Communications of ACM. 1981, 24: 770-772.

[4] Hwang M S, Li L H. A new remote user authentication scheme using smart cards. IEEE Transactions on Consumer Electronics, 2000, 46(1): 28-30.

[5] ElGamal T. A public key cryptosystem and a signature protocol based on discrete logarithms IEEE Transactions on Informatin Theory, 1985, 32(1): 469-472.

[6] Kocher P, Jaffe J, Jun B. Differential power analysis. 19th Annual International Cryptology Conferrence, 1999, 1666(16): 388-397.

[7] Messerges T S, Dabbiah E A, Sloan R H. Examining smart-card security under the threat of power analysis attacks. IEEE Trans on Computers, 2002, 51(5): 541-552.

[8] Madhusudhan R, Mittal R C. Dynamic ID-based remote user password authentication schemes using smart cards: a review. Journal of Network and Computer Applications, 2012, 35: 1235-1248.

[9] Li C T, Hwang M S. An efficient biometrics-based remote user authentication scheme using smart cards. Journal of Network and Computer Applications, 2010, 33(1): 1-5.

[10] Lee J K, Ryu S R, Yoo K Y. Fingerprint-based remote user authentication scheme using smart cards. Electronics Letters, 2002, 38(12): 554-555.

[11] Lin C H, Lai Y Y. A flexible biometrics remote user authentication scheme. Computer Standards & Interfaces, 2004, 27(1): 19-23.

[12] Awasthi A K, Srivastava K. A biometric authentication scheme for telecare medicine information systems with nonce. Journal of Medical Systems, 2013, 37(5): 1-4.

[13] Mishra D, Mukhopadhyay S, Kumari S, et al. Security enhancement of a biometric based authentication scheme for telecare medicine information systems with nonce. Journal of Medical Systems, 2014, 38(5): 1-11.

[14] Tan Z W. A user anonymity preserving three-factor authentication scheme for telecare medicine information systems. Journal of Medical Systems, 2014, 38(3):1-9.

[15] Li L H, Lin I, Hwang M. A remote password authentication scheme for multi-server architecture using neural networks. IEEE Transaction on Neural Network, 2001, 12: 1498-1504.

[16] Juang W S. Efficient multi-server password authenticated key agreement using smart cards. IEEE Transaction on Consumer Electronics, 2004, 50(1): 251-255.

[17] Tsaur W J, Wu C C, Lee W B. A smart card-based remote scheme for password authentication in multi-server Internet services. Computer Standards & Interfaces, 2004, 27(1): 39-51.

[18] Tsai J L. Efficient multi-server authentication scheme based on one-way hash function without verifiable table. Computer & Security, 2008, 27(3-4): 115-121.

[19] 谷利泽, 郑世慧, 杨义先. 现代密码学教程. 北京: 北京邮电大学出版社, 2009.

[20] Guo D L, Wen Q Y, Li W M, et al. An improved biometrics-based authentication scheme for telecare medical information systems. Journal of Medical Systems, 2015.

第6章 访 问 控 制

我们将所有涉及系统资源访问的安全问题,用术语"访问控制"来统一表示.访问控制包含着两个最基本的研究领域:一个是身份认证,另一个是授权.本章中,我们将就这两个方面的研究进展作简要介绍.由于身份认证方面的内容在第5章我们已有详细论述,所以本章在身份认证中主要关注单点登录问题,这也是身份认证领域非常有价值、非常实用的一个研究热点.随后我们结合云计算技术,给出在云计算背景下访问控制技术的理论及实践创新成果.包括虚拟机技术在应用于云计算中的访问控制,以及云计算中非常重要的用户的身份与访问控制的管理,这些都侧重于访问控制中授权方面的内容.

6.1 云计算中访问控制

本节,我们首先回顾一下访问控制问题的基本含义,并在云计算的大背景下探讨访问控制相关技术的应用前景,以及未来访问控制技术与云计算融合之后的新的发展方向

6.1.1 访问控制——认证与授权

1. 背景介绍

计算机网络能有效地实现资源共享,但资源共享和信息安全是一对矛盾体.资源共享进一步加强,随之而来的信息安全问题也日益突出.访问控制既是网络应用安全的重要内容,又是当前信息安全领域中的研究热点.许多应用系统都需要在这方面采取相应的安全措施.

对一些大型的组织机构来说,其网络结构比较复杂,应用系统比较多.如果分别对不同的应用系统采用不同的安全策略,则管理将变得越来越复杂,甚至难以控制.不同的用户对应不同的应用系统,由于机构的网络结构比较复杂,应用系统和用户都是分散分布的,所以对用户的访问控制和权限管理就显得非常复杂和凌乱.而机构必须能够控制:有"谁"能够访问机构的资源,用户访问的是"什么信息",哪个用户被授予什么样的"权限".一旦机构确定了权限管理和发布的方式,资源访问控制系统就可以根据机构发放的权限以及定义的安全策略控制用户访问,保护应用系统[1].

身份认证理论是现代密码学发展的重要分支. 身份认证是应用系统的第一道关卡, 用户在访问所有系统之前, 首先应该经过身份认证系统识别身份, 然后由安全系统根据用户的身份和授权决定用户是否能够访问某个资源[2].

身份认证是在计算机网络中确认操作者身份的过程[3]. 扩展此定义的内容解释, 所谓身份认证, 指的是证实被认证对象 (可以是用户、进程、系统、信息等) 是否属实和是否有效的一个过程. 其基本思想是通过验证被认证对象的属性来达到判断被认证对象是否真实、有效的目的. 被认证对象的属性可以是口令、数字签名也可以是指纹、声音、视网膜这样的生理特征. 身份认证常常被用于通信双方相互确认身份, 以保证通信的安全. 身份认证一般有实时性等要求, 有本地认证和远程认证以及单向认证和双向认证之分.

在解决身份认证问题之后, 随之而来的就是用户在域中访问权限的控制问题. 也就是我们所说的 "授权". 它所规定的是已经被认证的用户在域内能做什么. 一般来说, 用户所在机构可以依据用户的身份为其指定访问权限. 也就是说, 认证和授权虽然都隶属于访问控制这个大的范畴, 但是其具体的含义还是有所差别的, 认证是二值判断, "是" 或者 "不是", 用于决定是否认可一个用户的身份; 而授权则是定义对各种各样的系统资源进行访问约束的更加细粒度的集合[4]. 下面, 我们将简要介绍访问控制中, 认证和授权两方面的技术手段.

2. 认证与授权的技术手段

1) 认证技术

认证可以通过你所知道的 (something you know), 你所拥有的 (something you have), 你本来是 (something you are) 这三种方式实现.

- **你所知道的**(something you know) 包括用户名/密码、认证码、个人身份识别码, 这是最容易实现以及最常见的一种认证方法. 更进一步, 采用人能够识别但程序不容易获取到的实现方式在现实中得到了广泛的应用, 如网上购物银行卡付款, 采用用户名/口令方式登录时输入验证码, 将临时的验证码以短信形式发送到用户的手机上, 但是这些信息以明文存在, 在信息产生、传输、用户终端显示等过程中都很容易泄露.
- **你所拥有的**(something you have) 现实生活中存在的东西, 比如电子钥匙、smart card、badge 等. 在网络环境中, 用户拥有的属于自己的数字证书和密钥文件, 这些东西很容易被复制或者丢失.
- **你本来是**(something you are) 采用用户本身所具有的生物学特征, 这些包括声音、手写签名、虹膜扫描、指纹等. 此种方式对用户方便, 与用户强绑定, 不易被盗用, 要求配备相对复杂的设备和大量的运算.

正是通过上面所说的这三种方式, 信息安全的研究者们设计了针对多种场景,多种安全级别的认证方案与认证协议. 认证方案是指认证的方式、手段、涉及的设备和协议等, 最常见例子就是用户名/口令方式, 其他的还有一次性口令方案 (例如: 短信识别码/短信密码)、X.509 数字证书方案、生物认证方案、智能卡认证方案、Kerberos[5] 认证方案等. 认证协议主要基于口令认证、动态口令、PKI、IBE (Identity Based Encryption[6,7]、CPK(Combined Public Key)[8] 等不同的认证体系. 这一部分我们在上一章已有详细论述.

2) 授权技术

相对认证技术而言, 授权技术要更加复杂, 也更加受到学术界的关注. 它不同于认证只是判断用户身份, 更重要的是提供一种细粒度的权限控制模型. 换句话说, 认证可以看作是粒度最粗的授权, 而授权则是粒度更细的一种认证. 关于授权最经典的视角当是 Lampson 的访问控制矩阵[9], 这个矩阵包含了所有必要的相关信息, 系统根据这个矩阵做出决策, 决定哪些用户具体可以对哪些系统资源执行什么样的操作. 其后, 比如多级安全模型的建立、防火墙、入侵检测系统等技术手段也都是围绕授权这个课题而设计的.

6.1.2 访问控制在云计算中的应用

有关云计算技术的发展, 我们之前已经谈过很多, 总结来讲, 云计算彻底为我们打开了新的数据时代的大门, 是现在乃至未来很长一段时间之内信息技术领域最主要的工具, 但与此同时, 云计算所带来的安全问题又称为制约这项技术推广应用最大的瓶颈. 访问控制, 作为信息安全问题中的一个相当重要的课题, 在云计算的大背景下, 也激发了专家学者们新的研究兴趣.

我们对访问控制在云计算中的应用主要按以下两个角度进行了一系列研究.

1. 虚拟机监控器的安全应用

基于 x86 架构的系统虚拟化技术是整个云计算发展的基石之一, 也是云计算核心技术之一. 虚拟化技术是计算机领域的传统技术, 20 世纪 50 年代末, Christopher Strachey 发表名为 "Time sharing in large fast computers" 的论文[10], 第一次提到了系统虚拟化的概念. 20 世纪 60 年代中期, IBM 推出世界上第一台支持系统虚拟化技术的计算机 IBM7044. 虚拟化[11,12] 是对各种硬件资源或软件环境进行抽象, 隐藏资源属性和操作之间的差异, 对外提供统一的调用接口服务. 使用虚拟化技术可以在传统的硬件之上模拟出多个独立的硬件运行环境, 这个相互隔离的虚拟运行环境称为虚拟机, 在虚拟机上运行操作系统和各类应用. 虚拟机监控器 (Virtual Machine Monitor,VMM) 是物理硬件资源之上的一个轻量级软件层, 负责对硬件资源进行虚拟化, 对上提供统一的虚拟化资源, 并对资源进行分配和管理. VMM 对计算机安全研究有很重要的意义[13]. 首先, 虚拟化平台下, 多个操作系统集中在同一台物理计算机上，使得虚拟机管理更加便利．其次，所有虚拟机都运行在虚拟的软件层之上，由于虚拟机不具有最高的系统权限，即使虚拟机中的服务器被攻击引起异常行为，其他虚拟机上的应用程序也不会受到影响，这就是错误抑制 (Fault Containment)[14]．再次，VMM 的操作很少，设计简单，设计的简易性导致它的漏洞很少，攻击者很难利用它的漏洞实施攻击．VMM 由于它的独立性和高度安全性非常有利于对虚拟机进行实时监控．虚拟化架构具有安全优势，基于 VMM 的安全性来设计云计算安全方案已成为趋势．

2. 访问控制模型

由于"云"的动态性和流动性的特点，云用户无法知道他们的数据及使用的资源被放在哪里，更无法控制这些资源，而且现在缺乏相关的法律法规，一旦造成用户或企业的重要机密泄露，用户相关权益将无法得到保障．因此，云服务提供商必须要有可靠的安全措施来保证其提供的服务是安全、可信的．

本章中，身份认证与访问控制管理 (IAM) 是保证云服务安全的一个重要方面．身份认证是整个信息安全体系的基础，为关于某人或某事物的身份提供保证．这意味着当某人 (或某事物) 声称具有某个身份 (如某个特定的用户名称) 时，认证技术将提供某种方法来证实这一声称是真实的．访问控制在身份认证的基础上，按用户身份及系统管理员为其预定义的所归属的组，来限制用户对某些资源的访问或限制对某些操作功能的使用．访问控制的功能主要有三方面：① 防止非法的主体访问受保护的网络资源；② 允许合法用户访问受保护的网络资源；③ 防止合法的用户对受保护的网络资源进行非法访问．

虽然可以通过集成现有的安全技术来解决云计算中的大多数安全问题，但是由于云计算有自己独有的特点，必须研究适合云环境的安全手段来确保云服务的安全．

6.2　单点登录技术在身份认证中的应用

我们首先向读者介绍的是身份认证中的一个特殊的问题——单点登录．这是一个有非常重要现实意义的问题．随着信息化进程的不断推进，很多行业、部门、地区建起了相应的资源访问控制系统．该系统采用不同的身份认证体系，当隶属于不同信任域的用户需要交换信息和跨域访问时，迫切需要解决不同域之间跨域认证、访问权限控制以及授权的问题．跨域认证已成为分布式、多域系统之间互联、互通、互操作的基础．然而，这种跨域认证面临的一个问题是：用户发现，自己总需要在不同的系统中，重复地输入认证信息 (最典型的是口令)．虽然从安全角度看这是合情合理的，但是，这也增加了用户的负担，所以，要么用户被迫记住多个来自不同系统的口令，要么重用口令．前者使得用户太不方便，而后者则带来了一定的安全风险. 所以, 一个最佳的解决思路是: 用户最好只需要认证一次信息, 在一定的环境下或者在一定的时间内, 这个认证信息会始终伴随着用户. 这样, 用户无论访问哪个系统, 都不需要重复登录, 这也就是所谓的单点登录. 经过一段时间的研究实践, 单点登录技术已经相对成熟, 但是网络环境千变万化, 单点登录问题尚存在一些关键的, 但又没能完美解决的问题. 针对这些问题, 我们做了大量的研究工作, 本节我们将详细向读者展示这些成果.

6.2.1 基于 SAML 的 Mashup 单点登录模型的研究与设计

Mashup 是一种新型的基于 Web 的资源集成应用程序, 它可以将多个不同数据源的内容糅合起来创建全新的服务. 在 Web2.0 时代, Web 服务和 OpenAPI 为 Mashup 提供了丰富的数据来源, 但这些数据往往处于不同的域中, 所以要使得这些域中的多个站点协同工作, 我们就必须解决跨域的协同认证和安全信息传递的问题, 为此需要一种单点登录模型. 用户只需登录一次, 就可以访问 Mashup 内的不同的目标服务.

另一方面, 单点登录技术各种标准还不完善, 各标准间还没有做到兼容; 尤其是对于跨域联合认证还存在着缺乏统一标准、运行流程过于复杂、无法跨域实施和安全性不足等问题. 本节设计了一种基于 SAML 的 Mashup 单点登录模型. 结合基于 PKI 的 XML 签名和 XML 加密实现了多个不同域站点之间的认证和安全访问控制, 同时对整个系统的执行流程进行了详细的构思和描述. 系统设计了 Mashup 服务端, 安全认证服务端和目标服务端, 并对每个部分进行了详细的设计和实现.

1. 方案背景

Mashup, 在国内一般被译为 "混搭", 也有人将其称为 "汇聚" 或 "聚集", 是一种新型的基于 Web 的资源集成应用程序. 来自 Wikipedia 的定义是: **Mashup 指整合网络上两个及以上外部资料来源或功能, 以创造新服务的网页或者应用**. 总体来说, Mashup 是一种集成方案, 与传统资源集成方案不同, Mashup 提供了一种基于 Web 的轻量级的内容集成方法, 而且由于组成 Mashup 的服务和应用本来就是面向最终用户的, 所以即使没有任何编程技能, 用户也可以根据需要组装出自己的 Mashup 应用程序.

大部分的 Mashup 应用基于 Web 的工件的组合: 已发布的 API, RSS/Atom 源以及 HTML "屏幕抓取". 虽然在相关领域里, 这些显然是有价值的解决方案, 但 Mashup 可存在于更广的数据世界中, 包括数据库, 二进制格式 (比如 EXCEL 和 PDF)、XML、带分割符的文本文件等.

Mashup 经典的应用有 Housingmaps.com[15] 和 ChleasoCrime.Org[16], 它们分别将房产租售信息和芝加哥警局的犯罪记录在地图上标示出来, 以给用户一种 "一站式"的服务. 更多的 Mashup 应用来自用户临时的和个性化的需求, 这些应用数目众多, 仅 ProgrammableWeb.com[17] 统计的就有 4500 个, 而且这个数目每天都在增长. 同时, Mashup 的企业价值正在得到重视, 《经济学家》今年第一季度的 CIO 调查结果显示有 64% 的 CIO 会在未来两年内在企业里面建立 Mashup 应用[18].

目前 Mashup 的数据获取方式主要有 4 种, 分别是 Web Feed、Open API、REST URI 和屏幕抓取, 一般使用 XML 或者 HTML(屏幕抓取) 作为其数据格式. 相比数据库中完全结构化的数据, XML 这类格式虽具有一定的结构性, 但因自述层次的存在, 一般被称为非完全结构化或半结构化. 使用 XML 格式的好处是: ①XML 的 Tag 具有一些语义信息, 用户即使只能看到原始的 XML 数据也能大致明白数据的含义. ②XML 是一种可扩展格式, 比如增加一些新的 Tag 不会轻易破坏原有的 Mashup 应用. 对于 Web Feed 而言, 更是定义了一个通用的标准, 如 ATOM, 这也方便了用户对数据源的统一理解和处理.

Mashup 按功能划分可以分为: 地图 Mashup、视频和图像 Mashup、搜索和购物 Mashup 以及新闻 Mashup. 限于篇幅, 我们不一一对这些功能展开论述. 详情请参见文献 [19].

2. 基础知识

1) Mashup 架构

Mashup 架构划分 3 个部分: API/内容提供者、Mashup 站点和客户机的 Web 浏览器. 这 3 部分划分成层次关系为: 一个 Mashup 应用由 3 个层次组成, 从下至上分别为服务和数据源层、Mashup 应用层、用户客户端层. 它们在逻辑上和物理上都是相互脱离的 (可能由网络和组织边界分隔). 从"聚合"的角度看. 上述 3 部分分别提供"聚合来源"、"聚合逻辑"及"聚合逻辑和呈现". 如图 6-1 所示.

API/内容提供者是聚合内容的提供者. 为了方便数据的检索, 提供者通常会将自己的内容通过 Web 协议对外提供. 如 REST、Web Service 和 RSS/ATOM. Mashup 提供者还可以在数据和内容源提供者不知情的情况下通过屏幕抓取来获取相应的数据信息.

Mashup 站点是 Mashup 逻辑所在的地方, 但不一定是执行这些逻辑的地方. Mashup 可以直接使用服务器端动态内容生成技术 (例如 Java Servlet、CGI、PHP 或 ASP) 实现为类似传统 Web 应用程序, 我们称之为服务器端框架. 另外, 合并内容可以直接在客户机的浏览器中通过客户机端脚本 (即 JavaScript) 或 Applet 生成. 这种客户机端的逻辑, 通常都是直接在 Mashup 的 Web 页面中嵌入的代码, 与这些 Web 页面引用的脚本 API 库或 Applet(由内容提供者提供) 的组合. Mashup 使用的这种方法可以称为富 Internet 应用程序 (RIA), 这意味着它们是以交互式用户体验为导向的.

6.2 单点登录技术在身份认证中的应用

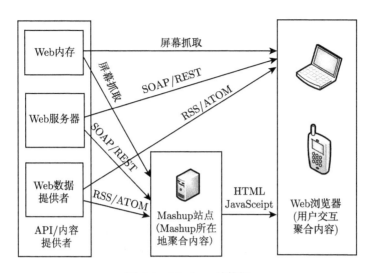

图 6-1 Mashup 结构图

客户端进行数据集成的优点包括：对 Mashup 服务器所产生的负载较轻 (数据可以直接从内容提供者那里传送过来)、具有更好无缝用户体验 (页面可以请求对内容的一部分进行更新，而不用刷新整个页面). Google Maps API 的设计就是为了通过浏览器端的 JavaScript 进行访问，这是客户端技术的一个例子. 通常，Mashup 都使用服务器和客户机端逻辑的组合来实现自己的数据集成. 很多 Mashup 应用程序都使用了直接由用户提供的数据, (至少) 使一个数据集是本地的. 另外，对多数据源的数据执行复杂查询所需要的计算，是不可能在客户机的 Web 浏览器中执行的. Mashup 的服务器端框架和客户端框架的结构图如图 6-2 所示.

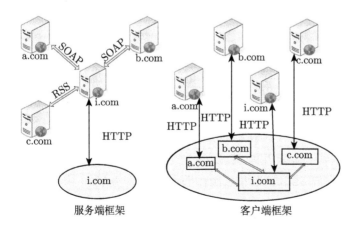

图 6-2 Mashup 的客户端框架和服务端框架

客户端的 Web 浏览器是以图形化的方式呈现应用程序的地方，也是用户交互发生的地方. 正如上面介绍的一样，Mashup 通常都使用客户端的逻辑来构建合成内容.

2) Mashup 使用的技术

Mashup 使用的技术主要有以下 5 项.

- Ajax(Asynchronous JavaScript + XML) 技术：这是一个 Web 应用模型，而不是一种特定的技术.
- Web 协议——SOAP 和 REST：SOAP 和 REST 都是与远程服务进行通信所使用的与平台无关的协议.
- 屏幕抓取：抓取 (Scraping) 是使用软件工具处理并分析最初为人们阅读而编写的内容，从而从中提取出可以通过编程进行使用和操作的信息的语义数据结构表示. 有些 Mashup 使用屏幕抓取技术来获取数据，特别是从公用领域提取数据.
- 语义 Web 和 RDF：语义 Web 是现有 Web 的增强版本，它在为人们设计的内容中，增加了足够多的可供机器阅读的信息.
- 被称为资源描述框架 (RDF) 的 W3C 系列规范就是服务于这个目的的技术，它用来建立描述数据的语义结构.
- RDF 数据在很多领域中都迅速得到了应用，包括社交网络应用程序 (例如 FOAF-Friend of a Friend) 和联合 (例如 RSS).
- RSS 和 ATOM：RSS 是一系列基于 XML 的联合格式，联合 (Syndication) 是指一个发布内容的 Web 站点可以创建 RSS 文档并在 RSS 发布系统中注册自己的文档，Atom 是一种和 RSS 非常类似的联合协议.

关于这 5 类技术，上面只是给出了简单的说明，详情请参见文献 [19].

3) SAML

SAML 是安全断言标记语言 (Security Assertion Markup Language) 的简称[20]，是 OASIS 为企业和商业伙伴之间交换安全信息定义的一套基于 XML 的框架[21]. SAML 并没有提供完整的单点登录解决方案，它只是提供了安全信息的标准框架和交换安全信息的协议[22]. 在 SAML 的应用中，安全信息都是通过在互信的区域之间以 SAML 断言 (SAML Assertions) 来传递的. SAML 标准为断言的请求、建立、响应、传递和使用都定义了精确和完整的语义及准则. SAML 的核心是声明，目前共定义了三种声明：认证声明，定义了用户的认证信息；属性声明，定义了相关的属性信息；授权声明，定义了对特定资源的授权信息. SAML 还定义了一组 XML 格式的请求/应答消息.

在基于 SAML 的单点登录框架中，平台主题通常由三部分组成[23].

- 主体(Subject)：即用户，是指请求访问某种资源的实体 (个人、组织或过程)；

- 源站点 (Identity Provider)：负责验证用户提供的身份凭证 (如用户名/密码)，以检验用户身份的合法性，并提供用户所需的安全信息；
- 目标站点 (Service Provider)：用户所需资源的提供者和保护者.

根据 Service Provider(SP) 和 Identity Provider(IDP) 的交互方式，SAML 可以分为以下几种模式：一种是 SP 拉方式，一种是 IDP 推方式. 本方案中，我们将使用第一种方式.

3. **方案设计**

1) 基于 SAML 的安全单点登录模型的框架设计

整个系统的框架结构及各个功能模块之间的相互关系如图 6-3 所示. 单点登录模型系统由 Mashup 服务端，安全认证服务端和目标服务端组成，每一个模块都包含消息安全处理模块和传输模块这两个通用模块. 客户使用浏览器访问Mashup 服务端，Mashup 服务端为用户提供了使用系统的接口，也是 SAML 令牌的请求者和使用者，Mashup 服务端还有一个数据组合模块，负责将从多个目标服务端得到的数据进行组合，之后传送给客户端用户. 安全认证服务端为用户实现单点登录提供了身份验证、生成令牌、授予令牌服务. 目标服务端则是 SAML 令牌的验证者和

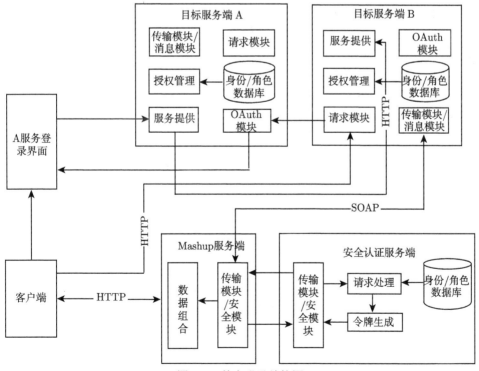

图 6-3 单点登录结构图

Web 服务的提供者,同时也提供了 OAuth 机制. 目标服务端的 OAuth 模块提供了 OAuth 机制[24],请求模块负责向其他的目标服务端请求服务. 消息安全处理模块为每个站点的输入与输出信息进行安全处理. 传输模块负责 XML 信息的包装和 SOAP 消息的收发.

单点登录各个组成部分及其功能描述如下.

(1) 消息安全处理模块.

本系统中的消息安全处理模块是依据 WS-Security 规范[25]来进行设计的,它主要提供三类功能:XML 加密和解密、XML 签名和验证,以及附加标识符和消息有效性验证. XML 签名可以保证消息的完整性和对消息源的验证,XML 加密则用来确保消息的机密性,添加标识符信息可以防止重放攻击. 上述三个功能结合起来共同保证 SOAP 消息所需的安全性需求.

(2) 传输模块.

传输模块的作用是将 XML 信息封装成 SOAP 消息发送出去;从接收到的 SOAP 消息中提取 XML 信息.

(3) Mashup 服务端.

Mashup 服务端的功能之一是接收用户的输入信息,生成 SAML 请求,对该请求进行签名和加密. 在发出经过安全处理的请求消息之后等待 SAML 响应. 然后使用认证中心颁发的 SAML 令牌访问目标服务以及接收服务调用结果. 功能之二是将得到的数据进行组合,然后把数据返回给客户端.

(4) 客户端.

根据 Mashup 服务端架构或者是客户端架构,直接访问目标服务端或者访问 Mashup 服务端.

(5) 安全认证服务端.

安全中心服务端的主要功能是根据客户端发来的请求消息对用户进行身份验证,然后根据 SAML 请求信息生成 SAML 响应,对其进行签名和加密,生成安全的 SAML 令牌,并返回到 Mashup 服务端.

(6) 目标服务端.

目标服务端的功能是验证 SAML 令牌的可用性、安全性. 然后解析 SAML 令牌,根据令牌中的用户信息,实现基于角色的访问控制,即根据用户的角色对用户进行授权. 最后对经过授权的用户进行 Web 服务调用. 另外一个功能是提供 OAuth 服务,可以使第三方不涉及用户的账户信息,就可以申请获得该用户资源的授权.

2) 系统运行流程

我们按照单点登录的结构对系统运行流程进行详细的描述,系统的运行流程说明如下.

(1) 用户访问 Mashup 服务端，输入用户登录信息，服务端程序根据用户输入的信息生成 SAML 请求.

(2) Mashup 服务端的消息安全处理模块使用 Mashup 服务端与服务器中心协商好的密钥库将上一步生成的 SAML 请求进行签名、加密、加入标识符，然后调用传输模块将请求信息打包成 SOAP 消息发送至安全认证服务端，并等待应答.

(3) 安全认证服务端的传输模块负责监听和接收 Mashup 服务端发来的请求消息，并将该消息传递给消息安全处理模块，对消息进行解密和验证数字签名和标识符. 通过对请求消息中数字签名的验证，可以确认该请求来自合法用户，完成了身份认证的过程.

(4) 安全认证服务端对通过验证的用户的请求信息进行解析，以获取用户需要查询的指定的属性信息名称，根据属性名称到用户信息库中的用户/属性列表查找用户指定的属性信息，将查询的结果生成用户的属性声明，该声明就构成了用户登录目标服务站点时使用的 SAML 令牌的核心.

(5) SAML 声明被发送至消息安全处理模块进行安全处理，使用中心与目标站点协商好的密钥库进行加密和签名，形成安全的 SAML 令牌. 因此只有合法的目标站才能获取令牌中的声明信息.

(6) 使用中心与 Mashup 服务端协商好的秘钥库，再次对安全的 SAML 令牌进行加密和签名，并打包成 SOAP 消息返回至 Mashup 服务端，以防止令牌在返回 Mashup 服务端的过程中被恶意用户截获并使用.

(7) Mashup 服务端的传输模块负责等待和接收中心返回的响应消息，并将该消息传递给消息安全处理模块，对消息进行反向处理 (解密、验证数字签名). 此时 Mashup 服务端已经获取了可以访问目标站点的安全的 SAML 令牌, Mashup 服务端有使用该安全的 SAML 令牌，但却无法知道令牌中的信息.

(8) Mashup 服务端访问目标站点指定的服务，客户端程序将安全的 SAML 令牌经过消息安全处理模块的特殊处理 (此处只需将安全的 SAML 令牌与标识符一起使用中心发布的密钥 K 加密) 后发送至目标站点.

(9) 目标站点的监听程序接收到该消息之后，需要对该令牌进行两种验证. 首先验证该令牌的有效性，也就是使用安全认证端发布的密钥 K 解密该消息并获取标识符信息进行验证. 通过这一步验证，目标服务端确信该消息的发送者是安全认证端认证过的用户，而且该消息没有被重放. 接着目标站点调用消息安全处理模块，使用目标站点与安全认证服务器协商好的密钥库，对安全的 SAML 令牌进行解密和签名验证. 通过这一步验证，证明该令牌确实是安全认证服务端颁布的. 因此目标服务站点就无须再向中心请求验证令牌的有效性，同时还能间接地证明服务请求者的合法性.

(10) 通过上面的解密和验证，得到原始的 SAML 断言. 目标站点需要根据 SAML 规范解析令牌中的声明，获取 SAML 权威为该用户生成的声明信息.

(11) 目标服务站点根据声明信息中包含的用户属性信息对用户进行基于角色的授权，用以判断用户是否有权访问他所请求的 Web 服务.

(12) 根据授权结果，为用户进行 Web 服务调用，并将调用结果返回客户端. 至此，便完成了一次单点登录访问 Web 服务的全过程. 此时，如果 Mashup 服务端还需要访问其他站点中的 Web 服务，只需持安全的 SAML 令牌访问该站点，即从上述 (8) 开始执行，之后的步骤与上面所述完全一致.

(13) 如果用户不是通过 Mashup 服务端访问一个目标服务端，而是通过一个目标服务端 B 去访问另外一个目标服务端 A.

(14) 目标服务端 B 向目标服务端 A 请求未授权的 Request 令牌.

(15) 目标服务端 A 在验证了目标服务端 B 的合法请求后，向其颁发未经用户授权的 Request 令牌以及相对应的令牌 Secret.

(16) 目标服务端 B 请求用户授权 Request 令牌. 向 User Authorization URL 发起请求，请求带上上一步拿到的未授权的令牌与其密钥.

(17) 目标服务端 A 将引导用户授权. 该过程可能会提示用户，你想将哪些受保护的资源授权给应用.

(18) Request 令牌授权后，使用者将向 Access 令牌 URL 发起请求，将上步授权的 Request 令牌换取成 Access 令牌.

(19) 目标服务端 A 同意使用者的请求，并向其颁发 Access 令牌与对应的密钥，并返回给目标服务端 B.

(20) 目标服务端 B 以后就可以使用上步返回的 Access 令牌访问目标服务 A 授权的资源.

我们采用 UML 序列图的形式将上述过程表示出来，系统流程如图 6-4 所示.

4. 单点登录的实现

根据上一部分提出的模型的整体框架，我们对系统的各个组成部分及其功能进行介绍，并给出各个模块的具体设计.

1) 消息安全处理模块的设计

(1) 消息安全模块的结构.

如图 6-5 所示消息安全处理模块主要的任务为对 XML 信息进行加密、解密、签名、签名验证、添加标识符和消息有效性验证. 对于安全处理的顺序，由于标识符信息也是需要保护的安全信息，因此必须在进行安全处理之前将标识符信息附加到原始 XML 信息上. 另外，消息先加密再签名，可以防止别人篡改签名. 因此我们设定对将要发送的消息处理顺序为先添加标识符信息，然后进行数字签名，最后再加密.

6.2 单点登录技术在身份认证中的应用

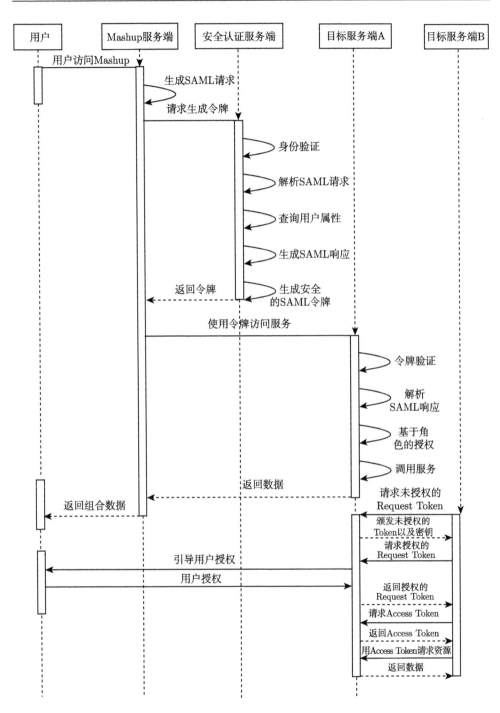

图 6-4 系统流程图

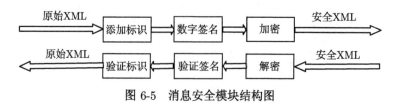

图 6-5 消息安全模块结构图

(2) 生成密钥库.

生成密钥对是数字签名的基础,因此,在对 XML 信息加密和签名之间,首先需要生成密钥库以提供公/私钥对,并创建自签名的数字证书.我们使用 SUN 公司在 JDK 中包含的密钥生成工具 keytool 来生成密钥库.密钥库是这样一个文件,该文件中有多个条目,每个条目有一个数字证书的信息、证书中的公钥以及对应的私钥.每一个条目可以导出数字证书文件,数字证书文件只包括主体信息和对应的公钥.

Mashup 服务端和安全认证服务端密钥库的建立流程如下.

a. 生成安全认证服务端的密钥库;

b. 从安全认证服务端的密钥库中导出数字证书;

c. 把安全认证服务端的数字证书导入到 Mashup 服务端的信任密钥库中;

d. 从 Mashup 服务端的密钥库导出数字证书;

e. 把 Mashup 服务端的数字证书导入到安全认证服务端的信任密钥库.

生成安全认证服务端和目标服务端之间建立端到端安全通信所需的密钥库文件的方法与此类似.客户端和中心安全服务端都只使用这两个端点事先协商好的密钥库.这些密钥库因用户不同而异,这样可以使中心安全服务端根据用户的密钥库来验证用户的身份;中心安全服务端和目标服务端的消息安全处理模块都只使用这两个端点事先协商好的密钥库.这些密钥库不会因为目标站点不同而异,因为完成 Web 服务的一个业务流程可能要经过多个目标服务站点的共同协作,这就需要将同一个安全的 SAML 令牌传达到多个目标服务站点,客户端与目标站点之间无须也不能共享密钥库,这两种站点都只是通过权威的中心安全服务端来间接地信任对方.

(3) 数字签名模块的设计.

XML 签名规范[26]由 W3C 和 IETF 联合开发,自 2002 年 2 月以来,它一直是正式的 W3C 推荐规范,并得到了广泛的应用[27,28]. XML 签名定义了以 XML 格式表示数字签名的语法,并指定了计算和验证签名的处理规则.单独使用 XML 签名可以提供数据的持久完整性,与安全令牌联合使用,XML 签名还可以提供身份验证和不可否认性.

签字元素由 XML 元素 Signature 表示,元素 Signature 标识了整个 XML

数字签名, 它主要包含的内容为以下八个方面.

(a) Signature 是 XML 签名文档的根元素和主题元素. 当存在多个签名时, 为了确保它的唯一性, 就需要对元素添加标识符, 如果没有签名信息, Signature 元素可不出现.

(b) SignedInfo 主要包含被签名的数据对象的信息, 包括 CanonicalizationMethod 元素、一个或多个 Reference 元素和 SignatureMethod 元素.

(c) CanonicalizationMethod 提供 XML 规范化算法, 通常用 URI 表示. 规范化通常所做的工作是, 将空元素转换为开始/结尾标记对、清除开始和结束标记中的空白等. 其目的是把原本表示不同但在逻辑上是相同的 XML 片段生成同一个 XML 数据.

(d) SignatureMethod 指将规范化后的 SignedInfo 转换成 SignatureValue 时所用的签名算法, 不同的签名算法是用不同的 URI 来进行表示的.

(e) Reference 该元素主要包括: 原始数据对象的摘要值、摘要算法、计算摘要之前需要执行的转换和计算后的摘要值. Referenc 元素通过 URI 属性表示数据对象.

(f) SignatUreValue 该元素包含了数字签名值, 一般用 Base64 编码表示.

(g) Object 该元素是可选的, 它可以出现任意多次, 并且可以包含任何数据.

(h) KeyInfo 该元素主要描述用来验证签名的密钥信息, 它也是可选的.

建立 XML 数字签名可分为以下步骤.

a. 把一个或多个转换应用到要签名的数据对象并计算这些转换的输出消息摘要值;

b. 创建一个包含数据对象的 URI、使用的转换、摘要算法和摘要值的引用元素;

c. 利用前面生成的引用、指点的签名算法 SignatureMethod 和序列化方法 CanonicalizationMethod, 创建 SignedInfo 元素;

d. 使用由 SignatureMethod 指定的算法来创建签名;

e. 最后创建包含 SignedInfo、SignatureValue、KeyInfo 和 Object 的 Signature 元素.

验证签名时生成签名的逆向过程, 根据 Reference 重新计算数据对象的摘要, 检查该对象是否被篡改, 以确保它与该数据对象中的内容匹配. 它由两个过程组成: 引用验证和签名验证. 引用验证的目的是验证 SignedInfo 内部的 Reference 元素中摘要值的正确性, 签名验证的目的是验证 SignedInfo 元素的签名值的正确性.

验证签名的步骤如下.

a. 利用在 SignedInfo 元素中指定的规范化方法 CanonicalizationMethod 对 SignedInfo 元素进行规范化;

b. 为每个引用元素获取引用的数据对象，并应用指定的转化处理各个数据对象；

　　c. 根据为引用元素指定的摘要算法对上一步得到的结果计算其摘要值，把计算的结果与存储在相应引用元素中的原值比较，如果不同，验证失败，如果相同，继续执行以下步骤；

　　d. 从 KeyInfo 元素中获取的密钥信息. 如果元素中不存在密钥信息，则说明密钥已被预置；

　　e. 判断 SignatureValue 是否相等，具体做法是，用上一步中获取的密钥，在 SignedInfo 上应用签名算法，把得到的 SignatureValue 值与原值比较，如果相等，签名验证成功，否则，验证失败.

　(4) 加解密模块的设计.

　　利用 XML 签名技术，可以保证消息在传送的途中不被篡改，保证了消息的完整性. 为了保证消息的机密性，W3C 组织把 XML 技术和传统加密技术结合提出了 XML 加密规范. XML 加密并不仅是加密 XML 文件那么简单，它可以提供多种功能：可以加密整个 XML 文件，可以加密 XML 文件中的某个元素，可以加密 XML 文件中某个元素的内容，还可以加密已经加密过的内容等. 在 XML 加密中，加密后的数据还是以 XML 格式形式表示[29].

　　同与 XML 签名相比，XML 加密更体现了自包含的性质，XML 签名是通过引用的方式对某个资源进行签名的，而 XML 加密是在原资源的位置上创建一个新的 EncryptedData 元素来替代原资源，有几个需要加密的资源就有几个 EncryptedData 元素替代它们. Type 属性有两个值：content 和 element，它们用于区别是否加密标签 (Tag). 如果 Type 值为 content 时只对元素中的内容加密，如果 Type 的值为 element 表示将对整个元素包括 Tag 在内加密. EncryptionMethod 元素用来指定所使用的加密算法. CipherData 元素中的内容表示原资源加密后的结果，通常使用 CipherValue，而 CipherReference 类似于 XML 签名的 Reference 元素，通常用于对外部资源 (如 JPEG 文件等) 的加密. KeyInfo 元素描述加密所使用的密钥信息. EncryptionProperties 元素用于为加密的数据添加一些额外的信息.

　XML 加密过程如下.

　　a. 选择一个适当的加密算法和相应的参数；

　　b. 获取加密用的密钥，如果需要将密钥的有关信息展示给消息接受方，则需要对它进行加密，并将待加密的 XML 文档转换为字符流的格式；

　　c. 使用选择的密钥和算法加密通过转化的数据；

　　d. 设置加密的类型，即把 EncryptedType 元素中 Type 的值设置为 content 还是 element；

　　e. 根据前面四步的设置，创建出 EncrypedData 元素，替代原有的资源.

6.2 单点登录技术在身份认证中的应用

XML 解密过程如下.

a. 取出 CipherValue 元素的内容；

b. CryptionMethod 元素的 Algorithm 值中获取加密时所用的算法；

c. 得加密时所设置 Type 的值；

d. 元素 KeyInfo 中获取密钥；

e. 据前面四步的信息, 将加密后的 XML 文档解密, 获得原始的 XML 文档.

2) 传输模块的设计

在系统中, 传输模块将要发送的 XML 信息包成 SOAP 消息, 或从 SOAP 消息中提取 XML 信息. 同时经过 HTTP 连接传递请求和应答 SOAP 消息. 整个系统的分层机构框架如图 6-6 所示.

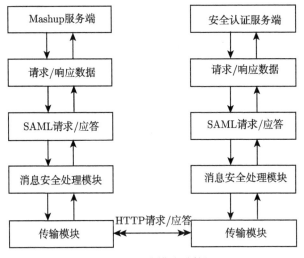

图 6-6 传输模块结构图

传输模块使用文档对象作为与上层模块连接的输入输出的端口, 并使用 HTTP 请求和应答消息作为与下层连接的输入输出的端口. 通过使用统一的端口, 使得系统具有很强的模块独立性和可配置性.

3) Mashup 服务端设计

(1) Mashup 服务端的结构.

Mashup 服务端除了传输模块和消息安全处理模块这两个通用模块外, 另外还有三个服务端, 第一个服务端与安全中心服务端通信, 发出 SAML 请求, 第二个服务端与目标服务端通信, 持有 SAML 令牌访问特定的服务. 第三个服务端将不同的服务组合起来, 将组合数据发送给客户端. 如图 6-7 所示.

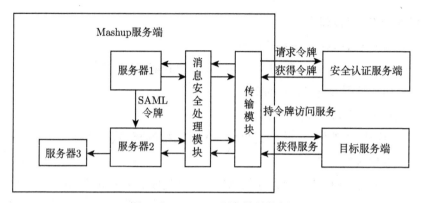

图 6-7　Mashup 服务端结构图

(2) Mashup 服务端处理流程.

a. Mashup 服务端应用程序服务器 1 收集用户的输入信息, 包括用户名、需要查询的属性名称和调用消息安全处理模块进行安全处理时需要用到的密钥库文件的相关信息.

b. 服务器 1 将 SAMLRqeuest 对象转换成对应的文档对象, 然后使用用户输入的密钥库信息, 调用消息安全处理模块对该 doc 进行数字签名和加密, 通过签名, 用户就可以向中心安全服务证明自身的身份.

c. 服务器 1 将经过安全处理的 SAML 请求的文档对象通过传输模块打包成 SOAP 消息并传送至中心安全服务端. 此时客户端程序进入阻塞状态, 即不进行其他任何操作, 直到响应消息的到来.

d. 服务器 1 通过传输模块接收到中心安全服务端返回的安全的 SAML 令牌对应的 document.

e. 服务器 1 调用消息安全处理模块对该 doc 进行解密和验证, 确认 SAML 响应确实来自中心安全服务端. 经过反向安全处理之后, 即可得到安全的 SAML 令牌, 该令牌用作访问目标服务站点的用户凭证. 为了使得目标服务端能不访问中心的安全服务即可验证消息确实来自中心站点, 也为了保证 SAML 声明信息的安全, 本节通过使用中心安全服务端与目标服务端协商好的秘钥库对 SAML 声明进行签名和加密, 由于 Mashup 服务端是没有上述秘钥库的, 所以它无法也无须查看和修改 SAML 令牌中的任何信息, 客户端对该令牌只有使用权, 令牌最终将被转发给授权服务站点进行解密、验证和处理. 这样就能确保 SAML 令牌只能被其创建者和使用者, 即中心安全服务端和目标服务端所解析. 因此, 安全的 SAML 令牌可以存放在 Mashup 服务端.

f. Mashup 服务端应用程序服务器 2 接收用户在命令行中指定的被调用的 Web 服务的类名、方法名、服务所需的参数以及目标服务端的 URL.

g. 服务器 2 使用从中心安全服务端获得的安全的 SAML 令牌, 与时间戳、随机数以及上述命令行参数一同经过消息安全处理器的加密, 然后将生成的 doc 通过传输模块发送到用户指定的目标服务 (其地址就是上述 URL), 然后进入阻塞状态等待应答消息.

h. 当服务器 2 接收到目标服务端点返回的服务调用结果, 就完成了一次服务访问. 当用户还需要访问别的服务, 只需再次从步骤 (7) 执行起.

i. Mashup 服务端应用程序服务器 3 将所有访问不同服务得到的数据组合, 然后发送给客户端.

4) 安全认证服务端的设计

(1) 安全认证服务端的结构.

安全认证服务端主要由如下 4 个部分组成 (图 6-8): 请求解析器、属性查询和 SAML 令牌生成器.

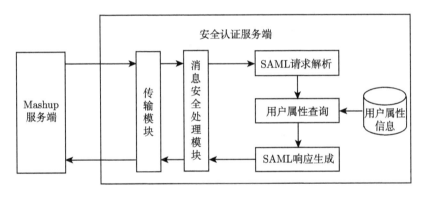

图 6-8 安全认证服务端结构图

(2) 安全认证服务端的处理流程如下.

a. Web 服务器接受到客户端传来的 HTTP 请求, 将其传送至中心的控制程序程序.

b. 中心的控制程序调用传输模块, 将该 HTTP 请求转换成包含 SAML 请求的 Document 对象 document.

c. 中心的控制程序调用消息安全处理模块处理该 doc, 通过使用中心与用户协商的密钥库进行解密和签名验证处理, 中心的安全服务将确信该请求消息来自合法的用户, 即验证了用户的身份, 以及请求消息的保密性和完整性. 经过安全处理后, 即得到还原后的 SAML 请求的 doc, 并将该 doc 转换成 SAMLRequest 对象.

d. 解析 SAMLRequest 对象, 从 SAMLRequest 所包含的 Query 对象中提取出其中所包含的用户要查询属性的名称, 从 SAMLRqeuest 对象中提取出用户名和属性名称,调用属性查询模块,根据用户名和属性名到用户信息库中查找并提取该用户的相关属性.

e. 生成 SAML 响应,以用户的主体对象 subject 和属性信息为参数生成 SAMLResponse 对象.

f. 控制程序将 SAMLResponse 对象转换成 SAML 响应的 doc,接着调用消息安全处理模块,使用中心安全服务端与目标服务端协商好的密钥库对该 doc 进行安全处理,形成安全的 SAML 令牌. 然后使用中心安全服务端与客户端协商好的密钥库对安全的 SAML 令牌再次进行安全处理.

g. 调用传输模块,将安全处理过的 XML 信息打包成 SOAP 消息发送至客户端.

5) 目标服务端的设计

(1) 目标服务端的结构.

目标服务端包括以下的子模块 (图 6-9):传输模块、消息安全处理模块、SAML 响应解析模块、权限查询模块、权限判断模块以及能提供用户所需事务处理功能的目标服务模块,为了实现 OAuth 功能,还实现了 OAuth 模块.

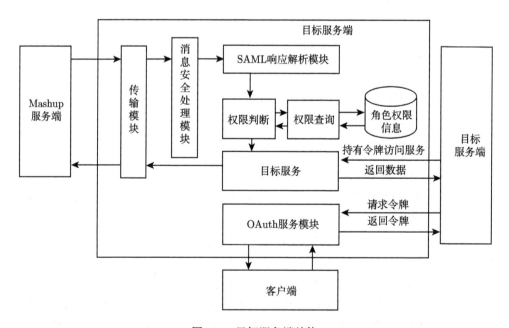

图 6-9 目标服务端结构

(2) 目标服务端的运行流程.

a. 目标服务端的控制程序调用传输模块将客户端传来的 HTTP 请求中的 XML

6.2 单点登录技术在身份认证中的应用

内容转换成文档对象 document. 请求包含指定服务的名称、参数和安全的 SAML 令牌.

b. 调用消息安全处理模块处理该 document. 通过使用中心安全服务端与目标服务端协商好的密钥库进行解密和签名验证处理, 目标服务站点将确信该 SAML 令牌由受信任的中心安全服务端产生, 这样也就间接地验证了用户的合法身份. 经过安全处理后, 得到还原后的表示 SAMLResponse 的 Document 对象.

c. 控制程序根据上述 Document 对象生成 SAMLResponse 对象, 然后对该对象进行解析, 从 SAMLReponse 对象中得到用户的属性值, 本系统中用户的属性就是用户的角色. 进一步将该用户名对照用户信息库查找该用户的相关信息, 取出该用户的属性信息.

d. 用户的角色被传递至基于角色的授权 (RBAC) 模块, 模块中的策略执行点 (PEP) 将角色发送给策略决定点 (PDP), 策略决定点模块根据用户的角色到角色权限信息库中查找用户的权限, 然后将权限信息返回至策略执行点, 策略执行点对该用户的权限进行判断, 如果用户具有权限, 则调用用户指定的目标服务系统中的服务.

e. 用户指定的 Web 服务对用户的参数进行处理, 然后将处理结果的 Document 对象直接传送至传输模块. 由于该处理结果中不包含用户的安全信息, 因此无须对其进行安全处理.

f. 传输模块将处理结果的 Document 对象直接打包成 SOAP 消息, 然后通过 Web 服务器发送至客户端.

g. 目标服务端 B 访问目标服务端 A, 请求未授权的 Request 令牌.

h. 目标服务端 A 同意目标服务端 B 的请求, 向其颁发未经用户授权的 Request 令牌和与其对应的令牌 Secret.

i. 目标服务端 B 请求用户授权的 Request 令牌, 请求带上上步拿到的未授权的令牌与其密钥.

j. 目标服务端 A 引导用户授权. 该过程可能会提示用户, 把哪些受保护的资源授权给第三方应用.

k. 请求令牌授权后, 目标服务端 B 拿到请求令牌去换取访问令牌.

l. 目标服务端 A 同意目标服务端 B 的请求, 向其颁发访问令牌与对应的密钥, 并返回给目标服务端 B.

m. 目标服务端使用上步返回的 Access 令牌访问用户授权的资源.

下面, 我们具体就目标服务端的权限查询模块 OAuth 模块做详细分析.

(3) 权限查询模块.

本系统中对用户的授权采用基于角色的授权方式. 授权部分主要由 PEP 和 PDP 组成. 在本系统中, PEP 是 Servlet 中的一个权限判断方法, 而 PDP 是一个以用户角色作为参数的角色权限信息查询类 RolePrivilegeLookup 的对象，该对象到存放在目标服务站点中的角色权限信息库中查找用户角色所具有的权限，如果查询结果表明用户所扮演的角色具有相应的权限，那么 PEP 才允许调用 Web 服务为用户提供服务。

(4) OAuth 模块。

OAuth 解决方案中用户、消费方及其服务提供方之间的三角关系：当用户需要 Consumer 为其提供某种服务时，该服务涉及需要从服务提供方获取该用户的保护资源。OAuth 保证：只有在用户显式授权的情况下，消费方才可以获取该用户的资源，并用来服务于该用户。

从宏观层次来看，OAuth 按以下方式工作。

　　a. 消费方与不同的服务提供方建立了关系。

　　b. 消费方共享一个密码短语或者是公钥给服务提供方，服务提供方使用该公钥来确认消费方的身份。

　　c. 消费方根据服务提供方将用户重定向到登录页面。

　　d. 该用户登录后告诉服务提供方该消费方访问他的保护资源是没问题的。

消费方应用的流程如下。

　　a. 向服务提供方请求 request_token。

　　b. 得到 request_token 后重定向服务提供方的授权页面。

　　c. 如果用户选择授权，用 request_token 向服务商请求换取 access_token。得到 access_token 等信息访问受限资源。

而服务提供方相应的响应如下。

　　a. 创建 request_令牌返回给应用。

　　b. 询问用户是否授权此应用。如果用户授权重定向用户至消费方页面。

　　c. 创建 access_令牌并返回给应用。

　　d. 响应受限资源请求并返回相关信息。

以上，我们对提出的基于 SAML 的单点登录系统进行了详细介绍，并给出了其各个模块的具体设计。我们所设计的单点登录系统具备了标准性、平台中立性和可移植性，可为不同的安全系统提供一个通用的单点登录框架。限于篇幅，具体实现中用到的资源和类的定义请参见文献 [19]。

5. 方案小结

本方案针对 Mashup 中提供服务的处于多个不同域中的目标服务之间无法跨越协同认证的问题，提出了基于 SAML 的单点登录模型。对用于跨域交换身份验证和授权信息的标准规范——SAML 进行了详细研究的基础上，着重对基于 SAML 的两种典型的单点登录模型进行了深入的比较和分析，针对这两种模型的运行流程较为复杂等不足之处,结合基于 PKI 的 XML 安全技术这种 Web 服务间消息保护和验证机制的研究,通过综合使用 XML 签名、XML 加密和添加标识符信息等技术,进一步提出了单点登录系统中端到端的安全信息传输方案. 考虑到 Mashup 的客户端模型,为了使不同的 Web 服务能够在不触及用户账户信息的情况下互相访问,我们提出了基于 OAuth 的认证服务方案. 使得整个单点登录模型灵活、安全.

6.2.2 移动互联网中的单点登录

传统互联网中,用户信息和账号信息分散在不同的网络站点上,易用性低、安全运维成本较高. 联合身份管理正是用来解决将一个实体的多个身份或账号信息联合管理和维护的问题. 作为移动通信网和传统互联网的结合,移动互联网络中存在着与传统互联网中类似的问题——对每个业务用户都须进行身份信息(包括像用户名、密码等基本身份信息,还有姓名、爱好等高级身份关联信息)注册方能使用. 而在使用业务过程中,因为业务间切换而不得不多次输入用户名密码进行不断的认证和授权. 移动互联网中业务多样性也迫使用户为使用业务而不得不维护在网络中的所有身份信息. 此外,移动互联网终端屏幕偏小、处理能力较弱也使得用户在申请每个业务时都填写一次用户信息,或在使用移动互联网访问业务时需反复输入用户名、密码产生极大的不便,多次输入也很容易带来安全问题,并可能最终导致用户放弃对该业务的使用,影响移动互联网向前发展.

因此,在融合的移动互联网服务环境中如何提供一种身份基础设施[30],在跨网、跨业务中建立可靠的身份认证和用户信息的共享服务[31],提高业务使用便利性,提升用户服务体验及身份信息安全性,是移动互联网安全稳定发展的一个重要研究方向. 如基于短信的多系统单点登录 (Single Sign On, SSO) 中对后端认证技术的需求就是一个很好的案例.

1. *移动互联网身份管理的三要素*

移动互联网身份管理体系 (Mobile Identity Management 体系, MIDM 体系) 的三要素是移动用户 User、身份信息提供方 IDP(Identifier Provider) 和服务提供方 SP(Service Provider).

(1) 移动用户 User   用户是指使用移动终端访问移动互联网上各种服务的移动主体. 用户是服务提供商业性服务的消费者,也是身份信息提供方身份服务的消费者. 移动互联网身份管理体系中,在各个要素间流动的是 User 所提供的用户信息——基本身份信息和身份关联信息. 基本身份信息通常用于身份认证,认证目的是鉴别用户在业务应用中所处的角色地位,据此来限定用户对各业务的访问权限;身份关联信息,用于为用户提供及时、个性化、高体验的服务. 用户会根据对业务的信任度,开放不同种类和数量的用户信息给业务使用. 总而言之,在业务使用过程中,用户和 SP 间的信任是双向的.

(2) 服务提供方 SP　SP 是指移动互联网上为移动用户提供服务的服务提供方,它提供各种服务供用户使用,它是 IDP 用户身份信息的消费者.

(3) 身份信息提供方 IDP　IDP 作为用户信息服务提供商和移动互联网身份管理的核心,可作为可信方和其用户的代理. 一方面, IDP 为用户提供身份服务, 例如接受用户的注册请求, 对用户身份信息进行验证; 同时, IDP 也接受来自 SP 的认证请求, 对用户身份合法性进行认证, 然后 SP 再为用户提供相关应用服务. 特别提出的是, IDP 通过为用户提供用户信息隐私等级评定以及为 SP 提供信任等级评定, 最终实现对 SP 访问用户信息的管理.

2. 移动互联网身份管理的主要功能

移动互联网身份管理体系所提供的功能主要包括身份联合、单点登录以及统一访问三部分.

建立信任关系和信任域是进行身份联合、实现 SSO 和统一访问的基础. 移动互联网身份管理体系中的信任关系包括两种: 一种是 SP 与 IDP 之间的信任关系, 它通过协商或按两者之间相关的协议及其扩展建立, 而信任域是通过 SP 与 IDP 之间建立的信任关系而形成的信任区域. 在统一认证过程中, 在 SP 和 IDP 之间建立信任关系以后, SP 才能进一步确认 IDP 提供的用户身份信息的真实性, 进一步为用户提供相关服务. 另一种是 User 和 SP 之间的信任关系, 它体现了 User 对 SP 所开放用户信息的种类以及数量的程度. User 可以通过参考 SP 与 IDP 之间所形成的信任关系的程度来生成 User 和 SP 之间的信任关系.

1) 身份联合

身份联合是单点登录和统一访问的基础[32]. 建立信任关系和信任域后, 用户就可以把自己在该信任域中的相关账号全部联合起来. 也就是说, 用户第一次进入该信任域时, 系统就会自动核实该用户的个人信息和权限信息, 并提供给用户在此信任域中可以进行身份联合的相关其他站点信息由用户来选择联合方式和对象[33]. 各个 IDP 和 SP 之间会建立确定的关系, 在用户身份联合完成后, 就可以成立一个明确的信任关系或信任链, 此后用户也可选择对未联合的站点进行联合或对已联合的站点解除联合.

身份联合完成之后, 用户就可以安全地在各个原本孤立的 SP 或 IDP 间自由地进行切换 (单点登录) 和对用户信息进行统一访问. 联合身份管理可以把用户、SP 和 IDP 无缝地连接起来[34].

2) 单点登录

有关单点登陆的概念我们在前一小节, 关于 Web 应用的单点问题研究中, 已经有过详细的论述. 此处省略.

3) 统一访问

统一访问在进行身份联合和单点登录后，就可做到对用户信息的"一处填写，多处使用"。它实现了对用户信息在开放网络环境下使用的保护和管理。

从用户视角看，用户成功登录到信任域的某个 SP 后，即便需要使用不存在于本地数据库中的用户信息时，SP 也可以在不打扰用户的情况下完成服务。因为在之前信任关系的建立过程中已经将 User 对特定 SP 的信息暴露程度（也即信任等级）进行了协商，故而 SP 只需在后台向 IDP 请求用户信息，如果 User 和 SP 之间的信任关系允许该 SP 使用所请求的用户信息，那么用户信息被返回，服务成功完成；如果两者间的信任关系不允许 SP 使用该用户信息，那么服务将返回失败并终止自身的执行。

本节，我们将向读者简要介绍两类面向移动互联网应用的单点登录方案，一是通过建立信任链实现虚拟的身份联盟，一是服务器和客户端间的时钟同步需要遵循基于时戳的单点登录机制。

6.2.2.1 一种实现虚拟身份联盟的机制

1. 方案背景

大企业部署了越来越多的 IT 系统和应用，用户不得不在访问这些应用前在多系统中进行认证。由于这些系统都有他们自己的用户管理和认证机制，因此用户必须记住许多用户 ID 和密码，这对于用户是非常烦恼和不便的。

单点登录 (SSO) 技术把所有系统集成在一个认证平台上，用户只需要在访问多系统前仅经过一次认证。在企业规模越来越大、相互合作越来越多的今天，有必要实现一种具备跨多个安全域和互联网域的工作能力的认证系统。跨域单点登录和联盟单点登录概念的提出就是为了实现这种跨域认证和授权。

许多产品通过采用自己的跨域机制来支持单点登录的跨域，或者通过支持标准认证协议（例如 SAML）支持不同产品之间的互操作。同时，许多不支持跨域认证的传统认证平台也已部署在一些组织中。这些组织如今经常需要与其他组织实现单点登录。

许多对旧认证平台的修改必须被引导去支持跨域单点登录。为达到这个目的，本方案提出通过建立信任链实现虚拟的身份联盟。

2. 基础知识

首先回顾一下一些常见的认证协议以及常见的单点登录平台。

1) 常见的认证协议
- 远程访问拨号用户服务 (RADIUS)[35] 远程访问拨号用户服务是一种针对拨号或者因特网访问广泛使用的认证协议，是基于用户 ID/密码信息或者挑战/响应方法。如今 RADIUS 已成为 ISP 的一个标准机制，用以认证网络访问用户，一个中心 RADIUS 服务器用以支持认证服务。
- Kerberos 是一种面向分布式系统的认证协议[36-38] 它定义了一个基于一种共享秘密方法的可提供认证服务的密钥分发中心。一个密钥分发中心授权用户访问应用，从一个应用服务到另一个服务可选的委托访问，以及各组密钥分发中心间的域间信任关系。Kerberos 在微软跨域认证方案和分布式计算环境的分布中是不可或缺的。
- 安全断言标记语言 (SAML) 安全断言标记语言是针对安全域间交换认证和授权数据的一种分布式认证标准。安全断言标记语言允许松耦合安全域的联盟认证和异构系统以及认证方法。越来越多的认证系统支持 SAML 来增强跨域认证。

2) 常见的单点登录平台
- 微软 Windows Live ID[39] Windows Live ID (早前命名.NET Passport) 提供了一组套件用于跨域多种设备和应用的认证方法。用户通过与他们的账户信息的相互作用在所有网站应用中识别自身。单点登录服务通过允许他们创建一套单一的凭证来为用户提供认证。这些凭证可使他们随后登入支持 Windows Live ID 服务的任何网站。
- 自由联盟[40] 广泛的行业推动自由联盟项目去实现基于开放架构的联盟网络身份识别和单点登录，该项目基于一个开放架构，它将改进用户体验并使跨域认证更加便利。
- 委托 GetAccess[41] 委托 GetAccess 使用两种方法提供多域认证：一种是为包括认证、授权、会话管理、实时撤销和单点退出等所有功能使用一个主要/次要域框架；另一种是通过支持 SAML 标准来提供跨网站的互操作。
- SAP 企业入口单点登录[42] SAP 的企业入口提供基于用户名和密码的单点登录或者通过外部认证机制证明。外部机制从入口服务器核实登录信息，然后返回一个认证的用户 ID 给入口服务器。随后入口服务器给外部用户名发布一个登录票据，用户在持此票据可访问的所有应用中进行单点登录。非 SAP 应用可通过使用一个特殊程序库作为入口基础设施的一部分来验证票据。
- IBM WebSphere 的单点登录[43] WebSphere 门户服务器提供基于用户名/密码或证书的认证和单点登录。门户服务器转发登录信息给认证代理服务器（例如 WebSphere 应用服务器安全性），认证代理服务器可通过它的信任联盟拦截接口与 WebSphere 应用服务器集成。这就给 WebSphere 入口服务器提供了一个安全和统一的界面。该代理存储与用户身份相关的信息：用户 ID、口令、包含令牌的凭据、CORBA 凭证等。这些凭证通过一个标准的

JAAS 应用程序接口来为门户系统所用,所以它们可通过直达后端应用来实现单点登录.

3. **方案设计**

跨多个域实现单点登录有两种方法:一个是联盟单点登录;另一个是跨域单点登录. 联盟单点登录定义了身份联盟,用以对在多个域上的服务提供者和身份提供者实施单点登录. 跨域单点登录采用安全断言标记语言 (SAML),通过一个策略代理来支持单点登录,自由联盟是许多行业领导者支持的一种标准,用来实施联盟和单点登录扩展到 SAML.

对于部署在网络中的非联盟认证平台,需要更多关注支持跨域单点登录,这是由于令牌格式对于开发者可能是未知的 (除原始提供商). 这里提出一种基于信任链的跨域认证系统,它不仅支持一个联盟单点登录域和一个非联盟单点登录域集成为一个虚拟身份联盟,同时也在非联盟单点登录安全域之间实施一个虚拟身份联盟. 此系统不需要修改旧的认证平台,并且几乎不需要认证平台的相关知识.

下面介绍方案设计流程.

(1) 虚拟身份联盟系统.

一个非联盟域和一个联盟域之间的虚拟身份联盟系统包括:一个虚拟联盟服务器、一个信任代理和一个基于旧的非联盟认证系统的令牌适配器. 这个系统将管理旧令牌 (由旧认证系统发布) 和新令牌. 新令牌符合联盟令牌的格式并由虚拟联盟服务器发布. 当令牌适配器替代旧令牌并管理旧令牌和新令牌的映射表后,用户将在认证中心确认自己身份后收到一个新令牌. 当用户在本地域访问应用时,新令牌将替代旧令牌并发送到本地认证中心通过令牌适配器认证,然后用户将直接用新令牌访问联盟域.

一个信任代理用于建立一个本地认证中心 (旧认证中心) 和虚拟联盟服务器之间的信任关系,信任代理以嗅探模式在本地认证中心工作,并在令牌被发送时获得它. 本地认证中心的信任代理计算令牌的签名,并直接将它发送到虚拟联盟服务器的信任代理. 虚拟联盟服务器的信任代理通过签名认证令牌,其后让虚拟联盟服务器发布新的令牌. 这个方案中未具体描述令牌的保护措施,这里假设令牌被完全安全的措施保护,如签名和加密.

(2) 建立令牌信任链.

在一个非联盟域和一个联盟域之间实施单点登录,必须在它们之间建立一个信任关系. 在一个联盟的单点登录方案中,联盟服务器可以利用基于 PKI 的签名或交互验证协议来认证其他域中的认证中心发布的令牌. 在此系统中,PKI 或者交互验证协议用来实施虚拟联盟服务器和其他域中联盟服务器之间的信任关系. 本方案提出的建立令牌信任链的方法是在本地认证中心和虚拟联盟服务器间实施信任关系，并用一个有效的验证协议来签名和验证令牌，令牌的签名不随令牌转移，它通过其他通信渠道发送，这样避免修改本地认证中心使用的原先协议。

这个新的验证协议假设在本地认证中心和虚拟联盟服务器中的信任代理之间存在一个共享密钥，这一共享密钥已经通过分布式共享对称密钥或 PKI 密钥对来预先手动建立。假设一个对称密钥 "k" 在两个信任代理间预共享，协议包括三个阶段：开始阶段和令牌发布阶段以及随机种子更新。

a. 开始阶段。

在开始阶段，两个信任代理通过加密通信交换一个随机秘密种子 "R" 和对称密钥 "k"。它们都由随机数 "R" 生成一个 Hash 链 $H^{(1)}(R), H^{(2)}(R), H^{(3)}(R), \cdots, H^{(n-1)}(R), H^{(n)}(R)$。这里的 $H^{(n)}(R)$ 用来计算 n 次 Hash 运算。对第一个令牌，令牌的签名由以下公式计算：

$$MAC = H\left(Token \left\| AgentID \right\| n \left\| H^{(1)}(R) \right.\right).$$

对第 n 个令牌，令牌签名是

$$MAC = H\left(Token \left\| AgentID \right\| n \left\| H^{(n)}(R) \right.\right).$$

其中 $AgentID$ 是信任代理的 ID。MAC 作为签名将从本地认证中心直接发送到虚拟身份联盟服务器。

b. 令牌请求阶段。

当用户请求一个单点登录令牌时，令牌适配器将代表用户从本地认证中心请求单点登录令牌，本地认证中心发布一个旧令牌给令牌适配器，信任代理通过嗅探模式识别令牌并计算令牌的签名，令牌签名被发送到虚拟联盟服务器的信任代理。随后令牌适配器将旧令牌发送给虚拟联盟服务器，其信任代理将利用令牌签名验证令牌。如果令牌合法，虚拟联盟服务器将收到通知，发布一个新联盟令牌给令牌适配器。新令牌服从于身份联盟中使用的联盟令牌。用户将收到一个来自令牌适配器的新令牌。

c. 随机种子更新。

当 n 次 Hash 链运算之后，基于安全原因随机种子必须更新。n 由安全策略决定。两个信任代理为了更新随机种子都会重复开始阶段。

此协议中的密钥协商过程与 EKE 协议（加密密钥交换协议）相似。但在此协议中，共享密钥仅在开始阶段和随机种子更新阶段交换随机数 "R" 时才会用到。在第 n 次会话中，"R" 作为一个会话密钥进行了 n 次 Hash 运算。通过字典攻击从 "R" 或共享密钥得到信息是困难的，所以它比 EKE 协议更安全。

(3) 虚拟身份联盟的单点登录中的令牌管理.

如图 6-10 所示, 当用户收到新令牌后, 令牌适配器将维持一个新旧令牌的映射列表. 当用户用新令牌访问本地应用时, 新令牌将被发送给认证代理用于确认. 认证代理中的令牌适配器将截取新令牌并用旧令牌代替它, 然后认证代理服务器转发确认消息给本地认证中心, 本地认证中心验证令牌并返回结果, 认证代理转发结果给应用服务器.

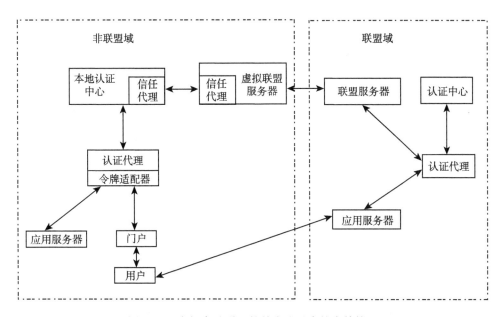

图 6-10 虚拟身份联盟的单点登录中的令牌管理

当用户访问其他联盟域的应用时, 令牌可以通过两种方式验证. 如果令牌用基于 PKI 体系签名, 并且联盟域上的联盟服务器知道虚拟联盟服务器的公钥, 则联盟服务器可以直接验证令牌. 如果令牌没有被签名或者联盟服务器不知道虚拟联盟服务器的公钥, 则联盟服务器转发令牌给虚拟联盟服务器来验证.

(4) 实现过程举例.

虚拟联盟服务器被部署用于发布新令牌和跨域验证. 令牌适配器配合认证代理安装, 用于令牌请求和令牌管理. 本地认证中心和虚拟联盟服务器中的信任代理用于建立一条信任链和验证旧令牌. 两个信任代理之间预共享一个对称密钥.

a. 开始阶段.

如图 6-11 所示. 本地认证中心的信任代理 ($TA\text{-}LAC$) 生成一个随机数 R, 并用代理的 $ID(AgentID1)$ 和 R 计算 $MAC1$, 然后将 $AgentID1$、R 和 $MAC1$ 连成

一个串. 用共享密钥 k 加密这些值, 并用一个消息头将它们封在消息中, 形如:

$$MsgHeader \| E_k(AgentID1 \| R \| MAC1).$$

这个消息被发送到虚拟联盟服务器的信任代理 $(TA\text{-}VFS)$

$$TA\text{-}LAC \rightarrow TA\text{-}VFS : MsgHeader \| E_k(AgentID1 \| R \| MAC1).$$

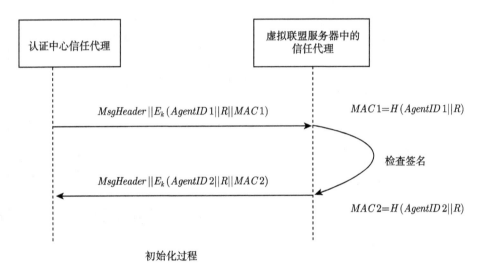

图 6-11　虚拟身份联盟系统开始阶段

在收到消息之后, 虚拟联盟服务器中的信任代理解密消息并检查 $MAC1$. 如果合法, 将返回一个包含 $MAC2 = H(AgentID2 \| R)$ 的响应. 如果响应被验证是合法的, 那么开始阶段就成功了.

$$TA\text{-}VFS \rightarrow TA\text{-}LAC : MsgHeader \| E_k(AgentID2 \| R \| MAC2).$$

b. 请求一个单点登录令牌的过程.

如图 6-12 所示. 用户通过发送认证材料来请求认证代理进行认证. 本地认证中心在认证后为用户发布一个旧令牌. 本地认证中心的信任代理收到令牌并计算该令牌的签名: $MAC = H(Token \| AgentID \| n \| H^{(n)}(R))$. 本地认证中心的信任代理发送 $MsgHeader \| Token \| AgentID \| n \| MAC$ 给虚拟联盟服务器中的信任代理. 后者检查签名 MAC, 如果确认是合法的, 则将令牌和签名存储在一个临时表格中. 当虚拟联盟服务器中的信任代理从认证代理中的令牌适配器收到旧令牌后, 它通过临时令牌表来验证令牌的有效性.

6.2 单点登录技术在身份认证中的应用

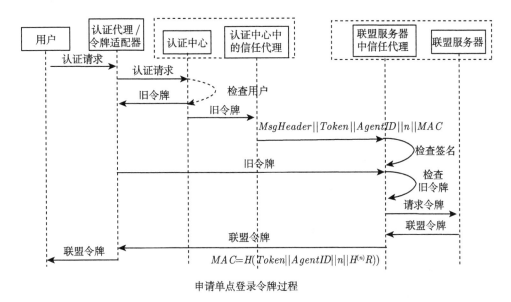

申请单点登录令牌过程

图 6-12 申请单点登录令牌的过程

4. 安全性分析

本方案设计了一个信任代理,用于建立一个本地认证中心和虚拟联盟服务器之间的信任关系.信任代理以嗅探模式在本地认证中心运作,并在被发送时得到令牌,本地认证中心的信任代理计算令牌的签名,并直接发送它到虚拟联盟服务器的信任代理,从而安全实现基于信任令牌链的虚拟联邦身份认证.

虚拟联盟服务器的信任代理通过签名认证令牌,并在其后让虚拟联盟服务器发布新的令牌.

在本方案中,令牌的保护措施没有具体描述,可以采用通用的安全措施和安全协议进行保护,如混合密钥体制或通用认证体制等.

5. 方案小结

本节从移动互联网身份管理安全的角度,重点阐述了身份联合和单点登录的安全问题,分别提出了关于身份联盟和单点登录的安全机制和协议.

本节提出了一种实现虚拟身份联盟的机制,此机制在一个非联盟域和一个联盟域或者两个非联盟域之间实施一个虚拟身份联盟.它对已有旧的认证系统的修改非常少.因为令牌适配器提供了一个完整的令牌管理所以用户端和本地应用不需要任何修改.因为信任代理以嗅探模式工作并自动得到发送的令牌,所以本地认证中心也不需要任何更新.对用户来说,通过这种单点登录方式,是否访问了本地应用或者是否跨域的边界访问了远程应用是很透明的,这是由于令牌适配器很好地管理了新旧令牌, 因而改善了用户体验.

6.2.2.2 一种无时钟同步的安全单点登录协议

为保障单点登录过程的安全, 单点登录协议通常使用一个时戳来阻止重放攻击, 服务器和客户端间的时钟同步需要遵循基于时戳的单点登录机制. 在实际中, 保持使用中的服务器和客户端的时钟同步是很困难的, 所以本节设计了一种单点登录协议, 不要求服务器与客户端的时钟同步仍能阻止重放攻击.

1. 方案背景

当用户想登录进不同服务器或系统, 而每个都有其自己的硬件平台、操作系统和认证类型时, 可以对用户施用单点登录 SSO 机制. 在单点登录机制下, 用户可能只需要输入一次用户名和密码就可以登入一些不同的服务器或者系统.

目前已提出了许多方法来为用户实现单点登录, 一般来说这些方法可以分为两类: 密码同步 (或密码数据库) 和票据.

密码同步基于用一个密码访问多重系统的方法. 密码数据库基于用一个数据库来存储对应于多重系统的多重密码的方法. 用户通过输入主密码访问所有系统, 其间单点登录模块在数据库中检查给定系统的密码. 这一类中的单点登录方法是不安全的, 它们不能阻止窃听和重放攻击.

基于票据法的单点登录更安全. 其中, Kerberos[43-45] 是著名的单点登录协议. Kerberos 建立了对称密码学, 允许个体通过一种安全方式在一个不安全的网络中通信. Kerberos 可以通过使用票据中的时间戳 (Timestamp)[46] 来阻止重放攻击, Kerberos 配置要求相应的服务器和客户端间的时钟同步.

2. 方案设计

为更好地说明本节提出的单点登录协议, 假设网络环境如图 6-13 所示.

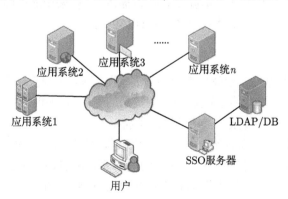

图 6-13 单点登录网络环境示意图

6.2 单点登录技术在身份认证中的应用

在图 6-13 中, 当一个用户想登入一些不同的应用系统并且这些应用系统在相同或不同的专用网中, 在相同或不同的子网中, 那么本节提出的单点登录的协议就可以配置在这个网络环境中.

(1) 用户单点登录的一般过程描述如下.

步骤 1　用户请求登入一个应用系统 (例如 App 系统 1), 这是用户单点登录过程的开始.

步骤 2　用户通过某种类型的认证方法 (例如用户名和密码认证或证书) 被应用系统认证. 本方案提出的单点登录方法是独立于应用系统的认证方法的.

步骤 3　在用户认证成功后, 应用系统为该用户发布一个应用票据 (称作 Ticket_1) 来代表这个用户的身份. 应用系统发送这个生成的票据 (Ticket_1) 到单点登录服务器, 并请求其为用户分配一个单点登录票据 (称作 Ticket_2). 应用票据和单点登录票据的内容在后面详述.

步骤 4　单点登录服务器分析收到的应用票据 (Ticket_1), 并得到该用户的身份, 然后生成单点登录票据 (Ticket_ 2) 并发送单点登录票据给相应的应用系统.

步骤 5　应用系统收到单点登录票据, 并从票据中的 "票据创建时间" 区域得到单点登录服务器的系统时间 (T_{sso1}). App 系统 1 计算单点登录服务器和 App 系统 1 上的系统时间的差值 (ΔT): $\Delta T = T_{sso1} - T_{app1,1}$, 其中 $T_{app1,1}$ 是在时间线 1 时的 App 系统 1 的系统时间.

步骤 6　然后用户通过点击应用系统页面上的超链接来请求登入其他应用系统 (例如 App 系统 2).

步骤 7　App 系统 1 发送用户登入请求给 App 系统 2, 并将用户的单点登录票据携带在请求中, 一个时戳 T_{ts1} 也在该请求中. $T_{ts1} = T_{app1,2} + (T_{sso1} - T_{app1,1})$, 其中 $T_{app1,2}$ 为 App 系统 1 在时间线 2 时的系统时间.

步骤 8　App 系统 2 收到请求, 并希望单点登录服务器证实单点登录票据和时戳 T_{ts1} 的有效性.

步骤 9　单点登录服务器分析单点登录票据, 并证实用户身份和权利. 然后将时戳 T_{ts1} 与本地系统时间 T_{sso2} 比较.

- 如果 $|(T_{ts1} - T_{sso2})| \leqslant \delta$, 则用户请求被视为有效, 单点登录服务器返回 "成功" 给 App 系统 2. 用户成功登入 App 系统 2.
- 否则, 用户请求被视为无效, 单点登录服务器返回 "失败" 给 App 系统 2. 用户登入 App 系统 2 失败.

步骤 10　如果用户在 App 系统 1 的页面上点击其他应用系统的超链接, 单点登录过程与步骤 7 到步骤 9 的过程相似.

如上所述, 本方案中的单点登录方法基于如下关键点: 因为利用了应用系统和单点登录服务器之间的时间差概念, 因此服务器间的时间同步对于阻止重放攻击就不是必需条件了.

(2) 流程表.

单点登录过程包含两个阶段：单点登录票据应用 (图 6-14) 和单点登录票据验证 (图 6-15).

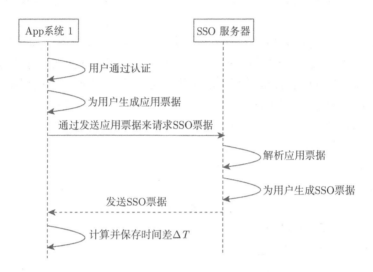

图 6-14　单点登录票据应用阶段流程图

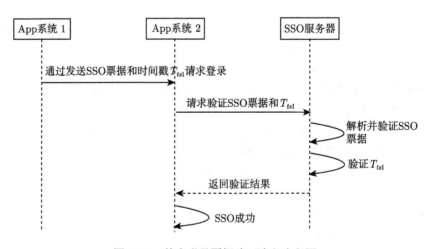

图 6-15　单点登录票据验证阶段流程图

(3) 票据内容.

协议中相关的票据内容我们在表 6-1 和表 6-2 中列出.

6.2 单点登录技术在身份认证中的应用

表 6-1 应用票据内容

用户身份: 用户名、用户 ID 和 ……
应用系统信息 (发起者): 应用名、IP 地址和 ……
票据创建时间
票据到期时间
其他

表 6-2 单点登录票据内容

用户身份: 用户名、用户 ID 和 ……
用户权限: 用户有权限访问的应用系统清单
应用系统信息 (发起者): 应用名、IP 地址和 ……
票据创建时间
票据到期时间
其他

在应用票据中,"票据创建时间"和"票据到期时间"区域指定了该票据的有效期. 一般来说, 应用票据的有效期可以是几个小时, 例如一个工作日的 8 小时.

在单点登录票据中,"用户权限"区域列出用户有权限访问的所有应用系统, 以满足不同用户拥有不同权限的要求. 与应用票据相同, 单点登录票据的有效期一般可以是几小时.

3. 安全性分析

本方案和协议的设计中, 因为利用了应用系统和单点登录服务器之间的时间差概念, 在不要求服务器和客户端进行时钟同步的情况下仍能保证防止重放攻击; 另外, 在票据的设计中, 关于票据创建时间和票据到期时间都可根据安全性和效率要求进行调整; 票据中的用户权限区域列出用户有权限访问的所有应用系统, 以满足不同用户拥有不同权限的要求.

4. 具体应用实例

考虑一个典型的企业内网环境, 如图 6-16 所示.

本方案中的单点登录方法是部署在上述网络环境中的, 在这个环境中, 应用系统 (门户网站、办公自动化、ERP 和其他) 支持相应的单点登录功能, 单点登录服务器负责单点登录票据的生成和验证. 假设门户网站和单点登录服务器的时间差在给定时间是 1 分钟 (60 秒).

用户在第一次访问门户系统时通过输入正确的用户名和密码来通过认证. 门户为用户生成一个应用票据来表示用户已通过认证程序, 门户发送生成的应用票据给单点登录服务器用以申请一个单点登录票据, 单点登录服务器分析应用票据得到用户身份,然后单点登录服务器在轻量级目录访问协议/数据库(用户信息存储在这里)中验证用户身份。当验证成功,单点登录服务器为用户生成单点登录票据,并发送这个票据给门户。门户收到单点登录票据并计算自己和单点登录服务器的时间差:

$$\Delta T = T_{sso1} - T_{app1,1}$$
$$= 257469871023 - 257469871083$$
$$= -60s,$$

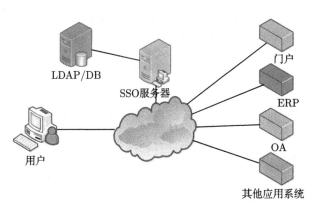

图 6-16　典型企业实施单点登录的内网环境

然后用户点击门户页面的链接访问"办公自动化"系统。单点登录票据和时戳 T_{ts1} 被放入 URL 中并发送给"办公自动化"系统。时戳的计算如下:

$$T_{ts1} = T_{app1,2} + (T_{sso1} - T_{app1,1})$$
$$= 257469871394 + (-60)$$
$$= 257469871334.$$

"办公自动化"系统收到单点登录票据和时戳,并请求单点登录服务器验证它们。单点登录服务器验证单点登录票据的有效性,然后检查时戳是否有效(δ 设为 300s):

$$|(T_{ts1} - T_{sso2})| = |257469871334 - 257469871333 = 1| < 300.$$

当单点登录票据和时戳均有效时,单点登录服务器返回"成功"的结果给"办公自动化"系统。"办公自动化"收到结果后允许用户访问。

5. 方案小结

本节从移动互联网身份管理安全的角度,重点阐述了身份联合和单点登录的安全问题,分别提出了关于身份联盟和单点登录的安全机制和协议。

本节提出的不带时钟同步的单点登录协议，在没有时钟同步情况下仍能阻止重放攻击。单点登录服务器比较请求中的时戳和本地系统的时间，如果差值不超过预定义的门限值，则单点登录请求被视为有效；否则，单点登录请求视为超时。这种机制可以阻止重放攻击。在此方法中，相关服务器和设备之间的时钟同步不是必需的。单点登录服务器和相应的应用系统之间的时间差是用来使单点登录方法摆脱使用中的服务器间的时钟同步的，因此这种单点登录方法很容易部署。

6.2.3 支持多模式应用的跨域认证方案

迄今为止，大多数的跨域认证方案均建立在以上单点登录的方案和标准之上。本节，针对跨域认证的问题，我们提出了基于中间件的跨域认证通用模型，该模型可兼容多种业务系统和不同的认证方式，对客户端采用了安全 Cookie 技术和 COM 技术以支持多模式的业务应用。对跨域认证通用模型的设计，采取认证、授权、鉴权、审计相分离的思路，对域间的认证采用不同的信任模式来处理。

1. 方案背景

当前单点登录方案的研究热点主要集中在安全可靠的实现方法、针对多模式应用 (即包括 C/S 业务和 B/S 业务) 应用系统、跨域支持等制定完善的集成单点登录策略以便更好地服务于业务系统。简而言之，要求方案具有通用性、扩展性，且能支持多种登录方式，从而更为有效地与应用系统集成。

文献 [47] 的作者提出了基于 Portal 的集中身份认证平台。该平台要求用户首先登录 Portal，然后选择目标业务系统访问。对于 B/S 业务，使用 Web 代理实现访问控制；对于 C/S 业务，则登录 Portal 之后将业务信息写入 Cookie 里面，供将来 B/S 业务登录时判断。不足之处是没有考虑 B/S 业务登录之后如何实现 C/S 客户端直接登录业务，没有彻底解决混合单点登录的问题。

文献 [48] 的作者提出了基于 PKI/PMI 的多域单点登录模型。该模型采用了将 PKC 和 AC 结合的方法，使系统具有强身份认证和灵活授权的特性。不足之处是没有针对 B/S 业务或 C/S 业务来讨论如何实现单点登录。

目前单点登录的主要标准有微软的 Windows Passport 和 Sun 领导下的 Liberty。如文献 [49] 的作者认为的那样，Windows Passport 在可用性、兼容性、安全性方面有明显的缺陷，而该方案要求用户集中存储在微软的认证中心则是其中的一个硬伤，无法与其他认证系统相互认证，Liberty 则主要限制于用户名口令认证。在该文中，作者提出了基于 Ticket 兼容多种身份认证方式的单点登录方案，该方案仅适用于 B/S 业务。

文献 [50] 的作者提出了一种方案，该方案将秘密信息以 XML 格式写在电子钥匙里面，然后采用自动登录窗口的方法登录业务系统，该系统可以是 C/S 和 B/S

系统. 该方案有如下三点不足: 其一, 依赖于介质电子钥匙, 该介质里面存储的数据的安全性如何保证, 该论文并没有证明, 此为一隐患. 其二, 一旦电子钥匙丢失或者损坏, 里面的数据如何废除、恢复、重写, 很难安全妥善处理. 其三, C/S 登录的过程靠读取程序窗口的句柄获取登录窗口的信息为非通用做法, 很多 C/S 系统的程序并不能够获取到窗口信息.

综上所述, 以往单点登录的方案更多地要么仅适用于 B/S 业务, 要么适用于 C/S 业务, 很少出现支持混合应用的 SSO 方案. 解决混合应用的 SSO 方案采用的方法要么不完善要么不通用.

本节提出的 SSO 方案将采用较为通用的方法, 来解决多认证方式多模式跨域的问题.

2. 准备工作

基本的基础知识, 例如 SAML 标准和单点登录的基础概念等, 我们在之前的方案中已经有过详细的介绍, 此处不再赘述. 若在后面的方案中有提及, 读者们则可以参考本章之前小节的 "基础知识" 部分. 但是本方案提出了一个新的概念, 在此需要向读者说明. 那就是集中认证鉴权审计中间件.

集中认证鉴权审计中间件主要处理认证、鉴权和审计的系统操作和需求, 该中间件可部署于多种硬件和操作系统平台, 对不同的网络、认证方式和授权系统均提供透明的应用或服务. 该中间件支持标准的协议如 SAML 跨域认证, 提供标准的接口与不同模式的业务系统交互.

该中间件包含一系列的组件, 处理客户端的连接以及业务系统请求, 按照一定的策略对权限进行访问控制, 同时对用户的操作审计. 该中间件可通过配置来兼容不同的认证方式、授权系统、跨域方式, 能处理不同的信任关系与另一个域进行跨域认证.

采用该中间件的最大好处就是上层应用, 如各类业务系统只要按照统一的接口就可以接入认证鉴权审计平台. 对各种用户而言, 可以根据需要切换不同的认证方式如口令、电子证书和指纹等, 而且可以采用通用的管理策略, 所有的操作均由中间件进行统一的审计.

集中认证鉴权审计中间件的组成如图 6-17 所示.

该中间件包括如下组件.

1) 跨域处理

跨域处理主要针对不同的域, 调用多个不同的跨域 IDP(Identity Provider, 身份提供者) 按照标准的格式 SAML 封装跨域认证的数据, 对其进行访问控制. 既可以将本域用户的权限等认证信息发送到另一个域, 也可以处理另一个域用户的权限请求.

6.2 单点登录技术在身份认证中的应用

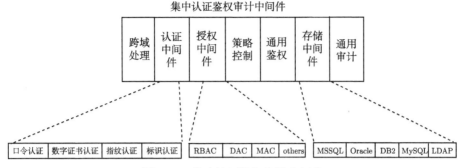

图 6-17 集中认证鉴权审计中间件

2) 认证中间件

认证中间件可以处理多个不同的认证系统,根据统一的策略可以采用由用户选择认证方式,如口令认证、数字证书认证、指纹认证、基于身份标识认证等,认证中间件根据用户选择的结果选择对应的认证系统来进行认证,也可以采用指定的方式对用户进行指定认证,不同的用户只能采用某一种或者某几种认证方式。

3) 授权中间件

授权中间件可以处理多个不同的授权模型,根据业务系统的需要对某个业务系统或者用户采用某种授权策略,如 RBAC、DAC、MAC 等,也可以采用自定义的授权系统。

4) 存储中间件

存储中间件可以处理多个不同的存储介质,如不同种类和不同版本的数据库(例如:MS SQL Server、Oracle、DB2、MySQL、LDAP(Light Weight Directory Access Protocol、轻量级目录服务))、文件系统 (本地/分布式)。从功能的角度考虑,存储中间件需要存储四类数据:用户及授权数据、授权发布数据、审计数据、其他集中认证鉴权审计中间件数据。

5) 策略控制

对不同的子中间件:认证、授权、存储等采取多种策略进行控制。

6) 通用鉴权

针对不同的授权方式,采用统一的鉴权方法,对 C/S 业务和 B/S 业务均可采用统一的鉴权方法,鉴权功能也可以采用中间件的方式来处理不同的鉴权系统,但是具体应用中采取通用鉴权系统的方式居多。

7) 通用审计

对所有的业务系统进行审计记录,着重记录 5W:谁 (Who) 什么时间 (When)、在哪里 (Where) 对哪些目标——谁 (Who) 做了什么事情 (What)。从整体看,通用审计给系统提供了全局的视图,可以统计出:

- 某个用户所有的业务的操作;
- 某段时间所有用户的操作;
- 某个业务所有用户的操作;
- 某目标上发生了哪些操作.

3. 方案内容

多模式应用的跨域认证方案的主要思想,是设计应用单点登录的系统来完成,该系统可以和类似此架构的系统,或者其他不同类型的系统进行跨域认证. 跨域认证的系统之间需按一定的标准接口进行通信,且系统之间事先已经完成信任关系的约定.

1) 基于中间件的单点登录架构

本架构包含前面提到的集中认证鉴权审计中间件. 该中间件包含一系列组件,处理客户端的连接以及业务系统的请求,按照一定的策略进行访问控制,同时对用户操作审计. 该中间件可通过配置来兼容不同的认证方式、授权系统和跨域方式. 除了中间件之外,还包括多个组件:认证服务/代理、认证、跨域 IDP、授权系统、CA 以及具体的存储.

客户端的处理是实现多模式应用混合单点登录的关键. 本方案中,安全凭证存放在客户端. 多个业务系统共享该凭证信息,以保证用户能正常登录/注销多个业务系统. B/S 业务采用安全 Cookie 存储 Ticket 等信息来处理. C/S 业务则采用共享内存的方法,将信息存储在内存中,供不同的进程访问.

基于中间件的单点登录架构如图 6-18 所示.

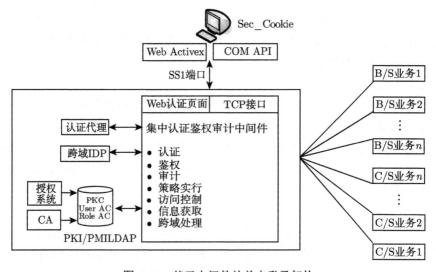

图 6-18 基于中间件的单点登录架构

6.2 单点登录技术在身份认证中的应用

该架构里面不同组件的功能如下.

(1) 授权系统 该系统基于 PMI, 实现基于 RBAC 模型的授权. 系统通过 PMI 签发用户属性证书 (user AC)、角色属性证书 (Role AC) 与图 6-19 对应到轻量级目录服务 (LDAP) 上. 属性证书通过用户的证书序列号 (SN) 与用户的 PKC 关联, 用户通过 SN 可查找到用户相应的权限.

(2) CA 该 CA(Certification Authority, 证书认证中心) 为用户签发数字证书 每个用户都有唯一的证书序列号 SN. CA 为整个系统提供加密、签名、完整性、不可否认等服务.

(3) PKI/PMI LDAP 存储 PKI/PMI 发布的数字证书和属性证书等.

(4) 集中认证鉴权审计中间件 该中间件主要实现认证、鉴权、审计等功能 并根据一定的策略实现对用户的访问控制. 该中间件通过 SAML 的 IDP(Identity Provider, 身份提供者) 服务来实现跨域认证的功能, 主要功能如下.

- 认证 该中间件可支持对多种登录方式认证的功能. 对 B/S 业务, 用户访问统一的 Web 认证页面并通过 Activex 控件处理客户端事件, 如电子钥匙证书的采集等. 而对 C/S 业务, 提供 COM(组件对象模型) 接口来实现, 该接口通过 TCP 协议与中间件通信. 对跨域用户的认证由跨域 IDP 根据信任模型 (如根信任关系) 来判别.
- 鉴权 系统根据不同的用户给予不同的业务访问权限, 鉴权就是负责判断用户的权限.
- 审计 中间件将用户的操作记录存储.

(5) 认证代理: 认证代理实现不同的认证方式, 如用户名/口令、电子钥匙、指纹认证. 可在用户登录时由 Web 认证页面根据一定的策略提供给用户选择.

(6) 跨域 IDP SAML 是一个标准协议. 跨域 IDP 需与第三方交换数据, 采用标准协议的方式便于与不同的身份认证平台交互, 实现跨域单点登录. 因此采用 SAML 来交换认证和授权的信息.

2) 跨域认证通用模型

若跨域两端的系统均采用一般一致的单点登录架构, 跨域通用模型如图 6-19 所示, 两端均采用本节提出的多模式应用单点登录架构.

该模型中, 需实现对其他域的用户进行授权、认证、鉴权. 跨域系统设计时, 采取认证、授权、鉴权、审计相分离的思路. 系统认证之后, 采用票据的方式存储用户的认证通过信息, 之后用票据来取得鉴权服务、审计服务的验证. 授权系统授权后发布出去相应的权限信息, 然后授权系统可以离线, 不用参与认证、鉴权和审计的过程.

跨域用户的授权需区分与本域用户不一样的属性, 标明对方域、认证方式、信任方式如 PKI 体系下采用根之间的信任方式. 对某些应用来说本域和对端域可能都需要授权访问.

信任模式根据域间应用的情况,可采用:级联模式、网状模式、混合模式、桥接模式或多根模式等[51]. 对于此种情况,可以采用混合模式或桥接模式.

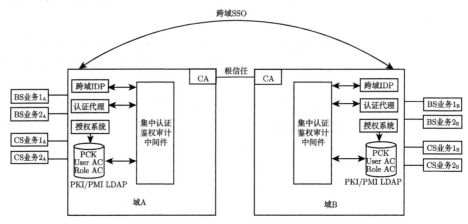

图 6-19　跨域通用模型 (域结构一致)

跨域两端的系统采用的认证体系可以不一样. 如图 6-20 所示, 域 A 采用的是多模式应用单点登录架构, 域 B 采用的是 Kerberos 认证系统.

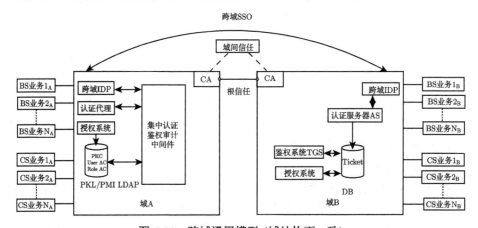

图 6-20　跨域通用模型 (域结构不一致)

3) 安全 Cookie

对 B/S 系统而言, 由于 HTTP 协议不存储连接状态, 需采用某种方法来存储用户登录信息和状态, 有利于之后的通信. 目前, 主要采用 Cookie 作为状态或者凭证存储的介质. 一般处理 Cookie 的方法主要有如下缺陷[52]: ① 不能做到将客户端的数据保密以免泄露给系统之外的第三方; ② 对 Cookie 重放攻击脆弱; ③ 不能有效防御大容量攻击.

本方案采用安全 Cookie 来存储凭证. 安全 Cookie 的设计如图 6-21 所示, 各项分别为域名、标识、路径、Cookie 名、Cookie 值和失效时间.

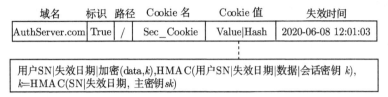

图 6-21 安全 Cookie 设计

Cookie 值为用户 SN、失效时间、数据和服务器产生的会活随机值所做的 HMAC 算法. 该算法的密钥为 $k=\text{HMAC}(\text{SNl expiration date}, sk)$. sk 为主密钥, 由中间件产生. Cookie 在跨域访问时由跨域 IDP 产生. 本部分设计参考了文献 [52,53]. 个别字段与文献 [52] 不同, 但证明方法类似, 可得出结论: 安全 Cookie 为关键数据加密提供了高级别的机密保证; 每个 Cookie 采用的密钥都不一样, 可有效防范重放攻击和暴力攻击. Cookie Value 中的 data 字段包含了用户 SN、域信息、业务列表、签名值等信息, 一旦用户登录或注销, 里面的内容随之更新.

4) 多模式单点登录流程

将混合单点登录流程按先登录业务的类型分为两种: B/S 业务和 C/S 讨论.

(1) B/S 业务登录流程.

步骤 1 用户登录 B/S 业务系统.

步骤 2 业务系统判断用户未登录过系统, 则重定向到认证服务, 否则返回认证结果和票据后直接到步骤 5.

步骤 3 中间件认证服务判断用户客户端是否已有 Cookie, 若有, 则查看里面的业务列表可有当前业务, 有则说明已登录过该业务且在有效期内; 否则, 将此业务添加到列表中. 无 Cookie 说明用户未曾登录过 B/S 业务系统或已失效, 则通过客户端的 Activex 控件查询共享内存中是否存在 C/S 业务列表. 若存在 C/S 业务列表, 说明已登录过则不必走登录流程; 否则, 服务器对用户的身份进行验证. 通过认证后, 若客户端无 Cookie 则创建, 并将 B/S 业务加入 Cookie 的列表里面. 认证不通过则提示用户.

步骤 4 将认证结果和产生的票据返回业务系统. 业务系统判断票据是否为可信机构签发和验证认证结果是否为通过. 验证失败, 则业务系统判定该票据为第三方伪造. 若解析出的认证结果不通过则提示用户. 系统验证票据可靠且认证通过则下载用户权限.

步骤 5 下载权限后, 用户访问 B/S 业务系统.

(2) C/S 业务登录流程.

若 C/S 业务仅仅为了集成统一登录平台,可考虑采用第三方软件 Citrix 将 C/S 转化为 B/S 业务,则不存在混合登录的问题. 对于大多数情况,要求 C/S 业务系统采用与系统一致的安全策略和管理模式,则可采用中间件提供统一的 COM 接口. 其登录流程如下.

步骤 1 用户登录 C/S 业务系统.

步骤 2 C/S 业务系统调用 COM 接口来实现登录流程,若已登录 C/S 业务则返回认证结果和票据后直接到步骤 6;否则通过访问 Cookie 里面的业务列表,查看用户是否仍未退出 B/S 业务.

步骤 3 若已登录 B/S 业务,则登录 C/S 业务时无须走认证流程;若用户未登录则发起登录流程,通过 COM 接口与中间件通信,完成登录认证流程.

步骤 4 认证成功之后将认证结果和用户的票据返回客户端,经签名、加密处理后写入共享内存里面.

步骤 5 首次登录时,客户端启动守护程序,再次登录 C/S 业务系统可通过共享内存判断用户是否已经登录.

步骤 6 业务系统调用 COM 接口判断票据是否为可信机构签发并且验证认证结果是否为通过;验证失败,则判定该票据为第三方伪造,提示用户登录失败.

步骤 7 系统验证票据可靠且认证通过则下载用户权限.

步骤 8 下载权限后,用户可正常地访问业务系统.

从以上流程可看出混合单点登录的关键是查看另一种业务是否已登录.

5) 跨域单点登录流程

跨域认证需考虑域之间的信任关系. 对于 PKI 系统,采用根之间的信任链作为信任关系. 该信任链经过签名来确保其完整性. 针对不同的域情况,可采用不同的信任模式.

A 域和 B 域分布在不同的网络环境中,分别由不同的集中认证鉴权审计平台处理该域内的用户请求. 以下跨域登录流程与混合单点登录流程类似,主要处理多模式应用单点登录的处理.

(1) 跨域登录 B/S 业务系统流程.

步骤 1 用户 U_A 登录域 B 的某一个 B/S 业务系统.

步骤 2 该 B/S 业务系统判断未登录. 则重新定向到域 B 认证服务;否则返回认证结果和票据后直接到步骤 6.

步骤 3 登录时,用户 U_A 已选择用户来源地即域 A,域 B 的认证服务根据来源地重定向到域 A 的跨域 IDP.

步骤 4 跨域 IDP 判断用户客户端可否有跨域 Cookie,若有,则查看业务列表可有当前业务,有业务且在有效期内则说明无须认证,无则添加业务到列表若无跨域 Cookie 则说明用户未曾登录 B/S 业务系统,则通过客户端的 Activex 控件查询在共享内存中是否存在 C/S 业务列表,若存在则说明已登录过不必再走认证流程,否则对用户进行认证.

步骤 5 登录认证之后跨域 IDP 创建跨域 Cookie,将 B/S 业务加入 Cookie 的业务列表里面,产生包含认证结果的断言信息,并将签名之后的票据返回.

步骤 6 业务系统判断票据是否为可信机构签发和验证认证结果是否为通过此时采用根之间的信任链关系验证,验证失败,业务系统判定该票据为第三方伪造,若解析出的认证结果不通过则提示用户.

步骤 7 验证票据可靠且认证通过则下载用户权限.

步骤 8 下载权限后,用户正常访问业务系统.

(2)跨域登录 C/S 业务系统流程.

步骤 1 U_A 登录域 B 的某一个 C/S 业务系统.

步骤 2 S 业务系统调用 COM 接口来实现登录流程,若已登录则返回认证结果和票据后直接到步骤 4 访问 Cookie,查看用户是否仍未退出 B/S 业务.

步骤 3 登录 B/S 业务系统,登录 C/S 业务时无须走认证流程,若用户未登录则发起登录流程,通过 COM 接口与域 B 的认证服务通信,完成登录认证流程.认证的流程如下:域 B 的认证服务将已获取的用户 SN、业务信息发往域 A 的跨域 IDP 服务 IDP 返回含用户身份断言的票据信息.

步骤 4 成功之后将票据写入客户端的共享内存中.

步骤 5 登录时,客户端启动守护程序,再次登录 C/S 业务系统时可通过共享内存判断用户是否登录

步骤 6 业务系统调用 COM 接口判断票据是否为可信机构签发和验证认证结果是否为通过,此时采用根之间的信任链关系验证,验证失败,则判定该票据为第三方伪造,提示用户登录失败.

步骤 7 验证票据可靠且认证通过则下载用户权限.

步骤 8 下载权限后,用户正常地访问业务系统.

当用户退出时,需注销业务,此时将该业务从在线业务列表中去掉.当用户的在线 C/S 业务数目为 0 时,退出守护程序;当用户的在线 B/S 业务数目为 0 时,将 Cookie 设为无效.

4. 安全性分析

本方案将中间件与 PKI/PMI 系统结合以实现 SSO,具有良好的扩展性,除了 PKI 和 PMI 之外,不同的认证系统、授权系统与中间件组合亦可实现 SSO 系统,将认证方式和授权方式作为插件式配置,可灵活地支持不同的业务系统需求.

中间件可支持不同的认证方式，通过扩展认证代理，不同的认证代理如插件一样一旦配置即可支持该认证方式，跨域认证的方式亦可灵活配置．

本方案既支持本地业务又支持跨域业务，一旦登录某一业务，无论是 B/S 业务还是 C/S 业务，无论是本地业务还是跨域的业务，均可实现单点登录．

本方案采用 SAML 作为跨域认证和鉴权消息传递的标准协议，各域按规范采用 XML 交换数据，根据预先配置的域信任方式即可实现跨域 SSO．

本方案的系统安全性主要从以下四个方面考虑．

1) 内容篡改

用户的 Cookie 数据采用不同的密钥加密确保消息的机密性，同时用服务器端的私钥签名，任何人一旦修改 Cookie 数据则中间件可检验出来．

用户的授权采用 PMI，使用签名以防篡改．

2) 重放攻击

用户的 Cookie 数据有服务器的时间戳标识，能很好地防范重放攻击．每个 Cookie 加密的密钥均以服务器端的密钥对用户证书序列号、失效时间做 HMAC 运算，且每次要加密的值均不相同，即使攻击者搜集再多的 Cookie 也无法破解．

3) 中间人攻击

本方案中系统对认证消息和关键存储信息如 Cookie 和共享内存信息采用了加密和签名，同时对消息传递整个过程采用 SSL 加密，有效地防御中间人攻击．系统支持多种认证方式扩展．

4) 反钓鱼措施

为应对钓鱼欺骗，中间件对业务系统的网站也进行认证．由 PKI 对每个认证网站发放服务器证书，并配置该证书对应的网址真实域名列表．当用户访问网站时，该网站重定向到认证服务器时需提供证书给认证服务器验证，以此杜绝非法网站．

6.3　云计算中基于虚拟机技术的访问控制

从本节开始，我们将正式向读者展示，近年来我们在云计算中访问控制领域的研究成果，6.3 节主要介绍虚拟机技术在云计算访问控制中的应用；6.4 节，我们将介绍基于角色的访问控制模型在云计算中的应用，这也是访问控制领域中最新的、最流行的模型之一．

6.3.1　云计算与虚拟化

1. 云计算的核心技术虚拟化技术

1) 虚拟化技术的发展

云计算环境下的计算资源集中在云计算中心，既要共享计算资源，又要为云用户提供隔离、安全、可信的工作环境.虚拟化软件通常叫做虚拟机监控器,它是位于操作系统和底层计算机硬件之间的软件层,负责管理底层硬件资源,并将底层硬件资源分配给上层运行的虚拟机,为虚拟机提供一个完全模拟硬件的环境,给虚拟机的操作系统造成直接运行在硬件上的假象.虚拟机监控器的基本功能是对系统设备进行虚拟化,包括 CPU 虚拟化、I/O 设备虚拟化、内存虚拟化.虚拟机监控器可以获取上层操作系统对底层资源的调用,虚拟机监控器拥有对上层虚拟机及其操作系统的控制权,包括其系统运行状态、系统占用资源量和应用程序运行情况,这就提供了超过普通操作系统级的体系的可见性,我们可以充分利用这项优势对操作系统进行硬件访问控制.同时,虚拟机监控器操作系统简单,漏洞比较少,攻击者很难利用,我们可以充分利用虚拟机监控器的独立性和高安全性.本节的系统建立在虚拟机监控器安全的假设之上,当然有很多机制加强虚拟机监控的安全性,比如可信平台等,这不在我们的讨论范围之内.

历史上第一台虚拟机是 IBM 公司 1965 年开发的 System/360 Model 40 VM,实现了一台物理服务器上运行多个单用户的操作系统.虚拟化技术的成熟是在 15 年后,IBM 公司推出了 VM/370 系统[12],VM/370 是传统虚拟化技术的代表.传统虚拟化又叫做完全虚拟化,不需要对操作系统进行修改,抽象出来的虚拟机具有完全的物理计算机的特性.完全虚拟化的核心技术是特权级压缩技术和二进制代码翻译技术.Intel 的 CPU 将特权级分为 4 个级别:Ring 0、Ring 1、Ring 2、Ring 3.特权级压缩技术是指虚拟机监控器和虚拟机运行在不同的特权级下,比如在 x86 架构下,虚拟机监控器运行在 Ring0 下,虚拟机运行在 Ring1 下,虚拟机应用程序运行在 Ring3 下.这样虚拟机监控器就能够截获部分虚拟机上执行的特权指令,对其进行虚拟化.通过修改虚拟机的二进制代码转化,将一些难以虚拟化的指令转化为支持虚拟化的指令.完全虚拟化最大的优势是不需要修改操作系统,缺点是虚拟机操作系统的系统性能会受到影响.从而衍生出半虚拟化的概念,IBM 公司的 M44/44X 是最早出现的半虚拟化的系统.半虚拟化指虚拟机质提供对底层硬件的部分模拟,以满足某些专门的软件执行环境,其采用的技术也是特权级压缩技术,通过对虚拟机操作系统源代码的修改,虚拟机的特权操作指令转化为虚拟机管理器的超级调用,通过采用超级调用机制,虚拟机的运行速度可以达到接近物理机的水平.IBM 公司早期推出的虚拟化系统都是面对大型机,随着硬件的发展,到 20 世纪 90 年代已经有台式机能够支持多个系统,虚拟化技术被应用到小型机上,由于个人计算机广泛使用 x86 体系结构,而 x86 体系结构对系统虚拟化的支持存在缺陷,于是催生了一种叫做硬件辅助虚拟化的模式.2006 年,Intel 公司完成了 Vanderpool 技术外部架构规范 (EAS)[54],称该技术有助于改进未来的虚拟化解决方案.Vanderpool 技术支持 CPU 运行在两种模式下,根环境 (VMX-root) 和非根环境 (VMX-non-root),这两种模式都支持 Ring0 到 Ring3 特权级,其原理如图 6-22 所示.虚拟机操作系统运行在非根模式,虚拟机监控器运行在根模式,用于处理特殊指令.从根环境转换到非根环境的操作叫 VM Entry,反之称为 VM Exit. 虚拟机监控器通过执行 VMXON 和 VMXOFF 指令打开和关闭 VT_x. 由一个虚拟机控制结构 VMCS (Virtual Machine Control Structure) 对 Root 和 Non-root 之间的切换进行控制和管理. 虚拟机被创建时,虚拟机监控器为每一个 VCPU (Virtual CPU) 创建了一个 VMCS,从而决定哪些操作会触发 VMExit 进入 Root 模式,使虚拟机监控器对虚拟机的管理更加灵活. AMD 也发布了代号为 Paciifca 的虚拟化技术[55],它们的核心思想很相似,都是通过引入新的指令和模式使得虚拟机操作系统和虚拟机管理器运行在不同模式下,克服 x86 体系结构的缺陷.

图 6-22 VT-x 原理图

2) 虚拟化技术的分类

按照虚拟机监控器的结构不同,虚拟化技术可以分为三类: Hypervisor 模型 (主机模型)、宿主模型、混合模型[56] 如图 6-23 所示.

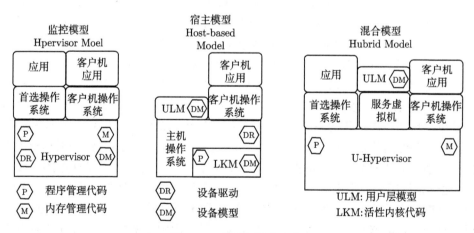

图 6-23 虚拟化技术分类

Hypervisor 模型中,虚拟机监控器不仅是一个完备的操作系统,还具有虚拟化功能. 虚拟机管理器负责管理物理资源如处理器、内存、I/O 设备,还负责创建和管理虚拟机. 在 Hypervisor 模型中,虚拟机监控器具有管理物理资源和虚拟化的功能,因此虚拟化的效率更高. 虚拟机的安全依赖于虚拟机监控器的安全. Hypervisor

模型的缺点是虚拟机管理器不支持所有的 I/O 设备.

宿主模型中, 物理资源由宿主操作系统管理, 虚拟机监控器提供虚拟化的功能. 虚拟机监控器是宿主机操作系统独立的内核模块, 虚拟机监控器对物理资源的虚拟化要借助宿主操作系统来完成. 虚拟机被创建之后, 宿主操作系统将其视为一个进程进行调度. 这种模型的优点是虚拟机监控器可以专注于物理资源的虚拟化, 因为现有操作系统的设备驱动程序可以被充分地利用起来. 其缺点是由于虚拟机监控器需要通过调用宿主机操作系统来获取资源进行虚拟化, 虚拟机监控器虚拟化的效率受到一定影响. 虚拟机的安全同时依赖于虚拟机监控器和宿主操作系统的安全.

混合模型是 Hypervisor 模型和宿主模型的汇合体, 它利用了 Hypervisor 模型的安全可靠性和宿主模型的易用性. 与 Hypervisor 模型相同的是虚拟机监控器仍然位于最底层, 拥有所有物理资源, 但是虚拟机监控器只负责处理器和内存的虚拟化, 而 I/O 设备的虚拟化由虚拟机监控器和运行在特权虚拟机中的特权操作系统一起完成, 特权操作系统负责对 I/O 设备进行控制. 混合模型汇集了 Hypervisor 模型和宿主模型的优势, 虚拟机监控器直接利用现有操作系统的 I/O 设备驱动程序, 不再进行 I/O 设备驱动开发. 和 Hypervisor 模型一样, 虚拟监控器直接控制除 I/O 设备之外的物理资源, 虚拟化效率比较高. 虚拟机的安全只依赖与虚拟机监控器.

3) 典型的虚拟机监控器实现

Denali[57] 来自华盛顿大学的一个研究项目, 运用轻量级保护域机制, Denali 的虚拟机为支持最小化的操作系统, 它支持上千个虚拟机运行. Denali 使用准虚拟化技术来提高 x86 架构下虚拟机的扩展性和性能. Denali 虚拟化方案对硬件接口进行了一些修改, 不支持 ABIs(application binary interface), 很多依赖于分段机制的程序不能在 Denali 上运行.

VMware[58] 是斯坦福大学的 Mendel Rosenblum 教授和他的学生们研究出来的虚拟化方案, 并于 1999 年推出一款基于主机模型的虚拟机 VMware Workstation, 支持任何类型的操作系统. VMware 首先提出并应用的气球驱动程序、影子页表、虚拟设备驱动程序等, 已被其他虚拟化方案所采纳. VMware 支持虚拟机运行未修改的操作系统. VMware 虚拟机以文件的形式存在, 可以方便的传输到新的宿主, 实现资源、负载平衡.

KVM[59] 是 Delaware 公司的一个开源项目, 也是第一个进入内核的虚拟化方案. KVM 采用完全虚拟化方案 (处理器需支持硬件虚拟化). KVM 在 Linux 进程内核模式和用户模式的基础上增加了客户模式, 客户模式又有自己的内核模式和用户模式. 客户、内核和用户三种模式分工合作: 客户模式执行非 I/O 的客户代码; 内核模式用于实现客户模式的切换, 处理因 I/O 或其他指令引起的从客户模式退出; 用户模式为客户执行 I/O 操作. KVM 的结构很简单, 由设备驱动和用户空间两部分组成, 设备驱动负责管理虚拟硬件, 用户空间部分用来模拟计算机硬件. KVM 最大的特点就是它可以直接运行在 Linux 内核之上，它是 Linux 内核的一部分，而不是一个客户机操作系统的外部系统管理程序．

2. 虚拟机监控器 Xen

因为在之后我们提出的基于虚拟机技术的云计算安全方案中，涉及的动态虚拟机组监控系统是基于 Xen 虚拟机监控器的基础上的，因此首先我们在本小节对 Xen 虚拟化方案做一个系统的介绍．

1) Xen 整体架构

Xen 来自英国剑桥大学计算机实验室开发的一个虚拟化开源项目，研究人员在 2003 年 SOSP 会议上发表一篇名为 "Xen and the art of virtualiazation"[60] 的文章，系统介绍了 Xen 1.0 的架构，第一次提出了半虚拟化的概念．一年以后在 FREENIX 会议上，来自克拉克森大学的研究人员发表了名为 "Xen and the art of repeated research"[61] 的文章，验证了上一篇论文的结果．由于 Xen 架构带来了 x86 架构上从未出现过的高效率，因此迅速获得学术界和工业界的关注．

Xen 1.0 和 Xen 2.0 两个版本中采用半虚拟化技术，Xen 虚拟机监控器上的虚拟机操作系统代码需要经过修改，使用特殊的超级调用 (hypercall) 来执行特权指令．通过使用半虚拟化技术，Xen 展现出很高的性能．Xen 从 3.0 版本开始支持基于 Intel VT 和 AMD-V 硬件技术的完全虚拟化方案，支持完全虚拟化操作系统和半虚拟化操作系统并行．Domain0 支持的操作系统类型有 Linux 2.6, NetBSD 4.0, Solaris 10, DomainU 支持的操作系统类型除了上面涉及的还包括 NetBSD 3.1, FreeBSD 7, Windows．

从图 6-24 中可以看出，Xen 系统由以下几部分构成：Xen 虚拟机监控器、Xen 的域、Xen 客户机的操作系统．

Xen[62] 虚拟机监控器是位于硬件和虚拟机之间的软件层，它对底层的物理硬件进行虚拟化，虚拟机通过它提供的接口访问硬件资源．系统启动之后，它首先被加载，系统运行期间它截获并执行虚拟机的特权指令．

在 Xen 中，虚拟域在虚拟机监控器之上，拥有独立的操作系统．特权域 (Domain0) 是虚拟机监控器的扩展，负责提供完成虚拟机的创建、管理、配置，并完成设备驱动．其他客户机称为普通虚拟域 (DomainU)，完全虚拟化的 Xen 客户机又叫做 HVM Domain．虚拟机上的应用程序运行在 Ring3 上，用户域和特权域运行在 Ring1 上，Xen 虚拟机监控器处在最高优先级运行在 Ring0 上．系统启动时，Xen 虚拟机监控器自动创建特权域 Domain0，Domain0 拥有系统硬件 I/O 设备和相应的驱动程序，因此 Domain0 对物理设备进行访问和管理，而且借助和虚拟机监控器的交互 Domain0 可以进行虚拟机的管理．Xen 为 HVM Domain 开发了设备模块 (Device Model 或称 Device Manager)，位于 Domain 0，负责为虚拟机虚拟物理设备，

6.3 云计算中基于虚拟机技术的访问控制

并实现物理设备的共享,设备模块的实现借鉴了 QEMU 的部分代码,QEMU 是一个通用的模拟器. HVM Domain 的 I/O 操作通过 Xen 转交给 Domain0 的设备模型 QEMU 来进行处理,XEN 只需要实现通用的数据传输和控制机制,降低了实现的复杂性.

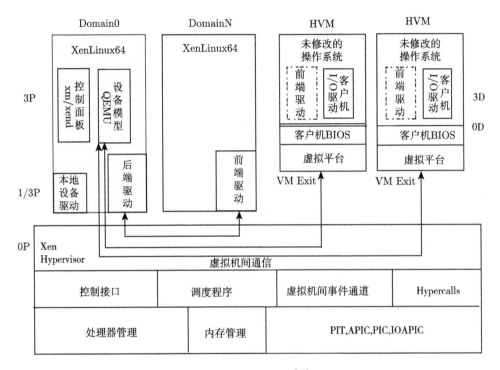

图 6-24 Xen 架构[62]

Xen 3.0 支持 64 位操作系统的对称多处理器虚拟机,支持完全虚拟化操作系统和半虚拟化操作系统并行. 半虚拟化的 Xen 虚拟机能够获得比完全虚拟化的 Xen 虚拟机更高的性能,但是前提是需要对操作系统内核代码进行修改.

在 Xen 中,特权域拥有物理的 I/O 设备和这些设备的访问权限,而非特权虚拟机只拥有虚拟设备. 前端驱动 (Frontend Driver) 和后端驱动 (Backend Driver) 负责 I/O 设备的虚拟化,前端驱动是 Xen 虚拟设备驱动的前端,负责接收资源访问请求并通过事件通道传递给后端. 后端驱动是虚拟设备驱动的后端,负责处理前端请求并调用相应的标准设备驱动为前端服务. 前端后端的交互方式如图 6-25 所示:

2) Xen 关键技术

Xen[62] 虚拟化关键技术有超级调用技术、事件通道和共享内存技术,本小节将对它们进行简单介绍.

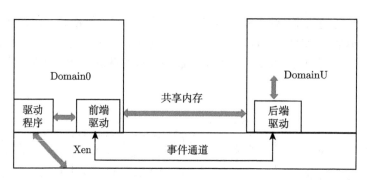

图 6-25 Xen[62] 的 I/O 模型

3) 超级调用机制

Xen 采用 hypercall 机制，当 Xen 虚拟机监控器上层的虚拟机需要完成特权操作时，操作系统的内核通过一个软中断将一个超级调用指令传递给 Xen 内核，然后 Xen 内核根据这个超级调用执行相应的敏感指令或者特权操作。为完成虚拟机的域间通信和数据块传输，Xen 采用了异步通信机制和基于共享内存的 I/O 传输通道。将控制信息和数据传输分开处理，当一个虚拟机希望与另一个虚拟机进行通信或者获取其数据时，它会通过消息通道发出请求，然后该请求在目标域中产生虚拟中断，从而目标域通过建立授权表的方式以共享页面的形式使其能够获取这些数据。32 位 x86 架构的 Linux 操作系统没有使用 int 0x82 这个指令，Hypercall 就是通过 int 0x82 陷入 (trap) 指令实现的。Xen 中规定只有 ring 1 级别的代码才能调用 Hypercall。目前 Xen 已经有 45 个超级调用，其中前 37 个超级调用是跨平台的，并且 Xen 提供批处理机制，减少切换次数提高运行速度。

4) 事件通道机制

Xen 虚拟机监控器在通知非特权虚拟机某一事件时采用事件通道机制。Xen 事件通道机制以位图的方式实现，32 位 x86 架构下 Xen 事件通道采用 0-1023 端口编址，共有 1024 个。传送的事件有虚拟中断、物理中断、双向的域间连接。事件通道有两个关键信息位：PENDING 位和 MASK 位。PENDING 位用于通知 DomainU 有一个待处理的事件，然后 DomainU 会负责清除。若 MASK 位被置 0，则 PENDING 位置 1，并产生一个 upcall 调用。中断处理是 Xen 事件通道机制的一种应用，硬件的 IDT 表中转载的中断处理函数是 Xen 特殊处理函数。发生中断时硬件根据 IDT 表调用处理函数，Xen 的中断处理函数通过事件通道把中断事件通知到相应的虚拟机中断函数处理。事件通道除了用于处理中断，还被用到非特权虚拟机之间的双向通信。

5) 内存共享机制

在 32 位的 x86 系统下，将 4GB 最上面的 64MB 空间划分给 Xen 内核。在虚拟化环境中, 存在物理地址、虚拟地址、机器地址三种地址之间的映射, 这是虚拟机操作系统不能够处理的, Xen 引入了 P2M 表, 用于映射物理地址和机器地址, 而且对操作系统代码进行修改, 让其通过 P2M 表查询机器地址. Xen 虚拟机之间大数据块的传输主要通过共享内存的方法实现. 虚拟机监控器有一套共享内存的接口, 每个虚拟机通过自己的授权表中的一个个表项, 定义其他虚拟机对当前虚拟机某一内存页的访问权限 (读、写), 虚拟机可以申明自己的某些内存页可以被其他虚拟机共享, 另一虚拟机可以将这些内存页影射到自己的地址空间, 这样通过共享内存页的方式实现虚拟机之间的数据交换.

在完成内存共享的过程中, 虚拟机监控器会进行权限检查. 授权引用是用来索引授权表的整数下标, 虚拟机之间共享内存是通过读取授权引用找到当前授权表所在虚拟机中的屋里页, 而且每一次虚拟机对自己的授权表进行修改, 都会产生新的授权表. 虚拟机监控器查找授权引用找到虚拟机授权表中的表项, 并对表项定义的访问权限进行审查, 只有通过了虚拟机监控器的审查, 此表项才会生效.

6) Xen 安全机制分析

Xen 是开源项目, 采用了一系列巧妙地方式进行虚拟化设计, 综合了主机模式和宿主模式的优势, 在 CPU、内存、I/O 设备上实现了基本的安全机制, IBM 公司在此基础上提出了 sHype[63,64], 实现了在保证虚拟机资源共享的前提下确保整个系统安全. sHype 借用了 FLASK[65] 安全体系结构, 通过添加参照监控器实现了强制访问控制.

sHype 框架在虚拟机监控器处理函数中加入一个 "钩子"(Hook), 在虚拟机监控器截获虚拟机操作系统对底层资源的访问请求时, 采用中国强策略和 Type Enforcement 策略对资源请求各方进行授权审查, 若此项请求包含在授权表的合法范围内, 则超级调用继续进行, 否则返回错误. 由于虚拟机监控器能够截获所有虚拟机对底层资源的调用, 而且只有虚拟机监控器保留资源安全访问策略的控制权, 因此, 此架构对 Xen 的系统安全起到保护作用.

6.3.2 基于 Xen 的虚拟机组管理监控架构

随着云计算的迅速发展, 云安全的问题越来越受到关注, 利用虚拟监控器的优势不断提出新的安全方案就变得很有意义. 根据上一节对 Xen 架构和 Xen 安全机制的分析, 本节提出基于 Xen 虚拟机监控器的动态虚拟机组监控管理系统框架——DMCVM(Dynamic Monitoring and Controlling for Virtual Machines). 设计思路是通过对虚拟机操作系统内核完整性和底层系统调用的监控来判定虚拟机安全状态, 继而触发响应机制, 并且为云用户设计了一个图像化的访问界面, 使云用户参与到虚拟机监控管理中来, 增强了系统的可信赖性. DMCVM 由两部分组成, 特权监控模块、虚拟机管理平台. 本节将对 DMCVM 进行详细的分析.

1. DMCVM 设计思想

DMCVM 在设计时是为了解决云计算环境下云用户的安全问题。在经典的云计算应用场景下，云用户向云计算提供商申请一定数目的虚拟机运行自己的负载，由于虚拟机共享底层资源，同时用户将负载托管给云提供商以后完全不能参与到负载运行的监控中，若云用户的负载包含敏感数据或者安全性比较高，用户必然会担心负载运行的安全问题，是否存在数据泄露等，纵然云计算有弹性廉价等优势，用户也可能因此不考虑使用云计算进行任务处理。

本节针对这一场景，从云提供商的角度，提出一种新的云服务架构，一方面加强虚拟机监控的力度，一方面为用户提供一个管理监控界面，有需要的云用户可以通过图形化的操作界面定义安全策略、响应机制，查看虚拟机状态等方式参与到虚拟机的监控管理中。这样的设计可以从直观上增加云用户对云计算的信任度，同时使用户对自己的任务比较了解，可以有针对性的定义安全策略添加到安全策略集中，更有效地进行监控。

DMCVM 系统在设计时主要考虑到以下六个方面。

(1) 系统性能方面。虚拟机监控器是运行在物理硬件之上的软件层，能够对系统的性能产生一定的影响。增加系统的安全控制机制，有可能带来进一步的性能损失。而一个运行性能太差的系统即使再安全也会被否定。所以，在设计新的监控方案时，需要尽量减少由于增加安全控制机制而给系统带来的性能损失。

(2) 利用现有 Xen 虚拟机监控平台，尽量减少修改，尽快实现目标。

(3) 负载在云平台上运行时，会将任务分割后单独运行。这样运行过程需要的应用种类就会趋于单一或者很少。我们可以利用这一特点细化安全策略的主体粒度，从虚拟机到应用。同时所需安全策略数量减少，对安全策略的管理维护也会变得简单，而且不会带来很大的性能损失。

(4) 云用户有参与到虚拟机管理监控的需求，我们的设计是用户通过远程登录的方式，连接到一台非特权虚拟机，以我们的图形化管理界面作为入口，进行查看虚拟机状态、配置、定义安全策略等活动。

(5) 由于用户对负载和所需应用有一个整体的了解，因此云用户可以提出具体的可行的安全策略，更有针对性地对应用进行监控。

(6) 用户定义新的安全策略，可能与系统预定义的安全策略存在冲突，因此，我们需要有灵活有效的安全策略管理方式和冲突解决方案。

2. DMCVM 设计前提

1) 虚拟机安全域 Xen 安全机制分析

根据动态虚拟机组管理监控服务的应用场景，我们引入了虚拟机安全域的概念。本节中的虚拟机安全域也可以称为虚拟机组或虚拟机网络，是指由个人用户或

6.3 云计算中基于虚拟机技术的访问控制

企业用户向云资源提供商申请的一定数目的虚拟机组成的互相之间可以通信的虚拟机集群. 为了提高虚拟机系统整体的安全性, DMCVM 需要对虚拟机安全域内的虚拟机之间提供隔离机制[66,67], 需要支持虚拟机安全域内虚拟机通过资源的共享实现他们之间的数据通信, 同时需要建立虚拟机安全域标识, 在虚拟机创建、迁移、注销时对其安全域标签进行管理. 虚拟机安全域的概念如图 6-26 所示.

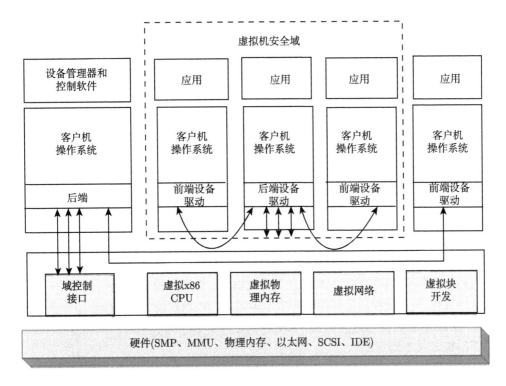

图 6-26 虚拟机安全域

2) 虚拟化平台

通用的虚拟机监控器需要建立在开源平台上, 通用的虚拟机监视器是硬件资源平台上的一层轻量级的软件层, 它实现对底层物理资源的虚拟化, 具有对底层资源的访问权限. 如图 6-27 所示虚拟化平台有以下特征[56]: ① 虚拟机的执行环境类似实际的物理硬件环境; ② 虚拟机监控器拥有对物理资源的访问权、控制权; ③ 为了获得较高的执行效率, 虚拟机监控器只执行必要的虚拟 CPU 指令.

本节使用开源的 Xen 3.0 进行研究, 一方面提供虚拟机操作系统内核完整性检测, 一方面对虚拟机虚拟资源访问、域间通讯等进行改进, 为虚拟机提供更加安全的运行环境.

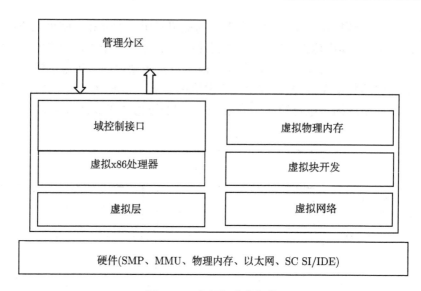

图 6-27 虚拟机监控架构

3. DMCVM 总体架构

DMCVM 是用来增强虚拟机管理器安全功能的，比如安全服务、资源监控服务、虚拟机操作系统内核完整性验证服务，DMCVM 可以允许云用户参与到虚拟机的监控管理中来，下发安全策略、定义响应机制、查看虚拟机状态列表等．本系统设计中使用 Xen 虚拟机监控器管理安全策略，并在 Xen 现有的虚拟机隔离机制基础上，扩展了它的访问控制功能，采用强制访问控制和灵活的访问控制策略，增强了虚拟机之间通信安全．

在本节的虚拟机组动态监控系统设计中主要包括两个模块：特权监控模块、虚拟机管理模块．特权监控模块运行在虚拟机监控器中，通过设计不同的安全钩子函数提供操作系统内核完整性验证、安全访问控制、虚拟资源隔离、虚拟机组隔离等服务．虚拟机管理模块为用户提供远程的虚拟机管理入口，支持虚拟机管理、安全策略管理、响应机制管理和风险统计的功能，用户可以通过图形化的界面查看虚拟机列表、查看虚拟机状态、管理安全策略、管理虚拟机状态响应机制等．

下面我们将分别介绍动态虚拟机组管理监控系统的各个模块设计．

1) 特权监控模块设计

本系统的核心模块是特权监控模块，它不仅进行核心的安全检测，并且为虚拟机管理模块提供支持．特权监控模块一方面为虚拟机管理模块提供支持，一方面进行安全控制和虚拟机组管理．特权监控模块由以下两个子模块构成：安全控制模块、操作系统内核监控模块．

6.3 云计算中基于虚拟机技术的访问控制

安全控制模块是对域管理操作、监控事件通道、监控资源调用、内存共享情况进行监控,并维护一组安全策略(包括系统预定义的安全策略和用户添加的安全策略).安全钩子函数放置在虚拟机资源访问的关键代码路径上,通过安全钩子获取安全控制参数信息,并根据安全策略表项进行判定,若属于合法访问则判定过程对用户透明,否则返回错误信息,必要时触发响应机制,改变虚拟机状态.而操作系统内核监控模块(Kernel Monitoring, KM)负责对系统内核完整性进行监控.下面,就这两个子模块我们分别说明.

(1) 操作系统内核监控模块.

如图 6-28 所示,操作系统内核监控模块负责对系统内核完整性进行监控.虽然现代操作系统已经有很多工具集对操作系统进行实时监控,比如通过 Windows 的任务管理器和性能查看器我们可以查看操作系统的进程和资源利用情况,利用 Linux 的 top 工具能够实时显示系统中各个进程的资源占用状况,利用 vmstat 命令可以显示关于内核线程、虚拟内存、磁盘、陷阱和 CPU 活动的统计信息.这些系统工具可以对系统进行性能分析、入侵检测等,但缺点在于它们发挥作用依赖于系统的完整性.若操作系统不能正常运行,则这些工具无法工作或者被欺骗、攻击.KM 一个虚拟机监控器的超级调用 Int do_validate_OS (domid_t id) 执行操作系统内核检测算法,对虚拟机操作系统内核完整性进行周期性的检测.KM 将检测结果返回给特权监控模块,作为是否修改虚拟机状态的重要参考信息.

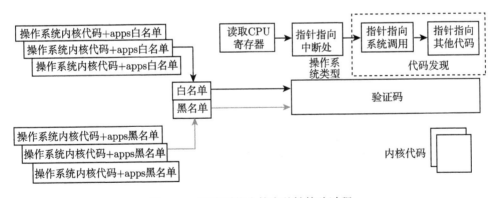

图 6-28 操作系统内核完整性检验过程

虚拟机操作系统内核完整性的验证方案通过操作系统内核完整性检验函数完成.内核完整性检测需要借助虚拟机操作系统对应的操作系统白名单和黑名单.我们提供每个受支持的操作系统类型和版本的白名单、黑名单.生成白名单的过程是这样的:对操作系统内核代码(包括模块和设备驱动)进行 Hash 加密,再加上指示该表项的类型和位置的元数据.白名单是在安装干净的操作系统的过程中,自动在脱机状态下生成的. 黑名单用同样的机制获得. 如图 6-28 所示, 操作系统内核完整性验证的过程: ①首先从虚拟 CPU 注册表上读取 IDT 的位置. ②分析 IDT 的内容, 使用内存中代码和已知操作系统的白名单的 Hash 值来确定虚拟机上运行的操作系统. ③利用运行的操作系统的信息和安全检测算法来探测其他与 IDT 关联的 OS. ④继续用相应操作系统对应白名单比对所有已发现的数据结构, 确认系统何时被修改, 是属于授权修改还是非法修改. 内核完整性检测算法建立在我们假设虚拟机监控器是安全的、可信的, 这样我们才能相信控制流传输的硬件状态的值反映系统真实的执行过程, 比如 IDT 的中断入口 0 处所包含的中断门限值为 0xffffabcd, 那么虚拟地址 0xffffabcd 处的代码执行时将触发一个除 0 的异常.

内核完整性检测是一个迭代的、渐进的过程, 相对其他虚拟机操作系统完整行检测方案, 本方案的优势在于, 可以在虚拟机生命周期的任何时刻应用本算法检测虚拟机操作系统内核的完整性, 因为我们获取操作系统结构数据只依赖于硬件状态, 即使虚拟机操作系统已经感染病毒, 通过和白名单比对我们一样可以准确地识别攻击. 而且, 我们不需要事先了解虚拟机操作系统的类型、版本、配置等信息, 也不需要建立恶意代码库, 因为只要和操作系统白名单代码进行比对, 我们就可以确定操作系统类型, 进而确定内核代码是否被改动.

(2) 安全控制模块.

安全控制模块的主要工作有以下四点.

- 域管理操作, 包括虚拟域的创建、迁移、注销.
- 监控事件通道, 虚拟机安全域内的虚拟机之间能否进行通信.
- 监控资源调用、内存共享情况. 对虚拟机安全域内虚拟机之间共享内存、虚拟机访问虚拟资源进行监控.
- 安全策略管理. 维护一组安全策略 (包括系统预定义的安全策略和用户添加的安全策略).

安全控制模块三个主要角色是: 安全钩子、访问控制策略、访问控制实施. 安全控制模块采用了类似 Flask 的架构, 安全策略管理维护一个安全策略集, 安全策略实施模块用于控制虚拟资源的访问, 安全钩子函数放置在资源访问的关键代码路径上, 通过安全钩子获取安全控制参数信息, 并根据安全策略表项进行判定, 若属于合法访问则判定过程对用户透明, 否则返回错误信息, 必要时触发响应机制, 改变虚拟机状态. 安全实施维护和安全控制实施模块分别开来, 使得管理和维护安全策略更加方便灵活, 系统模块化有利于更新升级及启用动态的安全策略. 安全控制模块的任务是一方面对虚拟机通讯进行安全控制, 一方面保证虚拟域的隔离, 保证属于同一个虚拟机安全域中的虚拟机操作系统之间进行数据通信和虚拟资源共享, 虚拟机安全域之外的虚拟机被隔离.

下面, 我们将对安全控制模块中涉及的安全策略管理, 安全实施设计, 安全钩子设计三个方面做进一步阐述.

(3) 安全策略管理.

系统调用从用户态进入内核态之前,Xen 虚拟机监控器可以截获所有系统调用,对每个系统调用检测其所涉及的系统资源是否符合预先定义的安全策略,若没有异常发生,进程对系统资源的修改就会被同步到操作系统和运行环境中,否则中断请求,返回错误信息.

在 DMCVM 系统中,虚拟资源访问控制支持多种访问控制策略,包括中国墙策略 (CW)、简单类型加强策略 (STE) 和我们新定义的灵活访问控制策略 (Smart Control, SC). 中国墙策略定义了一系列的规则,任何主题不能访问所在墙外的客体,并且属于一个冲突集的虚拟机不会同时运行在一台机器上. STE 为虚拟机安全域内的虚拟机分别分配 TE 类型,拥有相同 TE 类型的虚拟机之间循序共享虚拟资源. 中国墙策略和 STE 策略都是以虚拟机为主体进行虚拟资源访问监控,我们提出的 SC 策略既可以以虚拟机为主体,也可以以某一应用为主体进行虚拟资源访问控制.

SC 策略相关元素定义如下:主体类,包括虚拟机、应用、进程、虚拟机小组;客体,包括系统中所有被保护和可以被访问的虚拟资源;策略类型,A+,A-,分别表示肯定授权和否定授权;备注,其他额外的限制等,比如有效时长. 云用户可以针对特定应用定义安全策略,设置某一应用在指定时间内/条件下对特定资源给予肯定授权或者否定授权. 对于 SC 策略更新和处理冲突的问题,我们采取的方法是以面向主体为原则,同时利用策略的限制信息. 对于一个主体而言,同一时刻最多有一条新定义的 SC 安全策略. 若某客体当前只有默认的安全策略,用户可以通过添加一条安全策略并下发到此客体的方式为其添加安全策略. 否则,管理员只能先删掉已有的安全策略再添加新的安全策略. 此外,策略本身定义的限制信息也能为我们处理策略冲突带来思路,随着任务的运行当某安全策略与本身的限制信息冲突时,比如超过策略有效时长,此策略将失效,转而使用默认的安全策略. 默认安全策略可以是肯定授权,也可以默认否定授权. 这取决于系统及负载的情况.

安全策略管理功能负责创建和维护虚拟机安全域中使用的中国墙策略、STE 策略和 SC 策略. 我们使用 XML 语言描述安全策略,安全策略的更新、添加都需要调用超级调用过程完成. 为了尽量减少虚拟机监控器代码的复杂性,安全策略管理器把用 XML 描述的策略转化为二进制策略. 我们实现了基于虚拟机冲突的安全控制策略和基于虚拟机安全域的安全控制策略,由安全实施模块进行授权检查.

(4) 安全实施设计.

安全控制模块在设计时,采用了类似 Flask 的架构[65],将访问控制策略和安全实施分开. 当虚拟机操作系统访问虚拟资源时,安全钩子函数首先搜集虚拟资源访问的相关参数,将对虚拟资源的访问操作类型、虚拟资源的安全属性、虚拟机或者应用的安全属性传送给安全策略实施模块,然后安全策略实施模块参照二进制的安全策略进行安全控制决策,判定此虚拟机或此应用是否有权访问虚拟资源.如果有,则对其进行绑定,否则拒绝实现虚拟机或者应用和虚拟资源的绑定,返回错误信息.

(5) 安全钩子设计.

安全控制钩子函数利用安全策略执行对虚拟机之间的通信约束,实现虚拟机操作系统对虚拟资源访问的安全审查.安全钩子函数被触发后首先会搜集安全参数,包括虚拟机操作系统的属性、虚拟资源的属性、访问操作的类型.安全钩子将搜集到的参数传递到安全实施模块,安全实施模块利用安全参数和相应的安全策略进行访问权限判定,如果访问是合法的,则安全钩子的调用过程是透明的,否则会返回错误信息.

使用安全钩子实施安全控制的方案减少了对虚拟机监控器代码的修改,我们需要考虑将安全钩子放置在哪儿尽量减少性能影响,同时有效地进行安全控制.在 DMCVM 系统中,我们在四个地方加入了安全钩子函数.

第一,虚拟域管理操作.这些钩子函数用于报告对域的安全引用,以及对虚拟域的创建、注销、迁移等操作.在创建一个虚拟机时钩子函数会为其分配一个安全属性,在虚拟机注销后收回其安全属性.虚拟机需要迁移时钩子函数负责查找虚拟机安全域内的冲突集,确保没有冲突域.

第二,事件机制操作.事件机制的钩子函数用于对虚拟机安全域内虚拟机操作系统之间的事件管道的创建和注销进行仲裁.一旦事件通道建立起来,那么事件的发送与接收就不再需要钩子函数二次仲裁.

第三,内存共享操作.虚拟化平台下,通过授权表机制一个虚拟机操作系统可以获得其他虚拟机操作系统的内存页表的访问权,这样它们之间才能进行数据传输.这一类的钩子函数处于影响系统性能的关键路径上,因此,我们需要关注此类安全钩子带来的性能损失.

第四,虚拟网络操作.在虚拟机监控器中,虚拟机操作系统之间有三种方式进行通讯,直接的通讯方式有事件机制和共享内存机制,另外利用虚拟网络通信也是一种有效的通讯方式.虚拟机监控器调用接口判定虚拟机能否和其他虚拟机操作系统建立虚拟资源访问.

2) 虚拟机管理平台模块

与 Xen 虚拟机监控器相比,DMCVM 支持云用户参与到虚拟机组的监控管理,这有赖于虚拟机管理平台.虚拟机管理平台 (VMMC) 是一个图形化的操作入口,是一个为云用户设计的远程监控平台,在虚拟机安全域内的一个普通非特权虚拟机上运行,接受 Xen 虚拟机监控器的监控管理,同时为用户提供远程连接接口.

DMCVM 系统虚拟机管理模块设计了面向对象的控台数据库,维护虚拟机配置信息列表,包括虚拟 IP、OS 类型、签名、预期使用时长等;维护虚拟机状态列表,通过与 Xen 特权虚拟机通信获取虚拟机状态的数据;维护安全策略列表;维护虚拟机安全策略关联表;维护操作系统镜像黑白名单信息列表;维护虚拟机与操作系统镜像关联表. 云用户可以在监控平台上进行以下操作:查看虚拟机状态列表,管理安全策略,包括添加、删除、启动、暂停一个安全策略,管理操作系统镜像白名单和黑名单,处理虚拟机状态异常.

(1) 操作系统白名单.

操作系统白名单和黑名单用来与虚拟机操作系统内核进行比对,从而确定虚拟机操作系统内核是否被改写. 生成白名单的过程是这样的:对操作系统内核代码(包括模块和设备驱动)进行 Hash 加密,再加上指示该表项的类型和位置的元数据. 白名单是在安装干净的操作系统的过程中,自动在脱机状态下生成的. 黑名单用同样的机制获得. 虚拟机管理平台以指针数组的形式维护所有操作系统白名单文件,Xen 超级调用进行内核检测时,Xen 虚拟机监控器以域间通讯的方式获得操作系统白名单的初始指针,从而依次读取白名单文件,作为操作系统内核完整性检测算法的输入参数.

(2) 虚拟机状态模块.

虚拟机状态模块没有安全监测的任务,它通过一系列的参数定义不同的虚拟机状态,根据其他监控模块实时返回的参数信息,修改虚拟机状态,并反映到用户监控界面上.

虚拟机状态是虚拟域中虚拟机运行情况安全状况的体现. 在 DMCVM 系统中虚拟机状态反映虚拟机操作系统内核完整性与系统调用合法性相与的结果. 虚拟机状态模块是定义在 Xen 的超级调用线程,只有 Domain0 有权限调用并获得虚拟机状态列表. 在介绍判定虚拟机状态过程之前我们先进行一系列的定义.

定义 6.3.1 定义 C 代表虚拟机可能的威胁.

定义 6.3.2 定义 T 为虚拟机状态相关的阈值.

定义 6.3.3 定义 S 为虚拟机状态分类.

定义 6.3.4 定义 R 为不同虚拟机状态触发的响应.

图 6-29 展示了虚拟机状态判定的逻辑过程. 逻辑过程简单描述如下:在系统调用从用户态进入内核态之前,由 Xen 安全钩子截获相应的系统调用,安全钩子将搜集的安全参数传递给安全实施模块,安全实施模块参照相应的安全策略集进行判定过滤,将不能通过过滤的调用或访问称为一个危险事件 TE,每一项危险事件都有对应的危险系数. 当一台虚拟机上危险事件的危险系数之和超过它的阈值 T 时会触发修改虚拟机状态 S 的超级调用,并触发 R 相应的响应操作,完成操作后再次修改虚拟机状态.

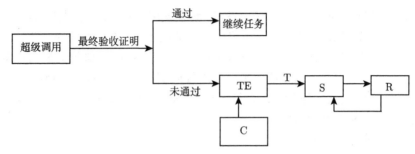

图 6-29 特权监控模块流程

(3) 响应模块.

响应模块是设置在 Xen 虚拟机监控器的一项超级调用，根据虚拟机状态确定所采取的操作，包括迁移、重启、注销虚拟机等. 响应模块维护一组响应机制，安全控制模块的检测结果结合虚拟机操作系统内核完整性的检测结果确定虚拟机状态，虚拟机状态改变时触发相应的响应机制. 响应模块的信息会通过 DomainU 与 Xen 的通信进行共享，云用户可以从操作界面查看、修改、添加响应项，必要时也可以手动操作触发 Xen 超级调用对虚拟机状态作出反应，参与虚拟机风险处理，但是所有响应机制的触发和修改都需要通过虚拟机监控器的超级调用来完成. 响应模块的内容通过超级调用 void (*do_triggering) (domid_t id,char*message) 定义. 我们根据不同的虚拟机状态定义对应的响应操作. 云用户也可以参与到这个过程中来，包括从控台查看、更改、添加响应，也可以对状态预警设置相应的响应，甚至紧急情况下触发特定的响应.

3) DMCVM 系统的运行流程

DMCVM 系统是基于 Xen 3.0 虚拟机监控器平台进行设计的，系统在运行时主要以验证虚拟机操作系统完整性、搜集安全控制信息、安全策略决策、安全实施、修改虚拟机状态、触发响应六步来实现.

系统流程如图 6-30 所示. 虚拟机状态由两方面的检测结果确定，一方面是 Xen 虚拟机监控器周期的触发检验虚拟机操作系统内核的完整性，利用操作系统内核完整性验证算法函数完整目标操作系统内核文件与操作系统的白名单的比对，若操作系统内核文件执行过写操作，则触发警报信息，否则给此虚拟机操作系统打上安全标签，标识其系统内核的完整性. 另一方面 Xen 虚拟机监控器截获系统对虚拟资源的调用，利用安全钩子搜集包括操作系统的属性、虚拟资源的属性、访问操作的类型的安全控制参数，并交与安全实施模块，安全实施模块参照安全策略集和安全参数进行权限判定. 如果属于授权操作，则实施具体的操作，否则执行回滚操作. Xen 虚拟机监控器相应的修改虚拟机状态. 云用户通过远程连接虚拟机管理平台查看各个虚拟机状态及安全策略、响应机制等信息.

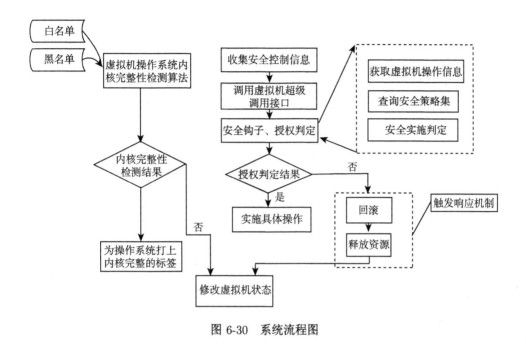

图 6-30 系统流程图

4. 方案总结

本方案首先介绍了 DMCVM 的设计思想、设计前提之后提出了 DMCVM 的总体框架并对其关键模块、关键技术展开了详细的分析. 详细分析了操作系统内核完整性算法, 介绍了安全控制模块的设计, 包括安全策略的管理维护、安全钩子的设计. 当然, 后续的工作就是给出系统的实现过程以及对系统的性能进行分析了, 限于篇幅, 有关系统详细的实现代码以及系统的性能分析请参照文献[68], 我们在对 DMCVM 系统访问控制机制和操作系统内核完整性检测算法进行了详细的描述, 根据四种安全钩子的特点实现了关键代码. 并且采用性能测试工具对系统修改前后的磁盘、CPU、网络性能进行实验, 对安全监控系统给 Xen 虚拟化平台带来的性能损耗进行了分析说明, 实验数据显示安全监测系统给虚拟化平台带来的性能损耗在可接受的范围.

6.4 云计算中基于角色的访问控制

基于角色的访问控制模型[69](Role-Based Access Control, RBAC) 的出现, 是为了根据实际业务需要, 体现一定的灵活性, 所以在用户和权限之间引入了角色, 从而使它们在逻辑上进行分离. Sandhu 等在文献 [70] 中提出了一个 RBAC 的模型簇, 也就是 RBAC96 模型, 该模型迅速得到了人们的认可, 它包含了 RBAC0、

RBAC1、RBAC2 以及 RBAC3.

在此之后,为了使该模型更加的完善,Sandhu 等又对 RBAC96 进行了改进,提出了 ARBAC97[71] 模型. 此后学术界基于 RBAC 又提出了一系列的在某方面进行改进的访问控制模型. 例如,陈南平、陈传波等在文献 [72] 中拓展了 RBAC 模型,提出了一种基于 WWW 的访问控制模型,此模型通过客户端来实现角色代理,该代理位于用户和角色之间; 此模型的优点是解决了网络传输中遇到的瓶颈问题,同时也实现了角色的动态分配. 夏鲁宁、荆继武在文献 [73] 中也提出了一种 RBAC 模型 (N-RBAC),该模型是基于层次命名空间提出的,它使用命名空间来管理资源、角色,从而达到隔离的效果; 不同命名空间的资源是相互屏蔽不可见的,所以该模型较好地实现了分布式的 RBAC 管理.

李晓峰、冯登国等在文献 [74] 中提出了一种基于属性的访问控制模型 ABAC,在该模型中,主要是通过用户和资源的各自属性来判断是否可以进行访问. 访问者和资源都是通过相应的特性来进行标识,这使得该模型具有较好的灵活性和可拓展性. ACBC 实现的安全匿名访问在大型分布式环境中具有重要的意义.

邓集波、洪帆在文献 [75] 中提出了一种访问控制模型 TBAC,该模型是基于任务的. 它从工作流中的任务角度出发,根据任务与任务的不同来动态管理权限. TBAC 模型在分布式计算、工作流以及事务管理系统中扮演着重要的角色.

以上就是 RABC 模式的起源以及发展历程. 总的来说,RBAC 模型有两大优点.

(1) 由于角色/权限之间的变化比起用户/权限之间的变化相对要小得多,减少了权限管理的复杂性,降低了管理的开销.

(2) 灵活地支持了企业的安全策略,并对企业的变化有很大的伸缩性.

传统的访问控制方式都是将用户和权限直接关联,当组织内有新增加的人员、人员职位变动或者离职时,需要进行大量的授权更改工作. RBAC 引入了角色的概念,用角色表示用户具有的职责,角色作为一个中间桥梁,沟通了用户和资源. 对用户的授权转变为对角色的授权,然后再将用户与角色联系起来. 在人员发生上述变动时只需要做相应的角色授予或者撤销即可. 同时,在现实生活中,用户所具有的角色一旦被设定,角色的改变通常并不频繁,而企业中每个角色所具有的权限却可能时常变化,在角色需要发生变化时,只需要修改角色和权限的关联关系,而无须对用户进行操作,方便了企业的管理,提高了效率.

同时,由于 RBAC 能够根据不同的角色灵活地配置权限,只将用户必需的权限分配给用户,能够达到最小权限原则的要求. 同时,利用角色的互斥性约束,可以达到职责分离的目的,提高了安全性.

下面,我们将分别介绍一种 SaaS 模式下的基于用户行为的动态 RBAC 模型,以及基于企业云中可信域的动态细粒度 RBAC 模型 (DF-RABC).

6.4 云计算中基于角色的访问控制

6.4.1 SaaS 模式下的基于用户行为的动态 RBAC 模型

1. 方案背景

伴随着互联网技术近年来的飞速发展，云计算成了一个研究的热点. 作为云计算的应用服务方式，软件即服务 (SaaS) 已经成为一种日渐成熟的软件应用模式. 其服务共享的特性决定了用户可信的访问行为对于 SaaS 服务安全的重要性. 在传统的访问控制中，一旦用户被赋予了某种角色，便会一直拥有该角色所对应的权限. 缺乏动态性和灵活性、控制粒度较大、安全防范能力较低等问题是传统 RBAC(Role-Based Access Control) 运用于 SaaS 所面临的问题.

作为用户管理的关键技术，访问控制技术一直以来就是安全防范措施的研究热点. 近年来，随着云计算的流行，特别是 SaaS 模式的发展，云计算以及 SaaS 模式下的访问控制技术又一次成为人们研究的热点. 伴随着互联网技术的发展，前后出现过不同的访问控制模型. 例如，最先出现的自主访问控制模型，强访问控制模型，后来遇到瓶颈过后又出现的基于角色的访问控制模型，以及再后来在 RBAC 基础上出现的改进模型，如基于任务的访问控制模型，基于属性的访问控制模型等.

自主访问控制模型[76]主要是随着分时系统的产生而产生的，在此模型中，主体自己具有对客体的访问权限，同时主体还可以将自己的访问权限赋予其他的主体. 强访问控制模型主要是用来防止特洛伊木马之类的攻击以及满足机密性的要求而提出的，在此模型中，主体与客体都具有相应的安全属性，主体能不能对客体进行访问取决于两者的安全属性是否相对应地出现.

近年来，随着云计算技术与访问控制技术的进步，基于角色的访问控制模型 (RABC) 已经越来越多地应用于云计算，尤其是应用于 SaaS 模式. 例如朱养鹏、张璟在文献 [77] 中提出了一种 SaaS 平台下基于 RBAC 的访问控制模型，模型将租户引入传统 RBAC，更好地适应了云服务的环境，但是该访问控制模型缺乏一定的灵活性和动态性. 除此之外，近年来用户行为分析技术也发展较快，并且已经出现在了访问控制当中. 田立勤、冀铁果基于用户的信任评估在文献[78]中提出了一种动态的访问控制模型 TD-RBAC，在该模型中引入了信任机制，授权不再只是静态机制，而是基于行为信任的动态机制，但是该模型只关注了访问控制的动态性，并没有考虑到灵活性和细粒度的控制，并且没有应用于云服务环境.

对国内外访问控制技术的研究进行综合分析后，可知在 SaaS 模式下，将用户行为分析应用在访问控制中的研究相对较少. 现有的模型想要在 SaaS 模型下直接使用还存在诸如缺乏动态性、缺乏灵活性、粒度控制较大等问题.

针对上述问题，本小节分析了 SaaS 模式下访问控制的新需求以及传统访问控制的问题和弊端，分析了用户行为信任的特点，提出了证据值更新公式，并验证了其科学性. 在此基础上，提出了一种 SaaS 模式下基于用户行为的动态访问控制模

型 (Cloud-RBAC). 模型中的租户更好地实现了访问控制中安全域的控制, 而用户组和数据范围则更好地实现了粒度的控制, 体现了 SaaS 服务访问控制的灵活性. 在用户访问 SaaS 服务过程中, 首先收集用户的行为证据, 其次计算其标准的证据值, 然后利用模糊层次分析法 (FAHP) 确定其行为信任等级, 最后根据权限敏感等级最终确定用户可行使的权限, 这体现了 SaaS 服务访问控制的动态性.

2. 基础知识

1) SaaS 模式简介

我们所说的云服务技术其实是数据存储技术、分布式技术、数据管理技术以及虚拟技术等的交叉综合应用. 云服务作为一种新型的并即将广泛应用的 IT 服务资源, 按服务类型由上向下可以分为 3 层, 处于最上层的是 SaaS(软件即服务)、处于中间层的是 PaaS(平台即服务)、处于最底层的是 IaaS(基础设施即服务), 它们的层次关系如图 6-31 所示. 它们中的每一层都可以单独作为云来提供服务, 技术方面可以是基于本层的相关技术, 也可以是基于下一层的云技术. 也就是每一层的云既可以为上一层提供服务, 也可以为用户直接提供服务.

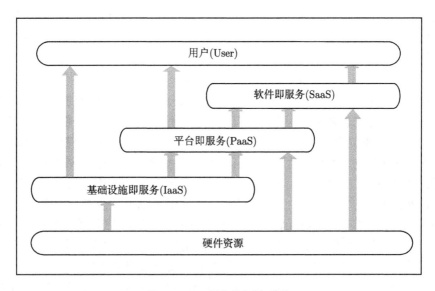

图 6-31　云服务按层次分类

近年来 SaaS 发展成为了一种日渐成熟的软件应用模式. 早在 1999 年, Keith Bennett, Paul Layzell 等发表了面向服务软件的相关论文, 并在文中提出了 Software as a Service(软件即服务, SaaS) 的概念[79]. 2006 年 Chong 等提出了 SaaS 的明确概念, 以及 SaaS 软件设计目标和原则, 并提出了 SaaS 四级成熟度模型[80].

6.4 云计算中基于角色的访问控制

成熟的 SaaS 模型应该具备可配置、可伸缩、高性能这三大特性. 而在实际的使用过程中, 根据使用需求 SaaS 模式可能只满足部分特性. 因此, SaaS 成熟度从用户的需求角度来划分, 可分为四个等级. 如表 6-3 所示, 每一级比上一级增加一个特性.

表 6-3 SaaS 成熟度划分

特性	等级		
	可配置性	高性能	可伸缩性
第一级	×	×	×
第二级	√	×	×
第三级	√	√	×
第四级	√	√	√

第一级是传统可定制性. 在该模型下, SaaS 服务商为每个租户提供可定制的服务. 每个租户单独定制一套软件, SaaS 服务商单独为其部署. 这样该租户完全拥有应用服务器实例和数据库实例, 并可根据需求对其修改. 本模型需要多次开发, 属于初级成熟度的 SaaS 模型.

第二级是可配置性. 在该模式下, 为了降低开发软件的成本, 同时又为了满足租户的不同的可配置需求, SaaS 服务商同样为每个租户部署一个专属的实例. 但是不再为租户单独开发一套代码. 也就是属于一次开发多次部署, 通过不同的配置来满足各租户的不同需求.

第三级是可配置和高性能. 在该模式下, 采用的是高性能的多租户框架结构. 为了降低 SaaS 服务商的硬件成本和维护成本, 该模型采用一次开发一次部署的单实例多租户架构. 这让 SaaS 最大程度上发挥了作用, 属于真正意义的 SaaS 应用架构.

第四级是可配置、高性能和可伸缩性. 该模型是最成熟的 SaaS 模型. 属于多租户多实例系统. 不仅支持租户可配置, 还支持用户的负载均衡, 可以实现应用的水平拓展. 具有可伸缩性使得该模型能满足海量租户的需求.

SaaS 作为 21 世纪才流行的软件应用模式, 正逐渐成为软件产业发展的方向. 自 2003 年 6 月 Salesforce.com 首次将 SaaS 推向市场以来, 如今 Salesforce.com 在全世界已经拥有 140 万个用户, 并且每年的增长速度到达了 80%, 客户的满意度也高达 97%[79]. 而在我国, 八百客公司在 2004 年 6 月成立, 这标志着我国 SaaS 产业的开始, 在此以后相继成立了一系列提供 SaaS 服务的公司和机构, 具有标志性的比如金蝶和 IBM 联手推出的在线会计平台, 用友推出的网上订货平台. 站在用户的角度来看, 服务化的软件将会带给他们更加完善的功能、更加高品质的服务.

而站在企业的角度来看,提供服务化的软件将带给他们更加可控的、更加客观的成本. 可以看出 SaaS 模式是软件应用发展的一种趋势.

2) RBAC 模型研究

随着网络技术的发展,安全需求也在变化,所以传统的访问控制技术已经很难满足当下的需求. 于是随着安全需求的发展变化出现了不同的访问控制技术,当中最受人们关注的便是基于角色的访问控制 RBAC. 与传统的访问控制相比,RBAC 的显著优点是具有自我管理的能力. 在 RBAC 中,由于引入了角色的概念,因此用户和权限不再直接相关联. 其中角色和权限、用户与角色都是多对多的关系. 角色则是由业务或者实际工作产生的. RBAC 的基本思想是将主体与客体通过角色来进行分离[72]. 完整的 RBAC 模型如图 6-32 所示,其中涉及的元素有用户、角色、权限、会话等.

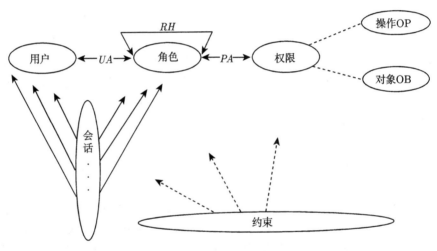

图 6-32 RBAC96 模型[71]

用户指派 (User Assignment, UA):$UA \subseteq U \times R$,表示给用户分配相应的角色,用户到角色以及角色到用户都是多对多的关系.

权限指派 (Permission Assignment, PA):$PA \subseteq P \times R$,表示给角色分配相应的权限,权限到角色以及角色到权限也是多对多的关系.

角色继承 (Role. Hierarchy, RH):$RH \subseteq R \times R$,表示角色的继承.

3) 用户行为信任技术研究

当前对用户行为信任技术的研究,包括可信网络、用户行为可信、用户行为信任评估策略等内容.

(1) 可信网络用户行为可信 可信网络是指网络中用户的行为以及操作的结果等都是可以预料的,在可信网络中,能够做到可以监控用户的行为、评估行为的结果、并且能够控制异常的行为[81]. 可信网络主要是增加了用户行为可信的概念, 使得原来的安全防范技术有了新的提高, 实现了动态管理网络, 使得网络安全管理具有了自适应性. 网络可信所研究内容具体有三个方面[82]: 服务提供者的可信、网络信息传输的可信、终端用户的可信.

(2) 用户行为可信　用户行为可信是指用户在操作和使用系统时所表现出的行为是可以被信任的, 同样是安全的. 从时间维度看用户行为可信, 主要包含用户历史访问行为是可信的, 并且信任是随着时间在一直地积累; 同时还包括能够实时地监控用户操作行为, 并且保证其可信性; 以及包括能够预测用户未来的访问行为, 并且推断其也是可信的.

(3) 用户行为信任评估策略　对于评估用户行为信任的策略有多种, 每种评估策略对用户行为可信基本准则的侧重点不同. 比较常见的评估策略有层次分解评估策略; 基于滑动窗口的评估策略等. 详见文献[83].

3. 模型设计

在 SaaS 服务的环境下, 大量的用户共享 SaaS 服务下的资源, 一旦资源遭到破坏或者信息遭到窃取, 那么影响将是灾难性的, 因为它会波及所有用户. 因此, 保证用户对云端资源每一步操作的安全性是必要的. 这里不仅要考虑到黑客的恶意行为, 同时也要考虑到已通过身份认证的合法用户, 因为身份合法并不一定意味着行为合法. Cloud-RBAC 模型正是基于用户行为的一种动态访问控制, 在传统 RBAC 的基础上引入了用户行为的信任等级, 以此来实现用户权限的动态控制. 不仅如此, Cloud-RBAC 还针对 SaaS 服务环境用户多的特点, 在授权主体端 (Subject) 引入了用户组 (User Groups), 如图 6-33 所示. 这样角色不仅可以直接指派给用户, 而且可以指派给用户组, 这样具有相同角色的用户加入同一用户组便可获得相同的角色. 实现了批量地给同类型用户赋予角色, 使用户指派更具灵活性. 同样地, 我们在授权客体端 (Object) 引入了数据范围 (Data Scope), 使得权限不再只是{操作 (Operation), 对象 (Object)}的二元组集合, 而是{操作, 数据范围, 对象}的三元组集合, 这样权限可以描述为操作什么范围内的什么对象, 因此权限具有了 "环境" 的限制. 例如某公司内查看报表的权限, 如果数据范围是上海, 那么查看的报表就只能是上海分公司产生的报表. 这样便对资源进行了更好的隔离与控制, 体现安全性. 同时相对于原来二元组生成的权限, 数据范围的引入使得权限的生成更具灵活性.

1) Cloud-RBAC 模型的概念描述

Cloud-RBAC 模型继承了传统 RBAC 中的元素, 包括用户 (U)、角色 (R)、权限 (P)、会话 (S)、约束 (C) 等 (如图 6-33 所示, 其中会话与约束已省略). 同时也做了拓展, 引入了新的元素: 租户 (T)、用户组 (UG)、数据范围 (DS)、信任等级 (TD, Trust Degree) 的概念.

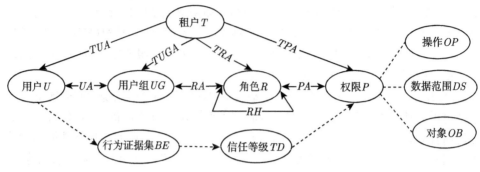

图 6-33 Cloud-RBAC 模型简图

(1) 其中各元素描述如下.

- 用户集 $U=\{u_1,u_2,\cdots,u_n\}$，表示访问 SaaS 服务资源的所有主体的集合.
- 用户组 $UG=\{U_1,U_2,\cdots,U_n\}, U_i\subseteq U$，表示具有相同类型主体的集合.
- 角色集 $R=\{r_1,r_2,\cdots,r_n\}$，表示 SaaS 服务中的职位或者工作的集合，每种角色代表一种权利、责任和资格.
- 权限集 $P=\{p_1,p_2,\cdots,p_n\}$，表示主体对客体对象进行访问的能力. 本模型中的权限不仅是{操作, 数据范围, 对象}的三元组集合, 而且根据访问对象的不同敏感程度, 用户实际想要获得此权限还需要具有最低的行为信任等级.
- 租户集 $T=\{t_1,t_2,\cdots,t_1\}$，表示 SaaS 平台上租用云资源的租户集合.
- 行为证据集 $BE=\{be_1,be_2,\cdots,be_n\}$，表示主体在访问 SaaS 服务过程的行为证据的集合.
- 信任等级 $TD=\{td_1,td_2,\cdots,td_n\}$，信任等级表示一定范围内的行为评估值的集合，$TD$ 表示全体信任等级的集合.
- 数据范围 $DS=\{ds_1,ds_2,\cdots,ds_n\}$，表示客体资源所属的范围，$DS$ 表示所有范围的集合.

(2) 其中各指派关系如下.

- 租户指派 指租户到相应元素的指派，其中 TUA、$TUGA$、TRA、TPA 分别表示租户到用户的指派、租户到用户组的指派、租户到角色的指派、租户到权限的指派. 这表明租户是本模型实际应用中的一个安全界限, 对于租户来说本模型向内封闭.
- 用户指派 $UA\subseteq U\times UG$，是指将用户加入到用户组当中, 对于 SaaS 服务环境中用户较多的情况，可以通过用户组进行分组管理，这样便于搜索和控制.
- 角色指派 $RA\subseteq R\times UG$，是指将角色指派给相应的用户组.

- 权限指派 $PA \subseteq P \times R$,是指将权限指派给角色.

2) Cloud-RBAC 模型的授权

在 Cloud-RABC 模型中,权限需要限定在一定的数据范围内,体现了授权的灵活性.除此之外,为了与用户行为分析相关联,体现授权的动态性,权限还应具有不同的敏感等级.如"修改"的权限显然要比"查看"的权限敏感等级要高,这里的敏感等级根据具体情况要与用户行为信任等级相对应.例如通过表 6-4 所示,用户的行为信任等级是不信任等级、预警信任等级、不确定信任等级时只能行使敏感等级为 0 的权限,行为信任等级至少为可信任等级时才可以行使敏感等级 1 的权限,行为信任等级至少为比较信任等级时才可以行使敏感等级为 2 的权限,行为信任等级至少为完全信任等级时才可以行使敏感等级为 3 的权限.这样即使名义上用户已经被授予了某权限,但是在实际使用该权限时,如果用户信用等级达不到该权限敏感等级所要求的行为信任等级,那么用户的访问同样将被拒绝,体现了授权的实时动态性.

表 6-4 权限敏感等级与行为信任等级对应表

行为信任等级	行为信任等级描述	对应的权限敏感等级	对应的权限敏感等级描述
0	不信任等级	0	不敏感等级
1	预警信任等级		
2	不确定信任等级		
3	可信任等级	1	敏感等级
4	比较信任等级	2	比较敏感等级
5	完全信任等级	3	非常敏感等级

模型中的权限指派 (PA) 以及角色的继承 (RH) 与传统 RBAC 模型中的完全相同.Cloud-RBAC 模型授权核心是用户组,在用户组上同时要实现角色的指派 (RA) 和用户的指派 (UA),通过用户组的连接实现了可以给批量用户赋予相同的角色,体现了灵活性.

4. 用户行为信任等级

用户行为信任的评估方法,包括用户行为与信任的关系、用户行为证据的处理、评估策略以及科学性分析等内容.

1) 用户行为与行为信任的关系

这里用户的行为主要是指用户访问系统时的行为,主要是通过操作使用系统时体现出来的.可获取的用户行为包含两方面:一方面是以往操作使用系统时的行为,也就是历史行为,这主要靠保存的日志记录体现出来;一方面是现在用户实时操作使用系统的行为, 也就是实时行为, 这可以由用户实时的操作体现出来. 而用户行为信任的意义主要是保证用户实时操作的可靠性 (实时信任), 以及可预测未来用户操作行为的可靠性 (可预测信任). 它们之间的关系由图 6-34 体现出来.

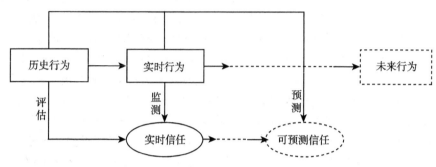

图 6-34 用户行为与行为信任关系图

用户实时信任可以通过评估用户访问系统的历史行为和监测用户实时使用系统的实时行为分析出来; 而未来用户是否可信, 则可以通过用户的历史行为以及监测的实时行为通过科学的方法进行预测得出. 用户行为信任需要综合科学的评估方法、预测方法以及可靠的控制技术来实现. 其中评估是基础, 控制是目的.

2) 用户行为证据处理

用户行为证据是最基本的行为信任元素, 具有客观性, 它的定量值可以通过软硬件检测得到, 例如 IP 地址是否在有效范围内、对资源访问次数、查询关键词次数、访问系统的持续时间等. 不同的类型的证据表示也往往各式各样, 例如 IP 地址是否在有效范围内的证据值是 "是" 或者 "否", 对资源的访问次数的证据值是一次、二次、三次等. 为了方便处理, 需要将这些证据值进行规范化处理[84], 统一表示成 [0,1] 范围内沿正向递增的值, 在本节中用 be (Behavior Evidence) 表示. 实际用户的行为信任等级则是由这些可测量的单一的信任值经过分析综合得出的.

信任具有积累缓慢性、破坏骤减性、随时间衰减性三大特点.

用户行为证据体现了客观性, 信任体现出主观性, 要想实现客观与主观的统一, 反映用户行为证据的证据值的更新也应该遵循这三大特点. 设 be_{old} 表示某项证据的旧证据值, be_{new} 表示新获取到的证据值. be_o 表示最低信任的证据临界值, 当证据值 $be < be_o$ 时, 该证据值表明用户行为不可信, 在此范围内 be 越小越不可信. 同样地, 当 $be > be_o$ 时, 该证据值证明用户行为是可信的, 且在此范围内证据值越大, 表明用户行为越可信. 由信任积累缓慢性与破坏骤减性两大特点, 证据值的更新也需要体现出增长的缓慢性与降低的快速性, 结合实际, 不同情况下证据值的更新应该如图 6-35 所示.

6.4 云计算中基于角色的访问控制

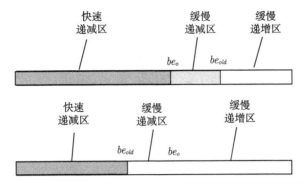

图 6-35 $be_{old} > be_o$ 和 $be_{old} < be_o$ 情形下证据值的更新情况

当 $be_{old} > be_o$ 时,如果 $be_{new} > be_{old}$, 表示新的证据值在可信范围内,并且新的证据值与旧证据值相比有所增加,考虑到信任的积累缓慢性,因此新证据值应处在证据值的缓慢递增区域. 如果 $be_0 < be_{new} < be_{old}$, 表示新的证据值与旧证据值相比有所减小,但是还是处在可信范围内,所以新证据所处的区间应是缓慢递减区间. 如果 $be_{new} < be_0$ 表示新的证据值不仅减小,并且处于不可信区域内,所以由信任的破坏骤减特性,可知新证据值应当出在快速递减区域.

当 $be_{old} < be_o$ 时,表示旧的证据值已经处在不信任区域. 如果 $be_{new} < be_{old}$, 表示新的证据值不仅减小并且也处在不可信范围内,所以新证据值应该处在快速递减区域内. 如果 $be_{old} < be_{new}$, 表示新的证据值在增加,不管是否是在可信范围内,由信任的积累缓慢性可知新证据值处在缓慢递增区.

以上是在近期内得到新的证据值后对旧证据值更新的分析. 如果近期内没有获取到新的证据值,那么就需要考虑信任的时间特性,也就是随时间衰减性. 设 t_o 表示设定的时间界限,t_{new} 表示获取新证据值时对应的时间,t_{old} 表示上一次获取证据值的时间,两次获取证据值的时间间隔 $\Delta t = t_{new} - t_{old}$. 如果 $\Delta t \geqslant t_o$, 表示证据值长时间没有获取,由信任随时间衰减性可知证据值应该随时间的延长而逐渐减小;反之,$\Delta t < t_o$ 时,表示近期内得到证据值,证据值的更新情况按以上分析可知.

考虑到信任的特点,如果是在近期内获取到新的证据值 be_{new}, 那么 be_{new} 并不能完全替代或者用于更新旧证据值 be_{old}, 应该在旧证据值的基础之上采用证据值的增量 $\Delta be = be_{new} - be_{old}$ 来更新旧的证据值. 同时考虑到对旧证据值的更新力度,还需要引入控制函数,控制函数既要体现信任的特点,也要能体现主观的控制力度. 因此可以建立如下的证据更新计算公式:

$$be'_{new} = \begin{cases} be_{old}[1 + \varphi(\Delta be)], & \Delta t < t_o, \\ be_{old}\phi(\Delta t), & \Delta t \geqslant t_o. \end{cases} \quad (6-1)$$

公式 (6-1) 中的 Δbe 和 Δt 表示证据值增量和时间间隔,定义如上文所示. be'_{new}

表示旧证据值经过更新后的证据值. $\varphi(\Delta be)$ 表示信任值增量控制函数, $\phi(\Delta t)$ 表示衰减控制函数. 设 n 表示与 SaaS 服务交往的次数, 由图 6-35 中的分析以及幂函数的特性, 我们可以定义函数 $\varphi(\Delta be)$ 为如下形式:

$$\varphi(\Delta be) = \Delta be \cdot \lambda^{\rho(be_0, be_{new}, be_{old}, n)}, \tag{6-2}$$

其中

$$\rho(be_0, be_{new}, be_{old}, n) = n^{\sigma(be_{new} - \min(be_o, be_{old}))}, \tag{6-3}$$

$\sigma(x)$ 为符号函数, 定义如下:

$$\sigma(x) = \begin{cases} 0, & x \geqslant 0, \\ -1, & x < 0. \end{cases} \tag{6-4}$$

$\phi(\Delta t)$ 表示衰减控制函数, 表明随着时间的延长, 证据值递减, 其定义可以根据具体情况而定. 例如由幂函数和反比例函数特性, 我们可以定义 $\phi(\Delta t)$ 为如下形式:

$$\phi(\Delta t) = \frac{1}{\Delta t^{1/4}}, \quad \Delta t \geqslant t_o, \tag{6-5}$$

其中 t_0 和 Δt 的单位为天.

3) 用户行为信任等级评估策略

用户的行为信任等级数以及每级所对应的信任值区间范围可根据具体的情况而定, 这里将用户行为信任等级划分为六个等级, 分别为: 不信任等级、预警信任等级、不确定信任等级、可信任等级、比较信任等级和完全信任等级. 由于高信任和低信任的行为是少量的, 所以信任区间的定义应该满足梭形结构. 本方案中定义的信任值区间如表 6-5 所示.

表 6-5 信任等级划分区间

信任等级	等级描述	信任值区间
0	不信任等级	[0.00, 0.15]
1	预警信任等级	(0.15, 0.25]
2	不确定信任等级	(0.25, 0.35]
3	可信任等级	(0.35, 0.65]
4	比较信任等级	(0.65, 0.85]
5	完全信任等级	(0.85, 1.00]

用户行为信任等级评估首先是将用户的行为信任细分为特定的证据类型, 然后根据各证据类型的重要程度, 利用模糊层次分析法 (FAHP)[85] 计算各证据类型的权重, 最后利用各证据类型的证据值以及权重求得用户行为的信任值, 最后依据表 6-5 得出用户行为的信任等级. 用户行为信任的证据类型划分如图 6-36 所示.

6.4 云计算中基于角色的访问控制

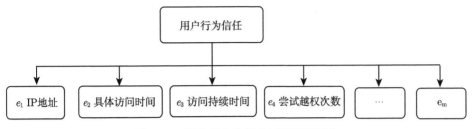

图 6-36 用户行为信任的证据类型划分

在图 6-36 中，假设与信任有关的证据有 m 个，分别用 $e_1, e_2, \cdots, e_m$ 表示，根据它们两两相比的重要程度可以得到模糊互补矩阵 $R = (r_{ij})_{m \times m}$，其中 r_{ij} 由公式 (6-6) 得出。$c(e)$ 表示证据 e 相对于信任的重要程度，例如 $c(e_i) < c(e_j)$ 表示在对信任的贡献方面，证据 e_j 比证据 e_i 重要。

$$r_{ij} = \begin{cases} 0, & c(e_i) < c(e_j), \\ 0.5, & c(e_i) = c(e_j), \\ 1, & c(e_i) > c(e_j), \end{cases} \tag{6-6}$$

令 $r_i = \sum_{k=1}^{m} r_{ik} (i = 1, 2, 3, \cdots, n)$，可将模糊互补矩阵 R 转化为模糊一致矩阵[86] $Q = (q_{ij})$，其中 $q_{ij} = \dfrac{r_i - r_j}{2m} + 0.5$。

最后再利用方根法对权重指标进行归一化处理得到最终的权重向量 $w = (w_1, w_2, \cdots, w_m)^{\mathrm{T}}$，其中：

$$w_i = \frac{s_i}{\sum_{j=1}^{m} s_j} \quad (i = 1, 2, \cdots, m), \tag{6-7}$$

$$s_i = \left(\prod_{j=1}^{m} q_{ij} \right)^{\frac{1}{m}} \quad (i = 1, 2, \cdots, m). \tag{6-8}$$

最终用户行为信任的评估值 $Tr(u)$ 可以通过公式 (6-9) 获得。

$$Tr(u) = BE \cdot w^{\mathrm{T}}, \tag{6-9}$$

其中 BE 表示证据向量。

5. 模型的实现与结果分析

1) Cloud-RBAC 的访问控制流程

Cloud-RBAC 模型既考虑了权限分配时的灵活性，也考虑了权限执行时的实时动态性，这充分保证了用户在访问 SaaS 服务资源过程中的安全性，具体的访问控制实现可以参考图 6-37。

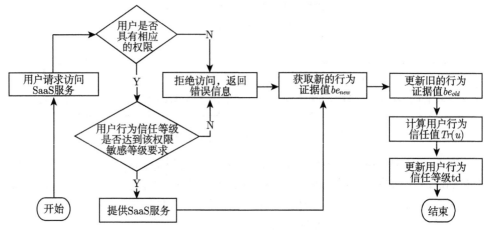

图 6-37 Cloud-RBAC 模型的访问控制流程图

由流程图可知用户要想获取 SaaS 服务不仅需要相应的权限, 而且用户的行为必须达到相应的信任等级, 同时不管访问成功与否, 都会记录用户的访问行为, 然后进行分析, 更新用户的信任等级, 作为下一次访问的参考.

2) 证据值更新科学性分析

首先, 我们以尝试越权次数证据的证据值作为观察对象. 设越权 0 次为完全信任, 1 次为比较信任, 2 次为可信任, 3 次为不确定信任, 4 次为预警信任, 5 次及以上为不信任, 根据表 6-5 将对应证据值分别设为 $\{1.00, 0.80, 0.50, 0.30, 0.20, 0.10\}$. 利用公式 (6-1) 分别对以下情况进行证据值的更新.

情况 1 $be_o = 0.50, \lambda = 0.5$. 设初始证据值 $be_{old} = 1.00$, 持续越权 5 次以上, 也就是一直以 $be_{new} = 0.01$ 对证据值进行更新.

情况 2 $be_o = 0.50, \lambda = 0.5$. 设初始证据值 $be_{old} = 0.01$, 持续无越权访问, 也就是一直以 $be_{new} = 1.00$ 对证据值进行更新. 最终结果如图 6-38 所示.

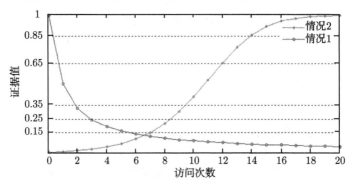

图 6-38 不同情况下证据值随访问次数的变化情况

由图 6-38 可知，经过 5 次持续越权的访问便使证据值从完全信任等级降到了不信任等级，而需要经过 14 次的持续无越权访问才能使证据值从不信任上升到完全信任. 这充分体现出了信任积累的缓慢性与破坏信任的骤减性.

其次，为了验证时间衰减性，我们设初始证据值为 $be_{old} = 0.90, t_0 = 0$，并且一直未获取到证据值. 那么证据值的变化如图 6-39 所示.

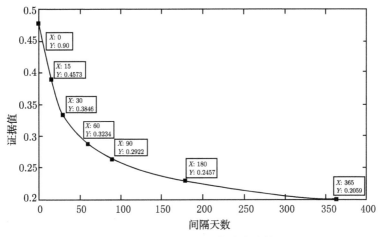

图 6-39 证据值随时间衰减变化情况

由图 6-39 得知，如果在时间界限 15 天内没有获取新的证据值，那么 15 天后证据值变为了 0.4573，对应表 6-5 可知，行为信任等级由完全信任变为了可信任等级. 2 个月后将变为不确定信任等级，1 年后成为预警信任等级. 体现出了随时间衰减的特性.

以上实验，验证了证据值更新满足用户行为信任变化的特点，同时也表明了证据更新公式 (6-1) 的科学性.

3) 同类模型比较

在 SaaS 模式下，文献[87] 引入角色组的概念，将角色与角色组控制在同一层，并将单个权限作为职责分离的控制粒度，提出了 SaaS-RBAC 模型. 为了满足租户访问控制多样性与安全、独立访问共存数据的要求，文献[88] 提出了 T-ARBAC(Tenant-Administrative Role Based Access Control). 由之前对 SaaS 模式下访问控制新需求的分析可知，SaaS-RBAC 模型虽然满足了多租户、灵活性以及细粒度的需求，但是缺乏访问控制的动态性. 同样地，T-ARBAC 虽然通过访问控制策略的定制以及资源池的映射实现了多租户、灵活性和细粒度的需求，但是同样也缺乏一定的动态性. 表 6-6 直观地展现了三者的区别.

结合 SaaS 模式下访问控制的新需求以及通过以上各模型的比较可知，动态性是 Cloud-RBAC 模型相比于其他模型的突出优点. Cloud-RBAC 通过在 RBAC 模型中引入租户满足了多租户的需求,同样引入用户组以及数据范围实现了灵活性和细粒度的控制,最重要的是通过结合用户访问的信任等级以及权限的敏感等级来实现访问控制的动态性.

表 6-6 SaaS 模式下访问控制模型的比较

模型	需求			
	多租户	灵活性	细粒度	动态性
SaaS-RBAC	√	√	√	×
T-ARBAC	√	√	√	×
Cloud-RBAC	√	√	√	√

6. 方案小结

本节首先分析了云服务环境下的特点和安全需求,在传统访问控制的基础上,提出 SaaS 模式下基于用户行为的动态访问控制模型 Cloud-RBAC,并对模型及其概念进行了描述;然后对用户行为信任评估做了研究,包括分析用户行为与信任的关系,研究用户行为证据的处理方法;其后,在此基础上介绍了用户行为信任等级的评估方法,并验证了证据更新公式的科学性;最后,分析了 Cloud-RBAC 的访问控制流程,并对SaaS下的访问控制模型做了比较,分析了Cloud-RBAC的突出优点.

6.4.2 DF-RBAC 模型研究

1. 方案背景

企业组织为了降低公司内部运营成本,选择将部分乃至所有的私有数据迁移至有第三方即云服务提供商统一管理的公共云平台.然而,云服务给企业带来收益的同时,却也因为网络平台的开放性和不可控性带来一些安全隐患,如存储在云环境中的数据面临着机密泄露、恶意破坏与非法访问等致命威胁.因此,如何有效限制主体对企业内部数据的访问与操作成为保障企业安全的第一道重要防线.

系统中的身份认证仅能够保障登录系统的用户身份的合法有效性,却并不能对其访问权限做进一步的限制,很可能隶属于统一体系下的用户通过访问或修改不属于其管辖范围的数据而造成信息泄露与错误等情况的发生.因而访问控制作为信息安全保证机制的另一核心内容,在实现合法用户对有效资源的安全访问的同时,也有效限制未授权用户的任意访问与非法破坏,很大程度上保障了数据的完整性和机密性.企业云实质上来讲是一个分布式的应用环境,访问控制在这样一个分布式的应用背景下,就面临着分布式应用的分布自治性、异构和动态扩展性等带来的多方面挑战.

为迎接企业云中的诸多挑战性难题,研究和设计出企业云中身份管理的访问控制策略显得尤为重要.

在过去的应用研究中也存在着很多的访问控制模型, Elisa Bertino[89] 对已有的访问控制策略的模型做了一个总结, 即访问控制大概包括三个成熟的模型: 自主访问控制模型 DAC(Discretionary Access Control)、强制访问控制模型 MAC(Mandatory Access Control)、基于角色的访问控制模型 RBAC(Role-based Access Control).

随着信息技术和网络科技的突飞猛进的发展, 实际应用对采用基于角色访问控制模型管理策略提出了更高挑战. 随着客户端主体数量的与日俱增, 企业应用系统对动态变化资源访问的高要求也时刻促使人们改进并研究更优化的安全访问机制. 于是基于 RBAC 模型改进的方案和研究[90-94] 如雨后春笋般层出不穷. 然而, 目前在企业云环境这种复杂的大规模情景下, 基于 RBAC 模型实现访问控制的应用还存在着下述不足.

(1) RBAC 模型的扩展性有限 现有 RBAC 模型的实现都是基于某一具体系统应用, 对其中的某些方面做特定改进, 因而此类模型具有可移植性差且不适合其他系统应用的弊端.

(2) RBAC 的特点未能充分体现在现有应用中 如角色和权限的分配过于固定化, 二者都是预先设定好后, 存储在权限策略库中静态访问获取, 缺乏应有的灵活性.

(3) RBAC 在分布式环境中管理效率低下 越来越多的大型组织向规模众多的网络用户提供资源服务, 由于传统的 RBAC 模型施行手工角色分配方案, 这在企业云环境下是行不通的, 且是无效率的实现.

(4) RBAC 模型访问与权限控制的粗粒度问题 很多 RBAC 的改进方案存在着粗粒度访问的缺陷, 随着云平台这种分布式环境下资源访问与数据共享的日益趋势化和频繁化, 动态细粒度化的访问要求也被提上纲领.

根据对上述访问控制模型优缺点的分析与研究, 在参考一些学者的研究成果的基础上, 本小节提出了一种改进的应用于企业云中可信域的基于 RBAC 模型访问控制策略模型——DF-RBAC(Dynamic Fine-Grained Role-Based Access Control) 模型[78,95-97]. 该模型能够在动态分配角色与权限的基础上达到充分的可扩展性要求, 同时也解决了 RBAC 模型缺少灵活性的问题. 角色分配摆脱了手工方式, 不需要在初始化系统的过程中加载手工预置的分配方案, 而是采用一次运行永久使用的方式, 提高了系统的能动性和能效性. 另外本方案细化了角色和权限, 采用细粒度角色决策树和细粒度权限表达式树的方式, 配合适当的数据库设计, 完全可以满足细粒度访问控制的要求.

2. 基于企业云中可信域的 DF-RBAC 模型

DF-RBAC 是基于 RBAC 模型, 并参考已有的该模型改进方案分析的经验基础上提出的以适合企业云环境安全身份认证和访问控制为目的的设计模型. 本模型运用于大规模主客体之间的访问需求随企业应用数量增加而爆炸性增长的情境,该模型结合基于改进的 Kerberos 协议联合 ECC 和 USBKEY 技术认证方案[98],能够满足单点登录的安全身份认证和动态细粒度的访问控制需求. 图 6-40 表示了模型 DF-RBAC 的基础架构.

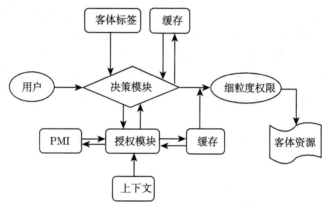

图 6-40　DF-RBAC 模型

与 RBAC96 模型的主要区别在于, 该模型在 RBAC96 模型的基础上新增了决策模块 (具体设计在下一部分中有详细的介绍), 用于产生细粒度角色集到细粒度权限的映射.

模型中的 PMI 模块组件是用于主体用户发出访问控制请求的时候, 从策略库中取出基于粗粒度角色的规格属性集, 以主体标签的形式传递给决策模块进行细粒化的处理.

图 6-40 中的两处缓存配置主要是为了突出本模型基于下一次无变更访问时, 无须运行动态角色树组件或权限生成树的运算, 从而大大提高了访问的效率. 缓存模块存储由细粒度角色决策树和权限表达式树生成的细粒度角色集和细粒度权限集. 由于一个系统的角色相对于用户来讲变化的频率更小, 而用户在一般情况下所具备的属性集也不会经常变动, 因而同一个用户在没有变化的情况下再次访问系统不用重新执行决策树, 直接从缓存中获取权限应用, 就达到提高访问效率的最终目的.

当业务的需要导致访问主体发生变动时, 由授权模块动态的生成访问权限, 体现了本模型良好的动态性特点. 由于模型本身是定位在企业云环境中的访问控制策略解决方案, 因而设计的通用性和平台的移植性也是必须考虑和解决的问题.

3. 可信域内动态细粒度的访问控制策略

我们主要从策略制定原则、策略中的定义描述以及访问控制的规则说明三个方面阐述可信域内动态细粒度的访问控制策略.

1) 策略制定原则

(1) 平台移植性　也称平台通用性. 企业云环境是一个十分庞杂的应用体系, 要在这样的平台上实施访问控制方案, 其访问策略必然要求具备很好的平台可移植性. 不论是在企业的可信域内还是通过第三方可信任机构作为媒介的合作组织之间, 都涉及访问控制的需求因此平台移植性就显得格外重要.

(2) 灵活性　企业云环境下存在着数以千万计的可信域, 要在这些可信域间实行一致通用的访问控制策略, 并且满足不同可信域内的组织机构对自身安全方面的不同需求, 都要求访问控制策略具有很好的灵活性.

(3) 动态性　主客体在实际应用中的需求是不断变化的, 如用户身份变化、访问客体资源的增减、角色的变更、客体资源因企业需求而更改标签属性等, 这就需要用户与角色间、角色与访问权限间的映射关系是随着实际应用而动态变化的, 忽略了访问控制策略的动态性, 就是忽略了企业内外组织应用体系的可扩展性, 不利于企业的长远发展.

(4) 层级性　主客体的属性标签应该具备层级性, 这样不仅能提高访问的效率也可以细化主体的角色和权限分配, 更加便于企业内部的权限管理者对复杂应用环境下企业的实效性管理.

2) 策略中的定义描述

- 主体　模型中用 User 表示. 它是指企业应用系统中的访问者或使用者.
- 角色　模型中用 Role 表示. 它是指企业应用系统中用于代理主体行使对客体资源访问权限的单元, 是被赋予直接享有资源访问权的主体代理.
- 客体　Object. 它是被访问的对象, 是网络上任何需要被主体访问的资源信息.
- 主体属性集　UPS (User Property Set, 使用主体这个名词是为了与客体相对应, 但我们习惯使用 "用户" 来表达, 故下文中主体一律用 User 表示). 表示主体的一组属性的标签化结构组成, 如 User(org,prop_list).
- 客体标签　OT (Object Tags). 主要用于形成层次化的对象模型. 客体标签的层级结构可映射成标签树, 体现出企业的层次性 (大到公司集团, 小到一个系统的目录菜单), 对象表示为 OT(org,tag_list).
- 粗粒度角色集　CRS (Coarse-Grained Role Set), 是对主体的第一次角色分配, 由授权管理基础设施 PMI (Privilege Management Infrastructure) 按照策略库 PR (Policy Repository) 存储的映射匹配所得. 同样具有层次性, 对象表示为 CRS(org,role_list).
- 细粒度角色集　FRS (Fine-Grained Role Set), 是依据 PMI 获得的主体属性集和粗粒度角色集由细粒度决策模块 FDM (Fine-Grained Policy Decision Module) 动态产生, 对象表示为 FRS (org,role_list).

- **粗粒度权限集** CPS (Coarse-Grained Permission Set), 由粗粒度授权策略模块 CPM (Coarse-Grained Privilege Module) 结合上下文信息和策略库动态产生, 对象表示为 CPS (org,perm_list), 存储在模块内部的缓存中.
- **细粒度权限集** FPS (Fine-Grained Permission Set), 由细粒度决策模块根据细粒度权限表达式树映射得到的细粒度角色集所具备的功能权限集合, 对象表示为 FPS (org,perm_list), 存储在模块内部的缓存中.

3) 访问控制的规则说明

细粒度角色的定义: 细粒度角色是相对于前文提到过的粗粒度角色而言的, 粗粒度角色是静态策略库存储的映射对象, 不具备对权限集合的直接映射关系. 细粒度角色集是基于细粒度策略模块对用户属性、粗粒度角色以及被访问客体标签的逻辑处理和冲突解决的基础上动态产生的, 集合中的角色具有职责分离性、可共存性和原子性.

在进行冲突解决得到细粒度角色集的过程中采取最小角色关联方法, 在接下来的第 4 部分具体分析. 细粒度角色的权限定义: 角色对于权限的操作无非是可读与否、可写与否、可执行与否的任意组合, 在云环境下也不例外 (只是规模更大, 运用起来更复杂). 下面为每一个细粒度角色分配相应的读、写、执行权限表达式, 表示为 FG_RP<r_perm,w_perm,x_perm>.

- r_perm 细粒度角色对可访问资源文件有读的权限.
- w_perm 细粒度角色对可访问资源文件有写的权限, 同时可对文件进行删除、重命名、修改内容等操作.
- x_perm 细粒度角色对可访问资源有可执行的权限, 如它可以向可执行文件进行指令集操作等.

细粒度权限集是由细粒度决策模块 FDM (Fine-Grained Decision Module, 本小节的第 4 部分有具体定义) 依据细粒度角色集和被访问的客体属性标签按照策略库中相应策略构造的权限策略表达式动态生成的. 这种权限表达式 (用 expression 表示) 的制定规则是客体标签 (用 tags 表示) 之间使用!(非)、&&(与)、||(或)、∧ (异或) 四种逻辑运算符和 >(大于)、=(等于)、<(小于) 等比较运算符组合的逻辑表达式 (用 expr 表示) 交替作用组成, 并满足 BNF 范式[22].

表 6-7 是细粒度角色和相应权限表达式的构造方法.

表 6-7 权限表达式构造方法

object ::=<org,tag_list> .	1)
ops ::=[!,&&,||,∧ ,>,<,=,>=,<=,!=] .	2)
expression::=!(exp(tag,ops))|exp(tag,ops)&&exp(tag,ops)|exp(tag,ops)||exp(tag,ops) .	3)
perm ::=expression .	4)
FG_RP<r_perm,w_perm,x_perm> ::=<r_expression,w_expression,x_expression> .	5)

访问控制规则描述主要是对上述定义中的读、写、可执行三种细粒度角色权限的访问规则进行描述. 先定义细粒度角色集为 FRS (r<org,role_lis t>), 按照细粒度角色细化的客体属性标签 OT(o<org,tag_list>), 则用户在进行读、写、可执行访问控制的时候应该满足.

- 读 (r) 访问规则　若角色 R 对客体 O 具有读 r 的访问控制权限, 则当且仅当 r.org = o.org 并且存在 role ∈ r.role_list, 满足所有 r_ = true 时, FG_RP<r_erm, o> = true.
- 写 (w) 访问规则　若角色 R 对客体 O 具有写 w 的访问控制权限, 则当且仅当 r.org=o.org 并且存在 role ∈ r.role_list, 满足所有 w_expression = true 时, FG_RP<w_perm,o> = true.
- 可执行 (x) 访问规则　若角色 R 对客体 O 具有可执行 x 的访问控制权限, 则当且仅当 r.org=o.org 并且存在 role ∈ r.role_list, 满足所有 x_expression = true 时, FG_RP<x_perm,o> = true.

4. DF-RBAC 模型的设计实现

(1) DF-RBAC 模型体系架构.

相对于 RBAC96 模型和在此基础上进行的改进模型体系架构与访问控制机制而言, 本模型增设了细粒度决策模块 FDM 和粗粒度决策授权模块 CPM, 另外在决策组件内采用缓存 Cache 组件存储动态产生的角色/权限集合和相应权限表达式树以 XML 格式存储的文件. 图 6-41 展示了本模型的访问控制体系架构.

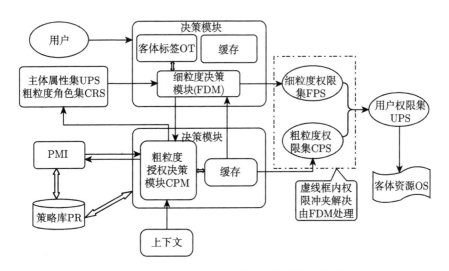

图 6-41　DF-RBAC 模型的访问控制体系架构

本节给出的 DF-RBAC 模型中最核心的模块是细粒度决策模块 FDM. 粗粒度决策授权模块 CPM 采用的实现机制和未经改进的 RBAC 模型的角色分配机制有一定程度上的相似性，但增设了角色动态映射功能. 当 CPM 产生的粗粒度性的角色集和权限集存储在缓存后，同时会响应这些参数给细粒度决策模块 FDM, 由 FDM 做角色和权限的细化处理并存储. 图 6-42 是一次访问的具体流程及详细说明.

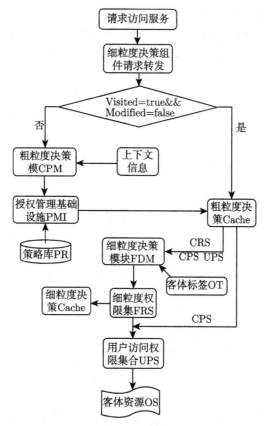

图 6-42　基于 DF-RBAC 模型的访问控制流程图

步骤 1　客户端用户 User 在通过系统身份认证后，获得了访问应用服务器的授权，此时用户 User 可以向访问控制服务器提出进一步的角色分配和权限许可. 如对客体资源提出访问控制请求，首先必须要通过核心模块 FDM 进行请求转发，下一步步骤 2.

步骤 2　当请求头中的信息有设置曾经访问的标识 Visited=true 并且当前用户信息标识未发生改变 Modified=false 时，从粗粒度授权策略模块 CPM 所在组件中获取缓存信息，下一步步骤 5，否则步骤 3.

步骤 3 当请求头中的信息有设置曾经访问的标识 Visited=false 或者当前用户信息标识发生改变 Modified=true 时,粗粒度授权策略模块 CPM 根据上下文信息和 User 请求信息向授权管理基础设施 PMI 提交粗粒度角色分配请求.

步骤 4 授权管理基础设施 PMI 在接收到来自 CPM 的请求后,根据用户属性集 UPS 对策略库 PR 进行静态查找粗粒度角色集 CRS 和使用 PMI 的授权管理属性证书 CA 对粗粒度角色集 CRS 进行动态授权,即粗粒度权限集 CPS. 所得的集合信息返回给 CPM 并进行缓存存储.

步骤 5 粗粒度授权策略模块 CPM 取得相应的粗粒度角色集 CRS 和粗粒度权限集 CPS 后,将这些集合同用户属性集 UPS 一起返回给细粒度决策模块 FDM.

步骤 6 细粒度决策模块 FDM 在取得 UPS、CPS 和 CRS 后,结合待访问的客体标签库 OT 动态产生细粒度角色决策树,由此产生细粒度的角色集 FRS 的同时,根据细粒度权限表达式产生细粒度权限集 FPS,将 FRS 和 FPS 存储至所在组件的缓存.

步骤 7 细粒度决策模块 FDM 对来自 CPM 的粗粒度权限集 CPS 和上一步产生的 FPS 进行交集处理,得到最终的访问权限集合 UPS.

步骤 8 客户端用户根据该 UPS 集合向客体资源 OS 进行访问操作.

体系架构图 6-41 中虚线部分实际上是由 FDM 完成的,从 FDM 组件分离出来是为了更突出细粒度权限集形成的过程. 这些角色集和权限集都是以某种与属性集相关联的方式存放在缓存中的,在二次登录过程中能够很方便地直接读取,不需要再次动态产生和求交集. 这种程序复杂的访问机制在一定程度上能大大提高系统的访问性能,本方案存在着一大挑战即动态表达式和决策树产生的过程如何能够处理得更优.

(2) 角色的细粒度决策树.

本方案采取可扩展标记语言 XML 格式进行角色细化决策树的存储,由 XML 文件的特点规定从根节点到叶节点的单一路径表示一条合取规则,叶节点为真的路径表示用户具备该角色,所有的路径的集合就是决策树所决定的细粒度角色集.

假若北京移动市话部门的客服经理 A 要负责分析北京市朝阳区移动营业厅 BH 的当月移动用户市话消费情况,以进行时段峰值统计报告 OS<org,taglist>,统计完成后需要将统计报表数据分时段整理并更新到北京移动官方网站指定的目录档案 File 文件中. 那么,该情况下的用户为客服经理 M<org,proplist>,它所对应的客体资源为 OS<org,taglist>. 按照 DF-RBAC 模型的访问控制体系架构,请求发送后:由 PMI 得到的粗粒度角色集 CRS 为:CR1(负责按照当月移动用户市话消费情况生成统计报表的角色)、CR2(负责在官方网站制定的目录 File 文件中存储按时段整理的统计报表的角色);

由 CPM 得到的粗粒度权限集 CPS 为：CP1(具备读营业厅 BH 市话账单和执行账单的数据报表统计的权限)、CP2(具备读营业厅 BH 市话账单的统计数据报表并读&写目录档案文件 File 的权限)；

由 FDM 得到的细粒度角色集 FRS 为：FR1(负责读营业厅 BH 市话账单的角色)、FR2(负责执行营业厅 BH 市话账单的数据报表统计的角色)、FR3(负责读营业厅 BH 市话账单的统计数据报表的角色)、FR4(负责读营业厅 BH 市话账单的目录档案文件 File 的角色)、FR5(负责写营业厅 BH 市话账单的目录档案文件 File 的角色)；

由 FDM 得到的细粒度权限集 FRS 为：FP1(具备读营业厅 BH 市话账单的权限)、FP2(具备执行营业厅 BH 市话账单的数据报表统计的权限)、FP3(具备读营业厅 BH 市话账单的统计数据报表的权限)、FP4(具备读营业厅 BH 市话账单的目录档案文件 File 的权限)、FP5(具备写营业厅 BH 市话账单的目录档案文件 File 的权限)。

下面是对角色的细粒度决策树 XML 格式存储[99](表 6-8)和树形表示(图 6-43)。

表 6-8　用 XML 格式存储角色的细粒度决策树

```xml
<roleDecisionTree>
    <attribute name="requestDomain" type="string">
        <choice>locale</ choice >
        <choice>cross</ choice >
    </attribute>
    <attribute name="org" type="string">
        <district><choice>BJ</choice>
        <dept><choice>B</choice></dept>
    </attribute>
    <attribute name="administrator" type="string">
        <choice>customer manager</choice >
    </attribute>
    <attribute name="system" type="string">
        <choice>CCMC-BJ Online</choice>
    </attribute>
    <attribute name="menu" type="string">
        <choice>bill inquire terminal </choice>
    </attribute>
    <attribute name="operatingType" type="char">
        <choice>r</choice><choice>w</choice>
        <choice>x</choice>
    </attribute>
</roleDecisionTree >
```

6.4 云计算中基于角色的访问控制

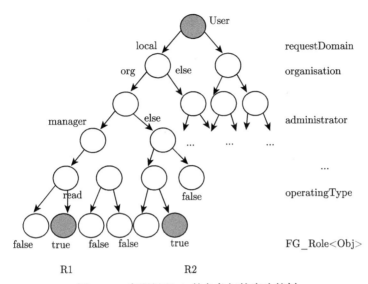

图 6-43 客服经理 A 的角色细粒度决策树

(3) 权限表达式的树形表达.

细粒度权限的表达式的构造方法之前已经定义,细粒度决策模块中有专门负责使用后序表达式树的方法存储和计算这些权限表达式,使用堆栈存储递归构造的实现方式.在需要调用该表达式树计算结果的时候,直接调用树的根节点即可,因为整个表达式树的结果值就存储在根节点中.

(4) 角色决策的冲突解决方案.

一般来讲,依据用户属性集 UPS 经粗粒度授权决策模块 CPM 取得的粗粒度角色集和粗粒度权限集都是相对而言具有交集性的,即他们有很多相似的角色属性和权限,且这些角色和权限是 M:N(多对多) 的关系.所以本模型的主旨是将这些角色和权限匹配成 1:1(一对一) 的关系,即角色和权限具有原子性.那么,这就存在一个映射过程中的冲突检测问题:User->{CRS1 {FR1,FR3},CRS2{FR3,FR5},···}时,角色集 1 和 2 是有冲突的,即他们拥有相互没有的细粒度角色,同时也有基于不同判定条件下但却相同的角色.因此需要依据一定的规则杜绝这种情况的发生,因为在细粒度的集合里每一个角色都是独一无二的.

如同上面对决策树的规定,每一个决策树的叶子节点都表示具备一种角色,我们假设前文提及的冲突问题,给出一种解决方案即基于最长决策序列的冲突解决方案.如图 6-44 所示,当粗粒度角色 CR1 和 CR2 都具备细粒度角色 FR3 时,决策模块会按照最长序列匹配法来解决冲突问题,即 CR2 中的 FR3 角色所在的序列比 CR1 中的长,则 FR3 角色实际上是取自于 CR2,相对应的 CR1 中这一角色便被覆盖了.同理,由角色决策树产生的其他 UR 角色集之间也会有冲突,一并按这种方式计算. 如果两个细粒度角色对应的决策序列长度相当, 则需要人为干预, 把这一细粒度角色直接指定给其中一个粗粒度角色集, 然后进行交集算法得到最后的细粒度的用户角色集合.

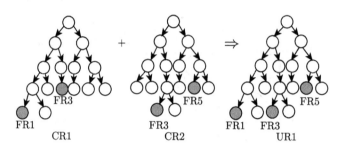

图 6-44 基于最长决策序列的冲突解决方案

5. DF-RBAC 模型基于应用的效果分析

在某公司内部项目的安全平台——基于用户身份的多任务安全扫描集成系统 Identity-based Multitask Security Scanning System(IBM3S)——的基础上, 增设了细粒度决策模块 FDM 的组件实现过程, 将原来的角色集和权限集当作上文提出的 DF-RBAC 模型里由粗粒度授权决策模块 CPM 和授权管理基础设施 PMI 组合后产生的粗粒度角色集和粗粒度权限集. 在用户访问过程中, 产生的粗粒度角色被 FDM 进行了角色的细化, 并分配相应的细粒度权限, 以下是验证过程.

在此可信域内的安全平台应用系统中配置有 5 种用户类型, 分别用 UserType1-UserType5 依次表示普通用户、系统管理员、安全管理员、安全专家和超级用户. 每个类型实例化的用户个体都能够在同一时刻进行多任务同步扫描, 扫描的过程中涉及系统资源列表的扫描对象资源, 此处用客体资源标签 Obj(org,{taglist}) 表示.

验证系统中, "用户–角色"映射模块给每一个用户定义了属性集 (简化后的属性集便于说明粒度问题): $\{u1,u2\}$; 客户端用户标签使用 User(org,{u1,u2}) 标识, 如用户类型 1 的一个用户 User1(org,{u1=3,u2=2 }); 被访问对象的客体资源标签记作 Obj1(org,{o1=2,o2=4}) 和 Obj2(org,{o3=3,o4=1}). 规定 User1 对 Obj1 具有读和可执行的权限, 对 Obj2 具有读和写的权限.

通过访问控制的流程可依次得到: 粗粒度角色集$\{cg\_r1,cg\_r2\}$、粗粒度权限集$\{cg\_p1\{read\&\& \text{ execute Obj1}\},cg\_p2\{read\&\&writeObj2\}\}$、细粒度角色集$\{fg\_r1, fg\_r2,fg\_r3,fg\_r4\}$、细粒度权限集$\{fg\_p1\{read\ Obj1\}, fg\_p2\{ \text{execute Obj1}\}, fg\_p3\{read\ Obj2\}, fg\_p4\{write\ Obj2\}\}$.

访问过程中, User1 的属性在 CPM 中必须满足一定的条件才能获得策略库 PR 中的粗粒度角色和权限集合, 如条件 $(u1>o1\&\&u2<o2)||(u1<=o3\&\&u2>=o4)$,

再由 FDM 作进一步判定, 获得细化了的角色集和权限集. 表 6-9 是角色权限的映射模式.

表 6-9 User1 的细粒度角色映射表

粗粒度角色	细粒度角色决策树	细粒度角色
cg_r1	FG_Role<Obj1>	fg_r1,fg_r2
cg_r2	FG_Role<Obj2>	fg_r3,fg_r4

表 6-10 User1的细粒度权限映射表

细粒度角色	细粒度权限表达式树	细粒度权限
fg_r1	FG_RP<r_perm,Obj1>=true	fg_p1{ read Obj1}
fg_r2	FG_RP<x_perm,Obj1>=true	fg_p2{execute Obj1}
fg_r3	FG_RP<r_perm,Obj2>=true	fg_p3{read Obj2}
fg_r4	FG_RP<w_perm,Obj2>=true	fg_p4{write Obj2}

可以验证当客户端用户 User1 提供的身份信息变化后不满足条件中的一个分支或者条件动态变化后, 最后获得的细粒度权限集合会相应变化. 细粒度角色决策树和细粒度权限表达式树在主体和客体标签不同的情况下会产生不同的结构形式, 且随着主客体相关标签属性的不同, 决策树的产生很好地体现出模型的动态性和细粒度性.

6. 方案小结

本方案首先给出 DF-RBAC 模型的访问控制体系架构图, 并说明相关组件的功能和改进工作, 通过使用模型应用时的访问流程图结构, 解释了访问过程中各个模块的关联关系. 通过这种先整体后局部的方式, 先对模型架构图和流程图进行解析, 让读者对本模型有一个大体上清晰的认识, 然后详细介绍了具体的设计, 如对细粒度角色决策树和权限表达式树的存储和构造形式说明, 以及给出当角色集发生冲突时的基于最长决策序列的冲突解决方案. 本章还对模型应用中通用的部分数据库表及这些数据库表之间的相互关联关系进行了设计和分析, 最后将模型应用于实际应用平台上, 并对访问过程中的角色和权限生成过程给出结果分析, 由此验证模型的动态性和细粒度性.

6.5 云计算中身份与访问控制管理

身份认证与访问控制管理 (IAM) 是保证云服务安全的一个重要方面. 身份认证是整个信息安全体系的基础, 为关于某人或某事物的身份提供保证. 这意味着当某人 (或某事物) 声称具有某个身份 (如某个特定的用户名称) 时, 认证技术将提供某种方法来证实这一声称是真实的. 访问控制在身份认证的基础上, 按用户身份及系统管理员为其预定义的所归属的组来限制用户对某些资源的访问或限制对某些操作功能的使用. 访问控制的功能主要有三方面：① 防止非法的主体访问受保护的网络资源；② 允许合法用户访问受保护的网络资源；③ 防止合法的用户对受保护的网络资源进行非法访问. 云计算中, 我们使用 IAM 实现对云平台用户的完整管理.

6.5.1 IAM 相关标准协议介绍及比较

本小节中, 我们将对 IAM 的定义、作用、身份管理的生命周期以及相关标准协议作简要介绍.

1. IAM 概述

1) IAM 的定义

IAM 是用来管理数字身份并控制数字身份如何访问资源的方法、技术和策略, 用于确保资源被安全访问的业务流程和管理手段, 从而实现对企业信息资产进行统一的身份认证、授权和身份数据集中化的管理与审计.

2) IAM 的作用

通过标准化的身份和访问管理, 在完全遵从法律法规的情况下, 让合适的人在恰当的时间采用正确的方式以可信的身份从统一的入口访问已授权的信息资产, 并提供基于实际自然人的审计和报告.

3) 身份管理生命周期

根据图 6-45 我们得知身份管理生命周期要经过如下步骤：身份供应、身份认证、授权、自服务、密码管理、法规遵从及身份取消供应.

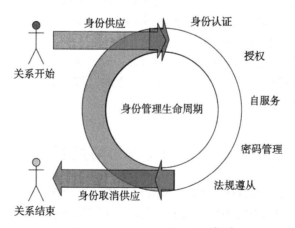

图 6-45 身份管理生命周期[100]

6.5 云计算中身份与访问控制管理

企业应该根据这些步骤来制定方案以生成、发布、管理及吊销用户身份. 身份供应步骤基于一定的角色为用户指定对特定数据和资源的必需的访问权限; 身份认证步骤用来验证用户是否真正拥有其声称的身份; 授权步骤是为用户授予对资源和信息访问权限的决策过程; 用户可以通过自服务来管理他们的密码和个人信息, 以此来加强身份管理系统; 密码管理主要是用来说明用户密码在云数据库中的存储方式; 法规遵从步骤会监控和跟踪访问记录以确保系统安全, 同时它也帮助审计人员核实不同的访问权限策略的实行状态及周期性的审计和报告; 身份取消供应步骤用来吊销用户的身份, 防止用户非法访问特定的数据和资源.

2. IAM 相关标准协议介绍

现在, 我们将介绍和分析一些关于 IAM 的标准和协议. 主要包括 SAML、XACML 和 SPML 三种标准规范, 以下是对这些协议的介绍和比较.

1) SAML 协议

有关于安全断言标记语言 (Security Assertion Markup Language, SAML) 我们在之前 6.1 节展示单点登录技术的相关研究成果时, 就已经有过详细介绍了. 这里不再赘述.

2) XACML 协议

可扩展访问控制标记语言 (Extensible Access Control Markup Language, XACML)[101] 是由 OASIS 提出的一种安全策略语言, XACML V1.0 版于 2003 年 2 月发布. V2.0 版于 2005 年 2 月发布, 同时 XACMLV3.0 版[102] 于 2010 年 5 月发布, 它在 V2.0 版基础上对策略语言模型进行了扩展, 新增了委托管理, 同时对 RBAC 模型也有了新的改进. XACML 以 XML 的格式来表达同样以 XML 格式存放的数据授权策略. 它提供的策略语言允许管理员定义访问控制需求, 以便获取所需的资源, 并且提供了支持定义新功能、数据结构、合成逻辑算法等的标准可扩展点. 由于 XACML 基于 XML, 因此 XACML 能方便地被计算机和人同时识别. XACML 定义了实现请求/响应所必需的消息内容, 但没有定义消息交换方面的协议和传输机制. 因此将 XACML 和 SAML 标准结合可以很好地发挥它们各自的优势, XACML 提供一种确定对资源的访问权限的方法, 而 SAML 则提供一种安全地交换这些信息的方法.

(1) XACML 访问控制决策模型.

XACML 是一种用于决定请求/响应的通用访问控制策略语言和执行授权策略的框架. 它在传统的分布式环境中被广泛用于访问控制策略的执行. 在典型的访问控制框架中, 有策略执行点 PEP(Policy Enforcement Point)、策略决策点 PDP(Policy Decision Point)、策略管理点 PAP(Policy Administration Point) 和策略信息点 PIP(Policy Information Point).

OASIS 给出了一个基于 XACML 的标准化的访问控制决策模型, 如图 6-46 所示.

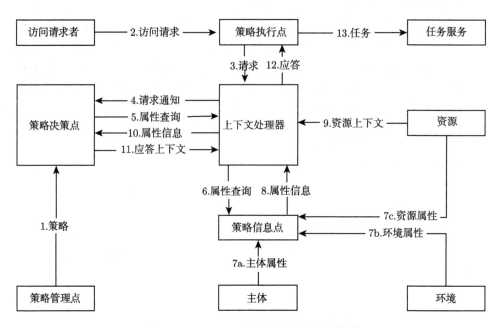

图 6-46 XACML 访问控制决策模型[101]

我们首先对图中出现的实体与概念进行解释.

a. 访问请求者 发出访问请求的客户端或应用系统.

b. 策略管理点 创建和维护策略、策略集的系统实体.

c. 策略决策点 评估可用策略并提供授权决策的系统实体.

d. 策略执行点 强制执行访问控制的系统实体. PEP 将访问请求转换为 XACML 格式请求并发送到策略决策点, 并根据返回的判决结果执行相应的动作, 如允许用户请求或拒绝用户请求.

e. 策略信息点 提供主体、资源和环境属性信息的实体.

f. 主体 请求对某种资源执行操作的请求者.

g. 资源 系统提供给请求者使用的数据、服务和系统组件.

h. 环境 一系列和授权决策相关的, 但又和特定的属性、资源以及动作无关的属性集合.

i. 上下文处理器 把业务系统的评估请求, 转换成 PDP 可以识别的请求消息, 同时把 PDP 生成的评估结果转换成业务系统可以接收的格式. 在评估过程中, 它会从 PIP 中获取主体、资源和环境属性.

j. 任务服务 被访问的目标系统服务.

在明白了图中相关标识的含义后,我们可以给出 XACML 访问控制决策模型的工作流程如下.

a. PAP 产生用户需要的由 XACML 语言描述的安全策略,这是访问控制决策的基础;

b. PEP 截获用户发送的访问控制请求,这个访问控制请求的内容和格式根据不同的应用程序而不同;

c. PEP 将截获的访问控制请求发送给上下文处理器,由其把请求统一成 XACML 格式的访问控制请求;

d. 上下文处理器将产生的 XACML 格式的访问控制请求发送给 PDP,请求 PDP 进行访问控制决策;

e. PDP 在处理访问控制决策的时候可能需要其他的一些条件,如主体的属性、资源的属性及环境的属性,PDP 将这些额外条件请求发送给上下文处理器;

f. 上下文处理器依据属性请求的类型,向 PIP 发送属性请求;

g. PIP 根据请求向不同的实体请求不同的属性信息,包括主体的属性信息、环境的属性信息和资源的属性信息;

h. PIP 将从不同实体得到的属性信息返回给上下文处理器;

i. 上下文处理器可能会从资源实体获得资源的上下文信息;

j. 上下文处理器将属性信息和资源的上下文信息发送给 PDP;

k. PDP 根据策略信息、属性信息及资源的上下文信息进行访问控制决策,并将决策结果返回给上下文处理器;

l. 上下文处理器将决策结果返回 PEP,以便 PEP 执行相应的决策结果;

m. 在返回的决策结果中可能是拒绝,也可能是许可,还可能带上有相应的职责信息,如需要进行日志记录等.

从 XACML 的功能和工作流程可以看出,XACML 非常适合于对 Web 服务的访问控制.下面我们介绍 XACML 策略语言模型.

(2) XACML 策略语言模型.

XACML 的策略语言模型如图 6-47 所示.

XACML 的策略语言模型主要由以下几个部分组成.

- 目标 访问控制所针对的客体对象,由主体、资源、动作和环境组成.
- 规则 由条件、效果和目标组成.规则的最终结果取决于条件的评估.如果条件返回不确定,则规则返回不确定;如果条件返回假,则规则返回不可应用;如果条件返回真,则规则返回效果元素的值,可以是许可或拒绝.
- 策略 XACML 访问控制框架中可以交互的最小单元,由 PAP 产生并维护,PDP 依据策略进行决策判决. 策略由目标、规则组合算法、规则集和职责集组成.
- **策略集** 由多个策略组合在一起形成,用来描述同时引用多条策略的情况. 不同策略根据策略组合算法进行计算得到决策结果.
- **策略组合算法** 多个策略根据特定的规则进行决策结果计算的方法.
- **规则组合算法** 多条规则根据特定的算法进行运算的方法.

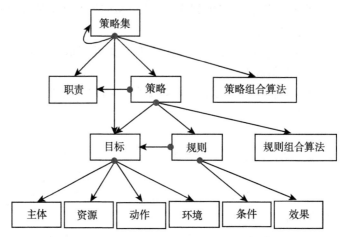

图 6-47 XACML 策略语言模型[101]

(3) XACML 的安全威胁.

从 XACML 的访问控制模型中可以看出,要应用 XACML 实现访问控制需要多个角色之间的相互协作,如 PEP、PDP 及 PAP 等. 假设敌方可以访问角色之间的通信信道,那么可能存在的威胁如下[103].

a. 非授权信息泄露 XACML 本身没有规定任何保护数据信息机密性的措施,因而存在非授权信息泄露威胁. 这种威胁可能导致敌方能够获取通信中的消息,从而知道访问请求主体、资源或者动作的一些属性信息. 在有些情况下这些属性信息是敏感的,比如在病历的访问控制请求中,包含了请求主体的一些个人信息,这些信息对于个人来说属于隐私.

b. 消息重放 消息重放攻击是指敌方记录并重放 XACML 角色之间的消息,通过应用过时信息、伪造信息或者直接发送记录信息,敌方可以发起拒绝服务攻击.

c. 消息插入 消息插入攻击是指敌方在 XACML 角色之间的交互消息中加入自己的消息.

d. 消息删除 消息删除攻击是指敌方删除 XACML 角色之间交互消息序列中的一条或多条消息,这样可能导致拒绝服务攻击.

e. 消息修改 消息修改攻击是指敌方修改 XACML 角色之间交互的消息的内容,通过这样的修改,敌方可能改变访问控制决策结果,从而实现非授权访问.

6.5 云计算中身份与访问控制管理

f. "没有应用"威胁 "没有应用"是指策略决策点进行访问控制决策时，策略的目标和决策请求中的信息不匹配，这样得到访问控制决策结果是"没有应用"。一般情况下，没有策略可以应用，则意味着访问请求被拒绝。但是在一些安全模型中，访问决策的结果是"没有应用"，则访问被允许，这样可能导致非授权的访问发生。

g. "否定规则"威胁 "否定规则"是指规则发挥效用的条件是一些谓词结果不为真，该规则使用需要非常小心。如果使用不当，可能导致违背策略本意的事情发生，但是在有些情况下，使用该规则使得规则的描述非常简单。XACML 允许使用否定规则，因此也带来了一些潜在的威胁。

3) SPML 协议

(1) SPML 概述。

SPML[103] 是一种基于 XML 的用于在合作组织间交换用户、资源和服务供应信息的框架。它帮助管理身份信息和系统资源在合作组织之间的提供和分配。比如，当组织雇用新的员工时 SPML 可以实现配置工作流的自动化。该标准是由来自 OASIS 成员企业，如 BEA、BMC、CA、IBM、Oracle、Sun 及其他公司的代表合作开发的。SPML 1.0 标准于 2003 年 11 月获得批准。OASIS 的供应服务技术委员会 (Provisioning Services Technical Committee) 在 2006 年 4 月批准了 SPML 2.0。新的标准包括许多公司用于管理敏感的应用程序和网络资源所需的类似密码管理和用户账户取消供应的功能。简单 SPML 请求消息可用于在多个供应系统中同时创建单个用户账户。SPML 支持取消提存，例如当职员离开公司时，通过关闭访问账户来实现。这消除了孤立账户并避免了前职员从客户系统非法访问客户信息。

(2) SPML 要达到的目标。

- 自动化 IT 配置任务 通过标准化配置工作，使其更容易封装配置系统的安全和审计需求，推动配置的自动化。
- 不同配置系统之间的互操作性 不同的配置系统可以公开标准的 SPML 接口，实现互操作。

(3) SPML 的功能。

SPML 2.0 规范中定义了以下核心操作[104]：Add、Modify、Delete、Lookup 和 ListTargets。

- Add 操作能够让请求者在目标上创建新对象。
- Modify 操作能够让请求者改变目标上的对象。
- Delete 操作能够让请求者将一个对象从目标上移除。
- Lookup 操作能够让请求者从目标处获得一个对象的 XML 表述。
- ListTargets 操作能够让请求者确定一个提供者可以提供供应的目标集合。

SPML2.0 还提供了其他的扩展功能如下。

- 异步能力 Cancel 操作能够让请求者停止一个异步操作的执行；Status 操

作能够让请求者确定一个异步操作是否被成功地完成或者已经失败或者仍在执行中.
- 批处理能力 Batch 支持请求操作的批量执行.
- 散装能力 BulkModify 操作允许多个修改请求一起运行；BulkDelete 操作允许多个删除请求一起运行.
- 密码能力 SetPassword 能够让请求者为一个对象设置新密码；ExpirePassword 将一个对象的当前密码标记为无效；ResetPassword 能够让请求者为一个对象更改密码从而获得新密码；ValidatePassword 能够让请求者确定一个指定的值是否可以作为一个指定对象的有效密码.

SPML 还有一些参考功能如搜索能力、挂起能力、更新能力和用户自定义能力. 此外, SPML 定义了两个配置文件, 它们用于请求者和提供者交换 SPML 协议.
- "SPMLv2-Profile-XSD" 定义了 XML 模式, 该配置文件更适用于访问目标多数是 Web 服务的应用程序；
- "SPMLv2-Profile-DSML" 定义了 DSMLv2, 该配置文件则更适用于访问目标多数为 LDAP 或者 X500 目录服务的应用程序.

(4) SPML 架构.

由图 6-48 可以得知 SPML 主要由请求机构 (RA)、配置服务点 (PSP)、配置服

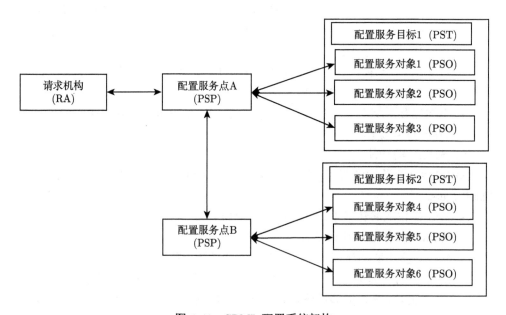

图 6-48 SPML 配置系统架构

务目标 (PST)、配置服务对象 (PSO) 构成. RA 是 SPML 方案中的客户. 它创建形式良好的 SPML 文档并作为请求发送给 SPML 服务点. 这些请求描述了在特定服务点上执行的操作. RA 向 SPML 服务点发送请求, 要求 RA 和 SPML 服务点之间存在信任关系. 每个 SPML 服务点都可以作为 RA 向其他服务点发送 SPML 请求. PSP 是 SPML 方案中的服务器. 它负责监听并处理来自 RA 的请求, 然后将响应返回给 RA. PST 是 SPML 方案中的目标系统. 它是实际执行动作的软件, 如存储组织用户账号的 LDAP 目录. PSO 代表一个目标的数据实体或信息对象, 例如, 一个供应商将其管理的每个账户作为一个对象来展现. 每个对象仅包含一个目标, 每个对象都有一个唯一的标识符 (PSOID).

3. 三种协议比较分析

SAML、XACML 和 SPML 之间有许多共性, 当然, 为了更加适用于大型分布式环境, 它们都具有一些特定的功能. SAML 的提出主要是为了处理 Web 站点之间身份认证信息的重复使用问题. 基于 SAML 体系的各个不同站点, 可以实现系统和流程合作, 相互之间共享安全认证信息和授权信息, 实现安全信息在不同系统中的传递, 从而免除了多次认证的麻烦, 提高登录效率. XACML 最突出的优点在于它提供了统一的策略描述语言, 提高了 Web 环境下不同组织之间协同工作的效率. XACML 能适应多种应用环境, 支持广泛的数据类型和规则组合算法, 策略表达能力很强, 可用来描述各种复杂的和细粒度的访问控制安全需求. SAML 和 XACML 有很多相同的概念, 要处理的问题域, 如验证、授权和访问控制, 也在很大程度上重叠, 然而在同一问题域中它们要解决的是不同的问题. SAML 要解决的是验证, 并提供一种机制, 在合作的实体间传递验证和授权决策信息, XACML 则专注于传递这些授权决策的机制. SAML 标准提供了允许第三方实体请求验证和授权信息的接口, XACML 标准则解决了内部如何处理这些授权请求的问题.

SPML 用于在不同组织使用的网络和应用程序间管理, 诸如用户账号和权限的资源. SPML 促进了用户账户管理生命周期的自动化, 在联合身份的实现方面起着非常重要的作用. 它帮助初始化来自于 IdP 和 SP 的基于 XML 的供应和取消供应处理. 这样就允许用户绕开通过同步技术与 LDAP、数据库和用户仓库等同步的带外账户的创建要求. SAML 实现了在异构系统之间的跨域联合身份的单点登录. SPML 和 SAML 密切相关, SPML 能够利用 SAML 断言, 建立一个信任模型. 在此信任模型中, 发送者和接收者使用 SPML 消息达成一个一致的、由 SAML 断言表述的唯一用户标识预定义的上下文环境.

6.5.2 云计算基于标准的 IAM 实现策略

本小节将分析现有的 IAM 系统存在的问题, 并针对现存的问题, 基于云的系统的要求,提出了一种基于 IAM 相关标准协议的 IAM 系统实现策略. 通过标准化的身份和访问管理,在完全遵从法规的情况下,让合适的人在恰当的时间采用正确的方式采用可信的身份信息从统一的入口访问已授权的信息资产,并提供基于实际自然人的审计和报告,方便地获得相关的法律法规遵从.

1. 云中 IAM 系统的特点及现存问题分析

1) 云中 IAM 系统有的特点[105]

- 全面性　IAM 系统并不局限于安全管理的某一方面,凡是涉及身份识别与认证,以及访问控制管理的内容都属于 IAM 的范畴. 木桶原理非常适用于 IAM 系统,IAM 系统的任何一个环节出现漏洞都有可能成为系统的薄弱环节. 因此,IAM 系统必须具有全面性. IAM 并不是人们所想的统一管理用户名和密码,也不等同于单点登录. IAM 包括身份管理和访问管理两部分内容. 身份管理包含的功能有:身份集成管理、身份供应管理、用户自服务、凭证和密码管理、委托管理、回归管理;访问管理包含的功能有:认证管理、授权管理、单点登录服务、联邦服务. 任何片面强调其中一个功能的方案都是不完整的,当然根据实际具体地应用,每个方面的着重点有所不同. 表 6-11 展现了云 IAM 系统的整体架构.

表 6-11　云 IAM 系统

云 IAM 系统		
基本功能需求	认证管理	访问管理
	授权管理	
	单点登录服务	
	联邦服务	
	身份供应管理	身份管理
	身份供应管理	
	用户自服务	
	凭证和密码管理	
	委托管理	
	回归管理	
系统需求	集成性、开放性、完整性	

- 集成性　集成性指的是 IAM 系统中的模块必须成为一个协作的整体,而不是彼此分离的部件. 只有 IAM 系统各模块相互沟通,逻辑上保持良好的衔接,才能获得高效率. IAM 是整个系统安全的基础,而身份认证作为 IAM 基础,是系统防护的第一道防线. 身份认证是访问控制的前提. 如果身份认证

这道防线不牢固,那么系统将会面临巨大的威胁.
- 开放性　开放性要求 IAM 系统必须要有通用的开放接口,能通过简单、灵活的开发,与各种应用系统紧密连接,能与彼此竞争的对手的产品实现互联互通,同时 IAM 本身的版本之间也应该保存开放性,便于用户系统不断升级,而且在实施过程中可以根据各 IAM 产品的特点,优势组合,达到良好的效果. 这样能提高 IAM 的独立性,具有三方面的意义.
- 支持标准协议　现在云计算处于初期发展阶段,它的各个方面都还没有统一标准,这样就出现了百家争鸣的现象. 因此,企业在实施云服务过程中,将面临不兼容等现象,用户也会在迁移数据时遇到类似的问题. 这就要求云 IAM 系统支持标准协议,从而使得整个网络系统可以更加高效地互通互联.

2) 现有的 IAM 系统存在的问题

虽然现在和 IAM 相关的基本技术构建模块 (包括可信身份存储过程、配置过程、身份认证和授权方法、联邦机制) 已经存在,但是以目前的状况来看,向云中迁移云服务或者扩展这些技术, 对 IAM 也不会产生良好的效率、有效性和业务灵活性[99]. 纯粹的动态云资源, 如计算节点、存储和网络策略等, 结合访问这些资源的用户和服务规模, 将面临可扩展性和自动化过程以及在动态环境中管理用户和云应用的挑战.

部署在企业中遗留的 IAM 解决方案将加剧这一问题. 从目前的形式来看, IAM 的架构和解决方案非常复杂, 需要大量的定制和昂贵的代价将服务延伸到云中. 云中的可信身份认证仍然是一个需要加以解决的问题. 另一方面, CSP 对 IAM 的实践和标准的支持还不多, 尽管大量的 SaaS 云服务显示出支持联邦标准的迹象, 如 SAML 标准, 但 PaaS 和 IaaS 服务在很大程度上还没有应用. 有些 CSP(主要是大型的 SaaS 提供商, 如 Salesforce.com、谷歌和微软) 已经开始关注企业 IAM 的需求, 包括支持如 SAML 标准、单点登录身份联邦技术等. 然而, 从企业的角度来看, 现有的 IAM 的功能还不是很完善. 归纳起来, 现有的 IAM 系统主要存在以下问题.

- 通用性不太强, 有些适用于大型企业, 有些只适用于某个公司.
- 功能不够完善, 如缺乏对多种认证方式的支持、对单点登录的支持.
- 可移植性和软件复用性较差, 不同系统的相似模块不能进行移植, 增加了软件开发的开销.
- 用户账号管理缺乏灵活性, 不能为用户提供不同应用系统中多个账号的用户供应.
- 扩展性较差, 缺乏对标准协议的支持, 没有提供开放的接口, 不能有效地与其他应用系统连接.

2. IAM 系统实现策略原理

本小节根据云计算中的 IAM 系统特点及 IAM 现存的问题，结合 IAM 相关标准化协议及 RBAC 模型 (在 6.4 节中已有详细介绍)，提出了一种新的 IAM 系统实现策略。该策略采用基于 XML 的 SAML、XACML 和 SPML 标准协议，具有良好的可扩展性，通过将不同的协议相结合，来实现完善的访问控制和用户的自动化配置管理。

1) SAML 和 XACML 交互过程

从 IAM 相关标准协议分析可知，XACML 在进行安全策略表达时，标签定义比较复杂，且其核心规范认为所有的策略都是可信的，因此无法适用于委托授权和可信计算，也无法提供一个形式化的机制来联合 Web 服务中不同构件的安全策略。XACML 与 SAML 协同工作正好弥补这个缺陷，即 XACML 提供一个标准化的访问控制决策模型，SAML 定义构件之间的通信协议和传输机制，从而形成一个完整的访问控制解决方案。如图 6-49 显示了 SAML 与 XACML 的通信过程。

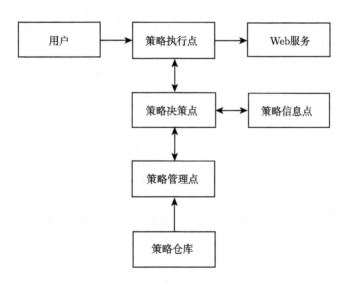

图 6-49　SAML 与 XACML 的通信过程

(1) 用户向 XACML 的 PEP 请求访问特定的 Web 服务。

(2) PEP 将接收到的请求以 SAML 授权决策查询的方式发送给 XACML 的 PDP。

(3) PDP 向 PAP 请求相应的策略。

(4) PAP 从策略仓库中搜索到所需要的策略，并将其返回给 PDP。

(5) PDP 使用 AttributeQuery 直接从 PIP 获取请求者的属性、资源属性和环境属性.

(6) PIP 以 SAML 响应方式返回不同实体的属性给 PDP.

(7) 当得到相关的策略和属性后, PDP 用 SAML 授权决策断言来响应 PEP. PEP 对得到的授权决策断言进行评估, 决定用户是否可以访问 Web 服务. 如果它得到肯定的结果, 则用户可以访问特定的 Web 服务.

2) SAML 和 SPML 的交互过程

由于大多数身份管理解决方案是专用的或与产品特定的, 因此不具备足够的灵活性、开放性和扩展性, 无法为大量的应用系统同时处理用户账号请求. 这就要求企业采用较为自动化且安全的身份管理解决方案. 用户账号管理系统必须能够自动监控任何关于身份信息和访问权限的变更, 能及时获取用户的需求, 如内容变更、自动核对、批准程序等, 然后再自动实现账号和身份的更新. 而且, 系统需要使用统一的标准来跨越不同组织和异构系统实现配置管理, 并通过资源整合获得最大的利益. SPML 就是符合这样要求的一个标准. 它实现了用户管理生命周期的自动化. SAML 实现了在异构系统之间的统一认证. 因此, SPML 和 SAML 的结合可以实现用于 IdP 和 SP 之间的用户身份供应. 联邦供应配置[104](SAML 2.0 Profile for SPML) 描述了怎样以 SAML 2.0 断言作为供应数据, 使用 SPML 标准作为供应协议, 支持大量用户身份供应. 具体交互过程详见文献[99].

综上可知, 通过不同标准协议的结合, 可以满足 IAM 系统在全面性、集成性和开放性方面的要求. 同时, 基于标准协议的 IAM 系统, 也可以方便企业实现基于云计算的安全服务的信息化目标.

3. 基于 SAML 和 XACML 的 RBAC 模型

XACML 具备可扩展性, 可以支持参数化的策略描述, 使用 XACML 将能很好地对 Web 服务进行访问控制. SAML 可用于在互联网不同的安全域中交换身份验证和授权凭证, 能够提供单点登录身份验证的功能, 然而所有这些都只是规范, 对于具体的授权认证并没有给出实际解决方案. 因此必须通过具体的策略方案来实现授权访问控制. 本小节利用 SAML、XACML 与 RBAC 相结合, 构造一种基于 SAML 和 XACML 的 RBAC 模型, 以实现灵活高效的授权和访问控制. 当系统为用户分配一个特定的角色后, 用户使用该角色登录, 由 XACML 进行访问控制, 利用 SAML 进行单点登录, 来避免具有相同角色的用户每次登录服务站点都要进行权限验证, 简化了授权管理的复杂度并能有效地进行访问控制. 该模型中各个模块之间的关系如图 6-50 所示.

(1) 用户对 Web 服务站点 (站点 1) 提出访问请求, 并提交身份验证请求.

(2) 通过审核后由角色分配实体为用户分发属性证书, 角色分配实体使用 XACML 角色分配策略或策略集来决定哪一个用户在哪种条件下可以激活哪个角色,它为用户分配的角色信息包括角色、策略、方法、资源,并判断该角色是否具有访问权限,这些角色存放在角色权限数据库中.

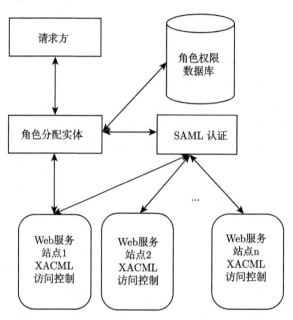

图 6-50 基于 SAML 和 XACML 的 RBAC 模型

(3) 经过角色分配后,该用户登录系统访问站点 1,由 XACML 访问控制模块进行访问控制,负责动态地获取资源、环境以及策略信息,并进行策略评估,最后对访问请求做出判决,决定该用户是否可以调用此服务及访问受保护资源,然后策略执行点将提供那些受保护的资源.

(4) 通过验证后,站点 1 即可以给拥有这类角色的用户提供服务,并向用户发送 SAML 验证声明. 当不同用户提出访问时,经过角色分配实体判断这些用户是否具有相同类型的角色,如果角色类型相同,直接从角色权限数据库中调用相同的角色信息,提供相同的访问权限. 当站点 1 所提供的访问权限有所变动时,可以直接修改角色权限数据库中的角色、策略、资源等信息,此类角色的用户登录后不必重新进行判断授权,直接从角色权限数据库中读取权限信息对站点相应的资源进行访问.

(5) 如果用户还需访问另一个服务站点 (站点 2),这时可将站点 1 视为源站点,站点 2 视为目标站点,此时的用户已经通过了站点 1 的认证. 首先,用户向站点 1 请求连接以访问站点 2 的资源,站点 1 使用 SAML 验证标记向站点 2 发出验证请求,要求站点 2 提供访问授权,站点 2 接收站点 1 提供的由 SAML 标记所生成的验证断言并做出授权判断,如果用户可以访问,则由站点 2 向站点 1 发送授权令牌,再由站点 1 将此令牌传给用户,用户接收该令牌,并发出调用请求调用站点 2. 这样使用该类角色的用户都具有访问站点 2 的权限,并将这些访问信息保留在角色权限数据库中. 当这类用户以后再请求访问时,他们既可以访问站点 1 也可以访问站点 2. 用户访问更多站点也是如此.

OASIS 定义了一个 XACML 的 RBAC 框架[106],描述了使用 XACML 来表示 NIST RBAC 标准模型中的核心模型和层次模型的规范,但该框架不支持职责分离和角色限制,也没有给出使用 RBAC 策略的数据流程[107]. 职责分离和角色限制是 RBAC 模型中的重要概念,是模型中的一系列约束条件,用于解决利益冲突,防止用户获得超出自己的权限范围的授权. 因此,必须对 XACML 的访问控制框架进行扩展,使其支持这些功能. 文献 [108] 提出了一个基于属性和角色的访问控制模型 (ARBAC) 来解决职责分离的限制,文献 [109] 引入了用户角色激活状态的概念来解决上述问题,可以为用户指派权限提供比较复杂的限制条件以及对这些复杂的限制进行评估,使得 XACML 能进一步支持 RBAC 中的各个要素. 但是,这两种方法并没有完全解决 XACML 的 RBAC 限制,也没有具体的实现过程. 文献 [100] 提出了使用 XACML 描述静态职责分离和动态职责分离关系的新方法. XACMLV3.0[101] 对 RBAC 模型又做了进一步的改进. 这些方法都是可以借鉴的.

综上可知,通过在 RBAC 模型的基础上结合 SAML、XACML 和 SPML 标准协议,可以满足 IAM 系统在全面性、集成性和开放性方面的要求. 同时,基于标准协议的 IAM 系统,也可以方便企业实现基于云计算的安全服务的信息化目标.

4. 方案小结

本方案针对云计算中的身份管理和访问控制存在的风险和问题,重点讨论了 IAM 的相关协议,在此基础上提出了一种 IAM 系统实现策略来降低云中的 IAM 系统的安全风险. 该策略一方面结合 SAML 和 XACML 协议的优点,并以 RBAC 模型为具体授权访问控制方案,利用 SAML 单点登录实现用户的身份认证,利用 XACML 的访问控制决策模型对用户进行授权和访问控制,从而形成一个统一、灵活且便于维护的安全系统;另一方面结合 SAML 和 SPML 协议的优点,利用 SAML 实现异构系统之间的统一认证,利用 SPML 实现了用户管理生命周期的自动化,从而获得身份提供商 (IdP) 和 SP 之间的用户身份供应的自动化配置. 该策略支持标准协议,有较好的扩展性,不仅可以实现云环境下 IAM 自动化配置管理,而且能实现多系统之间的统一管理功能.

本方案只是提出了一种适用于云计算环境的身份认证与访问控制管理系统的解决方案,并没有真正付诸实践. SAML 协议现在已经有了广泛的应用,因此本小节提出的解决方案也可以根据 SAML、XACML 和 SPML 的定义模式,通过使用面向对象的方法加以实现. 下一步的工作将会对本小节提出的解决方案做编码实现, 并根据具体实践对现有的解决方案提出改进策略.

参 考 文 献

[1] 李小标, 吕慧勤, 李忠献. 电子政务互联互通中的资源访问控制. 信息网络安全, 2006, 9: 53-55.

[2] 李小标. 权限管理和访问控制. 北京：北京邮电大学, 2004.

[3] 百度百科词条. 身份认证. http://baike.baidu.com/view/1014826.htm,2017.

[4] Stallings W. Cryptography and Network Security: Principles and Practices. 4th ed. New York: Pearson Education India, 2006.

[5] 百度百科词条. Kerberos. http://baike.baidu.com/view/306687.htm,2017.

[6] Wikipedia. ID-based encryption (or Identity-based Encryption (IBE)). http://en.wikipedia.org/wiki/ID-based_encryption,2017.

[7] Shamir A. Identity-based cryptosystems and signature schemes. Advances in Cryptology//Proceedings of CRYPTO 84, Lecture Notes in Computer Science, 1984, 7: 47-53.

[8] 南湘浩. 网络安全技术概论. 北京：国防工业出版社, 2003.

[9] Wikipedia. Access Control Matrix, http://en.wikipedia.org/wiki/Access_Control_Matrix.

[10] Strachey C. Time sharing in large fast computers//Communications of the ACM. 1515 BROADWAY, New York, NY 10036: Assoc computing machinery, 1959, 2(7): 12-13.

[11] Goldberg R. Survey of virtual machine research. IEEE Computer Magazine, 1974: 34-45.

[12] Greasy R J. The origin of the VM/370 time-sharing system. IBM Journal of Research & Development, 1981, 25(5): 483-490.

[13] Cui V, Zhou T, Liu F, et al. 中国云计算发展之道.2010.

[14] Bressound T C, Schneider F B. Hypervisor-based fault-tolerance. ACM Transactions on Computer Systems, 1996, 14(1): 80-107.

[15] Housingmap. http://www.housingmaps.com/[2009-08-15].

[16] Chicagocrime. http://www.chicagocrime.org/[2009-08-17].

[17] Programmable. http://www.programmableweb.com/reference[2009-08-19].

[18] 吴敏达. I.BM Info 2.0 与 DB2 pureXML 实现企业信息的 Mashup 应用. http://www.ibm.com/developerworks/cn/data/library/techarticles/dom-0712wumd/[2009-08-20].

[19] 刘鹏程, 温巧燕. Single-sign-on Model for Mashup .2010 International conference on information security and artificial intelligence, 2010 (2)：V2-313.

[20] Hughes J. SAML Technical Overview. OASIS, 2005.

[21] 杨青, 怀进鹏基于 SAML 的协同电子商务安全服务系统计算机工程与应用, 2002, 30(14): 228-231.

[22] 胡毅时, 怀进鹏. 基于 Web 服务的单点登录系统的研究与实现. 北京航空航天大学学报, 2004, 30(3): 236-239.

[23] 纪方鲁, 士文. 基于安全声明标记语言 (SAML) 实现单点登录. 计算机应用系统, 2004: 44-47.

[24] 许彤, 雷体南. OpenID 与 OAuth 技术组合应用于教学资源库建设. 软件导刊 (教育技术), 2009(10): 69-71.

[25] 石伟鹏, 杨小虎. 基于 SOAP 协议的 Web Service 安全基础规范 (WS-Security). 计算机应用研究, 2003, 20(2): 100-105.

[26] W3C Recommendation. XML-Signature Syntax and Processing. http://www.w3.org/TR/2002/REC-xmldsig-core-20020212/ [2002-02-12].

[27] 刘俊甫. Web 服务安全性的研究与实现. 长沙: 湖南大学, 2006.

[28] 王斌. Web Services 安全问题的研究. 保定: 华北电力大学, 2005.

[29] 陈剑勇, 吴桂华. 身份管理技术及其发展趋势. 电信科学, 2009, (2): 35-42.

[30] 刘立军, 王静. 统一身份管理技术框架及应用前景. 电信技术, 2009, (6): 86-88.

[31] Zhu D P, Guo J J, Cho C H, et al, Wireless mobile sensor network for the system identification of a space frame bridge. Mechatronics IEEE/ASME Transactions on, 2012, 17(3): 499-507.

[32] Zhao G, Zhang D, Chen K. Design of single sign on. IEEE International Conference on E-Commcrcafor Technology for Dynamic E-Business, 2004.

[33] Snbenthiran S, Sandmsegaran Dr K, Shalak IL. Requirements for identity management in next generation networks. The 6th International Conference on Advanced Communication Technology, 2004.1.

[34] Madsen P, Itoh H. Challenges to supporting federated assurance. Computer, 2009, 42(5): 42-49.

[35] Rigney C, Willens S, Rubens A, et al. Remote Authentication Dial In User Service (RADIUS), IETF RFC2865, June 2000.

[36] Kohl J, Neuman C. The kerberos network authentication services. RFC 1510, 1993.

[37] Newman B C, Ts'o T. Kerberos: an authentication service for computer networks. IEEE Communications, 1994, 32(9): 33-38.

[38] Tagg G. Implementing a kerberos based single sign-on infrastructure. Information Security Bulletin, 2000.

[39] Windows Live ID. Website: http://www.passport.net.

[40] The Liberty Alliance, Website: http://www.projectliberty.org/.

[41] ENTRUST GetAccess, Website: http://www.entrust.com/internet-access-control/.

[42] SAP Enterprise Portal SSO, Website: http://www.sapsecurityonline.com/single_sign_on/sso_r3_ep.htm.

[43] IBM WebSphere, Website: http:// www.ibm.com/websphere.

[44] Kohl J, Neuman C. The Kerberos Network Authentication Services. RFC 1510, 1993.

[45] Newman B C, Ts'o T. Kerberos: an authentication service for computer networks. IEEE Communications, 1994, 32(9): 33-38.

[46] Tagg G. Implementing a kerberos based single sign-on infrastructure. Information Security Bulletin, 2000.

[47] 张颖江, 郑秋华, 李腊元. 单次登录技术分析及集中身份认证平台设计. 武汉理工大学学报 (交通科学与工程版), 2004, 28(2): 240-243.

[48] 王薇, 张红旗, 张斌, 等. 基于 PKI/PMI 的多域单点登录研究. 微计算机信息, 2006, 22(7-3): 150-152.

[49] 黄琛, 李忠献, 杨义先, 等. 一种新的兼容多种身份认证方式的 Web 单点登录方案. 北京邮电大学学报, 2006, 29(5): 130-134.

[50] 陈东, 尹建伟. 支持多模式应用的分布式 SSO 系统设计与实现. 计算机应用研究, 2007, 24(4): 276-278.

[51] 李新. 编码与密码中的若干问题研究. 北京: 北京邮电大学, 2003.

[52] Liu A X, Huang C T, Gouda M G. A secure cookie protocol// Proc of IEEE ICCCN'05. San Diego, California USA: IEEE Press, 2005: 333-338.

[53] Park J S, SandHu R. Secure Cookies on the Web. IEEE Internet Computing, 2000, 4(4): 36-44.

[54] 徐丹. 基于 Intel+VT 技术的 Xen+VMM 的研究与开发. 上海: 复旦大学, 2006.

[55] A M D Inc. AMD64 Virtualization Codenamed "Pacifica" Technology, Secure Virtual Machine Architecture Reference Manual, May 2005.

[56] Smith J. E Nair R. An overview of virtual machine architectures. Sebastian, 2004.

[57] Whitaker A, Shaw M, Gribble S D. Denali: lightweight virtual machines for distributed and networked applications. Thchnical Report 02-02-01, University of Washing ton.

[58] VMware Inc. Vmware virtual machine technology. http://www.vmware.com/.2017.

[59] Qumranet Inc. KVM: Kernel-based Virtualization Driver White Paper, 2006.

[60] Barham P, Dragovic B, Fraser K, et al. Xen and the art of virtualization. ACM SIGOPS operating systens reriew. ACM 2003, 37(5): 164-177.

[61] Clark B, Deshane T, Dow E, et al. Xen and the art of repeated research. USENIX Annual Technical Conference, 2004: 135-144.

[62] 吴朱华. 云计算核心技术剖析. 北京: 人民邮电出版社, 2011: 70-72.

[63] Sailer R, Valdez E, Jaeger T, et al. Hype: Secure Hypervisor Approch to Trusted Virtualied System.Computer Sience, 2005.

[64] Sailer R, Jaeger T, Valdez E, et al. Building a MAC-based Security Architecture for the Xen Open source Hypervisor. Computer seaurity applications Conference, 21st Annual. LEEE, 2005: 10. pp-285.

[65] Spencer R, Smalley S, Loscocco P, et al, The flask security architecture: system Support for Diverse Security Policy. The 8th USENIX Security Symposium, 1999.

参考文献

[66] Kelen N L, Feiertag R J. A seperateion model for virtual machine monitors. In Proceedings of the IEEE Symposing on Research in Security and Privacy, 1991: 78-86.

[67] Madnick S E, Donovan J. Application and analysis of the virtual machine approach to information system security and isolation//Proceedings of the Workshop om Virtual Computer Systems, 1973: 210-224.

[68] 陈炜. 动态虚拟机安全域管控服务的设计与实现. 北京: 北京邮电大学, 2013.

[69] Ferraiolo D F, Sandhu R, Gavrila S, et al. Proposed NIST standard for role-basedaccess control. ACM Transactions on Information and System Security, 2001, 4(3): 224-274.

[70] Sandhu R S, Coyne E J, Feinstein H L, et al. Role-Based access control models. IEEE Computer, 1996, 29(2): 38-47.

[71] Sandhu R S. Role-based access control. 1997. http://www.list.gmu.edu.2017.

[72] 陈南平, 陈传波, 方亮, 等. 利用 RBAC 机制实现 WWW 环境中的安全访问控制. 华中科技大学学报, 2002, 30(10): 53-55.

[73] 夏鲁宁, 荆继武. 一种基于层次命名空间的 RBAC 管理模型. 计算机研究与发展, 2007, 44(12): 2020-2026.

[74] 李晓峰, 冯登国. 基于属性的访问控制模型. 通信学报, 2008, 29(4): 90-98.

[75] 邓集波, 洪帆. 基于任务的访问控制模型. 软件学报, 2003, 14(1): 76-82.

[76] 刘宏月, 范九伦, 马建峰. 访问控制国技术研究进展. 小型微型计算机系统, 2004, 25(1): 56-59.

[77] 朱养鹏, 张璟. SaaS 平台访问控制研究. 计算机工程与应用, 2011, 47(24): 12-16.

[78] 马康, 陈松政. 基于密码的访问控制研究. 计算机应用研究, 2012, 29(1): 305-315.

[79] Bennett K, Layzell P, Budgen D, et al.Service-Based Software: The Future for Flexible Software. Seventh Asia-Pacific Software Engineering Conference, 2000.

[80] Chong F, Carraro G. Architecture Strategies for Catching the Long Tai MSDN Library, Micro soft Corperat. 2006: 9-10.

[81] 林闯, 彭雪梅. 可信网络研究. 计算机学报, 2005, 28(5): 751-758.

[82] 林闯, 王元卓, 田立勤. 可信网络的发展及其面对的挑战. 中兴通讯技术, 2008, 14(1): 13-16.

[83] 郭飞. SaaS 模式下用户行为分析在用户管理中的研究与应用. 北京: 北京邮电大学, 2014.

[84] 田立勤. 网络用户行为的安全可信分析与控制. 北京: 清华大学出版社, 2011.

[85] 张吉军. 模糊层次分析法 (FAHP). 模糊系统与数学, 2000, 14(2): 80-88.

[86] 陈欣. 模糊层次分析法在方案优选方面的应用. 计算机工程与设计, 2004, 25(10): 1847-1849.

[87] 黄煜纯. 基于 SaaS 模式的 RBAC 系统的设计与实现. 长春: 东北师范大学, 2013.

[88] 曹进, 李培峰. 基于租户的访问控制模型 T-ARBAC. 计算机科学与应用, 2013, (3): 173-179.

[89] Moses T. OASIS Service Provisioning Markup Language (SPML) Versions 2.0. 2006.

[90] Sandhu R, Coyne E J, Feinstein H L, et al. Role-based access control models. IEEE Computer, 1996, 29(2): 38-34.

[91] Park J S, Sandhu R. Role-based access control on the web. ACM Transactions and Information and System Security, 2001, 4(1): 37-71.

[92] Bertino E, Sandhu R. Database Security–Concepts, Approaches, and Challenges. IEEE Transactions on Dependable and Secure Computing, 2005: 147-154.

[93] Fan X K, He L Y, Wang X C, et al. A role manage method based on RBAC. Journal of Computer Research and Development, 2012, 49(Suppl.): 211-215.

[94] Sato H, Kanai A, Tanimoto S. A cloud trust model in a security aware cloud. Annual International Symposium on Applications and the Internet, 2010: 121-124.

[95] 鲁剑锋, 刘华文, 王多强. 访问控制策略的分类方法研究. 武汉理工大学学报: (信息管理工程版), 2011, 33(6): 878-882.

[96] 李萌萌, 赵勇. 一种支持活动标记的访问控制标识方法. 计算机工程与应用, 2012, 03(48): 32-36.

[97] 陈帆, 吴健, 李红英. 基于信任域的分布式安全访问控制的研究与实现. 科学技术与工程, 2006, 06(19): 3135-3138.

[98] 赵文芳. 企业云中身份管理实现的策略研究. 北京: 北京邮电大学, 2012.

[99] 李晓东, 黄浩, 朱皓, 等. XML 关键字检索的访问控制规则和索引. 计算机应用与软件, 2011, 28(12): 05-10.

[100] Mather T, Kumarasuwamy S, Latif S. Cloud Security and Privacy, O'Rielly, ISBN:978-0-4596-802769,2009.

[101] Moses T. OASIS eXtensible Access Control Markup Language (XACML) Versions2.0, 2005.

[102] R. Erik, eXtensible access control markup language (XACML) Version 3.0, 2010.

[103] 马恒太, 李鹏飞, 颜学雄, 等. Web 服务安全. 北京: 电子工业出版社, 2007:218-282.

[104] AOL, HP, Intel. SAML 2.0 Profile of SPML 2.0 Submission.

[105] 胡英. 澄清 IAM 三大误区. 计算机世界, 2006 (5):9-27.

[106] Anderson A. Core and Hierarchical Role Based Access Control (RBAC) Profile of XACML Version 2.0. OASIS Standard, 2005.

[107] Haldar D A, Boulahia N C, Cuppens F, et.al. An extended RBAC profile of XACML. Proceedings of the 3rd ACM workshop on Secure web services, 2006.

[108] Liu M, Guo H Q, Su J D. An attribute and role based access control model for Web services. Proceedings of 2005 International Conference on Machine Learning and Cybernetics, 2005:1302-1306.

[109] 努尔买买提·黑力力, 罗振兴, 等. 基于 XACML 的访问控制与 RBAC 限制. 计算机工程, 2008 (08): 19-21.

第7章 外包计算

互联网普及程度的急剧增长,面向服务的软件体系结构的不断发展,越来越普遍的服务工业化的模式,都体现着用户越来越倾向于成本比较低的服务方式. 这种需求模式催生出一种新型的网络体系,这种网络体系要求 IT 部门能够提供更加专业化的服务能力,同时也能够以更加工业化和普遍化的方式来提供这些服务. 用户不用在意提供服务的方式或者方法,只需在意有没有提供自己所需要的服务. 因此这种模式就像我们平常所用的水和电一样,按需付费,这与传统的服务方式完全不同.

用户通过网络按需付费的方式,从云服务端获得所需服务和资源的计算模式,即外包云计算模式. 在这种模式下,计算能力和存储空间等有限的用户可以将计算存储密集型任务外包给资源充裕且计算能力强大的云服务端来完成. 而在传统的计算模式下,用户为了完成自身的计算任务,需要耗费巨大的财力、物力来搭建自己的计算平台. 所以,若用户选择将自身的计算任务外包给云服务端来完成,则可以大大缩减自身的资本支出. 同时,也可以提高云服务器的资源利用率,且为云服务商创造了巨大的经济效益. 所以,外包云计算是一种互利共赢的新兴计算模式.

目前,越来越多的用户希望尽可能多地利用云强大的存储能力和计算能力来解决存储空间不够、计算能力有限等问题. 但是,在真正使用云服务的时候会担心自己秘密信息的泄露. 在这种背景下,本章将研究如何在保护用户数据安全的前提下利用云超强的存储能力和计算能力进行安全的外包计算.

7.1 云计算中外包计算

外包计算就是计算能力有限的用户将任务外包给云中的一个或者是多个服务器[1]. 它主要利用的是计算资源强大的云服务器集群,帮助计算能力有限的客户完成复杂的计算任务. 用户把所要计算的信息全部传送给服务器,然后等服务器计算完成后验证结果的正确性,以此来保证用户的计算开销是最小的.

外包计算虽然给云用户带来了诸多益处,但由于用户通常无法确认云端可信与否,无法得知云端处理任务时的内部细节,因此对用户的数据安全性构成了潜在的威胁. 潜在的威胁主要有:① 云端本身可能因为软件 BUG 或是硬件故障返回给用户一个错误的结果;② 云端为了减少自身开支,不诚信地完成用户所委托的任务而返回给用户一个错误的结果;③ 云端或许试图从接收到的加密任务和任务处结果中获取用户的秘密信息. 所以, 确保外包云计算中用户信息的安全性、验证计算结果的正确性是外包协议中不得不考虑的关键问题.

7.1.1 外包计算的背景

外包计算在电子医疗、无线车载网络与智能电网等新兴的网络环境与服务中具有广泛应用. 例如: 在电子医疗云计算系统中, 人体传感节点被广泛地部署于患者的体表、体内和生活环境中, 用以监测实时的个人健康信息, 如体温、血压、心率等. 由于生命体征采集的高维性与高频性, 大批量的个人健康信息无法在存储资源受限的人体传感器网络及患者手持终端设备本地存储. 因此, 必须以特定的方式聚合到患者的用户终端设备, 继而通过无线传输网络发送并外包存储在远程医疗服务机构的云服务器中, 为医疗服务人员制定正确诊疗方案提供可靠依据.

另一方面, 对某个特定患者而言, 在每个时间周期内都有多维的生命特征数据被采集, 医疗服务机构通过计算其最大值、最小值、平均值等统计量来判断该患者病情; 此外, 通过考察特定区域内具有相同病患的患者群体的病情, 进行方差、标准差、欧几里得距离、回归分析等运算, 统计该区域内的疾病传播情况与人口健康的动态变化状况等. 然而, 存储、计算资源受限的用户手持终端设备无法执行计算开销较大的数据聚合运算及以此为基础的其他各类计算, 需要外包给第三方云服务器来完成. 因此, 除保护用户输入数据隐私外, 还要保护外包计算结果隐私, 即外包计算结果只能由数据拥有者 (患者) 授权的用户才能正确解密恢复, 对诚实且好奇或恶意的云服务器与非授权用户及其合谋者做到隐私保护[2].

外包计算的思想, 巧妙地实现了不同密钥加密的密文之间的计算, 使得用户可以使用自己选择的密钥加密各自的秘密数据, 再放心地传给云端, 云端按照要求得到计算结果后为授权用户订制加密输出, 确保其他非授权用户包括云服务器, 即便窃听到该输出也无法解密得到真正的计算结果. 并且每个用户的计算和通信复杂度都与计算函数无关, 实现了高效安全的外包计算.

由于外包计算中数据信息是交给云服务器的, 用户失去了对数据的直接控制, 因此可能会导致一些敏感信息的泄露. 在安全外包计算中, 用户必须将自己的秘密信息贡献出来作为计算函数的输入, 但又不参与计算过程, 加之用户和云服务器又是互不信任的, 因此, 用户更加不愿意向云服务器提交自己的秘密信息[3]. 考虑到保护用户秘密信息的安全性, 一个通常的做法就是在外包给云之前对数据进行加密处理. 而在众多研究中, 根据用户所用的加密密钥的不同, 存在很多的加密方式. 对于用户来说, 在某些应用场景下, 计算结果是极为敏感和重要的, 因此计算结果不能泄露给非授权方包括云服务器. 所以, 在构造协议的时候, 我们不仅要考虑输入的安全性还需要确保计算结果的安全性, 即任何非授权方都不能得到计算结果, 包括某些在计算中以自己的输入作出贡献的参与方和完成计算任务的云服务器.

7.1.2 外包计算的安全性需求

以云计算技术为支撑的外包计算模式中, 云端可能存在某些因素 (例如软硬件错误、额外商业利益诱导等) 对外包计算中数据的隐私性和外包计算结果的可靠性进行攻击. 因此, 深入了解和研究外包计算中安全和隐私问题就显得尤为重要.

从用户的角度来考虑输入和结果的安全性, 从云服务器的角度来考虑外包数据之间计算的可行性, 要构造一个完全无交互的安全外包多方计算协议, 并且要求其计算复杂度和通信复杂度与计算函数无关, 有以下三点要求.

(1) 在外包数据之前, 用户分别用各自所选的公钥对自己的秘密信息进行加密处理;

(2) 返回给用户的信息各不相同, 以便授权用户可以用自己的私钥恢复出计算结果, 而非授权用户不能得到计算结果;

(3) 应该在多云环境下考虑用户之间完全无交互的安全外包多方计算问题.

7.2 具有代理可验证性的外包计算

将计算外包给代理带来了很大的便利, 但不可避免地存在两个问题. (a) 云服务器可能篡改或替换数据所有者的原始密文, 然后将一个错误的原始密文计算为转换密文. (b) 云服务器可能欺骗授权用户以节约成本. 尽管服务器不能为未授权用户计算正确转换密文, 但可以欺骗授权人, 说他没有权限解密[4]. 进一步地, 在存储和代理计算过程中, 还存在如下挑战.

从数据所有者的角度来看, 挑战如下.

(1) 如何防止被恶意软件外包数据泄露或黑客渗透云服务器;

(2) 外包如何保护数据以防云服务器删除或更改;

(3) 如何为用户实现细粒度访问控制.

从用户的角度来看, 挑战如下.

(1) 如何验证云服务器返回的代理计算结果是否正确.

服务器可能篡改和替换数据拥有者的原始密文, 并返回一个假的转换密文, 服务器也可能基于节省计算代价的考虑欺骗一个合法用户. 尽管其不能为一个非授权用户生成一个正确的转换密文, 却欺骗合法用户说不满足访问策略, 使其不能访问.

(2) 如何保证转换密钥不被云服务器用来恢复数据.

因此, 我们需要设计和改进具有代理可验性属性加密算法, 在云中考虑数据的保密性、访问控制和代理计算可核查性.

7.2.1 具有代理可验性的基于电路属性加密

在本节中展示一个具有可验性、基于电路、密文策略的基于属性混合加密方案 (VD-CPABE)[5], 其流程图将会在下文给出. 权威中心生成数据所有者和用户的私钥. 数据所有者加密数据, 为每个对称密文生成一个私有验证 MAC, 将整个密文上传到云服务器, 然后, 数据所有者就可以离线. 要访问数据的用户与云服务器进行交互. 图中的虚线指示该值是安全信道传输, 而实箭头指示该值公开传输.

用通用电路表示访问控制策略, 构造深度为 l 和输入大小为 n 的单调电路. 混合 VD-CPABE 方案包含以下的概率多项式时间 (PPT) 算法.

1. 预备知识

- **多线性映射** 运行 $G(\lambda, k)$ 输出 k 个素数阶 p 循环群 $\vec{G} = (G_1, \cdots, G_k)$. 令元素 $\{g_i \in G_i\}_{i=1,\cdots,k}$ 为如上群的生成元并令 $g = g_1$. 则存在一个双重线性映射集合 $\{e_{ij}: G_i \times G_j \to G_{i+j} | i, j \geq 1, j+j \leq k\}$ (简单起见记为 e) 满足如下特性: 对 $a, b \leftarrow \mathbb{Z}_p$, 我们有 $e(g_i^a, g_j^b) = g_{i+j}^{ab}$.

- **k-MDDH 问题** 挑战者运行 $G(\lambda, k)$ 得到素数阶 p 群组 $\vec{G} = (G_1, \cdots, G_k)$, 生成元分别为 $g = g_1, g_2 \cdots, g_k$. 选择 $s, c, c_1, \cdots, c_k \leftarrow \mathbb{Z}_p$. 敌手区分两个元组 $(g, g^s, g^{c_1}, \cdots, g^{c_k}, g_k^{s\prod_{j \in [1,k]} c_j})(g, g^s, g^{c_1}, \cdots, g^{c_k}, g_k^c)$ 的优势是可忽略的.

- **电路** 一个单一输出电路为一个 5 元组 $f = (n, q, A, B, G)$. 其中, n 为输入个数, q 为门的个数, $n+q$ 为线路个数. 令 Inputs $s = \{1, \cdots, n\}$, $s = \{1, \cdots, n+q\}$, Gates $= \{n+1, \cdots, n+q\}$, OutputWire $= \{n+q\}$. 则 A: Gates→ Wires/OutputWires 表示一个函数标识每个门的第一个输入线; B: Gates→ Wires/OutputWires 表示一个函数标识每个门的第二个输入线; G: Gates→{AND,OR}表示一个函数标识一个门是 AND 或 OR 门. 每个门有两个输入一个输出. 我们要求 $A(w) < B(w) < w$ 对所有 $w \in$ Gates. 令 $depth(w)$ 为输入线到其最短路径加 1. 若 $w \in$ Inputs 则 $depth(w) = 1$.

我们定义函数 f 评估为 $f(x)$ 其中输入为 $x \in \{0,1\}^n$, 令 $f_w(x)$ 输入为 x 时线 w 的值. 给定单调电路 f 我们能够计算其补电路 $\bar{f}$, 他的输入为 f 输出的相反比特. 对电路 $\bar{f}$, 我们所应用的摩根率使否门只保留在输入层, 我们同时忽略否门的深度. 我们下面将以图 7-1 为例, 介绍电路 f 及其补电路 $\bar{f}$.

2. 安全模型

因为我们使用的 KEM 和 AE 来构建混合 VD–CPABE 方案, 我们首先分别描述定义安全性.

KEM 的机密性 (IND-CPA) 由如下对抗敌手的游戏 (KEM 游戏) 来定义.

7.2 具有代理可验证性的外包计算

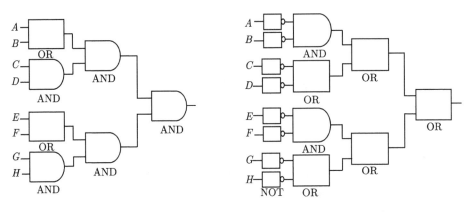

图 7-1 左：$f = (A \vee B) \wedge (C \wedge D) \wedge (E \vee F) \wedge (G \vee H)$
右：$\bar{f} = (\overline{A} \wedge \overline{B}) \vee (\overline{C} \vee \overline{D}) \vee (\overline{E} \wedge \overline{F}) \vee (\overline{G} \wedge \overline{H})$

- **初始化** 敌手给出挑战访问结构 f^*.
- **系统建立** 模拟器运行系统建立算法并将公参 PK 发送给敌手.
- **密钥生成询问 I** 敌手多次进行私钥查询，对应属性集合 $x_1, \cdots, x_{q_1}$. 我们要求 $\forall i \in q_1$ 有 $f^*(x_i) = 0$.
- **加密** 模拟器基于访问结构 f^* 加密 K_0, 选择随机 K_1. 然后掷币 b, 并将 K_b 和密文 CK^* 发送给敌手.
- **密钥生成查询 II** 敌手多次进行私钥查询，对应属性集合 $x_1, \cdots, x_{q_1}$. 我们要求 $\forall i \in q_1$ 有 $f^*(x_i) = 0$.
- **猜测** 敌手输出对 b 的猜测 b'.

我们定义敌手 A 在这个游戏中的优势为 $Pr[b' = b] - \frac{1}{2}$. 则一个 KEM 方案是 CPA 安全的若敌手的优势是可忽略的.

AE 的机密性 (IND-CCA) 由如下对抗敌手的游戏 (AE 游戏) 来定义.

- **初始化** 敌手提交两个等长的消息 M_0 和 M_1.
- **系统建立** 模拟器运行系统建立算法并生成对称密钥 K_{AE}.
- **加密** 模拟器随机掷币 b, 使用对称密钥 K_{AE} 加密消息 M_b, 生成密文 C^* 并发送给敌手.
- **解密询问** 敌手多次进行解密查询. 当 $C \neq C^*$ 时，模拟器返回 $D_{K_{AE}}(C)$ 和 $MAC_{\sigma_{K_{AE}}}(C)$ 给敌手.
- **猜测** 敌手输出对 b 的猜测 b'.

我们定义敌手 A 在这个游戏中的优势为 $Pr[b' = b] - \frac{1}{2}$. 若敌手的优势是可忽略的，则称一个 AE 方案是 CCA 安全的.

3. VD-CPABE 游戏

- **初始化** 敌手给出基于挑战访问结构 f^* 的两个等长的消息 M_0 和 M_1.
- **系统建立** 模拟器运行系统建立算法并将公共参数 PK 发送给敌手.
- **密钥生成询问 I** 敌手多次进行私钥查询, 对应属性集合 $x_1, \cdots, x_{q_1}$. 我们要求 $\forall i \in q_1$ 有 $f^*(x_i) = 0$.
- **加密** 模拟器基于访问结构 f^* 加密 K_0, 选择随机 K_1. 然后掷币 v, 基于 K_0 并加密 M_v, 将对称和非对称密文发送给敌手.
- **密钥生成查询 II** 敌手多次进行私钥查询, 对应属性集合 $x_1, \cdots, x_{q_1}$. 我们要求 $\forall i \in q_1$ 有 $f^*(x_i) = 0$.
- **猜测** 敌手输出对 v 的猜测 v'.

我们定义敌手 A 在这个游戏中的优势为 $Pr[v' = v] - \dfrac{1}{2}$. 我们将可以证明, 若 KEM 为 CPA 安全, AE 为 CCA 安全, 则一个 VD-CPABE 方案是 CPA 安全.

4. VD-CPABE 方案

- **系统建立** 算法由认证中心执行, 输入为安全参数 λ、属性个数 n 和电路最大深度 l. 算法运行 $G(\lambda, k = l + 1)$, 输出一系列的素数 p 阶群 $\vec{G} = (G_1, \cdots, G_k)$ 及其相应的生成元 $g_1, \cdots, g_k$, 并令 $g = g_1$. 选择三个单向 Hash 函数 $H_1 : G_k \to \{0,1\}^m$, $H_2 : G_k \to \mathbb{Z}_p$, $H_3 : \{0,1\}^* \to G_1$, 选择随机元素 $h_{11}, h_{12}, \cdots, h_{1n}, h_{21}, h_{22}, \cdots, h_{2n} \in G_1, \alpha \in \mathbb{Z}_p, a \in \mathbb{Z}_p$, 并令 $y = g^a$. 算法输出公钥 PK 和主私钥 MK 为

$$PK = (g_k^\alpha, H_1, H_2, H_3, y, h_1, \cdots, h_{2n}), \quad MK = g^\alpha.$$

- **混合加密** $(PK, f = (n, q, A, B, GateType), M \in \{0,1\}^m))$ 算法由数据拥有者执行. 输入公共参数 PK, 电路 f_j 及消息 $M \in \{0,1\}^m$, 混合加密算法运行如图 7-2 所示.

(1) 随机选择 $R \in \{0,1\}^m$, $s_1, s_2, s_3 \in \mathbb{Z}_p$ 并计算

$$C'_M = g_{k-1}^{s_1}, \quad r_2 = H_2(g_k^{\alpha s_1}), \quad C_M = M \oplus H_1(g_{k-1}^{\alpha s_1}),$$

$$C'_R = g_{k-1}^{s_2}, \quad r_2 = H_2(g_k^{\alpha s_2}), \quad C_R = M \oplus H_1(g_{k-1}^{\alpha s_2}),$$

$$\sigma_1 = MAC.Sign_{ID_o, r_1}(C_M \| C_R), \quad \sigma_2 = MAC.Sign_{ID_o, r_2}(C_M \| C_R),$$

其中

$$\sigma_1 = g^{\alpha s_3} y^{t s_3} H_3^{t s_3}(ID_0) H_3^{r_1 s_3}(ID_0 \| C_M \| C_R),$$

$$\sigma_2 = g^{\alpha s_3} y^{t s_3} H_3^{t s_3}(ID_0) H_3^{r_2 s_3}(ID_0 \| C_M \| C_R).$$

令
$$\sigma_M = \{\sigma_1, g_k^{\alpha s_3}, g_{k-1}^{ts_3}, H_{3,k-1}^{s_3}(ID_o||C_M||C_R)\},$$
$$\sigma_R = \{\sigma_2, g_k^{\alpha s_3}, g_{k-1}^{ts_3}, H_{3,k-1}^{s_3}(ID_o||C_M||C_R)\}.$$

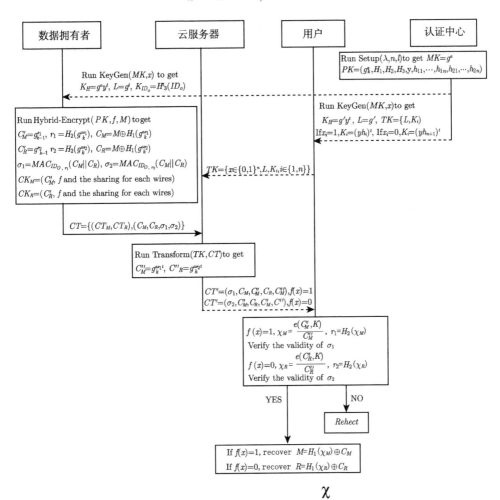

图 7-2 混合 VD-CPABE 方案流程

算法中将 $g^\alpha y^t$, g^t 和 $H_3^t(ID_o)$ 定义为加密者的私钥. 算法最后输出部分密文 $(C_M, C'_M, \sigma_M, C_R, C'_R, \sigma_R)$.

(2) 给定电路访问结构 f, 生成补电路 $\bar{f}$, 应用德摩根律使得 NOT 门只出现在输入线上.

以 f 为例, 加密算法随机选择 $r_1, \cdots, r_{n+q-1} \in \mathbb{Z}_p$ 并令 $r_{n+q} = s_1$, 其中随机数 r_w 与 w 相关. 接下来, 我们将描述电路 f 如何共享加密指数 s_1. 应用单调布尔

电路, 算法生成每条线 w 的共享份额, 份额取决于 w 是输入线, OR 门或 AND 门.

输入线 对 $w \in [1, n]$, 算法随机选择 $z_w \in \mathbb{Z}_p$, 则线 w 的份额为

$$C_{w,1} = y^{r_w}(yh_w)^{-z_w}, \quad C_{w,2} = g^{z_w}.$$

OR 门 令 $j = depth(w)$, 算法随机选择 $a_w \in \mathbb{Z}_p$, 则线 w 的份额为

$$C_{w,1} = g^{a_w}, \quad C_{w,2} = g_j^{a(r_w - a_w r_{A(w)})}, \quad C_{w,3} = g_j^{a(r_w - a_w r_{B(w)})}.$$

AND 门 令 $j = depth(w)$, 算法随机选择 $a_w, b_w \in \mathbb{Z}_p$, 则线 w 的份额为

$$C_{w,1} = g^{a_w}, \quad C_{w,2} = g_j^{a(r_w - a_w r_{A(w)} - b_w r_{B(w)})}.$$

用 $\bar{f}$ 共享加密指数 s_2. 对 $\bar{f}$ 中的 OR 门及 AND 门, 份额计算方法类似 f. 当 NOT 门出现在输入线上, 令 $f_w(x) = \bar{x}_w$, 相应的输入线 w 的份额为

$$C_{w,1} = y^{r_w} h_{n+w}^{-z_w}, \quad C_{w,2} = g^{z_w}.$$

全部密文 CT 包含 $C_M, C'_M, C_R, C'_R, \sigma$, 其中关于 f 的密文和关于 $\bar{f}$ 的密文 (C'_M, C'_R), 关于 f 和 $\bar{f}$ 的线上共享额共同看成 KEM 部分, 标记为 (CK_M, CK_R), 而将 (C_M, C_R, σ) 看成 AE 部分. 最后, VD-CPABE 方案的全部密文表示为

$$CT = (CK_M, CK_R, C_M, C_R, \sigma_M, \sigma_R).$$

- **密钥生成** $(MK, x \in \{0,1\}^n)$ 首先认证中心为用户生成私钥, 然后用户将转换密钥发送给云服务器. 给定输入 MK 和 $x \in \{0,1\}^n$, 算法首先选随机数 $t \in \mathbb{Z}_p$, 并按如下方式生成私钥:

$$K_H = g^\alpha y^t, \quad L = g^t,$$

对 $i \in [1, n]$, 若 $x_i = 1$, 则 $K_i = (yh_i)^t$; 若 $x_i = 0$, 则 $K_i = (yh_{n+i})^t$. 其中, 转换密钥为 $TK = \{L, K_i, i \in [1, n]\}$. 而对数据拥有者 ID_o, 认证中心关于身份 ID_o 生成私钥如下:

$$K_H = g^\alpha y^t, \quad L = g^t, \quad K_{ID_o} = H_3^t(ID_o).$$

- **转换** (TK, CT) 算法由云服务器来执行, 输入为转化密钥 TK 以及基于策略 f 和 $\bar{f}$ 的密文 CT. 算法按如下方式计算转换密文. 将 TK 与 x 作为输入, 自下而上评估电路. 若 $f(x) = 1$, 算法能够部分解密关于 M 的密文, 若 $f(x) = 0$ 则能够部分解密关于 R 的密文. 考虑深度为 j 的线 w, 若 $f_w(x) = 1$ 则算法计算 $E_w = (g_{j+1})^{ar_w t}$, 若 $f_w(x) = 0$ 则不作任何计算, 评估算法取决于 w 是输入线, OR 门, 或者 AND 门. 部分解密过程如下:

输入线 对 $w \in [1,n]$, 若 $x_w = f_w(x) = 1$, 算法计算:

$$E_w = e(K_w, C_{w,1}) \cdot e(L, C_{w,1}) = e(y^t h_w^t, g^{z_w}) \cdot e(g^t, g^{ar_w} y^{-z_w} h_w^{-z_w}) = g_2^{ar_w t}.$$

当 NOT 门出现时, $f_w(x) = \bar{x}_w$, 若 $f_w(x) = 1$, 算法计算:

$$E_w = e(K_w, g^{z_w}) \cdot e(L, C_{w,1}) = e(y^t h_{n+w}^t, g^{z_w}) \cdot e(g^t, g^{ar_w} y^{-z_w} h_{n+w}^{-z_w}) = g_2^{ar_w t}.$$

OR 门 令 $j = depth(w)$, 若 $f_{A(w)(x)} = 1$, 算法计算:

$$E_w = e(E_{A(w)}, C_{w,1}) \cdot e(C_{w,2}, L) = e(g_j^{ar_{A(w)}t}, g^{a_w}) \cdot e(g_j^{a(r_w - a_w r_{A(w)})}, g^t) = g_{j+1}^{ar_w t}.$$

AND 门 令 $j = depth(w)$, 若 $f_{A(w)(x)} = f_{A(w)(x)} = 1$, 算法计算:

$$\begin{aligned}
E_w &= e(E_{A(w)}, C_{w,1}) \cdot e(E_{B(w)}, C_{w,2}) \cdot e(C_{w,3}, L) \\
&= e(g_j^{ar_{A(w)}t}, g^{a_w}) \cdot e(g_j^{ar_{B(w)}t}, g^{b_w}) \cdot e(g_j^{a(r_w - a_w r_{A(w)} - b_w r_{B(w)})}, g^t) \\
&= g_{j+1}^{ar_w t}.
\end{aligned}$$

若 $f(x) = f_{n+q} = 1$, 算法计算 $C''_M = (g_k)^{as_1 t}$; 否则, 若 $f(x) = 0$ 则 $\bar{f} = 1$, 算法计算 $C''_R = (g_k)^{as_2 t}$. 最后, 算法输出如下部分解密密文:

$$CT' = (\sigma_1, C_M, C_R, C'_M, C''_M) \text{ 若 } f(x) = 1,$$

$$CT' = (\sigma_2, C_M, C_R, C'_R, C''_R) \text{ 若 } f(x) = 0.$$

- **验证解密** (SK, CT') 由用户来执行, 算法输入为私钥 SK 和转换密文 CT'. 用户作如下计算.

(1) 若 $f(x) = 1$, 用户将按如下方式计算:

$$\chi_M = \frac{e(C'_M, K)}{C''_M}, \quad r_1 = H_2(\chi_M).$$

并用 ID_o 和验证密钥 g^{r_1} 来检验签名等式是否成立,

$$e(\sigma_1, g_{k-1}) = g_k^{\alpha s_3} \cdot e(yH_3(ID_o), g_{k-1}^{ts_3}) \cdot e(H_{3,k-1}^{s_3}(ID_o \| C_M \| C_R), g^{r_1}).$$

最后, 用户解密消息 $M = H_1(\chi_M) \oplus C_M$.

(2) 若 $f(x) = 0$, 用户将要按如下方式计算:

$$\chi_R = \frac{e(C'_R, K)}{C''_R}, \quad r_2 = H_2(\chi_R).$$

用 ID_o 和 g^{r_2} 验证之后, 用户计算 $R = H_1(\chi_R) \oplus C_R$.

5. VD-CPABE 方案的安全性证明

在如上混合 VD-CPABE 方案中, AE 部分由一个一次对称加密方案与 Encrypt-then-MAC 机制构成. (C, σ) 可以看作 IND-CCA 安全的 AE 部分. 如下定理证明了 KEM 部分为 IND-CPA 安全的.

设定电路深度为 l, 输入长度为 n, 针对此 KEM 系统的 CPA 安全游戏中, 如果存在一个 PPT 敌手 A 赢得游戏, 则能够建立一个 PPT 算法, 以不可忽略的优势解决 $l+1$ 多线性假定问题.

定理 7.2.1 当电路深度为 $k-1$ 时, 上述构成 KEM 部分的电路 CP-ABE 方案基于 k-MDDH 假设安全.

证明 对 VD-CPABE 系统, 考虑两个类型敌手: 敌手 A_1 代表一个普通的第三方攻击者, 敌手 A_2 则代表一个获得部分私钥的恶意云端.

算法 B-1 (抗不满足访问策略的普通敌手 A_1)

- **初始化** 首先, 设置 $\vec{G} = (G_1, \cdots, G_k)$, 定义有效映射 e, 生成元 g 及元素 $g, g^a, g^{c_1}, \cdots, g^{c_k} \in G_1, T \in G_k$. 随机掷币 u, 若 $u = 0$, 令 $T = g_k^{a \prod_{j \in [1,k]} c_j}$; 否则令 T 为 G_k 中随机元素.

  然后, 敌手声明挑战的访问结构 f^*.

  简单起见, 这里只讨论原始策略 f^*. 类似地, 可以证明 $\bar{f}^*$ 的安全性.

- **系统建立** 给定安全参数 λ, 电路深度 l, 属性个数 n, B 随机选择元素 $v_1, \cdots, v_{2n} \in \mathbb{Z}_p$. 对 $i \in [1, 2n]$, B 令 $h_i = g^{-a+v_i}, y = g^a, g_k^\alpha = g_k^{ac_k}$, 并发送 PK 给 A_1.

$$PK = (g_k^\alpha, H_1, H_2, y, h_1, \cdots, h_n, h_{n+1}, \cdots, h_{2n}).$$

- **密钥生成查询** 敌手对应属性集合 $x \in \{0,1\}^n$ 多次进行密钥查询. 要求 $\forall i \in q_1$ 有 $f^*(x_i) = 0$.

  B 随机选择 $t = -c_k + \xi$ 并计算:

  若 $x_i = 1$, $K_H = g^\alpha y^t = g^{a\xi}$, $L = g^t = g^{-c_k + \xi}$, $K_i = (yh_i)^t = g^{v_i(-c_k+\xi)}$.

- **加密** B 令 $g^\alpha = g^{ac_k}$ 作为主私钥, B 计算挑战密文如下.

1) B 令 $C_1' = g_{k-1}^s = g_{k-1}^{\prod_{j \in [1,k-1]} c_j + y_{n+q}}$, 其中 y_{n+q} 为随机选择.

2) 对电路 $f^* = (n, q, A, B, GateType)$, B 按如下方式计算每条线 w 的共享值.

输入线 对 $w \in [1, n]$, B 随机选择 x_w, 令 $z_w = c_1$, 并计算:

$$C_{w,1} = g^{a(c_1 + y_w)}(h_w)^{-c_1} = g^{ay_w + v_w c_1}, \quad C_{w,2} = g^{z_w} = g^{c_1}.$$

当 $x_w = 0$ 时, 将 r_w 看作 $a(c_1 + y_w)$, 敌手在不知道 h_w^t 情况下尝试计算 $g_2^{a(c_1 + y_w)t}$.

在实际情况下, 当 $x_w = 0$ 时用户不需要计算. 故当 $x_w = 1$, 将 r_w 看作 ay_w, 则知道 $y^t h_w^t$ 时敌手能正确计算 $g_2^{ay_w t}$.

OR 门 对 $w \in [n+1, n+q-1]$, w 门的类型为 OR 时, $j = depth(w)$. B 随机选择 y_w, 令 $a_w = c_j$, 并计算:

$$C_{w,1} = g^{a_w} = g^{c_j},$$
$$C_{w,2} = g_j^{a(r_w - a_w r_{A(w)})} = g_j^{a y_w - a c_j y_{A(w)}},$$
$$C_{w,3} = g_j^{a(r_w - a_w r_{B(w)})} = g_j^{a y_w - a c_j y_{B(w)}}.$$

当 $x_w = 0$, 将 r_w 看作 $a c_1 c_2 \cdots c_j + y_w$; 否则, 将 r_w 看作 $a y_w$.

AND 门 对 $w \in [n+1, n+q-1]$, 当 w 门的类型为 AND, $j = depth(w)$ 时, B 随机选择 y_w 并计算 g^{c_j}, 令 $(C_{w,1}, C_{w,2}) = (g^{c_j}, g)$, 密文计算如下:

$$\begin{aligned}C_{w,3} &= g_j^{a(r_w - a_w r_{A(w)} - b_w r_{B(w)})} \\ &= (g_j^{a(y_w - c_j y_{A(w)} - y_{B(w)})}, g_j^{a(y_w - c_j y_{B(w)} - y_{A(w)})}, g_j^{a(y_w - c_j y_{A(w)} - y_{B(w)} - a_1 \cdots a_{j-1})}).\end{aligned}$$

敌手选择适当的元组计算值 $g_{j+1}^{a r_w t}$. 当 $x_w = 0, x_{A_w} = 0$ 时, 将 r_w, a_w 看作 $a c_1 c_2 \cdots c_j + y_w$ 和 g^{c_j}; 当 $x_w = 0, x_{B_w} = 0$ 时, 将 r_w, b_w 看作 $a c_1 c_2 \cdots c_j + y_w$ 和 g^{c_j}. 否则, 将 r_w 看作 $a y_w$.

B 生成挑战密文 $T \cdot g_k^{a c_k x_{n+q}}$ 及电路 f^*, 并将其发送给 A_1.

- **密钥查询 II** 敌手对应属性集合 $x_{q_1}, \cdots, x_q$ 进行密钥查询, 要求 $f^*(x) = 0$. 挑战者如阶段 I 回复.
- **猜测** 敌手输出对 b 的猜测 b'. 若 $b' = b$, 猜测 T 为元组; 否则猜测为随机元素.

这表明若敌手 A_1 以不可忽略的优势赢得游戏, 则有明显优势破坏 k-MDDH 假定.

尽管作为敌手 A_2 的云服务器能通过代理密钥计算部分解密密文 g_k^{ast}, 但下面通过算法 B-2 证明 A_2 仍然不能区分 g_k^{as} 与 G_k 中随机元素.

算法 B-2 (对抗恶意云服务端 A_2)

- **初始化** 首先挑战者生成问题实例如**算法 B-1**. 然后, 挑战者声明挑战的部分解密密文 $g_k^{ast^*}$.
- **系统建立** 给定安全参数 λ, 电路深度 l, 属性个数 n, B 随机选择 $v_1, \cdots, v_{2n} \in \mathbb{Z}_p$. 对 $i \in [1, 2n]$, B 令 $h_i = g^{v_i}, Y = g^a, g_k^\alpha = g_k^{ac_k}$, 并发送 PK 给 A_2,

$$PK = (g_k^\alpha, H_1, H_2, Y, h_1, \cdots, h_n, h_{n+1}, \cdots, h_{2n}).$$

- **密钥生成询问 I** 敌手对属性集合 X 进行密钥查询. B 随机选择 $t = -c_k + \xi$ 并计算 $K_H = g^\alpha y^t = g^{\alpha \xi}$. 这里要求关于 t^* 私钥没有被询问过.

- **加密** B 计算 $T \cdot g^{ac_k x_{n+q}}$ 并生成挑战密文 $C^* = g_k^{at^*(x_{r_{n+q}} + \prod_{j \in [1,k-1]} c_j)}$, 然后 B 将其发送给 A_2.
- **密钥生成询问 II** 敌手关于属性集合 X 询问密钥.
  只要 $t \neq t^*$, B 按照阶段 I 的密钥生成算法计算并返回密钥.
- **猜测** 最后阶段, 敌手输出对 b 的猜测 b'. 若 $b' = b$ 则猜测 $u' = 0$ 来表明 T 为一个元组; 否则, 猜测 $u' = 1$ 来表明 T 为 G_k 中随机元素.

假定多项式时间敌手 A_1, A_2 以优势 ε_k 攻破方案, 则模拟器 B 解决 k-MDDH 问题的概率如下.

当 $u = 0$ 时敌手以优势 ε 来破坏方案, 即 $Pr[b = b'|u = 0] = \dfrac{1}{2} + \varepsilon_k$. 模拟器将猜测 $u' = 0$. 若 $b = b'$, 有 $Pr[u = u'|u = 0] = \dfrac{1}{2} + \varepsilon_k$.

当 $u = 1$ 时敌手没有优势来猜测 b, 此时 $Pr[b \neq b'|u = 1] = \dfrac{1}{2}$. 模拟器将猜测 $u' = 1$ 若 $b \neq b'$, 有 $Pr[u = u'|u = 1] = \dfrac{1}{2}$.

因此, 模拟器解决 k-MDDH 问题的优势如下.

$$\begin{aligned}Pr[u = u'] \\ = Pr[u = 0]Pr[u = u'|u = 0] + Pr[u = 1]Pr[u = u'|u = 1] \\ = \dfrac{1}{2} + \dfrac{\varepsilon_k}{2}.\end{aligned}$$

定理 7.2.2 若 KEM 为 CPA 安全, AE 为 CCA 安全, 则 VD-CPABE 为 CPA 安全.

证明 假定存在多项式敌手以优势 ε_a 破坏 AE 方案, 存在多项式敌手以优势 ε_k 破坏 KEM 方案, 则敌手破坏 VD-CPABE 的优势为 $\varepsilon < 2\varepsilon_k + \varepsilon_a$.

定义两个游戏来证明安全性. 实验 Exp_1 依据提出的 VD-CPABE 游戏, 以 CPA 安全定义与敌手进行交互. 实验 Exp_2 修改 VD-CPABE 算法, 其中 AE 算法的加密密钥随机选择, 而不是 KEM 部分生成的合法密钥.

令 A 和 B 为事件 $v' = v$ 出现在 Exp_1 和 Exp_2. 接下来证明敌手对 Exp_1 和 Exp_2 不可区分. 特别的, $|Pr[A] - Pr[B]| \leqslant 2\varepsilon_k$.

考虑模拟器 B 与 A_1 交互, A_1 通过应用 A_A 攻击 KEM 方案. B 运行系统建立算法并将 PK 发送给 A_1. A_1 将 PK 传递给 A_A 并通过使用 Game.KEM 加密预言机向 B 询问 K_b. A_1 掷币 v 并计算 $C = AE.Enc_{K_b}(M_v)$, 发送 C 给 B, 获得关于 C 的 KEM 密文 CK. A_1 发送 (C, CK) 给 A_A. 当 A_A 输出 $v' = v$ 时, A_1 输出 $b' = 0$, 表明 K_b 为真实密钥. 否则, 若 $v' \neq v$, 则 A_1 输出 $b' = 1$ 来表示 K_b 为一个随机元素. 显然地, 当 $b = 0$ 时, A_A 等同于 Exp_1, 当 $b = 1$, A_A 等同于 Exp_2.

即 $Pr[v'=v|b=0] = Pr[A]$, $Pr[v'=v|b=1] = Pr[B]$. 因此,

$$\frac{1}{2}(Pr[A] - Pr[B])$$
$$=\frac{1}{2}(Pr[v'=v|b=0] - Pr[v'=v|b=1])$$
$$=\frac{1}{2}(Pr[b'=0|b=0] - Pr[b'=0|b=1])$$
$$=\frac{1}{2}\left(Pr[b'=b|b=0] - \left(\frac{1}{2} - \frac{1}{2}Pr[b'=b|b=1]\right)\right)$$
$$=Pr[b'=b] - \frac{1}{2},$$

因此 $\left|Pr(b'=b) - \frac{1}{2}\right| \leqslant \varepsilon_k$, 有 $|Pr[A] - Pr[B]| \leqslant 2\varepsilon_k$.

接下来, 通过计算可以证明 $\left|Pr[B] - \frac{1}{2}\right| \leqslant \varepsilon_a$.

考虑模拟器 B 与 A_2 交互. A_2 通过调用 A_A 攻击修改了的 VD-CPABE 方案, 当从敌手 A_A, A_2 收到 M_0, M_1 后, A_2 将其提交给模拟器通过调用 AE 算法得到密文 C_M. 接着调用 KEM 加密询问, 得到关于 C 的密文同时得到密文 CK. A_2 发送 (C, CK) 给 A_A. 然后 A_A 输出 v', A_2 输出 v'. 则当 A_A, A_2 赢得游戏时, Exp_2 可以被很好地模拟, 此时 $\left|Pr[B] - \frac{1}{2}\right| \leqslant \varepsilon_a$.

定义敌手在 Exp_1 中获胜的概率为 ε, 即 $\left|Pr[A] - \frac{1}{2}\right| \leqslant \varepsilon$, 则

$$\left|Pr[B] - \frac{1}{2}\right| \leqslant \varepsilon_a, \quad |Pr[A] - Pr[B]| \leqslant 2\varepsilon_k.$$

我们有 $\varepsilon < 2\varepsilon_k + \varepsilon_a$, 其中 ε_k 和 ε_a 是可忽略的

7.2.2 具有代理可验性的多认证中心属性加密

此小节中将给出一个基于电路访问结构具有代理可验性多认证中心属性加密方案的具体构造, 该方案基于多线性映射技术及认证加密技术.

从单一认证中心到多认证中心的扩展没有一个通用的转换方法. 在单一认证中心方案中, 面临的最大安全挑战是用户的合谋问题, 而在多认证中心环境中, 不仅存在用户的合谋, 还有可能出现属性认证中心的合谋或者损坏. 这里通过巧妙设计给出了多认证中心的电路结构属性加密方案的具体构造. 此外, 之前的大多数构造中, 密文长度随属性个数增加而不断增加, 为节省带宽, 需要尝试构造短密文的方案. 在方案中, 认证中心的合谋不会泄露权威认证中心的私钥信息. 需要注意的是, 为保证系统安全性, 要求所有的属性认证中心, 至少有一个是诚实可信的.

为保证外包计算结果正确性, 受认证加密思想的启发, 本节可以扩展 (MA-ABE, Multi-Authority Attribute-based Encryption) 方案的密文来实现可验性. 方案中, 引入两个不同类型的认证消息, 一个是公开可验的, 另一个是私有验证的. 当 CS(Cloud Server) 返回给 DU(Data User) 一个部分解密的密文时, DU 能够计算出一个私有认证的密钥进而验证结果的正确性并恢复明文消息. 如果 CS 返回给 DU 一个终止符, DU 验证公开认证消息, 并检验是否满足 $f(x) = 0$, 以此来保证不诚实的 CS 在外包计算结果的正确性.

CA(Central Authority) 计算生成系统参数, 并为 AA(Attribute-Authority) 计算生成密钥. AA 为 DO 和 DU 生成基于属性的密钥. DO(Data Owner) 基于某种具体的访问策略加密数据, 同时使用其私钥生成一个公开可验消息并使用密文数据及其私钥生成一个私有验证消息. DO 将生成的密文发送给 CS. 当 DU 需要访问数据时, 只需跟 CS 交互, 获得密文, 并将部分解密任务外包给 CS. 当 DU 有权限访问数据时, 他能够根据 CS 返回的转换密文计算出私有验证密钥并利用私钥来验证消息. 否则, 他可以确信自己是没有权限访问数据的. 系统模型如图 7-3 所示, 我们的多认证中心基于电路属性加密 (AO-MABE) 方案包含如下多项式时间算法.

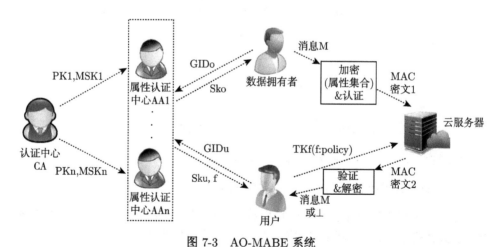

图 7-3　AO-MABE 系统

1. **预备知识**

- **k-多线性判定 Diffie-Hellman 问题 (k-MDDH 问题)**　算法挑战者运行 $G(\lambda, k)$ 得到 k 个素数 p 阶群组 $\vec{G} = (G_1, \cdots, G_k)$, $G_1, G_2, \cdots, G_k$ 的生成元分别为 $g_1, g_2 \cdots, g_k$, 我们令 $g = g_1$. 随机选择 $s, c, c_1, \cdots, c_k \leftarrow \mathbb{Z}_p$ 一个敌手想要区分两个元组 $(g, g^s, g^{c_1}, \cdots, g^{c_k}, g_k^{s \prod_{j \in [1,k]}})$, $(g, g^s, g^{c_1}, \cdots, g^{c_k}, g_k^c)$ 的

优势是可忽略的.

- **(k-n)-多线性判定 Diffie-Hellman 指数问题 ((k-n)-MDDHE 问题)** 算法挑战者运行 $G(\lambda, k)$ 得到 k 个素数 p 阶群组 $\vec{G} = (G_1, \cdots, G_k), G_1, G_2, \cdots, G_k$ 的生成元分别为 $g_1, g_2 \cdots, g_k$, 我们令 $g = g_1$. 随机选择 $c, c_1, \cdots, c_k \in \mathbb{Z}_p$. 一个敌手想要区分下列两个元组的优势是可忽略的.

$$(g_1, g^{c_1}, \cdots, g^{c_1^n}, g^{c_1^{n+2}}, \cdots, g^{c_1^{2n}}, g^{c_2}, \cdots, g^{c_k}, g_k^{c_1^{n+1} \prod_{j \in [2,k]} c_j}),$$

$$(g, g^{c_1}, \cdots, g^{c_1^n}, g^{c_1^{n+2}}, \cdots, g^{c_1^{2n}}, g^{c_2}, \cdots, g^{c_k}, g_k^c).$$

- **k-多线性计算 Diffie-Hellman 问题 (k-MCDH 问题)** 算法挑战者运行 $G(\lambda, k)$ 得到 k 个素数阶 p 群组 $\vec{G} = (G_1, \cdots, G_k), G_1, G_2, \cdots, G_k$ 的生成元分别为 $g_1, g_2 \cdots, g_k$, 我们令 $g = g_1$. 给定 $(g = g_1, g^{c_1}, g^{c_2}, \cdots, g^{c_k})$, 其中 $c, c_1, \cdots, c_k \in \mathbb{Z}_p$ 为未知的随机数, 敌手想要计算 $g_{k-1}^{\prod_{j \in [1,k]} c_j} \in G_{k-1}$ 的优势是可忽略的.

- **安全模型**

(1) AO-MABE 系统定义语义安全性 (即 IND-CPA) 通过如下两个分别与敌手 A_1 及 A_2 交互的游戏来描述.

游戏1 (模拟对抗恶意用户 (Data User, DU))

- **初始化** 敌手 A_1 提交挑战的属性索引集合 X^*, 其中 X_j^* 对应 AA_j, 提交两个等长的消息 M_0 和 M_1, 消息长度为 u. 然后, 敌手提交一个被捕获的属性认证中心的列表.

- **CA 建立** 挑战者首先运行 CA 建立算法生成系统公私钥参数, 并将公钥 PK 发送给敌手 A_1.

- **AA 建立** 挑战者运行 AA 建立算法, 为各个属性认证中心生成公私钥, 包括诚实的与被捕获的. 并将被捕获认证中心公钥、私钥及诚实认证中心的公钥发送给敌手 A_1.

- **密钥生成查询 I** 对拥有全局表示符 GID 的 DU, 敌手关于不同的访问策略 $f_1, \cdots, f_{q_1}$ 进行私钥查询. 询问过程中, 我们假定至少存在一个诚实的属性认证中心 AA_k, 只能回答满足 $f^{[k]}(X_k^*) = 0$ 的私钥查询.

- **挑战** 挑战者随机掷币 $b \in \{0, 1\}$, 加密消息 M_b, 并将密文 CT^* 发送给敌手 A_1.

- **密钥生成查询 II** 收到挑战密文后, 敌手 A_1 继续进行密钥查询. 对拥有全局表示符 GID 的 DU, 敌手关于不同的访问策略 $f_{q_1}, \cdots, f_q$ 进行私钥查询. 同样地, 询问过程中, 我们假定至少存在一个诚实的属性认证中心 AA_k, 只能回答满足 $f^{[k]}(X_k^*) = 0$ 的私钥查询.

- **猜测** 敌手返回一个对消息 b 的猜测 b', 如果 $b' = b$, 则称敌手 A_1 赢得游戏.

游戏2 (模拟对抗恶意云服务器 (Cloud Server, CS))

- **初始化** 敌手 A_2 提交挑战的全局标识符 GID^*, 同时提交两个等长的消息 M_0 和 M_1, 消息长度为 u. 然后, 敌手提交一个被捕获的属性认证中心的列表.
- **CA 建立** 挑战者首先运行 CA 建立算法生成系统公私钥参数, 并将公钥 PK 发送给敌手 A_2.
- **AA 建立** 挑战者运行 AA 建立算法, 为各个属性认证中心生成公私钥, 包括诚实的与被捕获的, 并将被捕获认证中心公钥、私钥及诚实认证中心的公钥发送给敌手 A_2.
- **密钥生成查询 I** 对拥有全局表示符 GID_i 的用户, 敌手关于不同的访问策略 $f_1, \cdots, f_{q_1}$ 进行私钥查询. 询问过程中, 我们设定只能回答满足 $GID_i \neq GID^*$ 的私钥查询.
- **挑战** 挑战者随机掷币 $b \in \{0, 1\}$, 加密消息 M_b, 并将密文 CT^* 发送给敌手 A_2.
- **密钥生成查询 II** 收到挑战密文后, 敌手继续进行密钥查询. 对拥有全局表示符 GID_i 的用户, 敌手 A_2 关于不同的访问策略 $f_{q_1}, \cdots, f_q$ 进行私钥查询. 同样地, 询问过程中, 我们要求只能回答满足 $GID_i \neq GID^*$ 的私钥查询.
- **猜测** 敌手返回一个对消息 b 的猜测 b', 如果 $b' = b$, 则称敌手 A_2 赢得游戏.

定义敌手赢得如上两个游戏的优势为 $\left| Pr[b' = b] - \dfrac{1}{2} \right|$. 当多项式时间敌手的优势为可忽略时, AO-MABE 方案是 IND-CPA 安全的.

(2) AO-MABE 系统定义可验证性通过如下与敌手 A_3 交互的游戏 Aut 来描述.

游戏 Aut

- **初始化** 敌手 A_3 提交挑战的属性索引集合 X^* 全局标识符 GID^*, 同时提交挑战的消息 M^*, 消息长度为 u. 然后, 敌手提交一个被捕获的属性认证中心的列表.
- **CA 建立** 挑战者首先运行 CA 建立算法生成系统公私钥参数, 并将公钥 PK 发送给敌手 A_3.
- **AA 建立** 挑战者运行 AA 建立算法, 为各个属性认证中心生成公私钥, 包括诚实的与被捕获的, 并将被捕获认证中心公钥、私钥及诚实认证中心的公钥发送给敌手 A_3.
- **密钥生成查询 I** 对拥有全局表示符 GID_i 的用户, 敌手关于不同的访问策

略 $f_1, \cdots, f_{q_1}$ 进行私钥查询. 询问过程中, 我们设定只能回答满足 $GID_i \neq GID^*$ 的私钥查询.

- **挑战** 挑战者加密消息 M^*, 并将密文 CT^* 发送给敌手 A_3.
- **密钥生成查询 II** 收到挑战密文后, 敌手继续进行密钥查询. 对拥有全局表示符 GID_i 的用户, 敌手 A_3 关于不同的访问策略 $f_{q_1}, \cdots, f_q$ 进行私钥查询. 同样地, 询问过程中, 我们要求只能回答满足 $GID_i \neq GID^*$ 的私钥查询.
- **输出** 敌手 A_3 输出元组 (f^*, CT_1^*), 如果输出满足如下条件, 则称敌手 A_3 赢得游戏.
    ——$f^*(X^*) = 1$
    ——$\text{Decrypt}(Sk_{f^*}, CT_1^*) \neq \{M^*, \bot\}$
    ——$\text{Verify}(CT_1^*) = 1$

定义敌手赢得如上两个游戏的优势为 $Pr[A_3 wins]$. 当多项式时间敌手的优势为可忽略时, AO-MABE 方案是可验的.

2. AO-MABE 方案

- **CA 建立**(λ, m, l) CA 输入安全参数 1^λ, 属性认证中心个数 m, 单调电路深度 l. 通过运行群生成算法 $G(\lambda, k = l+1)$, 算法生成 k 个 p 阶循环群, 各群生成元为 $g_1, \cdots, g_k$, 令 $g = g_1$. 同时, 选择 Hash 函数 $H_1: G_k \to \{0,1\}^u$; $H_2, H_5: \{0,1\}^* \to G_1$; $H_3: G_k \to \mathbb{Z}_p$; $H_4: \{0,1\}^* \to G_{k-2}$. 选择随机元素 $\alpha_1, \cdots, \alpha_m \in \mathbb{Z}_p$, $t_1, \cdots, t_m \in \mathbb{Z}_p$, $t'_1, \cdots, t'_{m-1} \in \mathbb{Z}_p$, $b_1, \cdots, b_m \in \mathbb{Z}_p$, 令 $\alpha = \sum_{j=1}^m \alpha_j$, $0 = \sum_{j=1}^m t'_j$, $t = \sum_{j=1}^m t_j$, $b = \sum_{j=1}^m b_j$. 系统的公钥 PK 和私钥 MSK 分别为
$$PK = \{g_k^\alpha, H_1, H_2, H_3, H_4, H_5, y, v, g_{k-1}^t, g_{k-2}^b\},$$
$$MSK = \{g_{k-1}^\alpha, (\alpha_j, t_j, t'_j, b_j)_{j \in [1,m]}\}.$$

- **AA 建立**(PK, MSK) CA 按如下方式为属性认证中心 $\{AA_j\}_{j \in [1,m]}$ 生成私钥. 算法计算 $D_{j1} = g_{k-1}^{\alpha_i} y_{k-1}^{t_i}$, $D_{j2} = g_{k-2}^{t'_j} v_{k-2}^{b_i}$.
这里, 我们简单地标记 y_{k-1} 为 y 的 $k-1$ 层编码, v_{k-2} 为 v 的 $k-2$ 层编码.
接下来, AA_j 为其归属的属性生成与属性相关的公钥, 算法随机选择 $\{h_{ji}\}_{i \in [1,n]} \in G_1$ 并公开其公钥为 $PK_j = \{h_{j1}, \cdots, h_{jn}\}$. 同时, 保密其私钥 $SK_j = \{D_{j1}, D_{j2}\}$.

- **密钥生成**$(SK_j, GID, f^{[j]} = (n, q, A, B, G))$ 属性认证中心 AA_j 为全局标识符为 GID 的用户 DU 生成私钥. 算法输入为属性认证中心私钥, 全局标识符 GID 及输入为 n 比特的电路结构. 算法随机选择 $r_1, \cdots, r_{n+q} \in \mathbb{Z}_p$ 并

计算
$$Q_U = H_2(GID), \quad K_j = D_{j1} \cdot e(D_{j2} \cdot g_{k-2}^{r_{n+q}}, Q_U).$$

接下来，算法按照输入线，OR 门，AND 门的不同，分别按如下方式计算电路中每条线 w 上的密钥值.

输入线 当 $w \in [1,n]$ 时，算法选择随机元素 $z_w \in \mathbb{Z}_p$，并计算矩阵

$$A_j = \begin{bmatrix} g^{-z_1} & g^{-z_2} & g^{-z_3} & \cdots & g^{-z_n} \\ Q_U^{r_1} \cdot h_{j1}^{z_1} & h_{j1}^{z_2} & h_{j1}^{z_3} & \cdots & h_{j1}^{z_n} \\ h_{j2}^{z_1} & Q_U^{r_2} \cdot h_{j2}^{z_2} & h_{j2}^{z_3} & \cdots & h_{j2}^{z_n} \\ h_{j3}^{z_1} & h_{j3}^{z_2} & Q_U^{r_3} \cdot h_{j3}^{z_3} & \cdots & h_{j3}^{z_n} \\ \vdots & \vdots & \vdots & \ddots & \vdots \\ h_{jn}^{z_1} & h_{jn}^{z_2} & h_{jn}^{z_3} & \cdots & Q_U^{r_n} \cdot h_{jn}^{z_n} \end{bmatrix}.$$

OR 门 令 $d = d(w)$. 算法随机选择 $(a_w, b_w) \in \mathbb{Z}_p$，并计算

$$K_{w1} = g^{a_w}, \quad K_{w2} = g^{b_w}, \quad K_{w3} = Q_{U,d}^{r_w - a_w r_{A(w)}}, \quad K_{w4} = Q_{U,d}^{r_w - b_w r_{B(w)}},$$

这里，我们简单地标记 $Q_{U,d}$ 为 O_U 的 d 层编码.

AND 门 令 $d = depth(w)$. 算法随机选择 $(a_w, b_w) \in \mathbb{Z}_p$，并计算

$$K_{w1} = g^{a_w}, \quad K_{w2} = g^{b_w}, \quad K_{w3} = Q_{U,d}^{r_w - a_w r_{A(w)} - b_w r_{B(w)}}.$$

AA_j 生成的私钥 $SK_{f^{[j]}}$ 包括头密钥部分 K_j，电路访问结构的描述 $f^{[j]}$ 及电路线 w 上的密钥分享值. 其中，TK_j 为电路访问结构的描述 $f^{[j]}$ 及电路线 w 上的密钥分享值. 其中，对拥有全局标识符 GID_o 的数据拥有者 U_o 而言，属性认证中心 AA_j 生成不包含访问策略的部分私钥 (即 $r_{n+q} = 0$)

$$K_j = D_{j1} \cdot e(D_{j2}, Q_{U_o}).$$

数据拥有者计算其私钥为

$$K = \prod_{j \in [1,m]} K_j = g_{k-1}^{\alpha} y_{k-1}^{t} e(w_{k-2}^{b}, Q_{U_o}).$$

数据拥有者的私钥将被用作生成与密文相关的认证信息.

- **加密** $(PK, \{PK_j\}_{j \in [1,m]}, X \in \{0,1\}^{nm}, M \in \{0,1\}^u)$ 拥有全局标识符 GID_0 的数据拥有者 DO，执行加密算法. 算法输入为公钥参数 PK 及 $\{PK_j\}_{j \in [1,m]}$，属性索引集合 X 即 u 长的消息 M. 算法按如下方式计算密文.

7.2 具有代理可验证性的外包计算

(1) 令 X_j' 为满足 $x_{ji} = 1$ 的索引 i 的集合. 算法随机选择元素 $s \in \mathbb{Z}_p$, 并计算

$$g^s, \quad y^s, \quad w^s, \quad r = H_3(g_k^{\alpha s}),$$

$$C = M \oplus H_1(g_k^{\alpha s}), \quad C_j = \left(\prod_{i \in X_j'} h_{ji}\right)^s, \quad j \in [1, m].$$

(2) 使用一个标签来标识上一步中生成的密文 C, 密文属性集合 X 及 Hash 值 r. 算法选择随机元素 s', 并按如下方式计算私钥验证消息:

$$\sigma_1 = g_{k-1}^{\alpha s'} \cdot y_{k-1}^{ts'} \cdot e(w_{k-2}^{bs'}, Q_{U_0}) \cdot e(H_4^{s'}(tag\|X\|C), H_5^{r+c}(X\|ID)),$$

$$\sigma_{pri} = \{\sigma_1, g_k^{\alpha s'}, y^{s'}, w^{s'}, g^c, H_5^{s'}(X\|C)\}.$$

然后, 算法随机选择 s'', 并生成另外一个公开验证消息:

$$\sigma_2 = g_{k-1}^{\alpha s''} \cdot y_{k-1}^{ts''} \cdot e(w_{k-2}^{bs''}, Q_{U_0}) \cdot e(H_4^{s''}(tag\|X\|C), H_5^{r_1+c_1}(X\|ID)),$$

$$\sigma_{pub} = \{\sigma_2, g^{r_1+c_1}, g_k^{\alpha s''}, y^{s''}, w^{s''}, H_5^{s''}(X\|C)\}.$$

最后, 算法输出密文为

$$CT = \{g^s, y^s, w^s, C_j(j \in [1, m]), C, \sigma_{pri}, \sigma_{pub}\}.$$

- **转换**(TK_j, CT) 算法由 CS 执行, 输入为转换密钥 $TK_j(j \in [1, m])$, 初始密文 CT. 算法按照如下转换方式为 DU 计算转换密文.

如果对所有的 $j \in [1, m]$, 满足 $f^{[j]}(X_j) = 1$. CS 能够完成部分解密计算. 考虑电路线 w, 其深度定义为 d, 当 $f_w^{[j]}(X_j) = 1$ 时, CS 能够计算 $E_w = Q_{U,d+1}^{sr_w}$. 而当 $f_w^{[j]}(X_j) = 0$ 时, CS 无法完成计算. 解密的同时完成电路的评估. 具体地, 按照输入线, OR 门, AND 门分别描述代理计算过程.

输入线 令 X_j 为满足 $x_w = f_w^{[j]}(X_j) = 1$ 的索引 w 的集合. 对 $w \in [1, n]$, 使用矩阵 A_j, 算法可以计算 $Q_U^{r_w}\left(\prod_{i \in X_j} h_{ji}\right)^{z_w}$, 然后算法按如下方式计算 E_w:

$$E_w = e\left(g^s, Q_U^{r_w}\left(\prod_{i \in X_j'} h_{ji}\right)^{z_w}\right) \cdot e(g^{-z_w}, C_j) = Q_{U,2}^{sr_w}.$$

OR 门 如果 $f_{A(w)}^{[j]}(X_j) = 1$, 对深度为 $d = d(w)$ 的电路线 w, CS 计算:

$$E_w = e(E_{A(w)}, K_{w1}) \cdot e(K_{w3}, g^s) = Q_{U,d+1}^{sr_w}.$$

AND 门 如果 $f_{A(w)}^{[j]}(X_j) = f_{B(w)}^{[j]}(X_j) = 1$, 对深度为 $d = d(w)$ 的电路线 w, CS 计算:

$$E_w = e(E_{A(w)}, K_{w1}) \cdot e(E_{B(w)}, K_{w2}) \cdot e(K_{w3}, g^s) = Q_{U,d+1}^{sr_w}.$$

由上到下评估电路, 当 $f^{[j]}(X_j) = 1$ 时, 算法能够为输出线计算 $E_{n+q}^{[j]} = Q_{U,k}^{sr_{n+q}}$. 进一步地, 当所有的访问策略满足属性索引集合, 即 $f(X) = 1$ 时, CS 返回给 DU 转换密文

$$CT_1 = \{\sigma_{pri}, C, E_{n+q}^{[j]}(j \in [1, m])\}.$$

若存在一个 j, 使得 $f^{[j]}(X_j) = 0$, CS 返回给 DU 的密文为

$$CT_2 = \{\sigma_{pub}, C\}.$$

- **验证解密**($\{SK_{f^{[j]}}\}_{j \in [1,m]}, CT_1, CT_2$) 算法由 DU 执行. 收到 CS 返回的转换密文 CT_1 或 CT_2 及数据拥有者 DO 的全局标识符 GID_o 后, DU 按如下方式验证并解密.

(1) 如果 CS 返回密文 CT_1, DU 计算:

$$T_j = \frac{e(K_j, g^s)}{E_{r_{n+q}}^{[j]}}, \quad C' = \frac{\prod_{j \in [1,m]} T_j}{e(g_{k-1}^t, y^s) e(Q_U, w^s, g_{k-2}^b)}, \quad r = H_3(C').$$

根据全局标识符 GID_o 及计算得到的一次验证密钥 r, 用户首先验证等式是否成立:

$$e(\sigma_1, g) = g_k^{\alpha s'} \cdot e(y^{s'}, g_{k-1}^t) \cdot e(w^{s'}, g_{k-2}^b, Q_{U_o})$$
$$\cdot e(g^{r+c}, H_4(tag\|X\|C), H_5^{s'}(X\|C)).$$

验证通过之后, DU 可以解密得到明文消息:

$$M = H_1(C') \oplus C.$$

(2) 如果 CS 返回密文 CT_2, DU 验证下面等式是否成立

$$e(\sigma_2, g) = g_k^{\alpha s''} \cdot e(y^{s''}, g_{k-1}^t) \cdot e(w^{s''}, g_{k-2}^b, Q_{U_o})$$
$$\cdot e(g^{r_1+c_1}, H_4(tag\|X\|C), H_5^{s''}(X\|C)).$$

验证通过后, DU 再验证 $f^{[j]}(X_j) = 0$ 是否成立.

最后, 如果对所有的 $j \in [1, m]$, 满足 $f^{[j]}(X_j) = 1$, 算法输出 M. 否则, 算法输出 $\perp$.

7.2 具有代理可验证性的外包计算

定理 7.2.3 如上的 AO-MABE 算法满足正确性.

证明 (1) 假定密文 CT 是 DO 正确计算生成的, 则 CS 能够按如下方式为满足 $x_{jw}=1$ 即 $(i\in X_j)$ 的输入线计算 $Q_{U,2}^{sr_i}$.

$$e\left(g^s, Q_U^{r_w}\left(\prod_{i\in X_j}h_{ji}\right)^{z_w}\right)\cdot e\left(g^{-z_w}, C_j\right)$$
$$=e(g^s, Q_U^{r_w})\cdot e\left(g^s, \prod_{i\in X_j}h_{ji}^{z_w}\right)\cdot e\left(g^{-z_w}, \prod_{i\in X_j}h_{ji}^s\right)=Q_{U,2}^{sr_w}.$$

然后, 对所有的可计算线路 w (即 $f_w^{[j]}(x)=1$), 当其深度为 d 时, CS 区分 OR 门与 AND 门, 按如下方式计算线上的值.

OR 门 CS 按如下方式计算 $Q_{U,d+1}^{sr_w}$:

$$E_w = e(E_{A(w)}, K_{w1})\cdot e(K_{w3}, g^s) = e(Q_{U,d}^{sr_{A(w)}}, g^{a_w})\cdot e(Q_{U,d}^{r_w-a_w r_{A(w)}}, g^s)$$
$$=e(Q_{U,d}^{sr_{A(w)}}, g^{a_w})\cdot e(Q_{U,d}^{r_w}, g^s)\cdot e(Q_{U,d}^{-a_w r_{A(w)}}, g^s) = Q_{U,d+1}^{sr_w}.$$

AND 门 CS 按如下方式计算 $Q_{U,d+1}^{sr_w}$:

$$e(Q_{U,d}^{sr_{A(w)}}, g^{a_w})\cdot e(Q_{U,d}^{sr_{B(w)}}, g^{b_w})\cdot e(Q_{U,d}^{r_w-a_w r_{A(w)}-b_w r_{B(w)}}, g^s)$$
$$=e(Q_{U,d}^{sr_{A(w)}}, g^{a_w})\cdot e(Q_{U,d}^{sr_{B(w)}}, g^{b_w})\cdot e(Q_{U,d}^{r_w}, g^s\cdot e(Q_{U,d}^{-a_w r_{A(w)}-b_w r_{B(w)}}, g^s) = Q_{U,d+1}^{sr_w}.$$

如果对所有的 $j\in[1,m]$, 满足 $f^{[j]}(X_j)=1$, 则 CS 能够计算 $Q_{U,k}^{sr_{n+q}}$. 并将其返回给 DU. 收到转换密文后, DU 能够进行如下计算:

$$\frac{\prod_{j\in[1,m]}T_j}{e(g_{k-1}^t, y^s)e(Q_U, w^s, g_{k-2}^b)}$$
$$=\frac{\prod_{j\in[1,m]}\frac{e(K_j, g^s)}{E_{r_{n+q}}^{[j]}}}{y_k^{ts}e(Q_{U,k-1}^b, w^s)} = \frac{\prod_{j\in[1,m]}\frac{e(D_{j1}\cdot e(D_{j2}g_{k-2}^{r_{n+q}}, Q_U), g^s)}{Q_{U,k}^{sr_{n+q}}}}{y_k^{ts}e(Q_{U,k-1}^b, w^s)}$$
$$=\frac{\prod_{j\in[1,m]}e(D_{j1}\cdot e(D_{j2}, Q_U), g^s)}{y_k^{ts}e(Q_{U,k-1}^b, v^s)} = \frac{\prod_{j\in[1,m]}e(g_{k-1}^{\alpha_j}y_{k-1}^{t_j}\cdot Q_{U,k-1}^{t_j'}\cdot e(v_{k-2}^{b_j}, Q_U), g^s)}{y_k^{ts}e(Q_{U,k-1}^b, v^s)}$$
$$=\frac{g_k^{s\sum_{j\in[1,m]}\alpha_j}\cdot y^{s\sum_{j\in[1,m]}t_j}\cdot Q_{U,k}^{s\sum_{j\in[1,m]}t_j'}\cdot e(v_{k-1}^{s\sum_{j\in[1,m]}b_j}, Q_U)}{y_k^{ts}e(Q_{U,k-1}^b, v^s)} = g_k^{\alpha s},$$

进而, 可以解得消息 $M = H_1(g_k^{as})\oplus C$.

(2) 如果对所有的 $f^{[j]}(X_j) = 1$, 且 CS 诚实地为 DU 计算转换密文, 则用户 DU 能够验证如下等式:

$$\begin{aligned}
e(\sigma_1, g) &= e(g_{k-1}^{as'} \cdot y_{k-1}^{ts'} \cdot e(v_{k-2}^{bs'}, Q_{U_0}) \cdot e(H_4^{s'}(tag\|X\|C), H_5^{r+c}(X\|ID), g) \\
&= g_k^{as'} \cdot y_k^{ts'} \cdot e(e(v_{k-2}^{bs'}, Q_{U_0}), g) \cdot e(e(H_4^{s'}(tag\|X\|C), H_5^{r+c}(X\|ID)), g) \\
&= g_k^{as'} \cdot y_k^{ts'} \cdot e(v^{s'}, g_{k-2}^b, Q_{U_0}) \cdot e(g^{r+c}, H_4(tag\|X\|C), H_5^{s'}(X\|C)).
\end{aligned}$$

类似地, DU 也能够验证 σ_2 的有效性

3. AO-MABE 方案的安全性证明

定理 7.2.4 假设 (k,n)- MDDHE 假定成立, 则 AO-MABE 方案是 IND-CPA 选择明文安全的.

证明 如果选择密文安全游戏中存在 PPT 敌手 A, 其中设定电路深度为 l, 输入比特个数为 n, 那么可以构造一个 PPT 算法, 以不可忽略的优势解决 (k,n)-MDDHE 问题. 对 AO-MABE 系统, 考虑两个类型敌手. 敌手 A_1 代表一个普通的第三方攻击者, 敌手 A_2 代表一个获得部分私钥的恶意云端. 两类敌手对应的算法具体描述如下.

算法 B-1 (对不满足访问策略的普通敌手 A_1)

- **初始化** 首先, 设置 $\vec{G} = (G_1, \cdots, G_k)$, 定义有效映射 e, 选择生成元 g 及元素 $g, g^{c_1}, \cdots, g^{c_1^n}, g^{c_1^{n+2}}, \cdots, g^{c_1^{2n}}, g^{c_2}, \cdots, g^{c_k} \in G_1, T \in G_k$. 随机掷币 u, 若 $u = 0$, 令 T 为 $g_k^{c_1^{n+1} \prod_{j \in [2,k]} c_j}$; 否则令 T 为 G_k 中随机元素.

  然后, 攻击者提交被捕获的属性认证中心列表, 挑战的属性集合 X^*, 两个等长的消息 M_0 和 M_1, 消息长度为 u 比特.

  需要注意的是, 只有存在一个诚实的属性认证中心 $\hat{j}$, 满足 $f^*(X_{\hat{j}}) = 0$ 时, 敌手能够提交关于全局标识符 GID 的 DU 的私钥查询. 此时, 最糟糕的情况是敌手能够计算所有 $i \neq \hat{j}$ 的 T_i. 因此, 需要将不可计算的值 T_i 嵌入到 $\hat{j}$ 中. 同时假定, 对其他任意的诚实的属性认证中心, T_i 仍然是可以计算的.

- **CA 建立** B_1 随机选择 $\beta, \eta \in \mathbb{Z}_p$ 及 $(\chi_j, b_j, t_j, t'_j)_{j \in [1,m]} \in \mathbb{Z}_p$, 其中 $0 = \sum_{j \in [1,m]} t'_j$, 令 $y = g^\beta$, $v = g^\eta$, $\alpha_{\hat{j}} = c_1^{n+1} \prod_{j \in [2,k+1]} c_j + \chi_{\hat{j}}$, 对所有的 $j \in [1,m]$ 且 $j \neq \hat{j}$, 令 $\alpha_j = \chi_j$, 然后计算 $g_k^\alpha = g_k^{c_1^{n+1} \prod_{j \in [2,k-1]} c_j + \sum_{j \in [1,m]} \chi_j}$, $g_{k-1}^t = g_{k-1}^{\sum_{j \in [1,m]} t_j}$, $g_{k-2}^b = g_{k-2}^{\sum_{j \in [1,m]} b_j}$, 并将 $g_k^\alpha, g_{k-1}^t, g_{k-2}^b, y, v$ 发送给敌手 A_1.

- **AA 建立** 对属性认证中心 $\hat{j}$, 其私钥是不可计算的. B_1 按照 CA 建立算法中选取的参数, 计算其他属性认证中心的私钥, 并将所有属性认证中心的公钥参数及被捕获属性认证中心的私钥发送给敌手 A_1.

7.2 具有代理可验证性的外包计算

(1) 对 $j \neq \hat{j}$, 属性认证中心 AA_j 随机选择 $\varphi_{jk} \in \mathbb{Z}_p$, 对 $k \in [1, n]$, 令 $h_{jk} = g^{\varphi_{jk}}$.

(2) 当 $j = \hat{j}$ 时, 属性认证中心 AA_j 随机选择 $\varphi_{\hat{j}k} \in \mathbb{Z}_p$, 并按如下方式计算属性相关公钥参数.

$$h_j = \begin{cases} g^{\varphi_{ji}}, & x^*_{\hat{j}i} = 1, \\ g^{c_1^{n+1-i}+\varphi_{\hat{j}i}}, & x^*_{\hat{j}i} = 0. \end{cases}$$

- **询问 I** 敌手 A_1 适应性地进行多项式时间的如下查询.

  挑战者 B_1 维护一个列表 L_1, 其中 $L_1 = (GID_i, U_i, Q_i, \xi_i)$ 初始为空. 当敌手提交一个拥有全局标识符 GID_i 的用户 U_i 时, 如果该用户被询问过, B_1 查询列表, 将 Q_{U_i} 返回给敌手; 否则, B_1 随机选择 $\xi_i \in \mathbb{Z}_p$, 令 $Q_{U_i} = g^{c_1+\xi_i}$, 并将 Q_{U_i} 返回给敌手.

- **密钥生成询问 I** 因为敌手 A_1 已经获得被捕获属性认证中心的私钥, 只需考虑如何回答关于 $AA_{\hat{j}}$ 的密钥生成查询.

敌手 A_1 提交一个全局标识符 GID, 电路访问结构 $f^{[\hat{j}]}$. 如果 $f^{[\hat{j}]}(X_{\hat{j}}^*) = 0$, B_1 首先关于 GID 进行 H_2 查询, 找到输出 $Q_U = g^{c_1+\xi}$. 然后, 按如下方式为敌手计算私钥.

(1) B_1 随机选择 $\phi_w \in \mathbb{Z}_p$, 令 $z_w = c_1^w + \phi_w$. 对所有的 $x^*_{\hat{j}w} = 1$, 随机选择 $r_w \in \mathbb{Z}_p$. 当 $x^*_{\hat{j}w} = 0$ 时, 随机选择 $\gamma_w \in \mathbb{Z}_p$, 令 $r_w = -c_1^n + \gamma_w$.

(2) 计算矩阵 $A_{\hat{j}}$

$$A_{\hat{j}} = \begin{bmatrix} g^{-z_1} & g^{-z_2} & g^{-z_3} & \cdots & g^{-z_n} \\ Q_U^{r_1} \cdot h_{\hat{j}1}^{z_1} & h_{\hat{j}1}^{z_2} & h_{\hat{j}1}^{z_3} & \cdots & h_{\hat{j}1}^{z_n} \\ h_{\hat{j}2}^{z_1} & Q_U^{r_2} \cdot h_{\hat{j}2}^{z_2} & h_{\hat{j}2}^{z_3} & \cdots & h_{\hat{j}2}^{z_n} \\ h_{\hat{j}3}^{z_1} & h_{\hat{j}3}^{z_2} & Q_U^{r_3} \cdot h_{\hat{j}3}^{z_3} & \cdots & h_{\hat{j}3}^{z_n} \\ \vdots & \vdots & \vdots & \ddots & \vdots \\ h_{\hat{j}n}^{z_1} & h_{\hat{j}n}^{z_2} & h_{\hat{j}n}^{z_3} & \cdots & Q_U^{r_n} \cdot h_{\hat{j}n}^{z_n} \end{bmatrix}.$$

接下来, 按如下方式计算矩阵 $A_{\hat{j}}$ 中的元素.

—— B_1 计算第一行为 $g^{-z_w} = g^{-c_1^w - \phi_w}$.

—— 对全部的对角元素, 如果 $x^*_{\hat{j}w} = 0$, B_1 计算:

$$\begin{aligned} Q_U^{r_w} \cdot (h_{\hat{j}w}^{z_w})^{z_w} &= g^{(c_1+\xi)(-c_1^n+\gamma_w)} g^{(c_1^{n+1-w}+\varphi_{\hat{j}w})(c_1^w+\phi_w)} \\ &= g^{\gamma_w(c_1+\xi) - \xi c_1^n + \varphi_{\hat{j}w}(c_1^w+\phi_w) + \phi_w c_1^{n+1-w}}. \end{aligned}$$

而如果 $x_{\hat{j}w}^* = 1$, B_1 计算:

$$Q_U^{r_w} \cdot (h_{\hat{j}w})^{z_w} = g^{(c_1+\xi)r_w} g^{\varphi_{jw}(c_1^w+\phi_w)} = g^{r_w(c_1+\xi)+\varphi_{jw}(c_1^w+\phi_w)}.$$

——对其他的矩阵中元素 (即 $j \neq w$), 如果 $x_{\hat{j}w}^* = 0$, B_1 计算:

$$(h_{\hat{j}w})^{z_j} = g^{(c_1^{n+1-w}+\varphi_{\hat{j}w})(c_1^j+\phi_j)}.$$

而当 $x_{\hat{j}w}^* = 1$ 时, B_1 计算:

$$(h_{\hat{j}w})^{z_j} = g^{\varphi_{\hat{j}w}(c_1^j+\phi_j)}.$$

(3) B_1 按如下方式计算电路 f^* 中线 w 上的密钥共享值.

OR 门 如果 $x_{\hat{j}w}^* = 1$, 其线路深度为 $d = d(w)$, 则 B_1 随机选择 $a_w, b_w, r_w \in \mathbb{Z}_p$, 并计算私钥如下

$$K_{w1} = g^{a_w}, \quad K_{w2} = g^{b_w}, \quad K_{w3} = Q_{U,d}^{r_w-a_w r_{A(w)}}, \quad K_{w4} = Q_{U,d}^{r_w-b_w r_{B(w)}}.$$

如果 $x_{\hat{j}w}^* = 0$, 其线路深度为 $d = d(w)$, B_1 随机选择 $\mu_w, v_w, \gamma_w \in \mathbb{Z}_p$, 令

$$a_w = c_d + \mu_w, \quad b_w = c_d + v_w, \quad r_w = -c_1^n \prod_{2 \leqslant i \leqslant d} c_i + \gamma_w.$$

进而计算私钥如下

$$K_{w1} = g^{c_j+\mu_w}, \quad K_{w2} = g^{c_j+v_w},$$

$$K_{w3} = Q_{U,d}^{r_w-a_w r_{A(w)}} = g_d^{\gamma_w(c_1+\xi)+\mu_w c_1^n \prod_{i \in [2,d-1]} c_i(c_1+\xi)-r_{A(w)}(c_j+\mu_w)(c_1+\xi)},$$

$$K_{w4} = Q_{U,d}^{r_w-b_w r_{B(w)}} = g_d^{\gamma_w(c_1+\xi)+V_w c_1^n \prod_{i \in [2,d-1]} c_i(c_1+\xi)-r_{B(w)}(c_j+v_w)(c_1+\xi)}.$$

AND 门 如果 $x_{\hat{j}w}^* = 1$, 其线路深度为 $d = d(w)$, 则 B_1 随机选择 $a_w, b_w, r_w \in \mathbb{Z}_p$, 并计算私钥如下

$$K_{w1} = g^{a_w}, \quad K_{w2} = g^{b_w}, \quad K_{w3} = Q_{U,d}^{r_w-a_w r_{A(w)}-b_w r_{B(w)}}.$$

如果 $x_{\hat{j}w}^* = 0$ 且 $x_{\hat{j}A_w}^* = 0$, 其线路深度为 $d = d(w)$, B_1 随机选择 $\mu_w, v_w, \gamma_w \in \mathbb{Z}_p$, 设置

$$a_w = c_d + \mu_w, \quad b_w = v_{\mathrm{w}}, \quad r_w = -c_1^n \prod_{2 \leqslant i \leqslant d} c_i + \gamma_w.$$

进而计算私钥如下

$$K_{w1} = g^{c_d+\mu_w}, \quad K_{w2} = g^{v_w},$$

7.2 具有代理可验证性的外包计算

$$K_{w3} = Q_{U,d}^{r_w - a_w r_{A(w)} - b_w r_{B(w)}}$$
$$= g_d^{\gamma_w(c_1+\xi)} g_d^{\mu_w c_1^n \prod_{i \in [2,j-1]} c_i(c_1+\xi) - b_w r_{B(w)} - \gamma_{A(w)}(c_j + \mu_w)(c_1+\xi)}.$$

对输出线, B_1 随机选择 $\gamma_w \in \mathbb{Z}_p$. 因此, 有 $r_{n+q} = -c_1^n \prod_{2 \leqslant i \leqslant k-1} c_i + \gamma_{n+q}$. 最后, B_1 可以计算密钥头部分为

$$K_{\hat{j}} = D_{\hat{j}1} \cdot e(D_{\hat{j}2} g_{k-2}^{r_{n+q}}, Q_U) = g_{k-1}^{\alpha_{\hat{j}}} y_{k-1}^{t_{\hat{j}}} \cdot e(g_{k-2}^{t'_{\hat{j}}} v_{k-2}^{b_{\hat{j}}} g_{k-2}^{r_{n+q}}, g^{c_1+\xi})$$
$$= g_{k-1}^{\chi_{\hat{j}} + (t'_{\hat{j}} + \gamma_{n+q})(c_1+\xi) - \xi c_1^n \prod_{i \in [2,k-1]} c_i} y_{k-1}^{t_i} v_{k-1}^{b_i(c_1+\xi)}.$$

- **挑战** 给定公钥参数, 属性索引集 X^*, B_1 随机掷币 b, 并按如下方式生成挑战密文.

  令 X_j^* 为满足 $x_{ji}^* = 1$ 的索引 i 集合. 设置 $s = c_k$, 并计算

  $$C' = T \cdot g_k^{\sum_{j \in [1,m]} \chi_j}, g^{c_k}, y^{c_k}, v^{c_k}, CT = M_b \oplus H_1(C'),$$

  $$\left\{ C_j = \left(\prod_{i \in X_j} h_{ji}\right)^{c_k} = \left(\prod_{i \in X_j} g^{\varphi_{ji}}\right)^{c_k} \right\}_{j \in [1,m]}.$$

- **询问 II** 敌手 A_1 适应性地基于同一 Hash 函数提交全局标识符 GID 及访问策略 $f_{q1}, \cdots, f_q$ 进行密钥查询. 询问过程中, 要求至少有一个诚实属性认证中心 $AA_{\hat{j}}$, 只能回答关于 $f^{[\hat{j}]}(X_{\hat{j}}^*) = 0$ 的私钥查询. 挑战者按照阶段 I 方式回答敌手的询问.

- **猜测** 敌手 A_1 最后返回一个关于 b 的猜测 b'. 如果 $b' = b$, 挑战者输出 $\mu' = 0$ 来回答 T 是 $g_k^{c_1^{n+1} \prod_{j \in [2,k]} c_j}$. 否则, 挑战者输出 $\mu' = 1$ 来回答 T 为群 G_k 中的随机元素.

  显然, 如果敌手 A_1 以不可忽略优势赢得如上安全游戏, 挑战者将以同样的优势解决 (k,n)-MDDHE 问题.

算法 B-2 (对抗不诚实的云服务器 A_2)

- **初始化** 首先, 设置 $\vec{G} = (G_1, \cdots, G_k)$, 定义有效映射 e, 选择生成元 g 及元素 $g, g^{c_1}, \cdots, g^{c_1^n}, g^{c_1^{n+2}}, \cdots, g^{c_1^{2n}}, g^{c_2}, \cdots, g^{c_k} \in G_1, T \in G_k$. 随机掷币 u. 若 $u = 0$, 令 T 为 $g_k^{c_1^{n+1} \prod_{j \in [2,k]} c_j}$; 否则令 T 为 G_k 中随机元素.

  然后, 攻击者 A_2 提交被捕获的属性认证中心列表, 挑战的全局标识符 GID^*, 两个等长的消息 M_0 和 M_1, 消息长度为 u 比特.

  假定存在一个诚实的属性认证中心 $AA_{\hat{j}}$, 敌手 A_2 能够计算得到 $g_k^{sr^*_{n+q}}$, 此时敌手的目的是区分 $g_k^{\alpha s}$ 与 G_k 群中的随机元素.

- **CA 建立** B_2 随机选择 $\beta, \eta \in \mathbb{Z}_p$ 及 $(\chi_j, b_j, t_j, t'_j)_{j \in [1,m]} \in \mathbb{Z}_p$, 其中 $0 = \sum_{j \in [1,m]} t'_j$, 令 $y = g^\beta$, $v = g^\eta$, $\alpha_{\hat{j}} = c_1^{n+1} \prod_{j \in [2,k-1]} c_j + \chi_{\hat{j}}$, 对所有的

$j \in [1,m]$ 且 $j \neq \hat{j}$，令 $\alpha_j = \chi_j$，然后计算 $g_k^\alpha = g_1^{c_1^{n+1} \prod_{j \in [2,k-1]} c_j + \sum_{j \in [1,m]} \chi_j}$，$g_{k-1}^t = g_{k-1}^{\sum_{j \in [1,m]} t_j}$，$g_{k-2}^b = g_{k-2}^{\sum_{j \in [1,m]} b_j}$，并将 $\{g_k^\alpha, g_{k-1}^t, g_{k-2}^b, y, v\}$ 发送给敌手 A_2。

- **AA 建立** 对属性认证中心 $\hat{j}$，其私钥是不可计算的。B_2 按照 CA 建立算法中选取的参数，计算其他属性认证中心的私钥。对所有的 $j \in [1,m]$，为属性认证中心 AA_j 随机选择 $\varphi_{jk} \in \mathbb{Z}_p$，对 $k \in [1,n]$，令 $h_{jk} = g^{\varphi_{jk}}$。然后，$B_2$ 将所有属性认证中心的公钥参数及被捕获属性认证中心的私钥发送给敌手 A_2。

- **询问 I** 敌手 A_2 适应性地进行多项式时间的如下查询。

- **H_2 询问 I** 挑战者 B_2 维护一个列表 L_1，其中 $L_1 = (GID_i, U_i, Q_i, \xi_i)$ 初始为空。当敌手提交一个拥有全局标识符 GID_i 的用户 U_i 时，如果该用户被询问过，B_2 查询列表，将 Q_{U_i} 返回给敌手；否则，如果 $GID_i = GID^*$，B_2 随机选择 $\xi^* \in \mathbb{Z}_p$，令 $Q^* = g^{\xi^*}$；否则令 $Q_{U_i} = g^{c_1 + \xi_i}$，并将 Q_{U_i} 返回给敌手 A_2。

- **密钥生成询问 I** 因为敌手 A_2 已经获得被捕获属性认证中心的私钥，只需考虑如何回答关于 $AA_{\hat{j}}$ 的密钥生成查询。其中，关于全局标识符 GID^* 的私钥不能被询问。敌手 A_2 提交一个全局标识符 GID_i，B_2 按如下方式计算私钥：

$$D_{\hat{j}1} \cdot e(D_{\hat{j}2} g_{k-2}^{r_{n+q}}, Q_i) = g_{k-1}^{c_1^{n+1} \prod_{i \in [2,k]} c_i + \chi_{\hat{j}}} y_{k-1}^{t_{\hat{j}}} e(g_{k-2}^{t'_{\hat{j}}} v_{k-2}^{b_{\hat{j}}} g_{k-2}^{-c_1^n \prod_{i \in [2,k-1]} c_i}, g^{c_1 + \xi_i})$$
$$= g_{k-1}^{\chi_{\hat{j}} + \beta t_{\hat{j}} + (c_1 + \xi_i)(t'_{\hat{j}} + \eta b_{\hat{j}}) - \xi_i c_1^n \prod_{i \in [2,k-1]} c_i}.$$

- **挑战** B_2 随机掷币 b，并按如下方式生成挑战密文。
  设置 $s = c_k$，并计算：

  $$C' = T \cdot g_k^{\sum_{j \in [1,m]} \chi_j}, g^{c_k}, y^{c_k}, v^{c_k},$$

  $$C^* = g_k^{-c_k \xi^*(c_1^n \prod_{i \in [2,k-1]} c_i + \gamma_{n+q})}, \quad CT^* = M_b \oplus H_1(C').$$

- **询问 II** 敌手 A_2 适应性地基于同一 Hash 函数提交全局标识符 GID_i 及访问策略 $f_{q1}, \cdots, f_q$ 进行密钥查询。询问过程中，要求不能回答关于 GID^* 的私钥查询。挑战者按照阶段 I 方式回答敌手的询问。

- **猜测** 敌手 A_2 最后返回一个关于 b 的猜测 b'。如果 $b' = b$，挑战者输出 $\mu' = 0$ 来回答 T 是 $g_k^{c_1^{n+1} \prod_{j \in [2,k]} c_j}$。否则，挑战者输出 $\mu' = 1$ 来回答 T 为群 G_k 中的随机元素。

显然, 如果敌手 A_2 以优势赢得如上安全游戏, 挑战者将以同样的优势解决 (k,n)-MDDHE 问题.

定理 7.2.5 假定为 H_1 抗碰撞函数或者 MCDH 问题成立, 则 AO-MABE 方案是可验的.

证明 对 AO-MABE 构造, 敌手 A_3 表示给定关于一个消息 M 的密文, 能够输出一个关于另一个消息 M' 的转换密文, 且能够通过 DU 的认证. 挑战者 B_3 被给定一个 MCDH 问题实例 $(g=g_1, g^{c_1}, g^{c_2}, \cdots, g^{c_k})$, 其目的是输出 $g_{k-1}^{\prod_{j\in[1,k]} c_j}$ 或者破坏 Hash 函数的抗碰撞性.

- **初始化** 首先, 挑战者 B_3 设置 $\vec{G}=(G_1,\cdots,G_k)$, 有效映射 e, 生成元 g 及元素 $g=g_1, g^{c_1}, g^{c_2}, \cdots, g^{c_k}\in G_1$. 然后, 攻击者 A_3 提交挑战的全局标识符 GID_0^*, 挑战的属性集合 X^*, u 比特长的消息 M^*.

- **CA 建立** 给定 MCDH 问题实例及 Hash 函数, B_3 按如下方式设置参数:

$$\alpha = \prod_{j\in[1,k]} c_j + \zeta, b = \prod_{j\in[2,k-1]} c_j + \gamma, v = g^{-c_k+\eta},$$

$$g_{k-2}^b = g_{k-2}^{\prod_{j\in[2,k-1]} c_j + \gamma}, MK = g_{k-1}^{\prod_{j\in[1,k]} c_j + \zeta}.$$

并依据选择的参数计算出公私钥对 (PK, SK), 并将公钥发送给敌手 A_3.

- **AA 建立** B_3 按照 CA 建立算法中选取的参数, 计算属性认证中心的私钥. 对所有的 $j\in[1,m]$, 为属性认证中心 AA_j 随机选择 $\varphi_{jk}\in \mathbb{Z}_p$, 对 $k\in[1,n]$, 令 $h_{jk}=g^{\varphi_{jk}}$. 然后, B_3 将所有属性认证中心的公钥参数及被捕获属性认证中心的私钥发送给敌手 A_3.

- **询问 I** 敌手 A_3 适应性地进行多项式时间的如下查询.

- H_2 **询问 I** 挑战者 B_3 维护一个列表 L_1, 其中 $L_1=(GID_i, U_i, Q_i, \xi_i)$ 初始为空. 当敌手提交一个拥有全局标识符 GID_i 的用户 U_i 时, 如果该用户被询问过, B_3 查询列表将 Q_{U_i} 返回给敌手; 否则, 如果 $GID_i=GID_o^*$, B_3 随机选择 $\xi^*\in \mathbb{Z}_p$, 令 $Q^*=g^{\xi^*}$; 否则令 $Q_{U_i}=g^{c_1+\xi_i}$, 并将 Q_{U_i} 返回给敌手 A_3.

- H_4 **询问 I** 挑战者 B_3 维护一个列表 L_3, 其中 $L_3=(m_i, C_i, X_i, \beta_i)$ 初始为空. 当敌手提交一个密文消息及属性索引集合对时, 如果该消息组合被询问过, B_3 查询列表, 将 $g_{k-2}^{\prod_{j\in[3,k]} c_j+\beta_i}$ 及 $\beta_i\in G_{k-2}$ 返回给敌手; 否则, B_3 随机选择 $\beta_i\in Z_p$, 并将 $g_{k-2}^{\prod_{j\in[3,k]} c_j+\beta_i}$ 返回给敌手 A_3.

- H_5 **询问 I** 挑战者 B_3 维护一个列表 L_5, 其中 $L_5=(GID_i, X_i, C_i, T_i, \phi_i)$ 初始为空. 当敌手提交一个拥有全局标识符 GID_i 的用户 U_i 时, 如果该用

户被询问过, B_3 查询列表将 T_i 返回给敌手; 否则, 如果 $GID_i = GID_o^*$, B_3 计算 $T^* = g^{-c_2+\phi^*}$; 否则令 $T_i = g^{\phi_i}$, 并将 M 返回给敌手 A_3.

- **密钥生成询问 I** 敌手 A_3 适应性地关于访问策略 $f_1, \cdots, f_{g_1}$ 及全局标识符 GID_i 进行多项式时间的私钥查询. 其中, 关于全局标识符 GID_o^* 的私钥不能被询问.
  如果 $GID_i \neq GID_o^*$, 返回 (SK_i, TK_i), 并将 (j, f_j, SK_j, TK_j) 添加到元组 L_2 中.
- **认证消息询问 I** 敌手 A_3 适应性地关于访问策略 $m_1, \cdots, f_{q_1}$ 及全局标识符 GID_i 进行多项式时间的私钥查询. B_3 首先调用 Hash 函数询问, 加密询问来生成认证消息 σ_i. 可以询问关于 $GID_i \neq GID_o^*$ 及 $GID_i = GID_o^*$ 的认证消息.
- **挑战** B_3 调用加密算法, 并按如下方式生成挑战密文.
  随机选择 $s^*, s' \in \mathbb{Z}_p$, 令 $c = -c_2 + \phi^*$, 并计算

$$Y^* = g^{s^*}, \quad C^* = M^* \oplus H_1(g_k^{\alpha s^*}), \quad r = H_3(g_k^{\alpha s^*}),$$

$$\sigma_1^* = g_{k-1}^{\alpha s'} \cdot y_{k-1}^{ts'} \cdot e(v_{k-2}^{bs'}, Q_{U_0}) \cdot e(H_4^{s'}(tag\|X\|C^*), H_5^{r+c}(X\|GID^*)),$$

$$\sigma_{pri} = \{\sigma_1^*, g_k^{\alpha s'}, y^{s'}, v^{s'}, g^c, H_5^{s'}(X\|C^*)\}.$$

- **询问 II** 敌手 A_3 适应性地基于同一 Hash 函数提交全局标识符 GID_i 及访问策略 $f_{q_1}, \cdots, f_q$ 进行密钥查询. 询问过程中, 要求不能回答关于 GID_o^* 的私钥查询. 挑战者按照阶段 I 的方式回答敌手的询问.
- **输出** 敌手 A_3 最后输出一个元组 (f^*, C_t^*) (其中 $f^*(X^*) = 1$).

如果敌手能够攻破可验性游戏, B_3 将能够依照解密算法从转换密文中恢复出一个消息, 满足 $M \notin \{M^*, \perp\}$. 如果返回的结果是有效的, 需要考虑如下两种情况.

(1) 如果 $C = C^*$. 要求满足 $H_1(g_k^{\alpha s^*}) \neq H_1(g_k^{\alpha s})$ 及 $H_3(g_k^{\alpha s^*}) = H_3(g_k^{\alpha s})$, 则破坏了 Hash 函数 H_3 的碰撞性.

(2) 如果 $C \neq C^*$. 则 A_3 能够生成关于 C 的一个伪造的认证消息, 则 B_3 能够破坏 MCDH 问题.

因此, 敌手在如上游戏中获胜的概率是可忽略的.

7.3 双云服务器下的安全多方计算

安全多方计算是密码学的基础之一, 概括了许多密码协议, 如认证协议、在线支付协议、公平交付协议、拍卖协议、选举协议、密文数据库查询与统计等. 在电子选举、电子投票、秘密共享等场景下有着广泛的应用.

7.3 双云服务器下的安全多方计算

安全多方计算是一种用于互不信任的多个参与方利用各自的秘密信息进行合作完成约定函数的计算的有效工具. 一般地说, 安全多方计算的参与方利用各自秘密信息进行合作计算, 需要确保计算完成后各自的秘密信息不被泄露、计算结果只能让授权用户得知. 现如今, 安全多方计算已经成为密码学界的研究热点. 假设有 m 个参与方 $P_1, P_2, \cdots, P_m$, 分别持有秘密信息 $x_1, x_2, \cdots, x_m$. 他们希望进行合作计算函数 $y = f(x_1, x_2, \cdots, x_m)$, 但是不能泄露各自的秘密信息, 即不能将任何 P_i 的秘密信息 x_i 泄露给其他参与方 $P_j, j \neq i, i, j \in \{1, \cdots, m\}$, 此外, 还要保证只有授权方得到计算结果 y 而未授权的参与方不能得到此结果. 以往, 学者们主要关注设计参与方内部进行相互通信来完成保护隐私的合作计算类型的安全多方计算协议. 不可避免地, 计算复杂度和通信复杂度就和计算函数成多项式时间关系. 如果用这种类型的安全多方计算协议来解决实际问题, 那么用户需要承受很大的成本代价[3].

安全多方计算中不仅需要对每个用户的输入值进行保密, 而且需要对函数的计算结果进行保密. 对于用户来说, 这样的计算开销是很难承受的, 所以可以采用外包计算的方式将复杂计算过程交给云服务器来做. 此处采用两个云服务器的思想, 巧妙地实现了不同密钥加密的密文之间的计算, 使得用户可以使用自己选择的密钥加密各自的秘密数据再放心地传给云端, 云端按照要求得到计算结果后为授权用户订制加密输出, 确保其他非授权用户包括云服务器即便窃听到该输出也无法解密得到真正的计算结果. 此节构造的基于双云服务器的安全外包多方计算协议中用户之间无须任何交互, 并且每个用户的计算和通信复杂度都与计算函数无关, 实现了高效安全的外包计算.

对于一个双云服务器下的安全多方计算协议, 通过辅助云 (Assisted Cloud, AC) 的帮助, 主云 (Host Cloud, HC) 将用户各自密钥加密下的密文转换为相同的密钥, 即辅助云的密钥加密下的密文, 然后利用同态性质对这种处理过的外包数据进行相应计算. 最后, 被授权得知结果的用户只需要利用自己的密钥对收到的订制结果解密即可得到最终计算结果, 而未授权的用户, 包括两个云服务器, 都不能得到任何结果.

7.3.1 基于格的多密钥加密的安全外包多方计算

云的强大计算能力使得人们开始将各种复杂的计算任务外包给云服务器, 即云的安全外包计算. 尽管很多时候外包给云的数据通常是经过加密处理过的, 我们仍然希望云能够通过这种外包数据完成约定函数的计算. 并且, 即便是云帮助用户完成计算任务, 我们还要求云不能获知计算结果. 要是这种预期能够实现的话, 用户只需要用自己的密钥对自己的秘密信息进行加密, 然后放心地外包给云端, 通过云来完成约定函数的计算后, 用户只需用自己的密钥解密即可获得想要的结果. 在用户之间没有任何交互每个用户的计算复杂度和通讯复杂度也和计算函数无关. 不幸的是, 在单一云服务器环境下这种想法已经被证明是不可行的. 因此, 我们将引入多个云服务器来实现上述目标.

具体来说, 将考虑如下场景: 我们的系统包括 m 个用户、2 个云服务器在内一共 $m+2$ 个互不信任的参与方, 他们在协议中均为半诚实的, m 个用户 $P_1, P_2, \cdots, P_m$ 分别持有秘密信息 x_i 和一对公私钥对 $(pk_i, sk_i), i = 1, \cdots, m$. 用户用各自的公钥对自己的秘密信息进行加密后外包给云服务器. 协议的任务是参与方需要通过云服务器计算得到 $y = f(x_1, x_2, \cdots, x_m)$, 尽管参与方甚至都不知道计算函数 $f(\cdot)$ 具体是什么, 并且不能泄露参与方的秘密信息以及最后的计算结果.

对此提出了一个可以处理多个用户用各自密钥加密秘密信息, 作为外包数据的双云辅助的安全外包多方计算协议. 该协议能够使用户之间可以不用进行任何交互, 并且用户的计算和通信复杂度不依赖于计算函数的复杂性, 从而使其在更复杂的函数计算上有优势.

具体描述如下: 有包括 m 个用户参与方和 2 个云服务器在内的 $m+2$ 个参与方, 我们称其中一个云服务器为主 HC, 另一个为辅助云 AC; 每个参与方 P_i 持有一个秘密信息 x_i 和一对公私钥对 (pk_i, sk_i), 并与 HC 共享一个秘密随机数 r_i, AC 持有一个密钥对 (k_{AC}, k_{AC}^{-1}). 该 m 个用户想要将计算函数 $f(\cdot)$ 的任务外包给主云服务器 HC, 但是用户只愿意将自己通过格的加密方案处理过的密文外包给云, 并要求计算结果只能让特定的授权用户知道, 用户之间无交互从而保证计算和通信复杂度最小.

对于每个用户来说, 他们希望用户云服务器、主云服务器辅云服务器之间除这两轮通信外再无其他交互通信. 在计算上, 用户除了承担自己所选的基于格的加密计算负荷外, 其他与计算函数相关的计算任务都外包给云端. 此方案的基本框架可以用图 7-4 来表示.

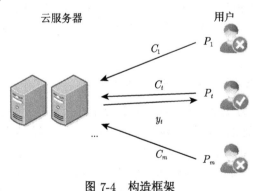

图 7-4 构造框架

: 未授权得到结果的用户; : 授权得到结果的用户;
C_i: P_i 的加密数据; y_t: 授权用户 P_t 的订制结果

7.3 双云服务器下的安全多方计算

接下来,我们详细描述协议 Π_1 的各个步骤并在半诚实真实理想模拟范例下分析其安全性. 假设计算函数 $f(\cdot)$ 是可表示为由任意个加和 l 个乘两种运算门组成的代数电路 C_f, 而每个门可以简化为两个输入线一个输出线的标准门的形式. 这样, 我们可以将任意函数的计算归结到两种门的计算上.

1. **预备知识**

   - **LE 加密算法** 素数 $q = q(k)$, n 阶多项式 $f(x) \in \mathbb{Z}[x]$ 以及在环 $R_q = \mathbb{Z}_q[x]/<f(x)>$ 上的误差分布 χ. 参数 n, f, q 以及 χ 都是公开的. 假设已知参数安全参数 k, 存在多项式时间算法输出 f, q 以及 χ 的随机取样. LE 加密算法包括以下三个算法. $(KeyGen(\cdot), Enc(\cdot), Dec(\cdot))$, 简要地概括为如下算法.

   —— $KeyGen(1^k)$: 在环上取一个向量元素 $a \leftarrow R_q^n$, 从分布 χ 取一个元素 s, 记作 $s \leftarrow \chi$, 从 χ^n 取一个向量元素 x, 记作 $x \leftarrow \chi^n$. 那么私钥为 $sk = s$, 公钥为 $p = as + 2x \in R_q^n$.

   —— $Enc(pk, m)$: 取样 $e \leftarrow \chi^n$ 并计算 $c_0 := \langle p, e \rangle + m \in R_q$ 和 $c_1 := \langle a, e \rangle \in R_q$. 输出密文 $c := (c_0, c_1) \in R_q^2$.

   —— $Dec(sk, c)$: 计算 $\mu = c_0 - c_1 s \in R_q$ 并输出 $m' := \mu \pmod 2$.

2. **多密钥加密方案协议**

   在初始化阶段 P_i 调用算法 $KeyGen(1^k)$ 计算获得公私钥对 (pk_i, sk_i). 同时, P_i 选择随机数 r_i 并在安全信道中发送给 HC, AC 选择一个公私钥对 (k_{AC}, k_{AC}^{-1}). 假设所有参与方的秘密信息为 $x_i, i = 1, 2, \cdots, m$, 是计算函数 $f(\cdot)$ 时的真实输入, P_i 发送 $r_i \cdot f_i$ 给 AC. AC 进一步计算 $k_{AC} \cdot r_i \cdot f_i$ 并发送给 HC. 然后, P_i 将由自己的公钥 f_i 加密自己的秘密信息 x_i 所得密文 c_i 发送给 HC 完成数据的外包上传. 在计算过程中, 所有与计算函数 $f(\cdot)$ 相关的操作由 HC 完成, 分为以下三步: HC 首先对由多个用户分别用各自密钥加密的外包数据转化为由 AC 密钥盲化下的密文以便在后续 HC 实施密文间的运算; 然后, 依照电路, HC 逐门进行加法门和乘法门的计算, 从而完成计算函数 $f(\cdot)$ 得到中间结果 y'; 最后, 为每个授权用户 $P_t, t \in \{1, 2, \cdots, m\}$ 生成一个订制的结果消息, 即将 y' 转化为 y_t, 使得授权用户在最后只需要用自己的私钥执行一次逆转换操作就可以得到最终计算结果.

协议 Π_1

初始化设置 对所有 $i = 1, 2, \cdots, m$, 用户 P_i 调用加密方案的密钥生成算法得到 (pk_i, sk_i) 并和 HC 共享秘密随机数 r_i; 同样, AC 生成一对公私钥 (k_{AC}, k_{AC}^{-1}); 用户 P_i 首先发送 $r_i \cdot f_i$ 给 AC; AC 计算 $k_{AC} \cdot r_i \cdot f_i$ 并发送给 HC. 这样, HC 得到 $\varphi_i = k_{AC} \cdot f_i$.

上传 对 $i=1,2,\cdots,m$，每个用户 P_i 用自己的公钥对自己的秘密信息 x_i 进行加密，计算密文：$c_i = h_i s_i + 2e_i + x_i$，这里 $s_i, e_i \leftarrow \chi$，然后将密文上传到 HC.
所有用户发送完密文后，HC 按照计算函数 $f(\cdot)$ 的电路 $\mathbf{C}_f$ 进行计算，分为三步.
(1) **转换** 首先，HC 将用各个用户公钥加密的密文转换为用 AC 的密钥加密下的密文进行盲化：

$$c_i^{AC} = \varphi \cdot c_i = k_{AC} \cdot f_i \cdot (h_i s_i + 2e_i + x_i) \bmod 2 = k_{AC} \cdot x_i.$$

(2) **计算** HC 通过转化后的密文进行计算：
Add. 对所有加法门：$c_i^{AC} \oplus c_j^{AC} = k_{AC} \cdot (x_i + x_j)$;
Mul. 对所有乘法门：$c_i^{AC} \otimes c_j^{AC} = k_{AC}^2 \cdot (x_i \times x_j)$.
(3) **逆转换** 依照 $f(\cdot)$ 的计算电路 $\mathbf{C}_f$，HC 实施上步的加法门和乘法门计算得到 AC 密钥加密下的中间结果，即 $y' = k_{AC}^{l+1} \cdot y$，这里 $y = f(x_1, x_2, \cdots, x_m)$，$l$ 是电路 $\mathbf{C}_f$ 的乘法门的数目. 通过逆转换，HC 为每个授权得知计算结果的用户 $P_t, t \in \{1,2,\cdots,m\}$ 生成一个订制的结果 y_t：$y_t = (\varphi_t^{-1})^{l+1} = (f_t^{-1})^{l+1} \cdot (k_{AC}^{-1})^{l+1} \cdot y' = (f_t^{-1})^{l+1} \cdot y$.
输出 对所有授权用户 $P_t, t \in \{1,2,\cdots,m\}$，只需要利用自己的私钥解密即可得到最终结果 y：$y = f_t^{l+1} \cdot y_t = f_t^{l+1} \cdot (f_t^{-1})^{l+1} \cdot y$.

从协议的描述可以发现，由于加密方案的同态性质，协议的正确性是显然的. 接下来分析协议的安全性. 注意到，在 HC 执行真正计算之前，协议还有初始化设置和上传两个过程. 先独立地对这两个过程的安全性进行说明，之后，在真实理想范例框架下证明真正执行外包计算过程的协议的安全性. 最后，由组合定理，完成对整个协议安全性的证明.

定理 7.3.1 如果 LE 方案是安全的并且 HC 和 AC 不会共谋，那么协议 Π 是安全的.

证明 首先，我们先分别观察初始化设置和上传两个独立的过程.

在初始化设置阶段，每个用户独立地调用语义安全的 LE 方案生成相应的公私钥对并用公钥对其秘密信息进行加密，AC 也生成一对公私钥对 (k_{AC}, k_{AC}^{-1}). 这个阶段的安全性由 LE 方案的安全性保证. 随后，P_i 发送 $r_i \cdot f_i$ 给 AC，AC 发送 $k_{AC} \cdot r_i \cdot f_i$ 给 HC. 这里，P_i 的私钥 f_i 的安全性由 P_i 和 HC 共享的秘密盲化因子 r_i 以及 AC 的密钥 k_{AC} 来保证. 因此，用户的私钥在这一阶段不会被泄露.

在上传阶段，用户将加密的数据外包给 HC. 由于 LE 方案是语义安全的，那么，已知 P_i 上传的两明文消息 m_1, m_2 所对应的两个密文 $c_i(m_1), c_i(m_2)$，那么对于 HC 来说要想区分这两个密文在计算上是不可行的. 因此，用户可以在 HC 端安全地存储加密过的数据.

在协议的核心阶段, 即计算阶段, 将在真实理想范例框架下来讨论协议的安全性. 从安全性定义上来说, 如果真实世界中所有敌手行为都能够在存在可信第三方的理想世界中被模拟出来, 则称这个协议是安全的. 假设在理想世界中存在模拟算法可以模拟出在半诚实敌手 A 存在的情形下协议真实执行的分布. 由于 HC 能够独立地完成加法门和乘法门的运算, 故只需要证明加法门和乘法门的运算能够抵抗半诚实敌手 A 和 HC 合谋即可. 具体证明如下.

模拟器 S 以 $\{c_s(m_1), c_s(m_2)\}$ 为输入调用 A;
首先, S 计算:
$$c_s(m_1) = Enc(pk_s, 1),$$
$$c_s(m_2) = Enc(pk_s, 1).$$
并发送 $c_S(m_1), c_S(m_2)$ 给 A.

然后, A 发送两个密文 $c_S(m_1^*), c_S(m_2^*)$ 给 S. 接着 S 计算:
$$c_s(m_1^* + m_2^*) = c_s(m_1^*) \oplus c_s(m_2^*),$$
$$c_s(m_1^* \times m_2^*) = c_s(m_1^*) \otimes c_s(m_2^*).$$
并将 $c_s(m_1^* + m_2^*), c_s(m_1^* \times m_2^*)$ 返回给 A.

最后 S 输出 A 的输出.

下面, 用反证法来证明加法门和乘法门的安全性. 首先, 假设在真实执行中敌手 A 的视图和模拟器 S 模拟出的视图是可以区分的. 那么, 就可以找到相应的算法来区分 LE 加密的密文, 这与 LE 是语义安全的假设相互矛盾. 因此, 在真实执行中敌手 A 的视图和模拟器 S 模拟出的视图是不可区分的, 即
$$IDEAL_{F,S}(c_s(m_i)) \stackrel{c}{\approx} REAL_{\Pi,A}(c_s(m_i)), \quad i = 1, 2.$$
因此, 加法门和乘法门的计算是安全的. 再根据组合定理, 可以得出结论, 只要 LE 加密方案是安全的, HC 与 AC 不合谋, 那么在半诚实模型下, 协议 Π 是安全的.

7.3.2 双云服务器辅助的安全外包多方计算

本小节关注于如何解决云环境下的安全外包问题, 对此提出了一个双云服务器下的安全外包格密码加密数据的安全多方计算协议. 主要思路是将原本为不同用户各自公钥加密的外包数据转换为两个云服务器相同密钥加密下的密文, 从而使得通过密文的运算完成指定函数计算成为可能. 同时为保证结果的安全性, 双云服务器进行合作, 为每个用户生成相应的 "订制结果", 使得只有被授权的用户可以根据自己的密钥获取结果, 而未被授权的用户包括两个云服务器都不能得到任何结果. 与以往的研究相比, 该方案中用户之间无须任何交互, 并且每个用户的计算和通信复杂度都与计算函数无关.

下面在两个云服务器环境下考虑安全外包多方计算问题. 具体描述如下: 这里有包括 m 个用户参与方和 2 个云服务器在内的 $m+2$ 个参与方, 称其中一个云服务器为存储云 SC, 另一个为计算云 CC; 每个参与方 P_i 持有一个秘密信息 ri 和一对公私钥对 (pk_i, sk_i), 并与 SC 共享一个秘密随机数 r_i, SC 持有一个密钥 k_{sc}, CC 持有一个密钥 k_{cc}. 该 m 个用户想要将计算函数 $f(\cdot)$ 的任务外包给这两个云服务器, 但是用户只愿意将自己通过格加密方案处理过的密文外包给云, 并要求计算结果只能让特定的授权用户得知, 用户之间无交互, 从而保证计算和通信复杂度最小. 这里, 两个不避免的交互以及用户向云端发起计算请求这一次通信为基本通信轮数. 那么, 对于每个用户来说, 他们希望用户与用户、用户与云服务器之间除这三轮通信外再无其他交互通信. 在计算上, 用户除了承担自己所选的格加密计算负荷外, 其他与计算函数相关的计算任务都外包给云端. 该方案的基本框架可以用图 7-5 来表示.

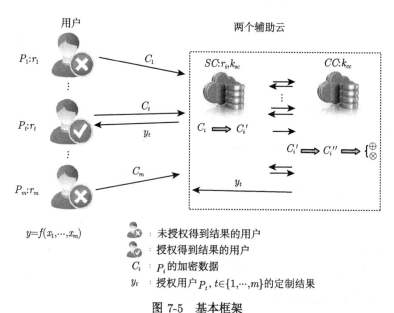

图 7-5 基本框架

接下来, 详细描述该方案的各个步骤. 不失一般性, 假设计算函数 $f(\cdot)$ 是可以表示为由任意个加和 C_f 个乘门两种运算门组成的代数电路 C_f, 而每个门可以简化为两个输入线一个输出线的标准门的形式. 这样, 可以将任意函数的计算归结到两种门的计算上. 该方案可以简化为**协议Π_2**.

在初始化阶段, P_i 调用算法 $KeyGen(1^k)$ 计算获得公私钥对 (pk_i, sk_i). 同时, P_i 选择随机数 r_i 并在安全信道中发送给 SC, SC 和 CC 分别选择一个私钥 k_{sc} 和 k_{cc}. 假设所有参与方的秘密信息为 $x_i, i=1,2,\cdots,m$ 是计算函数 $f(\cdot)$ 时的真实输入，P_i 发送 $r_i \cdot s_i$ 给 CC. CC 进一步计算 $k_{cc} \cdot r_i \cdot s_i$ 并发送给 SC. 然后 P_i 将由自己公钥 p_i 加密自己的秘密信息 x_i 所得密文 c_i 发送给 SC 完成数据的外包上传.

在计算过程中，SC 首先对由多个用户分别用各自密钥加密的外包数据进行中间转化，然后 CC 进一步将 SC 转化过的数据转化为被相同的两个云服务器密钥盲化的密文以便 CC 可以在这些密文上进行操作，从而完成对函数 $f(\cdot)$ 的计算. 具体地，对每个加法或者乘法门来说，CC 可以通过计算 $(c_1^{i''} - c_0^{i''}) \oplus (c_1^{j''} - c_0^{j''}) = k \cdot (x_i + x_j)$ 和 $(c_1^{i''} - c_0^{i''}) \otimes (c_1^{j''} - c_0^{j''}) = k^2 \cdot (x_i \times x_j)$ 而得到结果. 按照电路 C_f，CC 就得到中间结果 $y' = k^{l+1} \cdot y = k_{sc}^{l+1} \cdot k_{cc}^{l+1} \cdot y$.

协议Π_2

初始化设置 对 $i = 1, 2, \cdots, m$，在环上取样 $a_i \leftarrow R_q^n$, $s_i \leftarrow \chi$, $x_i \leftarrow \chi^n$. P_i 的私钥记为 $sk_i := s_i$, 公钥为：$p_i := a_i s_i + 2 x_i \in R_q^n$；$P_i$ 与 SC 共享一个秘密随机数 r_i; SC 选择私钥 k_{sc}; CC 选择密钥 k_{cc}. 首先，P_i 向 CC 发送 $r_i \cdot s_i$; CC 计算 $k_{cc} \cdot r_i \cdot s_i$ 并传给 SC. SC 消掉 r_i 获得 $k_{cc} \cdot s_i$.

上传 对 $i = 1, 2, \cdots, m$，每个用户 P_i 用 LE 加密方案对自己的秘密信息 x_i 加密. 首先，P_i 取样 $e_i \leftarrow \chi^n$ 并计算 $c_0^i := \langle p_i, e_i \rangle + x_i \in R_q$, $c_1^i := \langle a_i, e_i \rangle \in R_q$. 然后，$P_i$ 输出密文 $c_i := (c_0^i, c_1^i) \in R_q^2$.

外包计算 从用户那里获得所有密文后，SC 负责存储这些外包密文，并在用户发起计算请求后负责对外包密文进行中间转化. 之后，CC 进一步对转化过的密文再次转化，并根据计算函数 $f(\cdot)$ 的电路进行计算.

(1) 中间转化 SC 将使用用户自己密钥加密过的密文进行如下转化：转化 $c_i \to c_i'$，这里，$c_i' = (c_0^{i'}, c_1^{i'}) = (k_{sc} \cdot c_0^i, k_{sc} \cdot (k_{cc} \cdot s_i) \cdot c_1^i)$，然后将 c_i' 发给 CC.

(2) 计算 收到 c_i' 后，CC 进一步将 c_i' 转化为 $c_i'' = (k_{cc} \cdot k_{sc} \cdot c_0^i, k_{sc} \cdot (k_{cc} \cdot s_i) \cdot c_1^i)$. 记 $k = k_{sc} \cdot k_{cc}$，那么，$c_i'' = (c_0^{i''}, c_1^{i''}) = (k \cdot c_0^i, k \cdot s_i \cdot c_1^i)$. 然后，CC 计算结果的密文如下.

加门：$c_i'' \oplus c_j'' = (c_1^{i''} - c_0^{i''}) \oplus (c_1^{j''} - c_0^{j''}) = k \cdot (x_i + x_j)$；

乘门：$c_i'' \otimes c_j'' = (c_1^{i''} - c_0^{i''}) \otimes (c_1^{j''} - c_0^{j''}) = k^2 \cdot (x_i \times x_j)$.

(3) 生成定制结果 按照电路逐门进行计算，CC 获得两个云服务器 SC 和 CC 密钥加密下的计算结果 $y' = k^{l+1} \cdot y = k_{sc}^{l+1} \cdot k_{cc}^{l+1} \cdot y$，其中 $y = f(x_1, x_2, \cdots, x_m)$, l 是电路的乘门数目. 为了给每个用户生成一个定制的结果，CC 把 y' 发送给 SC. SC 消掉 k_{sc}^{l+1} 并用 r_t 计算得到 $y_t' = r_t \cdot k_{cc}^{l+1} \cdot y$，然后发送 y_t' 给 CC. CC 消除 k_{cc}^{l+1} 从而为用户 $P_t, t \in \{1, 2, \cdots, m\}$ 生成了定制的消息 $y_t = r_t \cdot y$.

输出 每个被授权的用户 $P_t, t \in \{1, 2, \cdots, m\}$ 只需要消除 r_t 就可以得到结果 y.

为确保只有被授权的用户得到计算结果，SC 和 CC 进行合作为每个被授权的

用户生成一个定制的计算结果. 这里, 假设用户 $P_t, t \in \{1, 2, \cdots, m\}$ 是被授权得到计算结果的用户, CC 发送 y' 给 SC. SC 消除 k_{sc}^{l+1} 并用 r_t 计算得到 $y'_t = r_t \cdot k_{cc}^{l+1} \cdot y$, 发送 y'_t 给 CC. CC 消除 k_{cc}^{l+1} 从而得到为被授权的用户 P_t 定制的结果信息 $y_t = r_t \cdot y$.

最后, 被授权的用户 P_t 从 $y_t = r_t \cdot y$ 中消除 r_i 得到最终结果 y.

从协议的描述可以发现, 由于加密方案的同态性质, 该协议的正确性是显然的. 接下来, 详细分析协议的安全性. 注意到, 在执行真正计算之前, 协议还有初始化设置和上传两个过程. 先独立地对这两个过程的安全性进行说明, 之后, 在真实-理想范例框架下证明真正执行外包计算过程的协议的安全性. 最后, 由组合定理, 完成对整个协议安全性的证明.

定理 7.3.2 如果 LE 方案是安全的并且 SC 和 CC 不会共谋, 那么协议 Ⅱ 是安全的.

证明 首先, 先分别观察初始化设置和上传两个独立的过程.

在初始化设置阶段, 每个用户独立地调用语义安全的 LE 方案, 生成相应的公私钥对, 并用公钥对其秘密信息进行加密. 这个阶段的安全性由 LE 方案的安全性来保证. 随后, P_i 发送 $r_i \cdot s_i$ 给 CC, CC 发送 $k_{cc} \cdot r_i \cdot s_i$ 给 SC. 这里, P_i 的私钥 s_i 的安全性由 P_i 和 SC 共享的秘密盲化因子 r_i 以及 CC 的密钥 k_{cc} 来保证. 因此, 用户的私钥在这一阶段不会被泄露.

在上传阶段, 用户将加密的数据外包给 SC. 由于 LE 方案是语义安全的, 那么, 已知 P_i 上传的两明文消息 m_1, m_2 所对应的两个密文 $c_i(m_1), c_i(m_2)$, 那么对于 SC 来说, 要想区分这两个密文在计算上是不可行的. 因此, 用户可以在 SC 端安全地存储加密过的数据.

在外包计算阶段, SC 首先将 c_i 进行中间转化为 c'_i 并将 c'_i 发送给 CC. 显然, 这个过程是安全的, 因为 SC 用密钥 k_{sc} 将 c'_i 进行了盲化, 而 CC 是不知道 k_{sc} 的. 在协议的核心阶段, 即计算阶段, 将在真实-理想范例框架下来讨论协议的安全性. 从安全性定义上来说, 如果真实世界中所有敌手行为都能够在存在可信第三方的理想世界中被模拟出来, 则称该协议 Ⅱ 是安全的. 假设在理想世界中存在模拟算法可以模拟出在半诚实敌手 A 存在的情形下协议真实执行的分布. 由于 CC 能够独立地完成加法门和乘法门的运算, 所以只需要证明加法门和乘法门的运算能够抵抗半诚实敌手 A 和 CC 共谋即可. 具体证明如下.

模拟器 S 以 $\{c_S(m_1), c_S(m_2)\}$ 为输入调用 A;

首先, S 计算:
$$c_S(m_1) = Enc(pk_S, 1),$$
$$c_S(m_2) = Enc(pk_S, 1).$$

并发送 $c_S(m_1), c_S(m_2)$ 给 A.

然后, A 发送两个密文 $c_S(m_1^*), c_S(m_2^*)$ 给 S. 接着, S 计算:

$$c_S(m_1^* + m_2^*) = c_S(m_1^*) \oplus c_S(m_2^*),$$

$$c_S(m_1^* \times m_2^*) = c_S(m_1^*) \otimes c_S(m_2^*).$$

并返回 $c_S(m_1^* + m_2^*)$, $c_S(m_1^* \times m_2^*)$ 给 A.

最后, S 输出 A 的输出.

下面, 我们用反证法来证明加法门和乘法门的安全性. 首先, 假设在真实执行中敌手 A 的视图和模拟器 S 模拟出的视图是可以区分的. 那么, 就可以找到相应的算法来区分 LE 加密的密文, 这与假设 LE 是语义安全的相矛盾. 因此, 在真实执行中敌手 A 的视图和模拟器 S 模拟出的视图是不可区分的, 即

$$IDEAL_{F,S}(c_S(m_i)) \stackrel{c}{\approx} REAL_{\Pi,A}(c_S(m_i)), \quad i = 1, 2.$$

因此, 加法门和乘法门的计算是安全的. 在根据组合定理, 可以得出结论, 只要 LE 加密方案是安全的, SC 与 CC 不合谋, 那么在半诚实模型下, 此协议是安全的.

7.3.3 一般的两方双输入保密函数计算协议

过去, 学者们已经研究过两方单输入保密函数的解决方法, 即一方持有秘密信息 x, 另一方持有秘密函数 $f(\cdot)$, 二者需要进行合作计算 $f(x)$ 而不泄露各自秘密信息. 而本节将在此基础之上, 进行进一步推广, 研究两个参与方都有输入时保密函数的计算问题, 即持有保密函数的一方也会有函数的输入 y.

下面在两个云服务器环境下考虑安全外包多方计算问题. 具体描述如下: 这里有包括 m 个用户参与方和 2 个云服务器在内的 $m+2$ 个参与方, 称其中一个云服务器为存储云 SC, 另一个为计算云 CC; 每个参与方 P_i 持有一个秘密信息 x_i 和一对公私钥对 (pk_i, sk_i), 并与 SC 共享一个秘密随机数 r_i; SC 持有一个密钥 k_{sc}; CC 持有一个密钥 k_{cc}. 该 m 个用户想要将计算函数 $f(\cdot)$ 的任务外包给这两个云服务器, 但是用户只愿意将自己通过格加密方案处理过的密文外包给云, 并要求计算结果只能让特定的被授权用户得知, 用户之间无交互从而保证计算和通信复杂度最小. 在计算上, 用户除了承担自己所选的格加密计算负荷外, 其他与计算函数相关的计算任务都外包给云端. 该方案的基本框架可以用图 7-6 来表示.

接下来, 详细描述本方案的各个步骤. 不失一般性, 假设计算函数 $f(\cdot)$ 是可以表示为由任意个加和 C_f 个乘门两种运算门组成的代数电路, 而每个门可以简化为两个输入线一个输出线的标准门的形式. 这样, 可以将任意函数的计算归结到两种门的计算上. 此方案可以简化为**协议**Π_3.

在初始化阶段 P_i 调用算法 $KeyGen(1^k)$ 计算获得公私钥对 (pk_i, sk_i). 同时, P_i 选取所有参与方的秘密信息为 $x_i, i = 1, 2, \cdots, m$, 是计算函数 $f(\cdot)$ 时的真实输入, P_i 发送 $r_i \cdot s_i$ 给 CC. CC 进一步计算 $k_{cc} \cdot r_i \cdot s_i$ 并发送给 SC. 然后, P_i 将由自己公钥 p_i 加密自己的秘密信息 x_i 所得密文 c_i 发送给 SC 完成数据的外包上传.

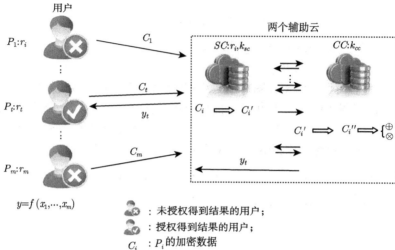

图 7-6 方案基本框架

在计算过程中,首先,SC 对由多个用户分别用各自密钥加密的外包数据进行中间转化,然后,CC 进一步将 SC 转化过的数据转化为被相同的两个云服务器密钥盲化的密文,以便 CC 可以在这些密文上进行操作,从而完成对函数 $f(\cdot)$ 的计算. 具体地,对每个加法或者乘法门来说,CC 可以通过计算 $(c_1^{i''}-c_0^{i''})\oplus(c_1^{j''}-c_0^{j''})=k\cdot(x_i+x_j)$ 和 $(c_1^{i''}-c_0^{i''})\otimes(c_1^{j''}-c_0^{j''})=k^2\cdot(x_i\times x_j)$ 而得到结果. 按照电路 C_f,CC 就得到中间结果 $y'=k^{l+1}\cdot y=k_{sc}^{l+1}\cdot k_{cc}^{l+1}\cdot y$.

协议 Π_3

初始化设置 对 $i=1,2,\cdots,m$,在环上取样 $a_i\leftarrow R_q^n$, $s_i\leftarrow\chi$, $x_i\leftarrow\chi^n$. P_i 的私钥记为 $sk_i:=s_i$,公钥为:$p_i:=a_is_i+2x_i\in R_q^n$;$P_i$ 与 SC 共享一个秘密随机数 r_i;SC 选择私钥 k_{sc};CC 选择密钥 k_{cc}. 首先,P_i 向 CC 发送 $r_i\cdot s_i$;然后,CC 计算 $k_{cc}\cdot r_i\cdot s_i$ 并传给 SC. SC 消掉 r_i 获得 $k_{cc}\cdot s_i$.

上传 对 $i=1,2,\cdots,m$,每个用户 P_i 用 LE 加密方案对自己的秘密信息 x_i 加密. 首先,P_i 取样 $e_i\leftarrow\chi^n$ 并计算 $c_0^i:=\langle p_i,e_i\rangle+x_i\in R_q$,$c_1^i:=\langle a_i,e_i\rangle\in R_q$. 然后,$P_i$ 输出密文 $c_i:=(c_0^i,c_1^i)\in R_q^2$.

外包计算 从用户那里获得所有密文后,SC 负责存储这些外包密文并在用户发起计算请求后负责对外包密文进行中间转化. 之后,CC 进一步对转化过的密文再次转化,并根据计算函数 $f(\cdot)$ 的电路 C_f 进行计算.

(1) 中间转化 SC 将使用用户自己密钥加密过的密文进行如下转化:转化 $c_i\to c_i'$,这里,$c_i'=(c_0^{i'},c_1^{i'})=(k_{sc}\cdot c_0^i,k_{sc}\cdot(k_{cc}\cdot s_i)\cdot c_1^i)$,然后将 c_i' 发给 CC.

7.3 双云服务器下的安全多方计算

(2) **计算** 收到 c_i' 后，CC 进一步将 c_i' 转化为 $c_i'' = (k_{cc} \cdot k_{sc} \cdot c_0^i, k_{sc} \cdot (k_{cc} \cdot s_i) \cdot c_1^i)$. 记 $k = k_{sc} \cdot k_{cc}$，那么，$c_i'' = (c_0^{i''}, c_1^{i''}) = (k \cdot c_0^i, k \cdot s_i \cdot c_1^i)$. 然后 CC 计算结果的密文如下.

加门：$c_i'' \oplus c_j'' = (c_1^{i''} - c_0^{i''}) \oplus (c_1^{j''} - c_0^{j''}) = k \cdot (x_i + x_j)$；

乘门：$c_i'' \otimes c_j'' = (c_1^{i''} - c_0^{i''}) \otimes (c_1^{j''} - c_0^{j''}) = k^2 \cdot (x_i \times x_j)$.

(3) **生成定制结果** 按照电路 $\mathcal{C}_f$ 逐门进行计算，CC 获得两个云服务器 SC 和 CC 密钥加密下的计算结果 $y' = k^{l+1} \cdot y = k_{sc}^{l+1} \cdot k_{cc}^{l+1} \cdot y$，其中 $y = f(x_1, x_2, \cdots, x_m)$，$l$ 是电路 $\mathcal{C}_f$ 的乘门数目. 为了给每个用户生成一个定制的结果，CC 把 y' 发送给 SC. SC 消掉 k_{sc}^{l+1} 并用 r_t 计算得到 $y_t' = r_t \cdot k_{cc}^{l+1} \cdot y$，然后发送 y_t' 给 CC. CC 消除 k_{cc}^{l+1} 从而为用户 $P_t, t \in \{1, 2, \cdots, m\}$ 生成了定制的消息 $y_t = r_t \cdot y$.

输出 每个被授权的用户 $P_t, t \in \{1, 2, \cdots, m\}$ 只需要消除 r_t 就可以得到结果 y.

为了确保只有被授权的用户得到计算结果，SC 和 CC 进行合作为每个被授权的用户生成一个定制的计算结果. 这里，假设用户 $P_t, t \in \{1, 2, \cdots, m\}$ 是被授权得到计算结果的用户，CC 发送 y' 给 SC. SC 消除 k_{sc}^{l+1} 并用 r_t 计算得到 $y_t' = r_t \cdot k_{cc}^{l+1} \cdot y$，发送 y_t' 给 CC. CC 消除 k_{cc}^{l+1} 从而得到为被授权的用户 P_t 定制的结果信息 $y_t = r_t \cdot y$.

最后，被授权的用户 P_t 从 y_t 消除 r_t 得到最终结果 y.

从协议描述可以发现，由于加密方案的同态性质，协议的正确性是显然的. 接下来，详细分析协议的安全性. 注意到，在执行真正计算之前，协议还有初始化设置和上传两个过程. 先独立地对这两个过程的安全性进行说明，之后，在真实理想范例框架下证明真正执行外包计算过程的协议的安全性. 最后，由组合定理，完成对整个协议安全性的证明.

定理 7.3.3 如果 LE 方案是安全的并且 SC 和 CC 不会共谋，则协议 II 是安全的.

证明 首先，先分别观察初始化设置和上传两个独立的过程.

在初始化设置阶段，每个用户独立地调用语义安全的 LE 方案生成相应的公私钥对并用公钥对其秘密信息进行加密. 这个阶段的安全性由 LE 方案的安全性来保证. 随后，P_i 发送 $r_i \cdot s_i$ 给 CC，CC 发送 $k_{cc} \cdot r_i \cdot s_i$ 给 SC. 这里，P_i 的私钥 s_i 的安全性由 P_i 和 SC 共享的秘密盲化因子 r_i 以及 CC 的密钥 k_{cc} 来保证. 因此，在这一阶段用户的私钥是不会被泄露的.

在上传阶段，用户将加密的数据外包给 SC. 由于 LE 方案是语义安全的，已知 P_i 上传的两明文消息 m_1, m_2 所对应的两个密文 $c_i(m_1), c_i(m_2)$，那么对于 SC 来说，要想区分这两个密文在计算上是不可行的. 因此，用户可以在 SC 端安全地存储加密过的数据.

在外包计算阶段，SC 首先将 c_i 进行中间转化为 c_i' 并将 c_i' 发送给 CC. 显然，这个过程是安全的，因为 SC 用密钥 k_{sc} 将 c_i' 进行了盲化，而 CC 是不知道 k_{sc}

的. 在协议的核心阶段, 即计算阶段, 将在真实理想范例框架下来讨论协议的安全性. 从安全性定义上来说, 如果真实世界中所有敌手行为都能够在存在可信第三方的理想世界中被模拟出来, 则称这个协议 Π 是安全的. 假设在理想世界中存在模拟算法, 可以模拟出在半诚实敌手 A 存在的情形下, 协议真实执行的分布. 由于 CC 能够独立地完成加法门和乘法门的运算, 只需要证明加法门和乘法门的运算能够抵抗半诚实敌手 A 和 CC 合谋即可. 具体证明如下.

模拟器 S 以 $\{c_S(m_1), c_S(m_2)\}$ 为输入调用 A;

首先, S 计算:
$$c_S(m_1) = Enc(pk_S, 1),$$
$$c_S(m_2) = Enc(pk_S, 1).$$

并发送 $c_S(m_1), c_S(m_2)$ 给 A.

然后, A 发送两个密文 $c_S(m_1^*), c_S(m_2^*)$ 给 S. 接着, S 计算:
$$c_S(m_1^* + m_2^*) = c_S(m_1^*) \oplus c_S(m_2^*),$$
$$c_S(m_1^* \times m_2^*) = c_S(m_1^*) \otimes c_S(m_2^*)$$

并返回 $c_S(m_1^* + m_2^*), c_S(m_1^* \times m_2^*)$ 给 A.

最后, S 输出 A 的输出.

下面, 用反证法来证明加法门和乘法门的安全性. 首先, 假设在真实执行中, 敌手 A 的视图和模拟器 S 模拟出的视图是可以区分的. 那么, 就可以找到相应的算法来区分 LE 加密的密文, 这与假设 LE 是语义安全的相矛盾. 因此, 在真实执行中敌手 A 的视图和模拟器 S 模拟出的视图是不可区分的. 因此, 加法门和乘法门的计算是安全的. 最终可以得出结论, 只要 LE 加密方案是安全的, SC 与 CC 不合谋, 那么在半诚实模型下, 此协议是安全的.

参 考 文 献

[1] Sun Y, Wen Q, Zhang H, et al. Secure Outsourcing Multiparty Computation on Lattice-based Encrypted Cloud Data under Multiple Keys. Proceedings of the 2014 International Conference on Advances in Big Data Analytics, 2014.

[2] 周俊. 外包系统安全与隐私的关键问题研究. 上海: 上海交通大学, 2015.

[3] Sun Y, Wen Q, Zhang Y, et al. Two Cloud Servers-Assisted Secure Outsourcing Multiparty Computation. Accepted by The Scientific World Journal, 2014, 2014.

[4] Xu J, Wen Q, Li W, et al. Succinct multi-authority attribute-based access control for circuits with authenticated outsourcing. Soft Computing, 2016.Soft Computing.

[5] Xu J, Wen Q, Li W, et al. Circuit Ciphertext-Policy Attribute-Based Hybrid Encryption with Verifiable Delegation in Cloud Computing. IEEE Transactions on Parallel and Distributed Systems, 2016, 27(1): 119-129.

第8章 远程医疗信息系统安全

目前,部分地区的医疗卫生事业发展存在着资源总量不足、资源配置不均衡等问题,群众看病难问题较为突出.远程医疗是整合利用集中在发达地区和大城市的优秀的医疗卫生资源,提升基层医疗卫生服务能力的有效途径.

随着科学技术的不断发展,物联网、云计算被越来越多地应用于现代医疗系统之中.但与此同时,将用户个人隐私信息在网络中传输的过程,却面临着隐私泄露的安全问题.因此,远程医疗信息系统安全,也成了信息安全领域的一个重要研究方向.其中,如何保证远程医疗中的患者信息隐私要求、如何保护会诊机构内部信息,以及如何实现业务数据库的安全防护等都成了重点研究的内容.

8.1 远程医疗信息系统概述

远程医疗已经从最初的电视监护、电话远程诊断发展到利用高速网络进行数字、图像、语音的综合传输,并且借助计算机以及遥感技术,实现了实时的语音和高清晰图像的交流,以及患者信息的共享,充分发挥医疗技术及设备先进地区的优势,服务于广大患者.

远程医疗信息系统 (Telecave Medicine Information System, TMIS) 是一种基于无线移动通信技术的远程医疗系统,由带有有限存储、低带宽、低消耗等特点的轻量级设备组成.在远程医疗信息系统中,如图 8-1 所示,患者的身体状况 (如血压、脉搏和体温等) 都可以被医生或者护士远程的实时监控,可以将远程医疗的优点直接带到患者的家中.为了确保患者的隐私,这些在公开信道上传输的电子医疗记录(EMR) 应该被保护[1].

8.1.1 远程医疗信息系统的总体架构

远程医疗信息系统由国家级远程医疗服务与资源监管中心、省级远程医疗服务与资源监管中心、三级医疗机构终端站点、一个专用业务网络以及一套应用系统等组成[2],如图 8-1 所示.

国家级远程医疗服务与资源监管中心,主要作用是从宏观上指导和监管各级远程医疗系统的建设与运营情况,提出整体建设规划与改进措施,实现全国远程医疗资源的合理调配和统一管理.

省级远程医疗服务与资源监管中心,其主要作用在于以下两点:一是提供统一业务应用平台,协调医疗资源并支撑具体远程医疗应用,并为建立特色医疗服务平台提供条件,如疑难重症专科会诊系统、应急指挥系统等;二是履行监管职责,指导和监督本省内各级远程医疗系统的建设与运营情况,建立与国家监管服务中心的信息互通,组建全国统一的服务与监管网络.

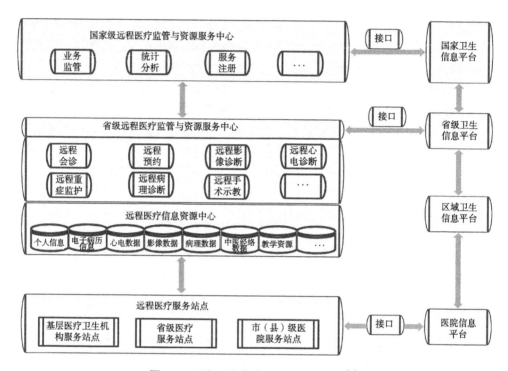

图 8-1　远程医疗信息系统的总体架构[2]

三级医疗机构终端站点作为远程医疗终端站点,具体实施与承载各项医疗业务服务,进行各类医疗信息交互,共享各类医疗资源,并保障业务活动中的服务质量与医疗安全.

一个专用业务网络,以国家级远程医疗服务与资源监管中心为网络的核心节点,远程医疗信息网络向下接入省级医院、市(县)级医院、乡镇卫生院、社区卫生服务中心、救护车等业务单元,实现入网机构互联互通.接入机构为远程医疗信息系统的基本组成单位,通过专线、MPLS VPN、Internet、3G/4G、卫星等多种手段接入省级远程医疗服务与资源监管中心.

一套应用系统,是由省远程医疗服务与资源监管中心、远程医疗信息资源中心、9类远程医疗应用子系统组成的软硬件与业务应用一体化的体系.

接口,远程医疗信息系统与国家卫生信息平台、省级卫生信息平台、区域卫生信息平台以及医院信息平台通过接口实现互联互通, 信息共享[2].

8.1.2 远程医疗信息系统的业务功能

将远程医疗信息系统的业务功能进行分解, 主要可以分为监管功能、应用功能和运维功能.

监管功能主要包括对基本运行情况、服务质量、财务等方面的监管.

应用功能包括基本业务功能和高端业务功能. 其中基本业务功能包括远程会诊、远程影像诊断、远程心电诊断、远程中医经络诊断、远程医学教育、远程预约、远程双向转诊、远程中医体质辨识等; 高端业务功能包括远程重症监护、远程病理诊断、远程手术示教、远程舌相诊断等.

运维功能主要包括注册管理 (患者、专家、机构等)、业务支撑、运行维护、安全保障等. 系统运维功能是整个系统的支撑, 用于保障远程医疗业务和远程医疗监管业务的开展.

8.1.3 远程医疗信息系统中的数据组成

远程医疗信息系统中的数据总体分为远程医疗业务数据、监管数据、系统运维数据、服务运营数据.

业务数据主要包括申请人提交的病历数据、申请科室等, 以及医院方面的专家资源数据、医院诊疗数据等; 监管数据主要包括系统的运行情况数据、服务质量数据、财务监管数据等; 系统运维数据主要是从基础设施状况、性能状况、信息安全状况、容量状况和业务连续性状况这五个方面进行分析而得到的数据; 服务运营数据主要是指对服务运营部门进行工作考核的数据, 主要包括远程医疗申请单的受理时间、安排时间、远程医疗过程、运营人员工作量、服务态度评价等. 通过服务运营工作流程数据的分析, 用于提高服务质量和工作效率.

8.1.4 远程医疗信息系统的参与方

本章中所涉及的安全方案均以远程医疗信息系统为背景, 如图 8-2 所示, 该系统主要由以下三个部分组成.

A. 医疗服务的提供者, 即图 8-2 中的 Doctor. 一般位于大城市的医疗中心, 具有丰富的医学资源和诊疗经验.

B. 远地寻求医疗服务的需求方, 即图 8-2 中的 Patient. 可以是当地不具备足够医疗能力或条件的医疗机构, 也可以是家庭患者.

C. 联系两者的通信网络和诊疗装置 Medical Server. 其中通信网络可以包括普通电话网、无线通信网以及通信卫星网等; 医疗装置包括服务器的软硬件、诊疗仪器等.

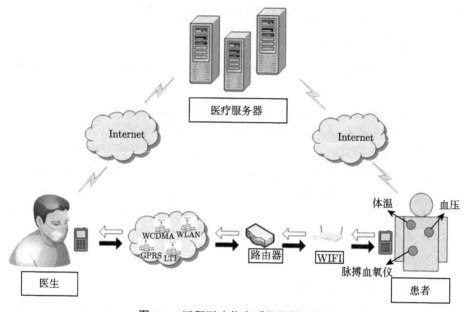

图 8-2　远程医疗信息系统的简化结构

8.2　远程医疗信息系统安全架构

远程医疗信息系统的信息包括电子病历、健康档案、会诊信息、影像数据等,电子病历或健康档案涉及个人的基本信息,病史等隐私数据,患者隐私数据的泄露直接侵犯患者利益;而假如远程医疗信息等传输、存储过程中导致被篡改、丢失等直接影响会诊结果,严重则会导致医疗事故. 总而言之,远程医疗信息系统安全无论是对各级医疗机构,或是寻求医疗服务的患者来说,都是非常重要的. 远程医疗信息系统的安全架构如图 8-3 所示,主要包括应用安全、系统安全、数据安全、视信系统安全、网络安全以及物理安全六个方面[2].

8.2.1　远程医疗信息系统的安全架构结构

1. 应用安全

应用层面的安全主要包括:身份鉴别、访问控制、系统审计. 身份鉴别主要是对登录用户的身份进行标识和鉴别,以保障用户名的唯一性;远程医疗系统的访问控制功能,包括用户登录访问控制、角色权限控制、目录级安全控制、文件属性安全控制等;系统审计是指对应用系统的使用行为进行审计,重点审计应用层信息,和业务系统的运转流程息息相关. 能够为安全事件提供足够的信息,与身份认证和访问控制联系紧密,为相关事件提供审计记录.

8.2 远程医疗信息系统安全架构

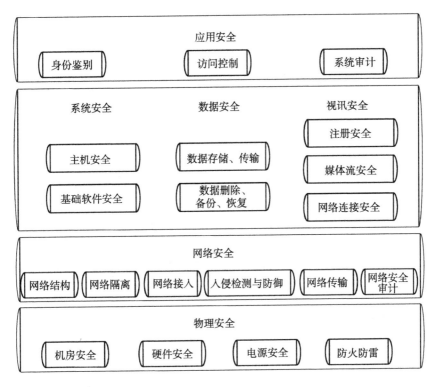

图 8-3 远程医疗信息系统的安全架构[2]

2. 系统安全

系统安全包括主机安全和基础软件安全. 其中主机安全包括灾备能力、身份鉴别、访问控制、系统审计等方面; 而基础软件安全主要包括操作系统加固、数据库加固和安全补丁.

操作系统加固是指应对远程医疗信息系统的计算节点、存储节点、管理节点等, 在安装部署时进行安全加固操作. 数据库加固是指对使用的数据库应采用一系列加固策略, 保障数据库的安全可靠. 安全补丁: 应定期为系统安装安全补丁, 修补漏洞. 管理节点中部署了补丁服务器以自动安装安全补丁.

3. 数据安全

远程医疗服务中心数据中心的数据是业务应用关键性数据, 远程医疗信息系统的数据包括患者信息、诊断信息、医疗影像、系统管理数据等, 必须保证数据的安全和隐私, 因此从数据存储、传输、删除、备份与恢复等方面采取安全措施.

数据采集应确保系统采集数据的真伪性, 具有辨别数据伪造的能力. 在存储时, 本地应有大于 2 份的数据副本, 数据应强制分片后存储于不同机架上, 同时应创建数据存储区域隔离,不同等级的安全数据采用不同的防护措施进行数据隔离.并且,可以采用加密或其他有效措施,实现虚拟机镜像文件、系统管理数据、鉴别信息和重要业务数据传输保密性.

数据的删除也应该保障磁盘存储空间被释放或再分配给其他用户前得到完全清除,同时系统应提供数据本地备份与恢复功能,定期进行完全数据备份.

4. 视讯系统安全

视讯系统安全主要包括注册安全、媒体流安全、网络连接安全等.

注册安全　在系统接入端注册过程中增加密码认证过程,确保注册认证的安全,未经过认证的系统不能接入到当前的远程医疗系统.

媒体流安全　在会诊过程中,可以保障远程会诊的安全性,防止会诊患者资料外泄.

网路连接安全　无论是院内局域网还是院间网络连接,都需要提供网络间传输层的安全保障,以保证会议信息在互联网传送过程中不会轻易被人截获并解析.

5. 网络安全

网络安全主要包括网络结构、网络隔离、网络接入、入侵检测与防御、网络传输和网络安全审计.

网络结构　网络各个部分的带宽要保证接入网络和核心网络满足业务高峰期需要;合理规划路由,在业务终端与业务服务器之间建立安全路径.

网络隔离　通过网络分区,明确不同网络区域之间的安全关系,在不同中心之间数据共享关口设置安全设备,保障网络的高扩展性、可管理性和弹性,达到了一定程度的安全性;用防火墙隔离各安全区域实现阻断网络中的异常流量,从而实现系统间访问控制功能.

网络接入　远程医疗信息系统数据中心的出口需要部署 Anti-DDoS 进行安全防护,对于进入 IDC 的流量采用实时检测和清洗的方式,能够有效防御针对 Web、视频等远程医疗业务系统的应用 DDoS 攻击,(a) 为保证业务不中断,应具有秒级的防护响应能力;(b) 应具备 100 多种 DDoS 攻击类型防御,包括 IPv6 攻击防护,对于攻击零误判.

入侵检测与防御　在防火墙进行访问控制,保证了访问的合法性之后,IPS 动态地进行入侵行为的保护,对访问状态进行检测,阻断来自内部的数据攻击以及垃圾数据流的泛滥.

网络传输　偏远地区或县级医疗机构通过 Internet 接入市级数据中心,对传递数据的私密性有很高的要求.需要保证这些关键数据在传输过程中不被监听或者篡改.

网络安全审计 网络安全审计系统主要用于监视并记录网络中的各类操作, 侦察系统中存在的现有和潜在的威胁, 实时地综合分析出网络中发生的安全事件, 包括各种外部事件和内部事件.

6. 物理安全

数据中心是远程医疗服务中心的关键节点, 是系统运行的基础, 因此必须保证物理环境的安全, 主要包括以下四个方面: (a) 信息基础设备应安置在专用的机房, 具有良好的电磁兼容工作环境, 包括防磁、防尘、防水、防火、防静电、防雷保护, 抑制和防止电磁泄露; (b) 机房环境应达到国家相关标准; (c) 关键设备应有冗余后备系统; (d) 具有足够容量的 UPS 后备电源, 电源要有良好的接地性质[2].

8.2.2 远程医疗信息系统的数据安全需求

在安全领域的协议中, 主要采用简化的远程信息系统的模型进行分析与设计. 与此同时, 安全需求也主要简化为以下五个方面.

1) 机密性

存储的和在公开信道上传递的医疗信息对于患者来说都是敏感信息, 涉及患者的隐私. 而机密性就是指这些信息仅能被授权的各方得到, 而非授权用户即使得到信息也无法知晓信息内容, 不能使用.

2) 完整性

完整性是指信息未经授权不能进行篡改的特征. 目的是防止恶意用户、修改、删除原本的医疗信息.

3) 认证性

认证性是指确保一个消息的来源或消息本身被正确地标识, 同时确保该标识没有被伪造. 认证分为消息认证和实体认证. 消息认证是指能向接收方保证该消息确实来自于它所宣称的源; 实体认证是指链接发起时能确保通信的两个实体是可信的. 例如在远程医疗信息系统中, 医生 D 收到患者 P 传递的一份病历, 医生可以相信这份病历确实是该患者的真实病历, 就是由消息的认证性保证的[3].

4) 不可否认性

不可否认性是指能保障用户无法否认曾经对信息进行的生成、签发、接受等行为, 是针对通信各方真实性、一致性的安全要求.

5) 可用性

可用性是指保障信息资源随时可提供服务的能力特性, 即授权用户根据需要可以随时访问所需信息, 保证合法用户对信息资源的使用不被非法拒绝.

8.3 远程医疗信息系统中的认证

信息和通信技术的发展使医疗系统开始变得网络化, 一个用户名和密码便可以让人们足不出户查看自己的医疗信息. 随着近几年电子病历 (Electronic Medical Record, EMR) 的广泛应用, 远程医疗信息系统 (Telecare Medicine Information System, TMIS) 也因为它能够提供给用户方便的医疗服务而越来越受到人们的关注. TMIS 与传统医疗服务模式之间的最大区别是, TMIS 将医疗信息电子化, 这有效地节省了资源, 同时提高了服务质量. 例如, 用户可以在家登录 TMIS 和医生联系, 足不出户就能看病; 或者, 登录到相应的医疗机构网站, 得到自己的健康信息. EMR 在 TMIS 中扮演了重要的角色. EMR 将患者的就诊信息电子化, 存放在 TMIS 中, 它涉及用户的诸多隐私资料, 例如姓名、电话、过往病史、健康状况等, 因此, 确保 EMR 的私密性是刻不容缓的任务, 没有人愿意自己的隐私信息被公之于众或者被盗用. 在 TMIS 中, 人们一般采用认证机制去防止公开网络中 EMR 的信息泄露.

适用于 TMIS 的认证应该只有合法的用户才能登录系统, 查看相应的 EMR, 系统必须使用相互认证与密钥协商方案来确保用户和医疗服务器之间传递的安全性, 在整个通信过程中, 用户匿名性必须被保证, 用户能够自由选择或者更改密码达到用户的友好性, 同时能够抵抗到网络的攻击[4].

8.3.1 基于椭圆曲线的认证实例

在本节中, 我们提出了一个基于椭圆曲线的认证方案, 该方案可以通过 (医疗传感器)MS 来验证患者和医生的合法性.

所提出的方案包含三个实体: 患者、医生和医疗传感器. 在患者首次获得可穿戴医疗传感器之前, MS 在患者的传感器中以及医生的医疗手持终端中通过安全信道预置身份和序列号, 这些序列号由双方秘密保存. 无证书认证方案具体如下所述.

- 方案设计[5]

Setup 方案的初始阶段如图 8-4 所示.

MS 生成大素数, 使得 DL 和 CDH 问题在带有生成员其阶为 P 的循环加法群中是难解的. 然后 MS 随机选取, 计算 $X = xP$, 挑选无碰撞 Hash 函数 $H_1 : \{0,1\}^m \times G^* \times G^* \to \mathbb{Z}_p^*$, $H_2 : \{0,1\}^m \times \{0,1\}^m \times \{0,1\}^m \to \mathbb{Z}_p^*$, $H_3 : G^* \to \{0,1\}^m$, $H_4 : \{0,1\}^m \to \{0,1\}^m$ 和 $H_5 : \{0,1\}^m \to \{0,1\}^*$. 返回 $\{p, P, G, X, H_1, H_2, H_3, H_4, H_5\}$ 作为系统参数, $msk = \{x\}$ 作为主密钥.

Patient/Doctor-Key-Generation 患者和医生随机选取 $y, z \in \mathbb{Z}_p^*$, 并计算 $Y = yP$, $z = zP$, 分别返回 $(sk_P, pk_P) = (y, Y)$ 和 $(sk_D, pk_D) = (z, Z)$.

Partial-Key-Extract MS 随机选取 $s \in \mathbb{Z}_p^*$, 计算 $\omega = sP$, $d_P = s + xH_1(ID_P, \omega,$

pk_P) 和 $d_D = s + xH_1(ID_D, \omega, pk_D)$，返回 $(P, D_{ID_P}) = (\omega, d_P)$ 和 $(P, D_{ID_D}) = (\omega, d_D)$ 分别作为患者和医生的部分私钥．

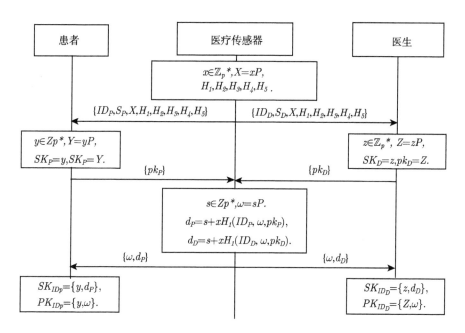

图 8-4 初始阶段

Set-Private-Key 患者令 $SK_{ID_P} = (sk_P, D_{ID_P}) = (y, d_P)$ 作为其私钥，医生令 $SK_{ID_D} = (sk_D, D_{ID_D}) = (z, d_D)$ 作为其私钥．

Set-Public-Key 令 $PK_{ID_P} = (pk_P, \omega)$ 和 $PK_{ID_D} = (pk_D, \omega)$ 分别为患者和医生的公钥．

认证过程如图 8-5 所示．

(1) 患者选取当前时戳 t_P，计算 $h_1 = H_1(ID_P, \omega, pk_P)$，$r_P = H_2(ID_P, S_P, t_P)$，$\alpha_P = (y + r_P) \cdot (h_1 X + \omega)$ 和 $M_P = H_5(H_3(\alpha_P) \oplus H_4(ID_P \oplus S_P))$，将 $\{M_P, t_P\}$ 发送给 MS；

(2) 医生选取当前时戳 t_D，计算 $h_1' = H_1(ID_D, \omega, pk_D)$，$r_D = H_2(ID_D, S_D, t_D)$，$\alpha_D = (z + r_D) \cdot (h_1' X + \omega)$ 和 $M_D = H_5(H_3(\alpha_D) \oplus H_4(ID_D \oplus S_D))$，将 $\{M_D, t_D\}$ 发送给 MS；

(3) 若 $(t^* - t_P) < \Delta t_P$ 且 $(t^* - t_D) < \Delta t_D$，其中 Δt_P 和 Δt_D 表示对患者和医生的预计允许的最大时延，MS 继续如下运算，否则，返回 "Reject"；

(4) MS 计算 $M_P' = H_5(H_3(d_U \cdot (Y + H_2(ID_U, S_U, t_U) \cdot P)) \oplus H_4(ID_U \oplus S_U))$ 和 $M_D' = H_5(H_3(d_D \cdot (Y + H_2(ID_D, S_D, t_D) \cdot P)) \oplus H_4(ID_D \oplus S_D))$，如果 M_P' 等于

M_P,患者是合法的,否则返回 "Reject",同理,若 M'_D 等于 M_D,医生是合法的,否则返回 "Reject";

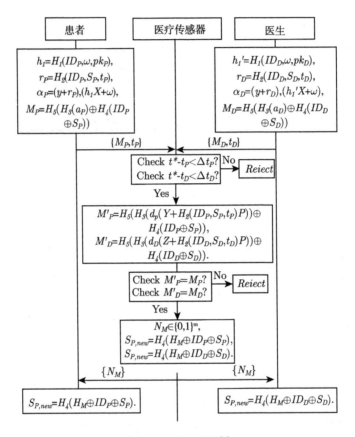

图 8-5 认证阶段[5]

(5) MS 随机挑选 $N_M \in \{0,1\}^m$,并按照如下方式升级患者和医生的序列号:$S_{P,new} = H_4(S_P \oplus N_M \oplus ID_P)$ 和 $S_{D,new} = H_4(S_D \oplus N_M \oplus ID_D)$,发送 $\{N_M\}$ 给患者和医生;

(6) 利用 $\{N_M\}$,患者计算 $S_{P,new} = H_4(S_P \oplus N_M \oplus ID_P)$ 作为其可穿戴医疗传感器的新的序列号;

(7) 利用 $\{N_M\}$,医生计算 $S_{D,new} = H_4(S_D \oplus N_M \oplus ID_D)$ 作为其手持终端设备的新的序列号[5]。

- 安全性分析

定理 8.3.1 该无证书认证方案在如下的攻击场景中是安全的,如果 H_1 是无碰撞 Hash 函数且 DL 和 CDH 问题是难解的.

8.3 远程医疗信息系统中的认证

证明 (a) **匿名性** 该方案中,需要用到部分私钥 $d_P = s + xH_1(ID_P, \omega, pk_P)$,而不是 ID_P 来确保用户的匿名性. 由于 ID_P 不会以明文的形式在公开信道上进行传递,类型 1 敌手无法得到患者真实的身份 ID_P,这样的话,患者在传递其医疗信息时,身份 ID_P 只能通过计算 $d_P = s + xH_1(ID_P, \omega, pk_P)$ 并传递,其中 s 是随机选取的值,H_1 是无碰撞 Hash 函数并且 x 是由 MS 保存的系统主密钥,因此类型 1 敌手无法追踪到患者.

(b) **完备的前向安全** 为了在不知道 $\{r_P, y, d_P, r_D, z, d_D\}$ 的前提下提取 $\{M_P, M_D\}$,类型 2 敌手应该通过公开参数解决 DL 和 CDH 问题. 而且由于时戳 $\{S_P, S_D\}$ 和序列号 $\{S_P, S_D\}$ 在每一次会话过程中都不一样,所以 $r_P = H_2(ID_P, S_P, t_P)$ 和 $r_D = H_2(ID_D, S_D, t_D)$ 也将不一样. 因此,类型 2 敌手不能得到之前的秘密值 $\{r_P, y, d_P, r_D, z, d_D\}$,并保证了完备的前向安全性.

(c) **重放攻击** 在数据传递过程中,类型 3 敌手可以窃取到 $\{M_P, M_D\}$ 并模拟合法的患者和医生将 $\{M_P, M_D\}$ 传递给 MS. 每一次会话结束后,患者的传感器和医生的手持终端设备的序列号都会升级为新的序列号 $\{S_{P,new}, S_{D,new}\}$,从而就会产生新的信息 $\{M_{P,new}, M_{D,new}\}$. 因此,在新的会话过程中,类型 3 无法利用 $\{M_P, M_D\}$ 而通过验证. 并且方案中会利用到时戳 $\{t_P, t_D\}$,保证了 $\{M_P, M_D\}$ 的新鲜性.

(d) **模拟攻击** 由于序列号是秘密保存的,模拟攻击无法完成. 假设类型 4 敌手想要模拟合法的用户和医生,他必须要生成相关的 $\{M_P, M_D\}$ 从而通过 MS 的认证. 然而,为了生成正确的 $\{M_P, M_D\}$,类型 4 敌手首先需要获得 $\{S_P, S_D\}$,而这是由患者和医生秘密保存的,并在每次认证阶段后更新. 因此,类型 4 敌手无法模拟合法的患者和医生来生成正确的 $\{M_P, M_D\}$.

(e) **恶意的 MS 攻击** 恶意的 MS 无法获得私钥从而窃取患者的隐私信息. 该认证方案是在 CL-PKC 的基础上提出来的,并且私钥 (SK_{ID_P}, SK_{ID_D}) 是由患者和医生通过部分私钥 (d_P, d_D) 和秘密值 (y, z) 共同产生的,由于要面临 DL 和 CDH 问题,恶意的 MS 无法从公开的参数中获得 (y, z). 因此,该方案可以抵御恶意的 MS 攻击.

(f) **达到 Girault 信任级别 3** 在该模型中的 Patient/Doctor-Key-Generation 算法必须要在 Partial-Key-Extract 算法之前运行. 按照这样的方式,在部分私钥生成阶段需要用到患者和医生自己生成的 (pk_P, pk_D),因此,如果 MS 替换了 (pk_P, pk_D),这将对患者和医生分别产生两个可行的公钥对 (pk_P, pk_P') 和 (pk_D, pk_D'). 并且绑定一个患者的两个不同的公钥 (PK_{ID_P}, PK_{ID_P}') 是由两个部分私钥生成 (针对医生而言,情况相同),而且只有 MS 有能力生成这两个可行的部分私钥. 因此,MS 的伪造可以轻易地被发现,这表明该模型下的方案可以达到 Girault 信任级别 3(与传统的 PKI 达到相同的级别).

8.3.2 基于双因素的认证实例

在这一部分，我们介绍了一个应用在 TMIS 中的双因素相互认证与密钥协商方案. 该方案共有四个阶段组成，分别是注册阶段，登录阶段，认证阶段和口令变更阶段[6]. 表 8-1 列出了本方案使用的符号定义.

表 8-1 符号定义

符号	定义
ID	患者 U_i 的身份
PW	患者 U_i 的口令
S	TMIS 中通信服务器
s	通信服务器的私钥
Y	通信服务器的公钥
$\mathbb{Z}_p^*$	乘法群 $\mathbb{Z}_p$
$h()$	安全单向 Hash 出数: $\{0,1\}^* \to \mathbb{Z}_p^*$
$h_1()$	安全单向 Hash 主数: $G_p \times G_p \to \mathbb{Z}_p^*$
P	$E_p(a,b)$ 的基点

注册阶段开始之前，TMIS 中远程服务器 S 选择一个椭圆曲线 $E: y^2 \equiv x^3 + ax + b \pmod{p}$ 和一个椭圆群 $E_p(a,b)$，其阶为 n，n 是一个大素数. 接着，S 选择一个基础点 $P=(x_0, y_0)$，其中，P 满足 $n \cdot P = O$. S 继续选择一个随机数 $s \in \mathbb{Z}_p^*$ 作为其私钥，并计算出对应的公钥 $Y=s \cdot P$. 同时，S 选择两个 Hash 函数 $h(\cdot)$ 和 $h_1(\cdot)$. 为节省计算成本，这些操作都是离线进行的.

1. 注册阶段

(1) 用户 U_i 自行选择口令 PW 和一个随机数 r，然后将其 $ID \in \mathbb{Z}_p^*$ 和参数 $A=h(PW\|r)$ 通过一个安全信道发送给远程服务器 S.

(2) 收到 ID 和 A 之后，S 计算 $M=h(s \oplus ID)$ 和 $B=M \oplus A$. 随后，S 将 $\{E_p, P, Y, B, h(\cdot), h_1(\cdot)\}$ 这些参数存入智能卡中，将智能卡通过安全信道发给用户 U_i.

(3) 收到智能卡之后，U_i 将 r 存入. 最终，智能卡中含有参数 $\{E_p, P, Y, B, r, h(\cdot), h_1()\}$.

2. 登录阶段

如图 8-6 所示，登录阶段操作步骤如下.

(1) U_i 将智能卡插入终端，输入 ID 和 PW，智能卡计算 $A=h(PW\|r)$, $B \oplus A = M$, $C_1 = a \cdot P$, $C_2 = a \cdot Y$, $CID = ID \oplus h_1(C_2)$ 和 $F=h(ID\|M\|T_1)$. 其中，a 是 U_i 选择的秘密随机值；T_1 是时间戳.

(2) 智能卡将 $m_1 = \{C_1, CID, F, T_1\}$ 发送给 S.

8.3 远程医疗信息系统中的认证

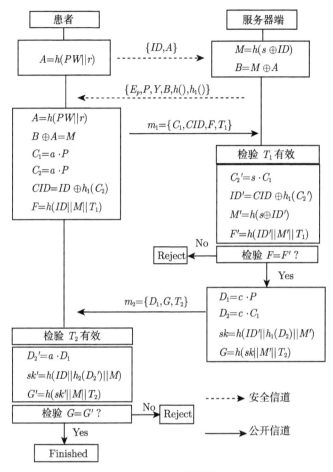

图 8-6 认证过程

3. 认证阶段

(1) 收到 m_1 之后，S 检查 T_1 是否是有效的时间戳，若 T_1 有效，则 S 使用其私钥 s 计算 $C_2' = s \cdot C_1$，$ID' = CID \oplus h_1(C_2')$，$M' = h(s \oplus ID')$ 和 $F' = h(ID'\|M'\|T_1)$。然后，S 检查 F' 是否与收到的 F 相等。如果相等，则 U_i 被认证是合法的用户。

(2) 认证完毕之后，S 计算 $D_1 = c \cdot P$，$D_2 = c \cdot C_1$，$sk = h(ID'\|h_1(D_2)\|M')$ 和 $G = h(sk\|M'\|T_2)$。其中，c 是 S 选择的秘密随机值；T_2 是时间戳。随后，S 发送 $m_2 = \{D_1, G, T_2\}$ 给 U_i。

(3) 收到 m_2 之后，U_i 检查 T_2 是否有效，如果 T_2 有效，U_i 计算 $D_2' = a \cdot D_1$，$sk' = h(ID\|h_1(D_2')\|M)$ 和 $G' = h(sk'\|M\|T_2)$，并检查 G' 是否与 G 相等。如果二者相等，则说明 S 是合法的远程服务器。其中，$sk = h(ID\|h_1(D_2)\|M)$ 作为 S 和 U_i 的

会话密钥.

4. 口令变更阶段

当用户觉得现有的口令不安全了, 便可以启用此阶段变更口令, 操作步骤如下.

(1) U_i 输入 ID 和 PW, 智能卡计算 $A = h(PW\|r)$ 和 $B \oplus A = M$.

(2) U_i 输入新的口令 PW_{inew}, 智能卡计算 $A_{new} = h(PW_{new}\|r)$ 和 $B_{new} = A_{new} \oplus M$. 随后, 智能卡将 B 替换成 B_{new}, 口令变更完成.

8.3.3 基于三因素的认证实例

在这一部分, 我们提出了一个可应用在 TMIS 的改进的三因子认证方案, 该方案能够抵抗各种恶意的网络攻击, 并能保护用户隐私. 改进方案仍然包括四个主要部分: 注册阶段、登录阶段、认证与密钥协商阶段、口令更新阶段[7]. 其中我们将登录阶段和认证与密钥协商阶段在图 8-7 给出了图示.

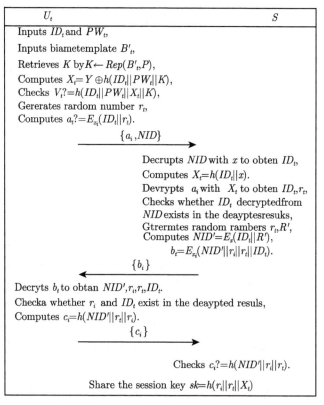

图 8-7 登录阶段和认证与密钥协商阶段[7]

1. 注册阶段

(1) 患者 U_i 选取身份 ID_i, 口令 PW_i, 并将注册请求 $\{ID_i, PW_i\}$ 通过安全信道发送给医疗服务器 S.

(2) 收到 $\{ID_i, PW_i\}$, S 计算 $X_i = h(ID_i \| x)$, $Y_i = X_i \oplus h(ID_i \| PW_i)$, $NID = E_x(ID_i \| R)$, 其中 x (1024 bit 或 2048 bit) 为系统主私钥, R 为一个随机数.

(3) S 将安全参数 $\{NID, Y_i, h(\cdot), E_{key}(\cdot), D_{key}(\cdot), FuzzyExtractor\}$ 存储到智能卡中, 并将其通过安全通道颁发给 U_i.

(4) U_i 在传感器中获取生物信息 B_i, 并将 ID_i, PW_i, B_i 输入到收到的智能卡中. 之后智能卡中的 $FuzzyExtractor$ 生成 $(K, P) \leftarrow Gen(B_i)$. 最后, 智能卡计算

$$Y = Y_i \oplus h(ID_i \| PW_i) \oplus h(ID_i \| PW_i \| K) = X_i \oplus h(ID_i \| PW_i \| K)$$

$$V_i = h(ID_i \| PW_i \| X_i \| K),$$

随后删除 Y_i, 并将 Y, V_i, P 存储起来.

2. 登录阶段

(1) U_i 将智能卡插入到读卡器中, 并输入身份 ID_i, 口令 PW_i, 在传感器中获取生物信息 B_i'. 随后智能卡通过 $K \leftarrow Rep(B_i', P)$ 恢复出 K, 并计算 $X_i = Y \oplus h(ID_i \| PW_i \| K)$, $V_i^* = h(ID_i \| PW_i \| X_i \| K)$. 然后验证 $V_i^* = V_i$. 如果等式成立, 继续执行以下步骤, 否则, 拒绝此次登录请求.

(2) 智能卡生成随机数 r_i, 并计算 $a_i = E_{X_i}(ID_i \| r_i)$. 之后将登录请求信息 $\{a_i, NID\}$ 发送给服务器 S.

3. 认证与密钥协商阶段

(1) 接收到 $\{a_i, NID\}$, S 利用自己的私钥 x 解密 NID 获取 ID_i, 并计算 $X_i = h(ID_i \| x)$. 随后, S 利用 X_i 解密 a_i 恢复出 ID_i, r_i, 并验证之前解密出的 ID_i 是否在此次解密结果中. 如果是, 那么 U_i 是可信的, 否则, S 拒绝此次登录请求.

(2) S 生成两个随机数 r_s, R', 并计算 $NID' = E_x(ID_i \| R')$, $b_i = E_{X_i}(NID' \| r_s \| r_i \| ID_i)$. 随后, S 将回复的验证信息 $\{b_i\}$ 发送给 U_i.

(3) 接收到 $\{b_i\}$, U_i 利用 X_i 解密 b_i 获取 NID', r_s, r_i, ID_i. 随后, U_i 验证 r_i 和 ID_i 是否在解密结果中. 如果是, S 是可信的; 否则, 放弃此次回话. 之后, U_i 计算 $c_i = h(NID' \| r_i \| r_s)$, 并将会话密钥的验证信息 $\{c_i\}$ 发送给 S. 最后, U_i 将 NID' 储存在智能卡中代替原有的 NID, 作为下一次会话的参数.

(4) 收到回复信息后, S 验证 c_i 是否等于计算的 $h(NID' \| r_i \| r_s)$. 如果两者相等, 相互认证过程成立, 否则, 结束此次会话.

完成相互认证过程后, S 与 U_i 之间共享会话密钥 $sk = h(r_i \| r_s \| X_i)$.

4. 口令更新过程

(1) U_i 将智能卡插入读卡器中,并输入身份 ID_i, 口令 PW_i, 以及生物信息 B'_i. 随后发送更新口令的请求.

(2) 智能卡利用算法 $K \leftarrow Rep(B'_i, P)$ 重构出 K, 并计算 $X_i = Y \oplus h(ID_i \parallel PW_i \parallel K)$, 然后验证 $V_i ? = h(ID_i \parallel PW_i \parallel X_i \parallel K)$. 如果是继续执 3);否则直接拒绝此次请求.

(3) U_i 输入两次新的口令 PW_i^{new}. 如果两次输入的密码不一致, U_a 需要再次输入两次新密码. 如果两次输入的密码一致, 智能卡计算

$$Y^{new} = Y \oplus h(ID_i \parallel PW_i \parallel K) \oplus h(ID_i \parallel PW_i^{new} \parallel K), V_i^{new}$$
$$= h(ID_i \parallel PW_i^{new} \parallel X_i \parallel K)$$

随后智能卡存储 Y^{new}, V_i^{new}, 用来取代原有的 Y, V_i.

8.4 远程医疗系统中公钥加密实例

在远程医疗信息系统中,病人的身体状况都需要被医生或者护士远程的实时监控,因此可以将远程医疗的优点直接带到病人的家中. 为了确保病人的隐私,这些在公开信道上传输的电子医疗记录 (EMR) 应该被加密保护.

本节中,我们为 TMIS 提出了一个高效的且不带对运算的方案,并证明了它在随机预言机模型下抵御选择密文攻击是安全的. 并且本方案在解密阶段只需要一次数乘运算,大大减少了病人的计算代价[2]. 全文中使用的概念如表 8-2 所示.

表 8-2 本节方案所需概念

ID_P	the identity of Patient
$H_i(\cdot)$	the collision-resistant hash function ($i=1, 2$)
p	the large prime number
G	the cyclic additive group
P	the generator of G
x	the master secret key
X	the master public key
P_P	the Patient's partial public key
D_P	the Patient's partial private key
PK_P	the Patient's public key
SK_P	the Patient's private key
$\parallel$	the concatenation operation
$\oplus$	the bitwise XOR operation
N	the set of positive integer

8.4 远程医疗系统中公钥加密实例

本节所提出的加密方案如图 8-8 所示, 由七个 PPT 算法构成.

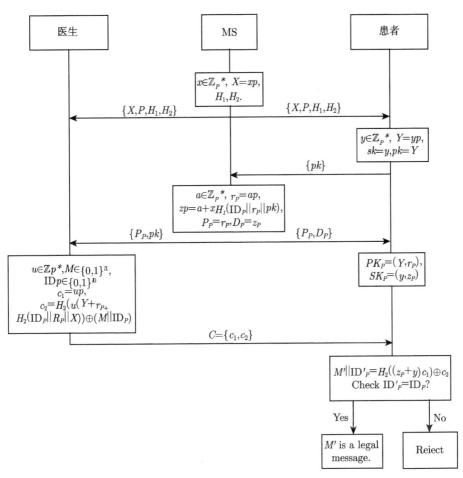

图 8-8 针对 TMIS 的加密方案

(1) Setup 令 G 是一个阶为素数 p 的循环群, 其生成元为 $P \in G$. MS 随机选取 $x \in \mathbb{Z}_p^*$ 并计算作为主公钥 $X = xP$, 然后他选取两个无碰撞 Hash 函数 $H_1 : \{0,1\}^{l_0} \times G^* \times G^* \to \mathbb{Z}_p^*$ 和 $H_2 : G^* \to \{0,1\}^l$. 系统参数为 $params = \{p, G, P, X, H_1, H_2\}$, 主密钥为 $msk = x$;

(2) Patient-Key-Generation 患者随机选取 $y \in \mathbb{Z}_p^*$ 并计算 $Y = yP$, 输出 $(sk, pk) = (y, Y)$;

(3) Partial-Key-Extract MS 随机选取 $\alpha \in \mathbb{Z}_p^*$ 并计算 $r_P = \alpha P$ 和 $z_P = \alpha + xH_1(ID_P\|r_P\|pk)$, 其中 ID_P 是患者的身份, MS 返回 $(P_P, D_P) = (r_P, z_P)$ 作为患者的部分私钥;

(4) Set-Private-Key 令 $SK_P = (sk, D_p) = (y, z_P)$，返回 SK_P 作为患者的私钥；

(5) Set-Public-Key 令 $PK_P = (pk, P_p) = (Y, r_P)$，返回 PK_P 作为患者的私钥；

(6) Encrypt 令 M 的比特长度为 l_1，其中 $l = l_0 + l_1 \in N$（N 为正整数集合），医生随机选取 $u \in \mathbb{Z}_p^*$ 并计算 $c_1 = uP, c_2 = H_2(u(Y + r_P + H_1(\mathrm{ID}_P || r_P || pk) X)) \oplus (M || \mathrm{ID}_P)$，其中 $(M || \mathrm{ID}_P)$ 的长度为 l. 然后医生将密文 $C = (c_1, c_2)$ 传递给患者；

(7) Decrypt 为了解密 C，患者计算 $M' || \mathrm{ID}'_P = H_2((z_P + y) \cdot c_1) \oplus c_2$，检验 $\mathrm{ID}'_P = \mathrm{ID}_P$ 是否成立，若不成立，输出 "Reject"，否则输出 M' 作为 C 的明文.

若 C 是合法的密文，则上述的解密算法是成立的，由此可推出：

$$H_2((Z_p + y) - c_1) \oplus c_2$$
$$=H_2((\alpha + xH_1(ID_p||r_p||pk) + y) - uP) \oplus c_2$$
$$=H_2((r_p + XH_1(ID_r||r_p||pk) + Y) - u) \oplus c_2$$
$$=H_2((r_p + XH_1(ID_r||r_p||pk) + Y) - u)$$
$$\oplus H_2(u(Y + r_p + H_1(ID_r||r_p||pk)X)) \oplus (M||ID_p)$$
$$=M||ID_p.$$

8.5 远程医疗系统中自助诊断方案

针对就医过程中患者越来越注重自身的隐私，如何利用现有的医疗设备、技术以及医护人员，进行保密的医疗诊断成为当前一个前沿的研究课题. 借鉴金融行业运用 ATM 实现用户自助服务的思想，本章首次在医疗领域里引入 "医疗诊断 ATM"(Medical Diagnosis-ATM, MD-ATM)，设计了一个基于 MD-ATM 的保护隐私的自助医疗诊断方案来实现患者自行对某些常规疾病的诊断和治疗. 方案利用当前就诊患者的询问数据和医院以往就诊患者的特征数据进行比对，采用欧几里得距离对二者进行度量，找到与当前患者最为相近的疾病特征数据作为诊断依据，并调用不经意传输给患者出具诊断报告，以确保在未经授权的情况下，除了患者本人之外的任何人包括就诊医院都不能获取患者的任何信息. 本章提出的解决方案实现了医疗机构和患者之间的保密合作，该方案中自助诊断的思想既为患者提供了方便也为医疗机构减轻了压力，同时，由于安全多方计算的特性，方案还确保了医疗机构以及患者二者之间不会有隐私泄露，为未来医疗领域的改革提供了新思路.

8.5.1 自助医疗诊断简介

在传统的就医模式中,医生是就医过程中不可或缺的重要主体,患者必须提供给医生自己的个人信息、健康数据、服药记录以及过往病史等,医生凭借自己的医学知识以及个人经验对患者进行诊断和治疗.在这一模式下,患者对于医生而言毫无隐私,在越来越注重隐私的现代社会,特别是在国外,人们期望出现一种新的模式,既能够帮助患者诊断病情,又能保护患者隐私,这就是我们所说的保密医疗诊断[4,5].

利用现在的医疗知识、技术对一些常规疾病建立合理的病情诊断数据库,然后借助安全多方计算对患者数据和数据库进行安全匹配,以寻找与就诊患者最为疑似的病症进行科学而安全的诊断,既能够满足患者诊断病情的需求,又能够保护患者隐私不被泄露,这将是未来医学与信息技术结合下保密医疗诊断的一个新的发展方向.通常,安全多方计算常用于上述所谈到的对商业机密、私有信息、敏感数据等的保护,对于就医中个人信息以及病情的隐私保护研究得比较少.在这一方面,将患者和医疗机构看作是两个互不信任的参与方进行保密合作就可以沿用已有的安全多方计算协议进行保密的医疗诊断.

本章借鉴金融行业运用 ATM 实现用户自助服务的思想,在医疗领域里引入"医疗诊断-ATM"(Medical Diagnosis-ATM, MD-ATM),设计了一个保护隐私的自助医疗诊断方案来实现患者自行对某些常规疾病的诊断和治疗.方案利用患者的询问数据和医院以往就诊患者的特征数据进行比对,采用欧几里得距离对二者进行度量,找到与当前患者健康数据最为相近的疾病特征数据作为诊断依据,并调用不经意传输给患者出具诊断报告以确保在未经授权的情况下除了患者本人之外,任何人包括就诊医院都不能获取关于患者的任何保密信息.我们提出的解决方案不仅能够实现医疗机构和患者之间的保密合作,其自助诊断的思想既为患者提供了方便也为医疗机构减轻了压力,同时,由于安全多方计算的特性,方案还确保了医疗机构以及患者二者之间不会有隐私泄露[4].

8.5.2 自助医疗诊断方案

我们将给出本节的核心内容,即保护隐私的自助医疗诊断系方案 PP-SH-MDS,详细描述患者如何利用自己持有的医疗卡以及 PMDD 在自助 MD-ATM 端进行医疗诊断.其基本框架,我们可以用图 8-9 表示.

具体来说,我们的方案如下.

1. 本地预处理阶段

当患者 P 想要就医诊断时,P 首先利用便携医疗设备 PMDD 在本地计算完成两项转换.

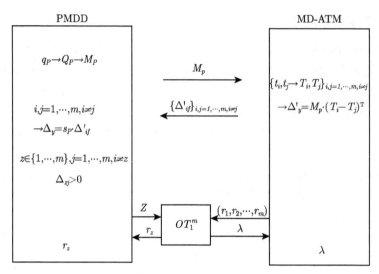

图 8-9 PP-SH-MDS

a. "向量-向量" 转换

P 首先将自己原始的健康数据, 一个 n 维向量 $q_P = (q_{P1}, \cdots, q_{Pn}), q_{Pw} \geqslant 0, w = 1, \cdots, n$ 转换成一个 $(n+2)$ 维向量 $Q_P = (q_{P1}, \cdots, q_{Pn}, q_{P,n+1}, q_{P,n+2})$, 其中 $q_{P,n+1} = -\frac{1}{2}\sum_{w=1}^{n} q_{Pw}^2, q_{P,n+2} = 1$.

b. "向量-矩阵" 转换

(1) P 随机选择一个密钥 $s_P = (s_{P1}, \cdots, s_{Pk})$ 然后生成一个 $k \times (n+2)$ 的矩阵

$$B_P = \begin{bmatrix} b_{11} & \cdots & b_{1,n+2} \\ \vdots & & \vdots \\ b_{k1} & \cdots & b_{k,n+2} \end{bmatrix},$$

其中 $\sum_{u=1}^{k} s_{Pu} \cdot b_{uw} = 1, w = 1, \cdots, n+2$.

(2) 用 B_P 盲化 Q_P, P 进一步将 Q_P 扩展为矩阵

$$M_P = \begin{bmatrix} b_{11} \cdot q_{P1} & \cdots & b_{1,n+2} \cdot q_{P,n+2} \\ \vdots & & \vdots \\ b_{k1} \cdot q_{P1} & \cdots & b_{k,n+2} \cdot q_{P,n+2} \end{bmatrix}.$$

完成上述过程后, P 将矩阵 M_P 存到医疗卡里面.

2. 诊断阶段

本地计算完成以后, P 在医院的 MD-ATM 端插入自己的医疗卡. MD-ATM

读取卡中信息获得矩阵 M_P; MD-ATM 在医院疾病数据库中随机选择两个特征向量 $t_i = (t_{i1}, \cdots, t_{in})$ 和 $t_j = (t_{j1}, \cdots, t_{jn})$, 并将其分别扩展为 $(n+2)$ 维向量 $T_i = (t_{i1}, \cdots, t_{in}, t_{i,n+1}, t_{i,n+2})$ 和 $T_j = (t_{j1}, \cdots, t_{jn}, t_{j,n+1}, t_{j,n+2})$, 其中 $t_{i,n+1} = 1$, $t_{i,n+2} = -\frac{1}{2}\sum_{w=1}^{n} t_{iw}^2$, $t_{j,n+1} = 1$, $t_{j,n+2} = -\frac{1}{2}\sum_{w=1}^{n} t_{jw}^2$.

然后 MD-ATM 计算 $\Delta'_{ij} = M_P \cdot (T_i - T_j)^\mathrm{T} i, j = 1, \cdots, m, i \neq j$ 并将 (Δ'_{ij}, i, j) 写到患者医疗卡中,然后提示患者取回卡.

根据 MD-ATM 提示,患者取回医疗卡并将其插入自己的 PMDD 中. 输入自己密钥后, PMDD 开始计算 $\Delta_{ij} = s_P \cdot \Delta'_{ij}, i, j = 1, \cdots, m, i \neq j$ 并搜索满足对于所有 $j = 1, \cdots, m, j \neq z, \Delta_{zj} > 0$ 的下标 z. 而该 z 即为下一步骤执行 OT_1^m 协议的输入.

3. 1-out-of-m OT 协议

P 在医院 MD-ATM 端插入医疗卡,MD-ATM 读取 z 后调用 OT_1^m 并输出诊断报告 r_z. 执行完 OT_1^m, P 根据下标 z 获得疾病 d_z 对应的诊断报告 r_z,而 MD-ATM 获空值输出 $Null$,记为 λ.

参 考 文 献

[1] Guo R, Wen Q Y, Shi H X, et al. An efficient and provably-secure certificateless public key encryption scheme for telecare medicine information systems. Journal of Medical Systems, 2013.

[2] 国家卫生和计划生育委员会. 远程医疗信息系统建设技术指南. www.hhfpc.gov.cn/ewebeditor/uploadfile/2015/01/20150122103201839.pdf 2014.

[3] 谷利泽, 郑世慧, 杨义先. 现代密码学教程. 北京: 北京邮电大学出版社, 2009.

[4] Sun Y, Wen Q Y, Zhang Y D, et al. Privacy-preserving self-helped medical diagnosis scheme based on secure two-party computation in wireless sensor networks. Computational and Mathematical Methods in Medicine, 2014.

[5] Guo R, Wen Q Y, Jin Z P, et al. An efficient and secure certificateless authentication protocol for healthcare system on wireless medical sensor networks. Journal of Medical Systems, 2013.

[6] Xu X, Zhu P, Wen Q Y, et al. A secure and efficient authentication and key agreement scheme based on ECC for telecare medicine information systems. Journal of Medical Systems, 2013.

[7] Guo D L, Wen Q Y, Li W M, et al. An improved biometrics-based authentication scheme for telecare medical information systems. Journal of Medical Systems, 2015.